Craftsman Overhead Travelling Crane Operator

천장크레인운전기능사 필기
기출문제 (기출+적중모의고사)

[preface]
천장크레인운전기능사 필기

　천장크레인은 조선소, 제철소, 철도공작창, 대형기계 제조업체 등에서 많이 활용됩니다. 하지만, 아직까지는 수신호에 의해 작업이 이루어지고 있어 운전 시 화물의 낙하로 인한 인명과 재산상의 대형사고가 날 위험이 매우 큰 작업입니다.
　천장크레인운전기능사는 이런 이유로 안전운행과 기계 수명 연장 및 작업능률 제고 등을 위해 산업현장에서 필요로 하는 숙련기능인력을 양성하고자 제정된 국가기술자격입니다.
　이 책은 한국산업인력공단이 주관 및 시행하는 천장크레인운전기능사 자격시험을 준비하고자 하는 분들을 위해 최근 개정된 법령 및 출제기준, 그간의 기출문제를 면밀히 분석하여 과목별 핵심이론과 함께 다음의 사항을 중심으로 집필하였습니다.

1. 최근 개정된 한국산업인력공단의 출제기준과 관련법규에 따라 핵심적인 이론만을 간추려 수록하였습니다.
2. 한국산업인력공단이 주관하여 시행한 최근 5년간의 기출문제 및 CBT 시험 출제문제를 반영한 5회분의 적중모의고사를 수록하였습니다.
3. 기출 및 적중모의고사는 정답은 물론 상세한 해설을 수록함으로써 유사한 형태의 문제에도 쉽게 적응할 수 있도록 하였습니다.

　국가에서 요구하는 기술인으로서의 국위선양에 일익을 담당할 여러분에게 영광이 있기를 빌며 본의 아니게 잘못된 내용은 앞으로 철저히 수정 보완하여 나가기로 약속드리며, 이 책의 출판에 적극 힘써 주신 (주)도서출판 책과상상 임직원 및 편집부 담당자들에게 무궁한 발전을 기원합니다.

출제기준

- 시행기관 : 한국산업인력공단
- 자격종목 : 천장크레인운전기능사
- 직무내용 : 신호수의 지시에 따라 천장크레인을 운전하여 금속제품 및 자재 등의 중량물을 안전하게 일정한 장소에 운반하는 일과 일상점검 및 간단한 예방정비 등의 업무 수행
- 시험방법 : 필기_ 객관식(전과목 혼합, 60문항), 실기_ 작업형(7분 정도)
- 합격기준 : (필기 · 실기) 100점을 만점으로 하여 60점 이상
- 시험시간 : 1시간

필기과목 : 천장크레인운전, 안전관리 및 점검

주요항목	세부항목	
1. 작업 전 장비점검	1. 줄걸이 용구 점검	2. 작업 관련장치 점검
	3. 조종실 점검	4. 장비 작동상태 점검
	5. 작업장 안전 및 산업안전	
2. 중량물 체결 확인	1. 줄걸이 용구 이동	2. 중량물 체결상태 확인
3. 중량물 권상작업	1. 작업안전상태 확인	2. 중량물 들어올리기
4. 중량물 권하작업	1. 작업 안전거리 확인	2. 중량물 내려놓기
5. 주행작업	1. 장애요인 확인	2. 좌 · 우 이동
	3. 주행 시 중량물 제어	
6. 횡행작업	1. 장애요인 확인	2. 전 · 후 이동
	3. 횡행 시 중량물 제어	
7. 병행작업	1. 인양과 주행, 횡행 동시 조작	2. 병행작업 시 중량물 제어
8. 작업 후 장비점검	1. 장비 작동상태 점검	2. 조종실 점검
	3. 작업 관련장치 점검	4. 기계장치 점검
	5. 전기장치 점검	
9. 신호체계 확인	1. 수신호 확인	2. 무선음성신호 확인
	3. 신호수 안전 확인	4. 기타신호 확인

NCS(국가직무능력표준) 안내

NCS(국가직무능력표준)와 NCS 학습모듈

- 국가직무능력표준(NCS, National Competency Standards)이란 산업현장에서 직무를 수행하기 위해 요구되는 지식·기술·소양 등의 내용을 국가가 산업부문별·수준별로 체계화한 것으로 국가적 차원에서 표준화한 것을 의미합니다.
- NCS 학습모듈은 NCS 능력단위를 교육 및 직업훈련 시 활용할 수 있도록 구성한 교수·학습자료입니다. 즉, NCS 학습모듈은 학습자의 직무능력 제고를 위해 요구되는 학습 요소(학습 내용)를 NCS에서 규정한 업무 프로세스나 세부 지식, 기술을 토대로 재구성한 것입니다.

NCS 개념도

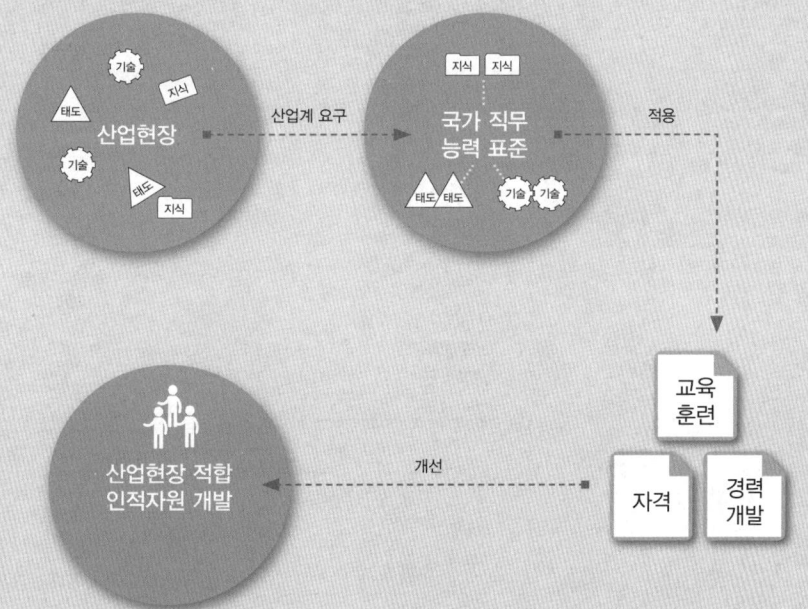

NCS의 활용영역

구분		활용 콘텐츠
산업현장	근로자	평생경력개발경로, 자가진단도구
	기업	현장수요 기반의 인력채용 및 인사관리기준, 직무기술서
교육훈련기관		직업교육 훈련과정 개발, 교수계획 및 매체·교재개발, 훈련기준 개발
자격시험기관		자격종목설계, 출제기준, 시험문항, 시험방법

NCS 학습모듈의 특징

- NCS 학습모듈은 산업계에서 요구하는 직무능력을 교육훈련 현장에 활용할 수 있도록 성취목표와 학습의 방향을 명확히 제시하는 가이드라인의 역할을 합니다.
- NCS 학습모듈은 특성화고, 마이스터고, 전문대학, 4년제 대학교의 교육기관 및 훈련기관, 직장 교육기관 등에서 표준교재로 활용할 수 있으며 교육과정 개편 시에도 유용하게 참고할 수 있습니다.

NCS와 NCS 학습모듈의 연결 체제

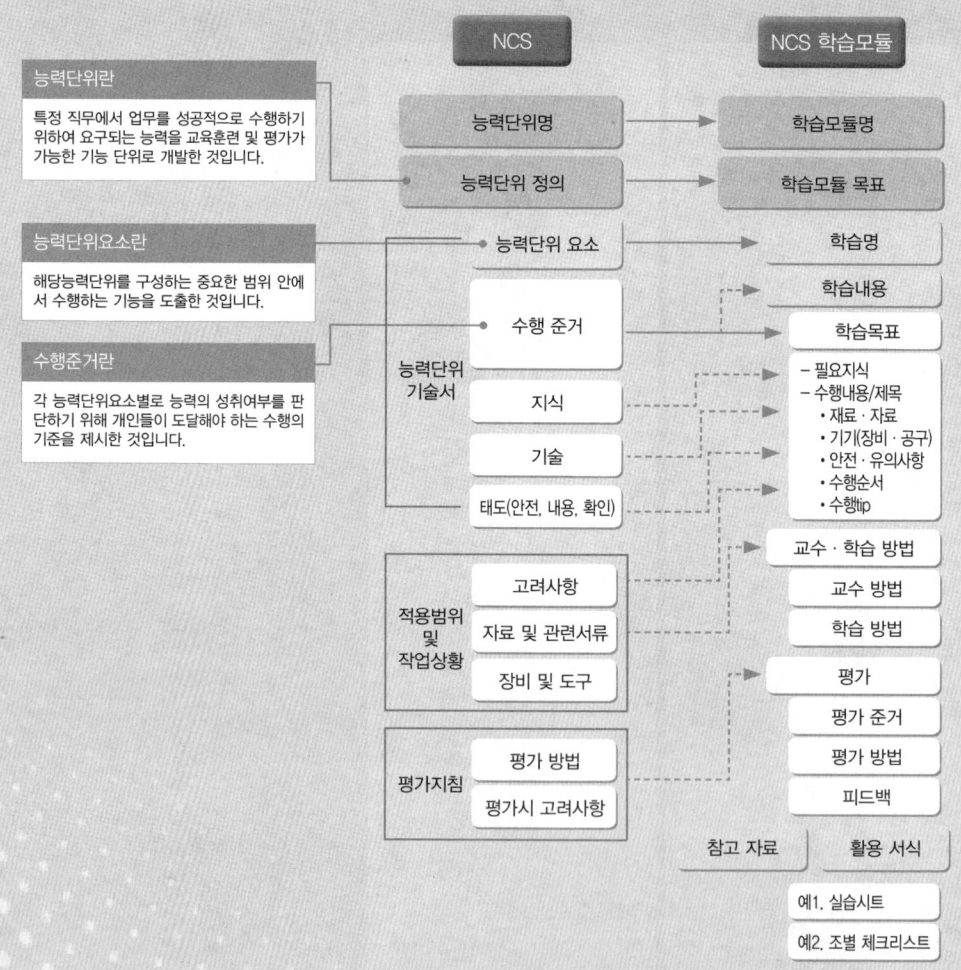

과정평가형 자격취득 안내

과정평가형 자격

과정평가형 자격은 국가기술자격법에 근거하여 국가직무능력표준(NCS)에 따라 설계된 교육·훈련과정을 체계적으로 이수한 교육·훈련생에게 내·외부 평가를 통해 국가기술자격증을 부여하는 새로운 개념의 국가기술자격 취득 제도로서 2015년부터 시행되고 있다.

과정평가형 자격 운영 절차

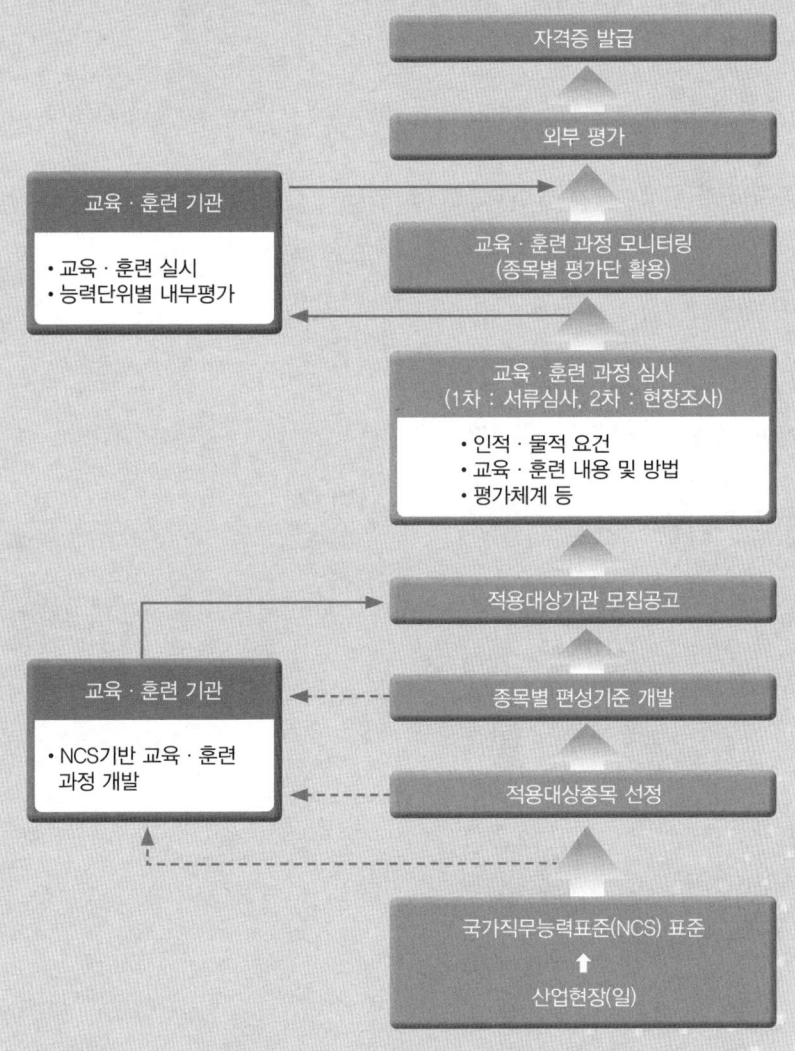

시행 대상

국가기술자격법의 과정평가형 자격 신청자격에 충족한 기관 중 공모를 통하여 지정된 교육·훈련기관의 단위과정별 교육·훈련을 이수하고 내부평가에 합격한 자

교육·훈련생 평가

① 내부평가(지정 교육·훈련기관)
  ㉮ 평가대상 : 능력단위별 교육·훈련과정의 75% 이상 출석한 교육·훈련생
  ㉯ 평가방법
    ㉠ 지정받은 교육·훈련과정의 능력단위별로 평가
    ㉡ 능력단위별 내부평가 계획에 따라 자체 시설·장비를 활용하여 실시
  ㉰ 평가시기
    ㉠ 해당 능력단위에 대한 교육·훈련이 종료된 시점에서 실시하고 공정성과 투명성이 확보되어야 함
    ㉡ 내부평가 결과 평가점수가 일정수준(40%) 미만인 경우에는 교육·훈련기관 자체적으로 재교육 후 능력단위별 1회에 한해 재평가 실시
② 외부평가(한국산업인력공단)
  ㉮ 평가대상 : 단위과정별 모든 능력단위의 내부평가 합격자
  ㉯ 평가방법 : 1차·2차 시험으로 구분 실시
    ㉠ 1차 시험 : 지필평가(주관식 및 객관식 시험)
    ㉡ 2차 시험 : 실무평가(작업형 및 면접 등)

합격자 결정 및 자격증 교부

① 합격자 결정 기준
  내부평가 및 외부평가 결과를 각각 100점을 만점으로 하여 평균 80점 이상 득점한 자
② 자격증 교부
  기업 등 산업현장에서 필요로 하는 능력보유 여부를 판단할 수 있도록 교육·훈련 기관명·기간·시간 및 NCS 능력단위 등을 기재하여 발급

NCS 및 과정평가형 자격에 대한 내용은 NCS국가직무능력표준 홈페이지(www.ncs.go.kr)에서 보다 자세하게 살펴볼 수 있습니다.

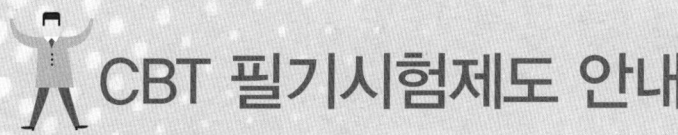
CBT 필기시험제도 안내

변경된 제도 개요

기능사 CBT(컴퓨터 기반 시험) 필기시험제도는 한국산업인력공단 상설시험장과 외부기관의 시설 및 장비를 임차하여 시행하기 때문에 시험장 사정에 따라 시험일자가 달라질 수 있으며, 수험생들이 선호하는 시험장은 조기 마감될 수 있으므로 주의하여야 합니다.

원서접수 기간 및 접수처

- 한국산업인력공단이 주관 및 시행하는 기능사 정기 CBT 필기시험 및 상시 CBT 필기시험과 관련한 정보는 큐넷 홈페이지(http://www.q-net.or.kr)를 방문하여 확인합니다.
- 기능사 필기시험의 원서접수는 인터넷으로만 가능하며 정기 및 상시시험 모두 큐넷 홈페이지(http://www.q-net.or.kr)에서 접수할 수 있습니다.
- 기능사 상시시험 종목 : 한식조리기능사, 양식조리기능사, 일식조리기능사, 중식조리기능사, 제과기능사, 제빵기능사, 미용사(일반), 미용사(피부), 미용사(네일), 미용사(메이크업), 굴착기운전기능사, 지게차운전기능사, 건축도장기능사, 방수기능사 [14종목]
- ※ 건축도장기능사, 방수기능사 2종목은 정기검정과 병행 시행

CBT 부별 시험시간 안내

구분	입실시간	시험시간	비 고
1부	09:30	09:50~10:50	
2부	10:00	10:20~11:20	
3부	11:00	11:20~12:20	
4부	11:30	11:50~12:50	
5부	13:00	13:20~14:20	시험실 입실 시간은 시험 시작 20분 전
6부	13:30	13:50~14:50	
7부	14:30	14:50~15:50	
8부	15:00	15:20~16:20	
9부	16:00	16:20~17:20	
10부	16:30	16:50~17:50	

※ 지역별 접수인원에 따라 일일 시행횟수는 변동될 수 있으며, 원거리 시험장으로 이동할 수 있습니다.

합격자 발표

종이 시험과 달리 CBT 필기시험은 시험이 종료된 후 시험점수와 함께 합격 여부를 확인할 수 있으며, 이 결과는 시험일정 상의 합격자 발표일에 최종 확인할 수 있습니다.

CBT 필기시험 체험하기

01 CBT 필기시험 응시를 위해 지정된 좌석에 앉으면 해당 컴퓨터 단말기가 시험감독관 서버에 연결되었음을 알리는 연결 성공 메시지가 나타납니다.

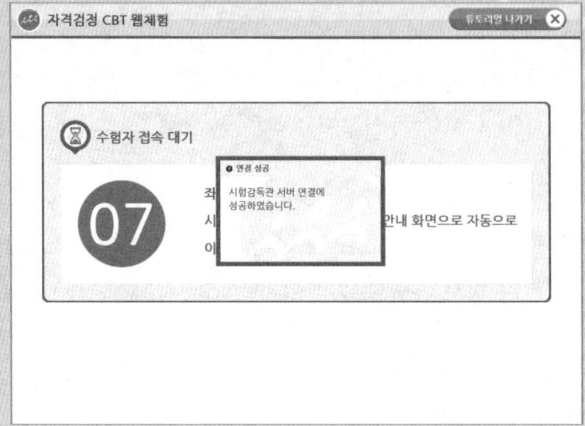

02 수험자 접속 대기 화면에서 좌석번호를 확인합니다. 좌석번호 확인이 끝나면 시험감독관의 지시에 따라 시험 안내 화면으로 자동으로 이동합니다.

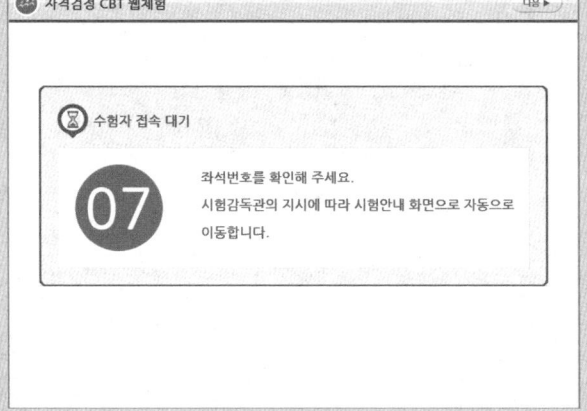

03 수험자 정보를 확인합니다. 감독관의 신분 확인 절차가 진행됩니다. 신분 확인이 모두 끝나면 시험을 시작할 수 있습니다.

04 CBT 필기시험에 대한 안내사항이 나타납니다. 화면은 예제이며, 실제 기능사 필기시험은 총 60문제로 구성되며, 60분간 진행됩니다.

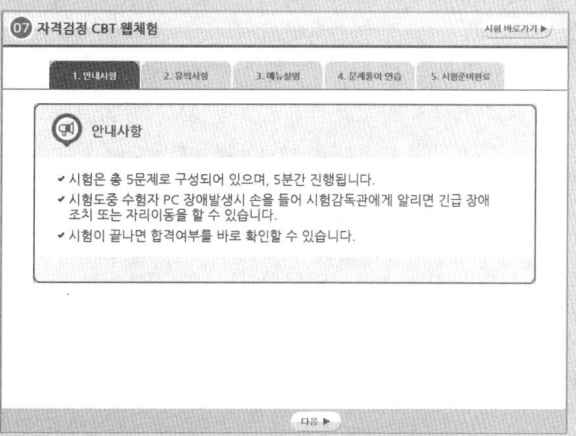

05 다음 항목에서 시험과 관련된 유의사항을 확인합니다. 특히, 시험과 관련한 부정행위 적발 시 퇴실과 함께 해당 시험은 무효처리되어 불합격 될 뿐만 아니라, 이후 3년간 국가기술자격검정에 응시할 수 있는 자격이 정지되므로 부정행위로 인정되는 내용을 꼼꼼히 확인하도록 합니다.

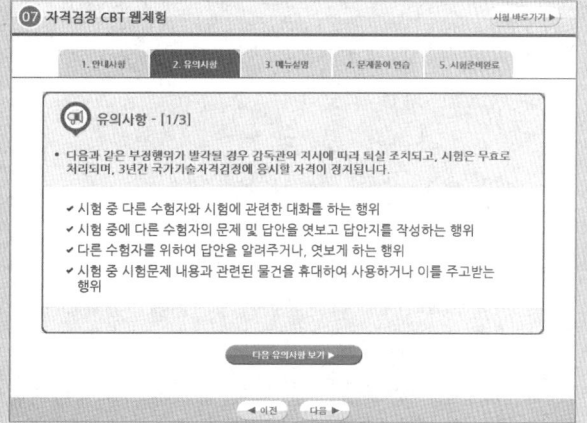

06 메뉴설명 항목에서는 문제풀이와 관련된 메뉴에 대한 설명을 확인할 수 있습니다. CBT 화면에서는 글자 크기를 크게 하거나 작게 할 수 있을 뿐 아니라, 화면 배치를 1단 또는 2단 화면 보기 혹은 한 문제씩 보기로 선택할 수 있습니다.

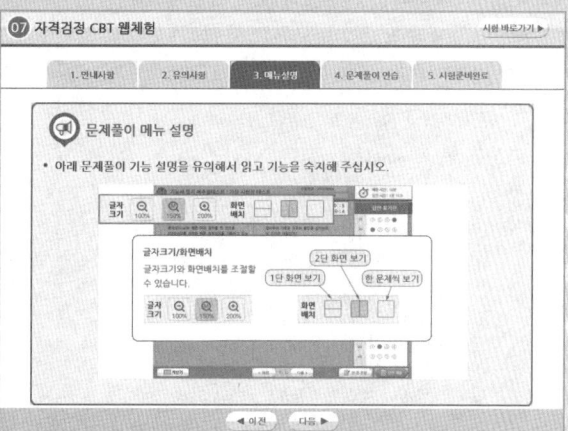

07 문제풀이 연습 항목에서는 실제 문제를 풀어보는 과정을 연습할 수 있습니다. 실제 시험에서 실수하지 않도록 하기 위해 [자격검정 CBT 문제풀이 연습] 버튼을 클릭합니다.

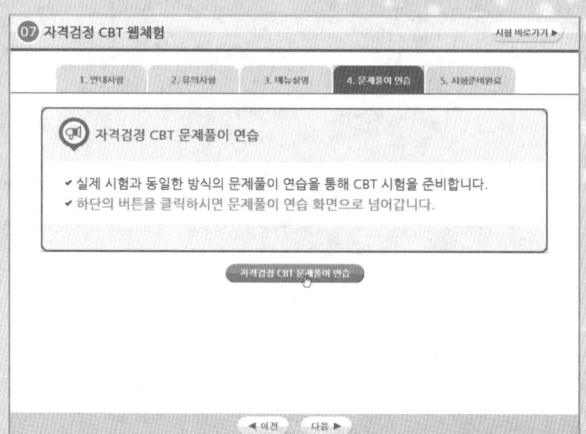

08 보기의 연습 문제는 국가기술자격시험의 정부 위탁기관인 한국산업인력공단의 본부 청사 소재지를 묻는 것입니다. 현재 한국산업인력공단 본부는 울산광역시에 소재하고 있습니다. 문제 아래의 보기에서 번호 항목을 클릭하거나 답안 표기란의 번호 항목에서 해당 답안을 클릭하여 답안을 체크합니다.

09 문제 아래의 보기를 클릭하거나 오른쪽 답안 표기란의 답안 항목을 클릭하면 화면과 같이 선택한 답안이 OMR 카드에 색칠한 것과 같이 색이 채워집니다.

답안을 수정할 때는 마찬가지 방법으로 수정하고자 하는 문제의 보기 항목이나 답안 표기란의 보기 항목에서 수정하고자 하는 답안을 클릭합니다.

10 문제를 풀고 나면 다음 문제를 풀기 위해 화면 하단의 [다음] 버튼을 클릭하여 문제를 계속 풀어나가면 됩니다. 참고로 하단 버튼 중 [계산기]를 클릭하면 간단한 공학용 계산기를 사용하여 계산 문제를 푸는 데 도움을 받을 수 있습니다.

> 계산이 끝나고 계산기를 화면에서 사라지게 하려면 계산기 창의 오른쪽 상단에 있는 닫기 ❌ 버튼을 클릭합니다.

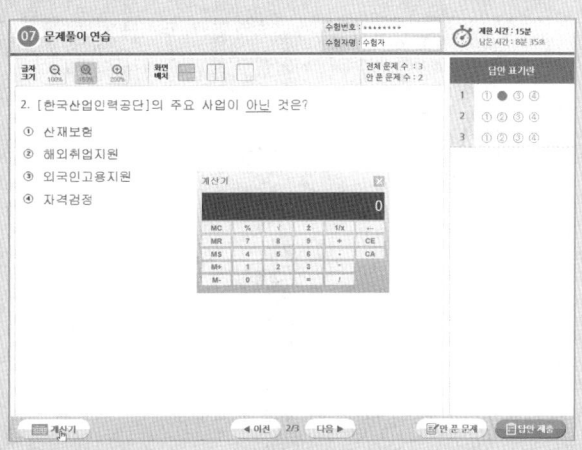

11 문제 풀이 연습이 끝나면 하단의 [답안 제출] 버튼을 클릭하여 답안을 제출합니다.

> 어려운 문제의 경우 하단의 [다음] 버튼을 클릭하여 다음 문제를 풀 수도 있습니다. 단, 이러한 경우 답안을 제출하기 전에 하단의 [안 푼 문제] 버튼을 클릭하여 혹시 풀지 않은 문제가 있는 지 최종적으로 확인하도록 합니다.

12 답안 제출을 클릭하면 나타나는 화면입니다. 수험생들이 실수로 답안을 모두 체크하지 않고 제출할 수 있는 실수를 방지하기 위해 2회에 걸쳐 주의 화면이 나타납니다. 답안을 제출하려면 [예] 버튼을 누릅니다.

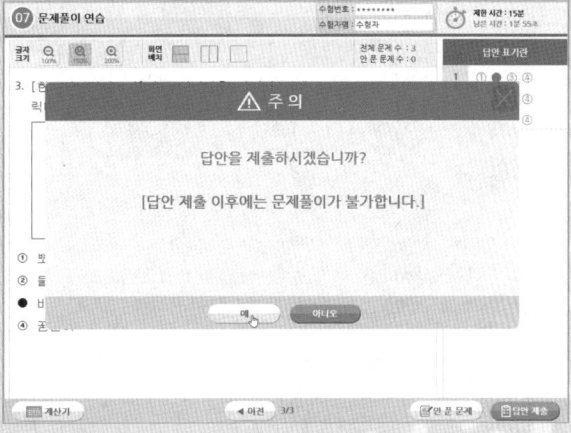

13 문제풀이 연습을 모두 마치면 나타나는 화면에서 [시험 준비 완료] 버튼을 클릭합니다. 이후 시험 시간이 되면 시험감독관의 지시에 따라 시험이 자동으로 시작됩니다.

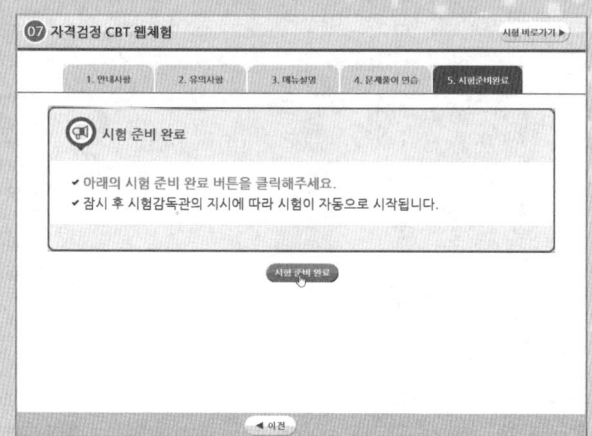

14 본 시험이 시작되면 첫 번째 문제가 화면에 나타납니다. 앞서 문제풀이 연습 때와 마찬가지 방법으로 문제의 보기에서 정답을 클릭하거나 답안 표기란에 해당 문제의 정답 항목을 클릭하여 답을 선택합니다.

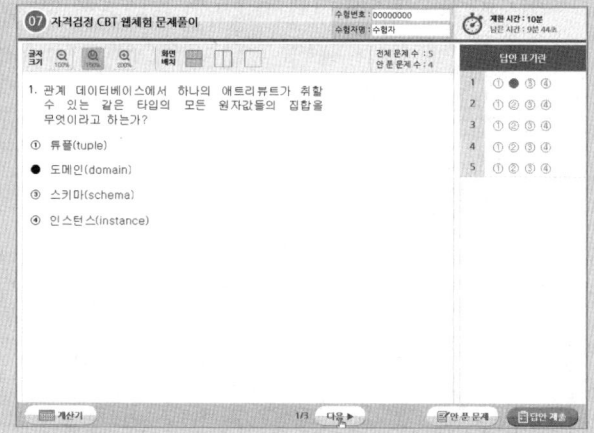

15 화면 하단의 [다음] 버튼을 클릭하면 다음 문제를 풀 수 있습니다. 앞서와 마찬가지 방법으로 답안에 체크하고 모든 문제를 풀었다면 [답안 제출] 버튼을 클릭합니다.

> 화면의 상단 오른쪽에 제한 시간과 남은 시간이 표시됩니다. 본 예제는 체험을 위한 것으로 실제 시험시간은 60분이며, 이에 따라 남은 시간도 표시됩니다.

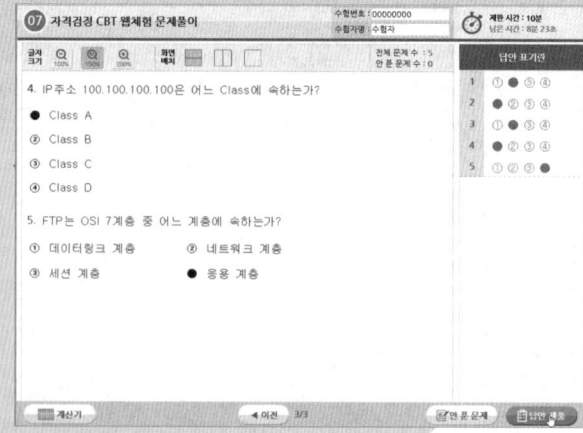

16 수험생의 실수를 방지하기 위해 2회에 걸쳐 주의 문구가 출력됩니다. 모든 문제를 이상없이 풀고 답안에 체크했다면 [예] 버튼을 클릭하여 답안을 제출하고 시험을 마무리합니다.

> 문제 화면으로 다시 돌아가고자 한다면 [아니오] 버튼을 클릭하여 이미 푼 문제들을 다시 확인하고 필요한 경우 답안을 수정할 수 있습니다.

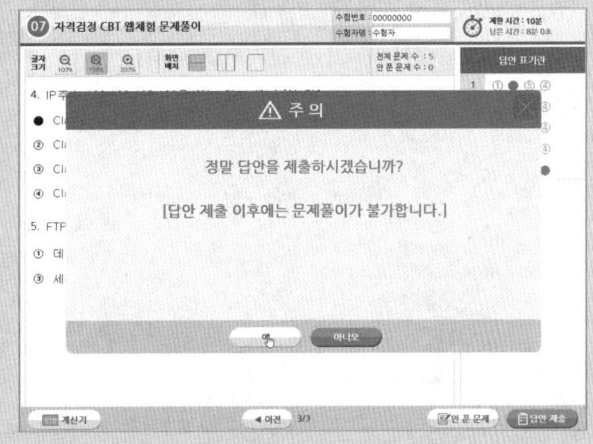

17 답안 제출 화면이 나타납니다. 잠시 기다립니다.

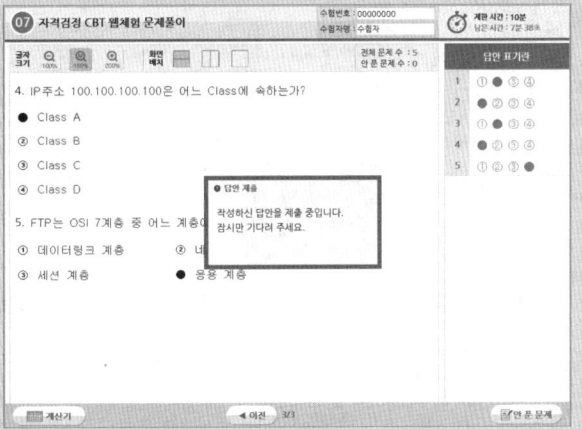

18 CBT 필기시험을 모두 끝내고 답안을 제출하면 곧바로 합격, 불합격 여부를 화면과 같이 확인할 수 있습니다. 독자분들은 꼭 화면과 같은 합격 축하 문구를 볼 수 있기를 기원합니다.

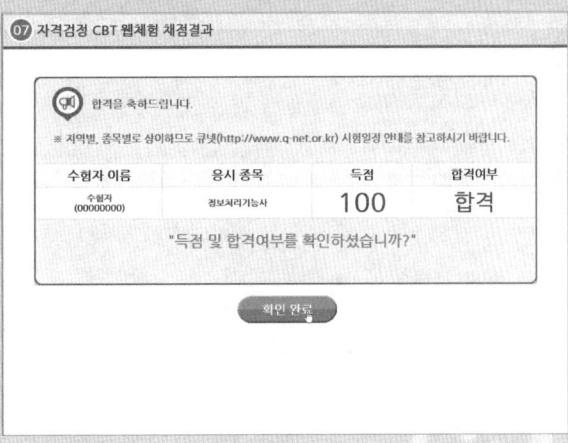

19 앞서의 합격 여부 화면에서 [확인 완료] 버튼을 클릭하면 CBT 필기시험이 종료됩니다. 고생하셨습니다.

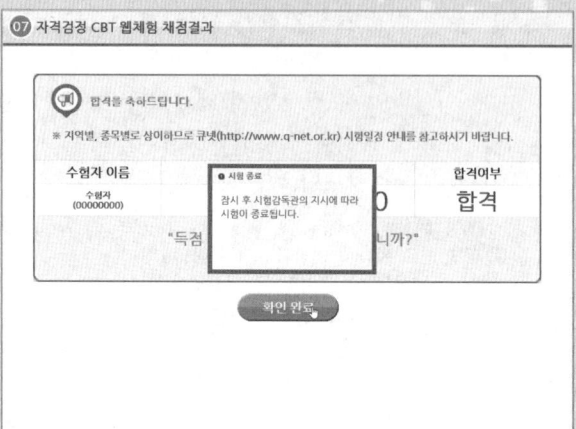

본 도서에 수록된 CBT 필기시험 체험하기 내용은 한국산업인력공단의 CBT 체험하기 과정을 인용하여 구성 및 정리한 것입니다. 직접 한국산업인력공단에서 제공하는 CBT 필기시험을 체험하고자 하는 독자께서는 한국산업인력공단이 운영하는 큐넷 홈페이지(www.q-net.or.kr)를 방문하시기 바랍니다.

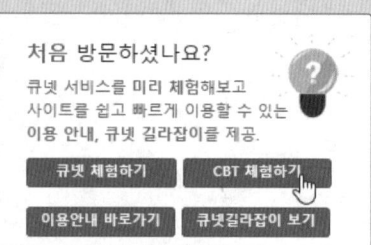

차례 CONTENTS

제1장 핵심이론 요약

제1절 | 기계편 ... 20
- 01 천장크레인의 개요 ... 20
- 02 천장크레인의 구조 ... 22
- 03 천장크레인의 기계장치 ... 24
- 04 천장크레인 구성 기계요소 ... 34

제2절 | 전기편 ... 41
- 01 전기이론 ... 41
- 02 전기장치 ... 42

제3절 | 안전관리, 점검·정비 및 취급 ... 47
- 01 줄걸이 작업 ... 47
- 02 안전관리 ... 50
- 03 점검 및 정비 ... 54
- 04 안전관리 일반 ... 57

제2장 공단 기출문제

- 2012년 1회 기출문제 ... 66
- 2012년 2회 기출문제 ... 74
- 2012년 3회 기출문제 ... 82
- 2012년 4회 기출문제 ... 90
- 2013년 1회 기출문제 ... 98
- 2013년 2회 기출문제 ... 106
- 2013년 3회 기출문제 ... 115
- 2014년 1회 기출문제 ... 124
- 2014년 2회 기출문제 ... 133
- 2014년 3회 기출문제 ... 142
- 2014년 4회 기출문제 ... 151
- 2015년 1회 기출문제 ... 159
- 2015년 2회 기출문제 ... 168
- 2015년 3회 기출문제 ... 177
- 2015년 4회 기출문제 ... 186
- 2016년 1회 기출문제 ... 195
- 2016년 2회 기출문제 ... 204
- 2016년 3회 기출문제 ... 213

제3장 CBT 대비 적중모의고사

- 제1회 적중모의고사 ... 224
- 제2회 적중모의고사 ... 232
- 제3회 적중모의고사 ... 240
- 제4회 적중모의고사 ... 250
- 제5회 적중모의고사 ... 260

CHAPTER 01

Craftsman Overhead Travelling Crane Operator

핵심이론 요약

Section 01 기계편
Section 02 전기편
Section 03 안전관리, 점검 · 정비 및 취급

SECTION 01

Craftsman Overhead Travelling Crane Operator

기계편

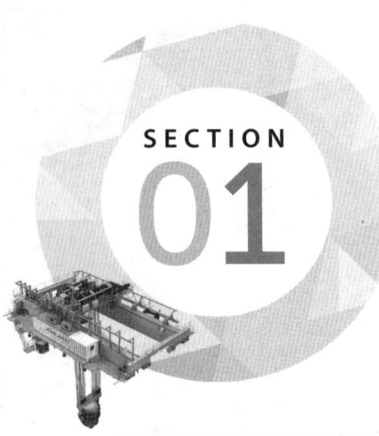

STEP 01 천장크레인의 개요

1. 천장크레인의 정의
전기를 이용 전동기를 구동시켜 주행장치, 횡행장치, 권상장치의 운동에 의하여 화물을 이동 및 이송할 수 있도록 만든 기계장치. 주로 중량물을 취급하는 공장이나 창고 등에 설치된다.

2. 천장크레인의 호칭표기
주권의 권상능력/보권의 권상능력, 스팬, 양정 순서로 표시

예 천장크레인 규격이 100/60×40×30이면 주권의 권상능력이 100ton, 보권의 권상능력이 60ton, 스팬이 40m, 양정이 30m이다.

3. 천장크레인의 종류

1) 일반형 천장크레인
   가장 많이 사용되는 천장크레인으로 훅에 줄걸이 기구를 걸어서 중량물을 이동시킨다.

2) 레이들 크레인(ladle crane)
   제강공장에서 용융된 쇳물을 운반하는데 사용하는 크레인(레이들 : 용융된 쇳물을 담는 그릇)을 말한다.

3) 강괴 인발 크레인(ingot crane)
   용융된 쇳물이 굳었을 때 굳은 강괴(ingot)를 집게로 집어 뽑아내는데 사용되는 크레인을 말한다.

> **참고** 천장크레인 관련 용어 등
> - 스팬 : 주행레일 중심 간의 거리
> - 양정 : 훅이 움직일 수 있는 최대의 수직거리
> - 권상 : 크레인의 드럼에 로프나 체인이 감겨 화물이 들어 올라가는 상태
> - 호이스트 : 훅 또는 달기구등을 사용하여 화물을 권상, 주행, 횡행 등을 행하는 크레인을 말한다.
> - 주행 : 크레인 일체가 이동하는 것
> - 횡행 : 크래브(crab) 또는 트롤리(trolley)가 거더, 트랙, 로프, 지브 등을 따라 이동하는 것
> - 정격하중 : 크레인의 권상하중에서 훅, 크래브 또는 버킷 등 달기구의 중량에 상당하는 하중을 뺀 하중(다만, 지브가 있는 크레인 등으로서 경사각의 위치, 지브의 길이에 따라 권상능력이 달라지는 것은 그 위치의 권상하중에서 달기구의 중량을 뺀 하중 가운데 최대치)
> - 권상하중 : 들어 올릴 수 있는 최대의 하중
> - 정격속도 : 정격하중에 상당하는 하중을 크레인에 매달고 권상, 주행, 선회 또는 횡행할 수 있는 최고속도

4) 마그네트 크레인(magnet crane)

    마그네트(코일을 감아서 만든 전자석)를 이용하여 철재의 중량물을 부착하여 운반하는 크레인을 말한다.

5) 통스 크레인(tongs crane) = 집게 크레인

    집게를 사용하여 중량물을 이동시키는 크레인이다.

6) 몰드 크레인(mould crane)

    잉코드(강괴)를 뽑아내고 주형틀을 해체, 운반하는데 사용되는 크레인을 말한다.

7) 갠트리 크레인(gantry crane)

    주로 건물 외부에 설치되며 천장크레인 거더의 양 끝에 다리를 설치하고 지상 또는 건물 바닥에 설치한 레일 위를 주행하도록 한 것이다.

8) 크로우 크레인

    "ㄷ"자 모양의 지게발 구조이며, 중량물이 고온일 때 작업자가 줄걸이 작업을 하지 못하는 작업장에서 주로 사용된다.

9) 플립버켓 크레인(flip bucket crane)

    고철이나 폐지 등을 집어 올려 운반하는데 사용하는 크레인이다.

10) 그래브 버켓 크레인(grab bucket crane)

    분말 형태의 작업에 용이. 웅덩이에 있는 수분이 함유된 찌꺼기를 집어 올릴 때 용이하다.

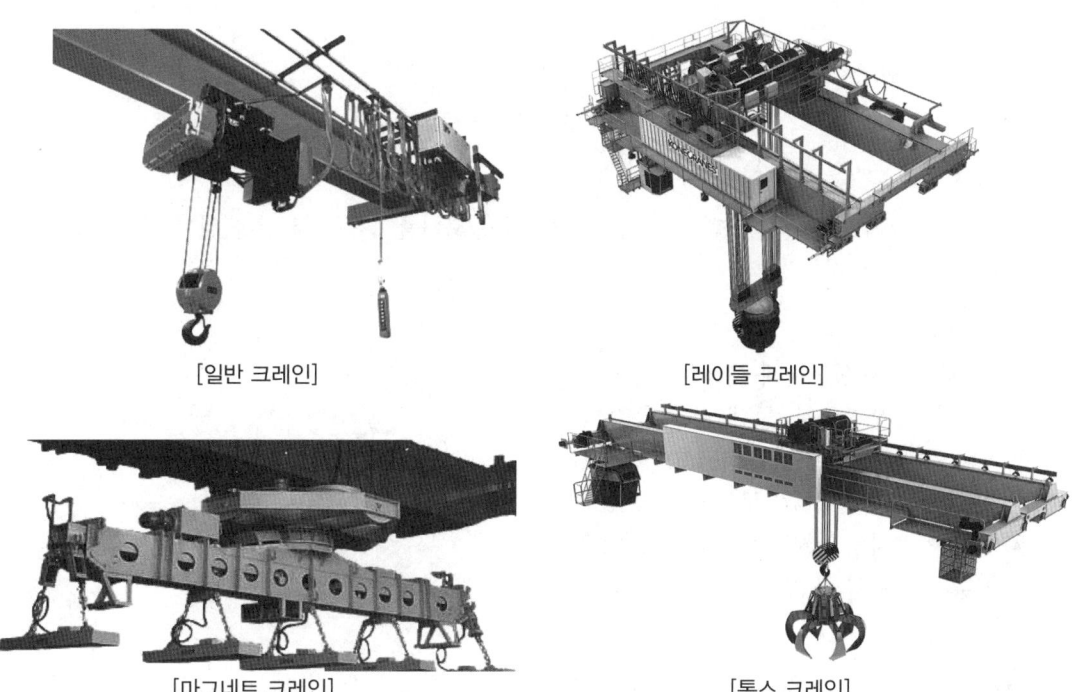

[일반 크레인] [레이들 크레인]

[마그네트 크레인] [통스 크레인]

STEP 02 천장크레인의 구조

1. 3대 주요 구성장치 및 5대 주요 부분

1) 3대 주요 구성장치
   ① 권상 · 권하장치 : 중량물을 들어 올리거나 내리는 장치
   ② 주행장치 : 중량물을 주행시키는 장치
   ③ 횡행장치 : 중량물을 가로로 이동시키는 장치

2) 5대 주요 부분
   거더, 새들, 크래브, 운전실, 훅

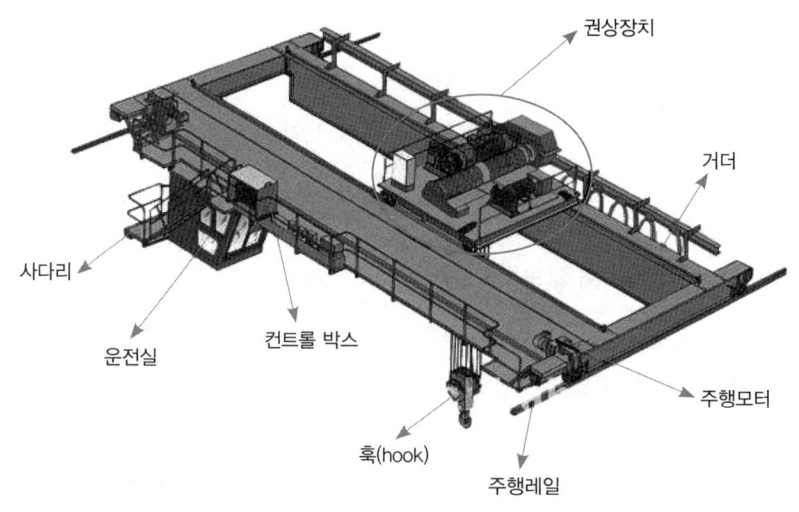

[천장크레인의 구조]

2. 주행장치

건물기둥의 양쪽에 설치된 주행레일 위에 전기를 이용 모터를 구동시켜 건물 길이 방향으로 천장크레인 전체가 움직이는 것

1) 차륜(wheel, 바퀴)

   천장크레인이 이동하는데 필요한 구동장치
   ① 차륜의 재질 : 주철, 주강, 특수 주강
   ② 차륜의 마모한도 : 차륜 직경의 3% 이내
   ③ 좌우 차륜의 직경차 : 구동륜은 직경의 0.2%, 종동륜은 직경의 0.5% 이내
   ④ 차륜 플랜지의 경사 : 수직위치에서 20°
   ⑤ 차륜 플랜지의 마모 : 원치수의 50% 이내

2) 레일(rail)

   천장크레인의 주행과 횡행운동을 하기 위해 설치된 것
   ① 균열, 두부의 변형이 없을 것

② 레일 부착 볼트는 풀림, 탈락이 없을 것
③ 연결부(레일 이음부) 틈새 : 천장 크레인은 3mm, 기타 크레인은 5mm 이하일 것
④ 연결부(레일 이음부) 엇갈림 : 상하 0.5mm 이하, 좌우 0.5mm 이하일 것
⑤ 주행레일은 1년에 2회 정밀 측정을 해야 함
⑥ 레일 측면의 마모 : 원래 규격치수의 10% 이내일 것
⑦ 주행레일의 스팬 편차 한계
　㉮ 스팬이 10m 이하 : ±3mm 이내
　㉯ 스팬이 10m 초과 : ±[3 + 0.25 × (스팬 − 10)]mm 이내
⑧ 주행레일의 높이편차 : 기준면으로부터 최대 ±10mm 이내
⑨ 좌우레일의 수평차는 : 10mm 이내
⑩ 레일의 구배량 : 주행길이 2m마다 2mm를 초과하지 않을 것
⑪ 주행레일의 진직도 : 전 주행길이에 걸쳐 최대 10mm 이내
⑫ 수평방향의 휨 량 : 주행길이 2m마다 ±1mm 이내일 것

3. 횡행장치

거디 위에 실치된 레일을 따라 전기를 이용 모터를 구동시켜 주행방향과 직각으로 움직이면서 중량물을 이동시키는 것

1) 스토퍼(stopper, 정지기구)

천장크레인의 주행·횡행레일 양 끝부분에 충격을 완화하기 위해 설치하는 정지기구

① 크레인의 횡행레일에는 양끝부분 또는 이에 준하는 장소에 완충장치, 완충재 또는 해당 크레인 횡행차륜 지름의 4분의 1 이상 높이의 정지 기구를 설치해야 한다.
② 크레인의 주행레일에는 양끝부분 또는 이에 준하는 장소에 완충장치, 완충재 또는 해당 크레인 주행차륜 지름의 2분의 1 이상 높이의 정지 기구를 설치해야 한다.
③ 크레인의 주행레일에는 차륜정지기구에 도달하기 전의 위치에 리미트스위치 등 전기적 정지장치를 설치해야 한다.
④ 횡행 속도가 매 분당 48m 이상인 크레인의 횡행레일에는 차륜정지 기구에 도달하기 전의 위치에 리미트스위치 등 전기적 정지장치가 설치되어야 한다.

2) 버퍼(buffer)

충격을 완화해 주는 완충재로 스프링, 고무, 나무, 유압식 버퍼를 사용

3) 횡행레일의 구조

① 차륜 정지장치는 균열, 손상 또는 탈락이 없을 것
② 볼트는 탈락이 없어야 하며, 용접부에는 균열이 없을 것
③ 레일에는 균열, 변형, 측면의 마모 및 두부의 이상 마모가 없을 것
④ 좌우 횡행레일의 중심간 거리 편차한계는 ±3mm 이내일 것
⑤ 좌우 횡행레일의 수평차는 횡행레일 중심간 거리의 0.15% 이내이되 최대 10mm를 초과하지 않을 것

⑥ 횡행레일의 수평방향의 휨 량은 횡행길이 2m당 ±1mm 이내이며, 레일 연결부에서의 엇갈림이 없을 것

4. 권상장치

전기를 이용 모터를 구동시켜 중량물을 들어 올리는 장치

1) 권상장치 개요

권상장치는 크래브에 설치되며 전동기, 전동기 브레이크 커플링, 감속기어 등으로 구성되어 있으며 전동기로 권상 드럼을 구동하여 수직으로 권상 및 권하작용을 하는 것이다.

2) 권상장치의 동력 전달 순서

전동기 → 플렉시블 커플링 → 기어 감속기 → 와이어로프 드럼 → 와이어로프 → 훅 블록

STEP 03 천장크레인의 기계장치

1. 거더(girder)

1) 거더의 개요

① 천장크레인의 자체 중량 및 권상 하중에 견디기 위해 설치하는 다리형태의 구조물이다.
② 주행 휠베이스(wheel base)는 스팬의 1/7 이상이어야 한다.
③ 거더의 처짐은 정격하중 및 달기기구 자중을 합한 하중에 상당하는 하중을 가장 불리한 조건으로 권상하였을 때, 당해 스팬의 800분의 1 이하가 되어야 한다.
④ 용접구조로 된 박스 거더는 거더 높이에 대한 스팬의 비가 25, 거더 폭에 대한 스팬의 비가 65를 초과하지 않아야 한다.
⑤ 박스 거더에는 자중에 의한 처짐과 정격하중의 1/2에 의한 처짐을 합산한 값에 상당하는 캠버를 주어야 한다.

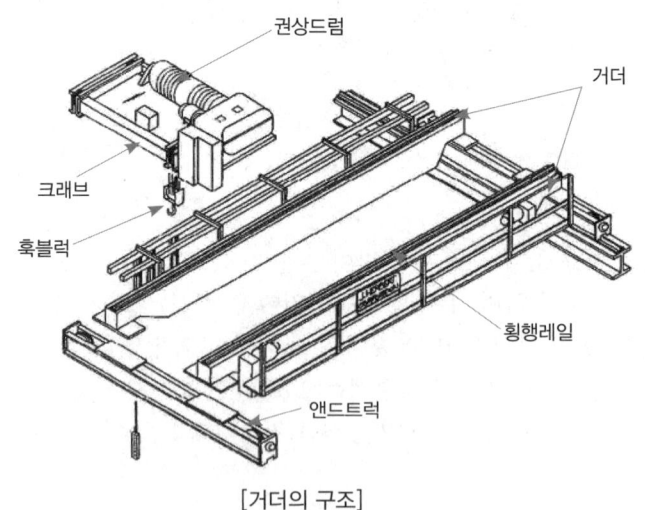

[거더의 구조]

2) 거더의 종류
① 박스형 거더(box girder) : 철판을 용접하여 4각 박스(box) 구조로 제작된 것
㉮ 공간이용이 용이하다.
㉯ 부식에 강하다.
㉰ 기기류 설치가 편하다.
㉱ 큰하중 (중형) 이상의 용량(20~50 ton) 천장크레인에 주로 사용된다.
② 플레이트 거더(plate girder) : 철판을 폭이 넓은 I형 구조로 제작된 것
③ 래티스 거더(lattice girder) = 트러스 거더(truss girder) : 앵글, 판넬 등을 격자형으로 짜서 접합부에 보강용 강판으로 체결
④ 아이빔 거더(I Beam girder) : I 빔을 사용하여 만든 거더

2. 새들(saddle)

건물기둥의 양쪽에 설치된 주행 \레일 위에 전기를 이용 모터를 구동하여 건물을 따라 천장크레인 전체가 움직이는 것으로 2개의 거더를 받쳐주는 부분이다.

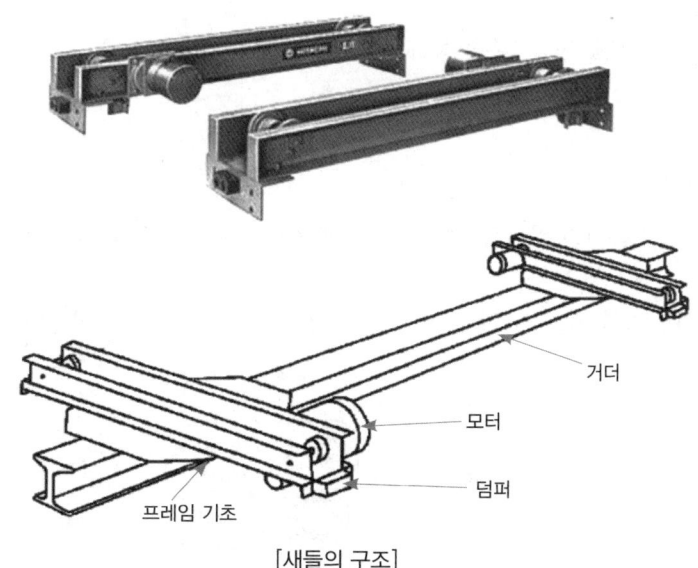

[새들의 구조]

3. 크래브(crab)

권상장치와 횡행장치가 실려 운행하는 대차, 거더에 고정된 횡행레일을 따라 이동한다.

4. 운전실

1) 운전실 개요

거더의 한쪽 끝 아래 부분에 설치되며, 내부에는 배전반, 제어기, 브레이크 경보장치 등이 설치된다. 일반적으로 유리창을 끼운 밀폐형을 사용한다.

2) 운전실의 구비 조건
　① 운전자가 안전한 운전을 할 수 있는 충분한 시야를 확보할 수 있을 것
　② 운전자가 쉽게 조작할 수 있는 위치에 개폐기, 제어기, 브레이크, 경보장치 등을 설할 것
　③ 운전자가 접촉하는 것에 의해 감전위험이 있는 충전부분에는 감전방지를 위한 덮개나 울을 설치할 것
　④ 분진이 현저하게 발산하는 장소에 설치하는 크레인의 운전실은 분진의 침입을 방지할 수 있는 구조일 것
　⑤ 물체의 낙하, 비래 등의 위험이 있는 장소에 설치되는 크레인의 운전대에는 안전망 등 인전한 조치를 할 것
　⑥ 운전실 등은 훅 등의 달기기구와 간섭되지 않아야 하며 흔들림이 없도록 견고하게 고정할 것
　⑦ 운전실에는 적절한 조명을 갖출 것
　⑧ 운전실의 바닥은 미끄러지지 않는 구조일 것
　⑨ 운전실에는 자연환기(창문열기) 또는 기계장치 등 환기장치를 갖출 것

3) 운전실의 종류
　① 개방형
　② 밀폐형 : 단열, 방진, 방음, 혹한 등에 유리
　③ 밀폐 단열형

5. 훅 블록 (hook block)

고리 모양의 기구로서 줄거리 기구를 이용하여 훅에 걸어서 중량물을 들어 올려 이동하기 위한 기계 기구이다.

하중이 50ton 이하인 경우에는 한 쪽 고리 훅을 사용하고 하중이 50ton 이상인 경우에는 양쪽 고리 훅을 사용한다.

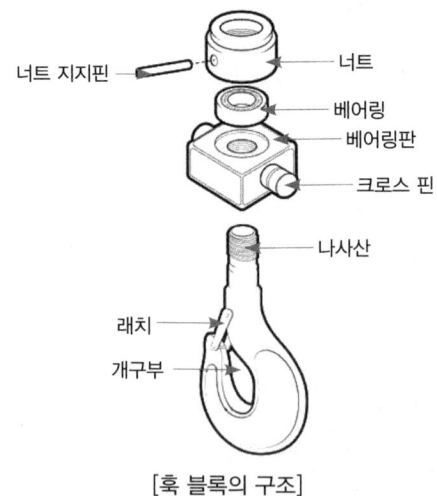

[훅 블록의 구조]

1) 훅의 재질

　훅은 탄소강 단강품이나 기계구조용 탄소강을 사용한다.

2) 훅의 점검 및 관리

　① 강도와 연성이 클 것
　② 훅의 안전율(안전계수)은 5 이상
　③ 훅의 파괴시험은 정격하중의 5배
　④ 훅의 줄걸이 부분의 마모는 원치수의 5% 이내
　⑤ 와이어로프가 걸리는 부분에 마모의 깊이가 2mm 이하일 때 연삭숫돌로 다듬질하여 사용
　⑥ 마모가 원래 치수의 5% 이상이면 교환

6. 리프팅 마그넷(lifting magnet)

1) 리프팅 마그넷의 개요

　① 리프팅 마그넷 부착 크레인은 정전 등 비상시에 최소 10분 이상의 흡착력을 유지하기에 충분한 용량의 충전기, 전지 등의 정전보상 장치를 갖출 것
　② 달기기구 구조부분의 내구력은 항복강도를 기준하여 흡착력의 2배 이상일 것

2) 리프팅 마그넷 제작 및 설치

　① 리프팅 마그넷 등에 부착된 이름판에는 정격하중을 표시할 것
　② 조작 마그넷 등의 조작스위치나 핸들에는 운전형식 및 방법을 표시할 것
　③ 정전시 배터리에서 전원이 공급될 경우 운전자에게 전원공급이 배터리에서 공급됨을 경보하기 위한 음향신호를 가지고 있고, 화물을 바닥에 안전하게 내릴 수 있는 구조일 것
　④ 리프팅 마그넷의 흡착력의 시험은 정격하중의 2배 이상으로 할 것

7. 권상 드럼(hoist drum)

1) 천장크레인용 드럼

　천장크레인용 드럼은 로프의 홈이 나선형으로 파진 것을 사용하며 홈의 직경은 와이어로프의 공칭 직경보다 10% 정도 커야 한다.

2) 권상 드럼의 주요 사양

　① 권상드럼의 직경 D(드럼에 감긴 로프의 중심)와 와이어로프 직경 d와의 비는 D/d = 20배 이상 되어야 한다.
　② 드럼에서 로프가 벗겨지지 않게 키(key)로 누르고 볼트로 키를 조여 준다.
　③ 드럼의 크기는 로프의 수명을 위하여 로프의 전체 길이를 1열에 감을 수 있어야 하며, 설치공간의 제약 등으로 인하여 1열 감기가 불가능 할 경우에 한하여 다층감기를 할 수 있다.
　④ 드럼은 훅의 위치가 가장 낮은 곳에 위치할 때 클램프 고정이 되지 않은 로프가 드럼에 2바퀴 이상 남아 있어야 하며, 훅의 위치가 가장 높은 곳에 위치할 때 해당 감김 층에 대하여 감기지 않고 남아있는 여유가 1바퀴 이상인 구조여야 한다.
　⑤ 드럼과 플리트(Fleet, 와이어로프가 감기는 방향과 로프가 감겨지는 방향과의 각도) 각도

㉮ 드럼에 홈이 있는 경우 플리트(Fleet, 와이어로프가 감기는 방향과 로프가 감겨지는 방향과의 각도) 각도 : 4° 이내

㉯ 드럼에 홈이 없는 경우 플리트 각도(Fleet) : 2° 이내

㉰ 드럼에 로프를 다층으로 감는 경우 로프가 쌓이는 것을 방지하기 위하여 플랜지부에서의 플리트 각도 : 0.5° 이상 4° 이내

8. 시브(sheave, 활차, 도르래)

시브는 활차 또는 도르래라고도 하며 원형바퀴에 홈을 파고 줄을 걸어 회전시켜 물건을 움직이는 장치를 말한다.

1) 시브의 종류
   ① 정활차(고정시브) : 힘의 방향만 바꿔준다. 동력이 절약되지 않는다.
   ② 동활차(이동시브) : 활차에 건 로프의 한 쪽을 고정시키고, 다른 한 쪽 끝을 상하로 작동시키는 것으로 힘의 크기를 1/2로 줄여준다.
   ③ 조합활차(복합활차) : 여러 개의 정활차와 동활차를 조합하여 구성한 것으로 적은 힘으로 무거운 하중을 들어 올릴 수 있다.

2) 권상장치의 활차
   ① 균형활차(이퀄라이저 시브) : 권상하는 로프의 중앙부를 지지해 주는 역할을 하는 것
   ② 권상장치용 시브의 피치원 직경(D) : 와이어로프 직경(d)의 20배 이상으로 하고, 균형활차는 10배 이상으로 한다.

3) 시브 피치원 직경과 와이어로프
   ① 권상장치 등의 이퀄라이저 시브 피치원 직경과 해당 이퀄라이저 시브(sheave)를 통과하는 와이어로프 지름과의 비는 10 이상
   ② 과부하방지 장치용의 시브 피치원 직경과 해당 시브를 통과하는 와이어로프 지름과의 비는 5 이상으로 할 수 있다.

9. 와이어로프(wire rope)

와이어로프는 여러 번 가공한 소선을 여러 개 꼬아서 스트랜드(strand)를 만들고 가운데 심강을 넣고 스트랜드를 다시 꼬아서 만든 것

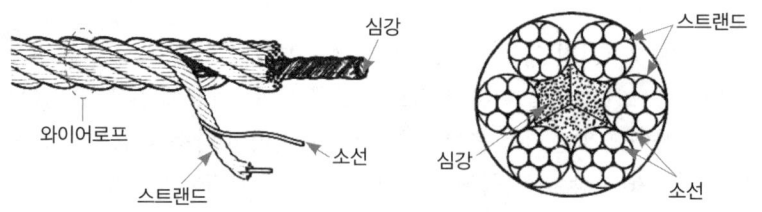

[와이어로프의 구성]

1) 와이어로프의 구성

① 소선
  ㉮ 탄소강에 특수 열처리를 하여 사용. 표준 인장강도는 135~180kg/mm²
  ㉯ 소선의 결합

접촉구조	설명
점 접촉구조	• 가장 일반적으로 사용되는 와이어로프이다. • KSD3514에 규정된 1~7호까지의 것이 있다. • 스트랜드 내·외층의 소선이 교차되어 접촉하고 있다. • 내·외층을 별도로 제작할 수 있어 값이 싸고, 구성이 간단하다. • 점 접촉부에 소선 면압이 증가하며 눌린 자국이 생기기 쉽다.
선 접촉구조	• 내외층을 한 조각으로 동시에 꼬아 합쳐서 만들고 소선이 교차하지 않도록 한 것 • 각 소선이 선모양으로 길게 접촉되어 있기 때문에 눌린 흔적이 생기지 않는다. • 점 접촉구조보다 굽힘에 대해 강하다. • 종류 : 필러형(filler : 기호 Fi), 실형(seal : 기호 S), 워링톤형(warrington : 기호 W)
면 접촉구조	• 각 소선이 면으로 접촉되어 있다. • 마모, 부식 및 변형에 강하다. • 절단하중이 크며 쉽게 단선되지 않는다.

  ㉰ 소선의 마모 원인
    ㉠ 시브(활차)의 지름이 적을 때
    ㉡ 와이어로프와 시브의 접촉면이 불량할 때
    ㉢ 외부 소선은 다른 물체와 접촉이 심할 때
    ㉣ 내부 소선은 과다한 하중, 무리한 굽힘, 주유가 부족할 때
② 스트랜드(strand) : 소선을 꼬아서 합친 것. 스트랜드의 수는 3줄에서 18줄까지 있으나 보통 6줄이 사용된다.
③ 심강 : 중심선을 말하며 사용목적으로는 충격하중의 흡수, 부식방지, 소선끼리 마찰에 의한 마모방지, 스트랜드의 위치를 올바르게 하는데 있다.
  ㉮ 섬유심 : 가장 많이 사용되는 심으로 재료는 마, 화학섬유 등이며 부식 방지용으로 적당하다. 고열작업에는 사용하지 않는다.
  ㉯ 공심 : 스트랜드 한 줄을 심강으로 사용된 것으로 굽힘 하중이 반복되는 곳에는 부적당하며, 물체를 매달아 놓는 고정하중이 발생하는 곳에 사용. 고온에서 적합하다.
  ㉰ 철심(와이어심) : 심강으로 와이어로프를 사용한 것
    ㉠ IWRC(Independent Wire Rope Core) : 고열에서 사용되며(200℃ 고열작업), 절단하중이 크다.
    ㉡ CFRC(Center Filler Rope Core) : 심강인 와이어를 외측 와이어 스트랜드의 움푹한 데까지 들어가도록 꼬아 합친 것이다.

2) 와이어로프의 종류
① 표시방법은 명칭, 구성, 기호, 꼬임방법, 종류, 로프의 직경으로 한다.
② 종류의 일반적인 형상은 KSD3514에 규정되어 있으며, 종류는 1~17호의 17종이 있다.
③ 와이어로프의 구성기호는 "6×37"로 표시된 것은 6은 스트랜드 수, 37은 소선수를 의미한다.

3) 와이어로프의 꼬임방법

① 로프의 꼬임과 스트랜드의 꼬임의 관계에 따른 구분

구분	설명
보통꼬임	• 스트랜드와 소선의 꼬임 방향이 반대인 것 • 외부와 접촉면이 작아서 마모는 크지만 킹크(kink, 반듯했던 것이 구부러지거나 뒤틀린 상태) 발생이 적고 취급이 용이하다.
랭꼬임	• 스트랜드와 소선의 꼬임 방향이 같은 것 • 소선과 외부 접촉 면적이 길어서 마모가 적고, 유연하며 수명이 길다. • 꼬임이 풀리기 쉽고, 킹크(kink) 발생이 쉽다.

② 와이어로프의 꼬임 방향에 따른 구분 : S 꼬임, Z 꼬임
③ 소선의 종류에 따른 구분 : E 종, A 종

[와이어로프 꼬임의 종류]

4) 와이어로프의 지름(직경) 측정 방법

① 와이어로프의 직경 측정은 로프의 끝에서 1.5m 이상 떨어진 곳에서 측정
② 2~3개 지점을 측정해서 평균값으로 한다.
③ 측정하는 직경은 와이어로프 외접원의 가장 큰 부분의 직경으로 한다.
④ 와이어로프의 지름 측정은 버니어 캘리퍼스를 사용한다.
⑤ 소선의 지름 측정은 마이크로미터를 사용한다.

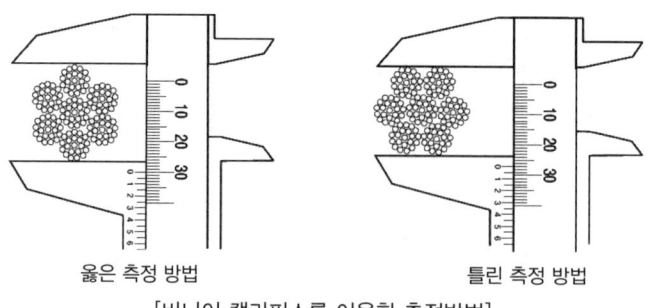

[버니어 캘리퍼스를 이용한 측정방법]

5) 와이어로프의 점검 및 관리

① 와이어로프 보관 방법
  ㉮ 습기가 없고 환기가 잘되는 건물 내에 보관한다.
  ㉯ 고열, 해풍 및 직사광선을 피한다.
  ㉰ 산, 아황산가스 등에 침식되지 않도록 한다.
  ㉱ 사용되었던 로프는 세척을 한 후 그리스로 도포하여 보관한다.
  ㉲ 지면에 직접 닿지 않고, 눈에 잘 띄는 사용이 빈번한 장소에 보관한다.

② 와이어로프를 사용해서는 안 되는 것
  ㉮ 이음매가 있는 것
  ㉯ 와이어로프의 한 꼬임의 수가 10% 이상인 것
  ㉰ 지름의 감소(마모)가 공칭 지름의 7%를 초과하는 것
  ㉱ 심하게 변형되었거나 부식된 것(부식이 심하면 강도가 약 40~50% 감소됨)
  ㉲ 열 및 전기충격에 의해 손상된 것
  ㉳ 부풀거나 변형된 것
  ㉴ 꺾임으로 인한 영구 변형된 것
  ㉵ 소선 및 스트랜드가 돌출되었거나 빠져 나온 것
  ㉶ 국부적인 직경의 증가 또는 감소가 발생된 것
  ㉷ 훅에 거는 고리 부분의 섬유 심강이 빠져 나온 것
  ㉸ 압축 고정 소켓 부분에 균열이 있거나 압축이 덜 된 것

③ 시징(seizing)
  ㉮ 와이어로프를 절단하였을 때 절단된 끝 부분이 풀리는 것을 방지하기 위하여 절단 부분의 양 끝을 철사로 감아 마감 처리하는 것을 말한다.
  ㉯ 시징의 폭은 와이어로프 직경의 2~3배가 적당하다.

6) 와이어로프의 단말가공

① 소켓(socket) 고정법 : 줄걸이용이 아닌 고정용으로 사용되는 방법으로 와이어로프의 고리를 만들 부분을 소켓에 끼워서 스트랜드와 소선을 풀어낸 다음, 합금 또는 합성수지를 소켓 안쪽에 부으면 굳어지면서 와이어로프가 빠지지 않도록 하는 고정법이다.

② 아이스플라이스(eye splice) 고정법(엮어 넣기) : 와이어로프의 스트랜드를 벌려 끼우는 방법과 감아 끼우는 방법이 있다. 로프의 엮어 넣는 길이는 로프 지름의 30~40배가 적당하며 줄걸이용 와이어로프에 많이 사용된다.

③ 로크(Lock) 고정법(압축고정법) : 파이프 형태의 슬립(slip)에 와이어로프를 넣고 압착하여 고정시킨 방법으로 로프의 절단하중과 거의 동일한 효율을 가지며, 주로 슬링용(sling) 로프에 많이 사용된다.

④ 클립(clip) 고정법 : 줄걸이용이 아닌 고정용으로 사용되며 와이어로프의 끝을 원하는 고리의 크기만큼 구부린 다음 클립을 채워 고정하는 방법이다.
  ㉮ 클립과 클립 사이에서 와이어로프 사이에 빈 틈이 생기지 않도록 한다.
  ㉯ 클립의 간격은 로프 지름의 6배 이상, 수량은 최소 4개 이상으로 한다.
  ㉰ 클립의 볼트는 힘이 걸리지 않는 쪽에 일정하게 조인다.

㉣ 클립의 새들은 로프의 힘이 걸리는 쪽에 둔다.
㉤ 와이어로프 직경에 따른 클립 수는 다음과 같다.

로프의 지름 (mm)	클립 수
16 이하	4개
16 초과 ~ 28 이하	5개
28 초과	6개 이상

② 웨지(wedge, 쐐기) 고정법 : 끝을 시징한 와이어로프를 소켓 안에서 구부려 그 속에 쐐기를 넣어 고정시키는 방법. 줄거리용이 아닌 고정용으로 사용된다.

고정법	형태	효율
소켓(Socket)		100%
아이스플라이스(Eye Splice)		6mm : 90% 9mm : 88% 12mm : 86% 18mm : 82%
로크(Lock)		24mm : 95% 26mm : 92.5%
클립(Clip)		75~80%
웨지(Wedge)		75~90%

7) 와이어로프의 안전계수

① 안전계수 : 절단하중과 안전하중과의 비(比) = $\dfrac{\text{절단하중}}{\text{안전하중}}$

② 와이어로프의 안전율

와이어로프의 종류	안전율
• 권상용 와이어로프 • 지브의 기복용 와이어로프 • 횡행용 와이어로프 및 케이블 크레인의 주행용 와이어로프	5.0
• 지브의 지지용 와이어로프 • 보조로프 및 고정용 와이어로프	4.0
• 케이블 크레인의 주 로프 및 레일로프	2.7
• 운전실 등 권상용 와이어로프	10.0

10. 체인(chain)

고열물이나 수중 작업 시에 사용하며 종류에는 롤러(roller)체인, 링크(link)체인이 있다. 체인의 안전계수는 5 이상이다.

1) 롤러체인(roller chain)
① 천장크레인의 드럼과 리밋 스위치 간의 전동장치에 사용
② 떨어진 두 축 사이의 전동장치에 사용

2) 링크체인(link chain)
① 체인블록, 레버블록, 호이스트 크레인의 권상장치, 대형 선박의 닻 등에 사용
② 링크체인의 안전계수는 5이상, 사용온도는 400℃ 까지 사용 가능

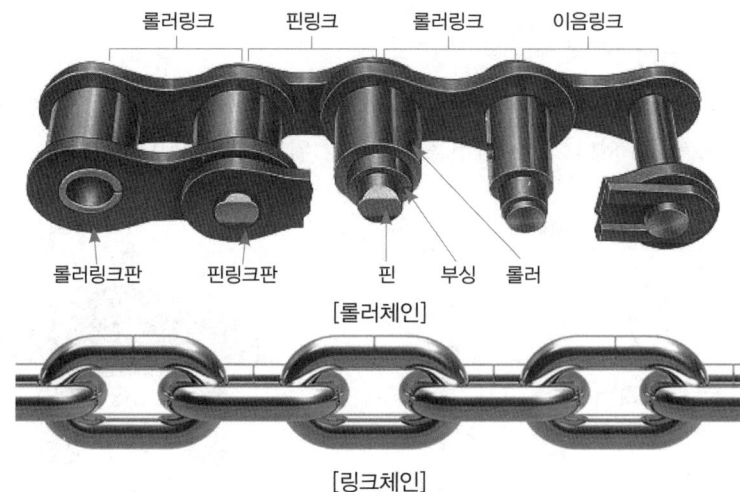

[롤러체인]

[링크체인]

3) 체인 사용 시 주의 사항
① 균열, 부식, 깨지거나 모양의 결함 등이 없을 것
② 연신율이 제조 시 보다 5% 이내일 것
③ 링크(link) 단면의 지름 감소가 제조 시보다 10% 이하일 것

11. 줄걸이용 보조 기구

1) 샤클(shackle)
① 와이어로프, 체인 등을 연결하거나 고정시키는데 사용하는 것
② 규격은 고리를 만드는 봉강의 직경으로 표시되며, 링 직경은 그 재료의 4배 직경으로 한다.

2) 링(ring)
① 와이어로프, 체인 등을 훅에 직접 걸지 못할 때 사용하는 것
② 링에 걸린 줄걸이 기구의 장력보다 링의 장력이 커야 한다.

3) 아이볼트(eye bolt)

구조물이 외부에서 줄걸이를 하기 힘들 때 구조물에 구멍을 뚫은 다음 아이 볼트를 끼워 너트로 조인 후 하물을 인양할 때 사용된다.

4) 클램프(clamp, 조임쇠)
① 철판을 줄걸이 작업할 때 사용된다.
② 클램프를 끼울 때 틈새가 없어야 하며, 제품의 두께가 경사가 있을 때는 사용하지 않는다. 철판을 2장 겹쳐서 사용하지 않는다.

5) 해커
① 철판, 철재 파이프, 철재 형강 등을 들어올려 이송하는데 사용된다.
② 줄걸이 작업을 할 때 인양각도는 60° 이내로 하며, 해커를 거는 폭의 각도는 30° 이내로 해야 한다.

6) 슈벨(swivel, 회전고리)

줄걸이 작업 시 와이어로프가 자전이 발생(와이어로프의 꼬임 또는 꼬임 반대방향)되면 와이어로프에 심각한 손상을 줄 수 있다. 이런 자전을 방지하기 위해서 사용된다.

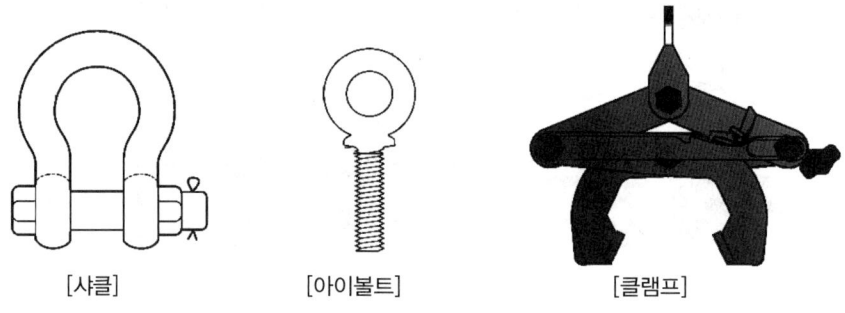

[샤클] [아이볼트] [클램프]

STEP 04 천장크레인 구성 기계요소

1. 기어

원형의 둘레에 일정한 간격으로 톱니모양의 홈을 만든 바퀴로 바퀴 조합에 따라 회전속도나 회전방향을 바꾸는 장치를 말한다.

1) 기어전동의 특징
① 운동 전달이 확실하다.
② 낮은 속도에서 전동력이 크다.
③ 베어링에 미치는 압력이 적다.
④ 충격음 흡수에 약해 진동이 발생한다.

2) 기어의 종류
① 스퍼기어(sper gear, 평기어)

㉮ 기어의 톱니모양의 이 부분이 반듯한 직선으로 제작된 것
㉯ 두 개의 축이 수평으로 조립. 가장 일반적인 기어이며 회전 시 소음이 있다.
② 헬리컬 기어(helical gear)
㉮ 기어 톱니 모양의 이 부분이 경사지게 제작된 것
㉯ 회전 시 진동이 적고, 소음이 적다.
③ 인터널 기어(internal gear)
㉮ 접촉되는 두 개의 안 쪽에서 접촉되어 동력을 전달하는 기어
㉯ 2개의 기어는 회전방향이 같다. 설치장소가 작으며 높은 감속비를 얻을 수 있다.
④ 스크루 기어(screw gear)
㉮ 전동축과 피동축이 비켜서 회전운동을 전달하는 기어
㉯ 헬리컬 기어의 축을 엇갈리게 한 기어
⑤ 웜 기어(worm gear)
㉮ 1~2줄 이상의 줄 수를 가진 나사모양의 것을 웜이라 하며, 이것과 물리는 기어를 웜 기어라 한다.
㉯ 큰 감속비를 얻을 수 있다. 역 회전에는 사용되지 않으며 전동효율이 낮고 발열 현상이 크다.
⑥ 랙과 피니언 기어(rack and pinion gear)
㉮ 피니언의 회전운동을 랙이 직선운동으로 바꿀 때 사용되는 기어
㉯ 랙은 기어의 지름이 무한대이다.
⑦ 하이포이드 기어(hypoid gear)
㉮ 기어의 이가 쌍곡선으로 되어 있고 피니언이 중심선상에서 아래쪽으로 설치된 기어
㉯ 큰 동력을 전달할 수 있다.
⑧ 직선 베벨 기어(straight bevel gear)
㉮ 기어의 잇면이 반듯한 직선으로 제작된 것이며, 두 개의 축이 교차된다.
㉯ 교차되는 각도는 45°, 60°, 90°, 120°
⑨ 스파이럴 베벨 기어(spiral bevel gear)
㉮ 기어의 잇면이 경사진 곡선으로 제작된 것. 두 개의 축이 교차된다.
㉯ 교차되는 각도는 45°, 60°, 90°, 120°

3) 기어의 교환 시기
① 기어의 피치원 부분 이의 두께가 원치수의 40% 감소(마모) 되었을 때 폐기
② 교환시기는 20~30%의 마모에서 교환한다.
③ 감속기의 제 1단 압력 축기어, 웜기어는 10% 마모시 교환한다.
④ 급유 및 윤활의 목적은 윤활, 소음방지, 냉각, 방청 작용이다.
⑤ 윤활유는 약 2000시간 사용 후 교환한다.

4) 기어의 소음 발생 원인
① 2개의 기어가 맞물렸을 때 잇면 사이에 생기는 틈새(백래시)가 너무 적으면 소음 발생
② 기어 잇면이 거칠거나 흠이 생기면 소음 발생
③ 윤활유가 너무 적거나 부적당한 오일일 때 소음 발생

④ 기어 피치원의 틈새가 크거나, 잇면 접촉 부분의 틈새가 크면 소음 발생
⑤ 기어 및 베어링이 마모되면 소음 발생

2. 축이음(shaft coupling)

1) 축이음의 개요
기계를 회전시키기 위하여 동력을 전달하는 회전축과 동력을 전달 받는 고정축을 연결하는 장치를 말한다.

2) 축이음의 종류
① 플렉시블 축이음(flexible coupling) : 두 개의 축을 정확히 일치시키기 어려울 때나 진동 및 충격을 완화시킬 목적으로 사용
② 플랜지 커플링(flange coupling) : 두 개의 축 양 끝에 플랜지를 볼트로 고정하여 두 축을 연결시키는 방식, 고속회전하는 곳에 사용
③ 유니버셜 축이음(universal coupling) : 두 개의 축을 30° 이하의 각도로 꺾어서 연결할 때 사용
④ 머프 축이음(muff coupling) : 저속회전일 때 주로 사용

3. 키(key)

1) 키의 개요
축에 기어, 휠 드럼, 풀리 등 회전체를 고정시켜 회전력을 전달시키는 기계 부품을 말한다.

2) 특징
① 축의 재질보다 조금 더 강한 재료로 제작한다.
② 키를 1/100 정도의 구배를 가지게 제작하여 박는다.
③ 키의 회전력을 전달시키는 힘의 크기 순서 : 스플라인 – 세레이션 – 성크 키 – 플랫 키(평키) – 새들 키

3) 키의 종류
① 성크 키(sunk key) : 축과 보스에 홈을 파서 키를 박아 회전체를 고정시킨 것. 일반적으로 가장 많이 사용된다.
② 새들 키(saddle key, 안장키) : 축에는 홈을 파지 않고 보스에만 홈을 파서 키를 박아 회전체를 고정시킨 것이다.
③ 플랫 키(flat key, 평키) : 키는 닿는 축을 편평하게 깎아내고 보스에만 홈을 판 키. 주로 가벼운 하중에 사용된다.
④ 접선 키(tangential key) : 120° 각도를 두고 2개 (두개의 키가 1쌍) 소에 키를 둔다. 큰 회전력을 전달하는데 사용하며 큰 직경의 축에 적용한다.
⑤ 반달 키(woodruff key) : 축에 홈을 깊게 파서 끼우는 반달형의 키. 저절로 자리를 쉽게 잡을 수 있어 경사진축에 적합하며, 축에 홈을 깊게 파서 강도가 약해지는 결점이 있다.
⑥ 세레이션(serration) : 축과 보스에 작은 삼각형의 키와 홈을 파서 고정시킨 것. 큰 회전력을 전달할 수 있다.

㉠ 스프라인 : 축과 보스에 홈을 파서 축 둘레에 4~20개의 요철모양으로 깎아 만든 것을 말한다.

4. 베어링(bearing)

1) 베어링의 개요
기계가 회전 또는 직선운동을 할 때 축을 받쳐주어 운동을 원활하게 하는 기구를 말한다.

2) 미끄럼 베어링(sliding bearing)
회전운동과 직선운동을 할 때 축과 베어링면이 맞닿아 미끄러지는 베어링. 일명 부시(bush)라고도 한다.

① 구비조건
  ㉮ 축과의 마찰계수가 적어야 한다.
  ㉯ 열전도성과 내부식성이 커야 한다.
  ㉰ 마모에 견고하여야 한다.
  ㉱ 축재료보다는 연해야 한다.
② 재료 : 화이트 메탈, 청동, 켈밋 메탈
③ 특징
  ㉮ 구조가 간단하고 값이 싸다.
  ㉯ 베어링 교환이 간단하다.
  ㉰ 충격에 강하다.
  ㉱ 마모 한도는 0.6~1.6mm이다.

3) 구름 베어링(rolling bearing)
베어링의 내륜과 외륜사이에 강철 볼(ball)을 넣어 접촉을 이용하여 마찰을 적게 하는 베어링

① 구름 베어링의 종류
  ㉮ 볼 베어링(ball bearing)
  ㉯ 롤러 베어링(roller bearing)
  ㉰ 레이디얼 베어링(radial bearing)
  ㉱ 스러스트 베어링(thrust bearing)
② 특징
  ㉮ 베어링 교환이 용이하다.
  ㉯ 기계의 소형화가 가능하다.
  ㉰ 윤활과 수리가 쉽다.

 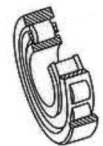   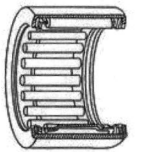

레이디얼 베어링　　실린더리컬 베어링　　스페리컬 베어링　　테이퍼 베어링　　니들롤러 베어링

[구름 베어링의 종류]

㉣ 충격에 약하다.
㉤ 값이 비싸다.
㉥ 베어링 자체온도가 100℃까지 사용 가능하다.

5. 나사

1) 나사의 개요

원통 또는 원뿔의 둘레에 코일 스프링 현상으로 일정한 홈을 파서 만든 것. 나사를 1회전시켰을 때 나사산의 1점이 축방향으로 진행한 거리를 리드(lead)라고 하며, 서로 인접한 나사산의 축방향 거리를 피치(pitch)라고 한다. 나사산의 크기는 나사산 외경 크기로 한다.

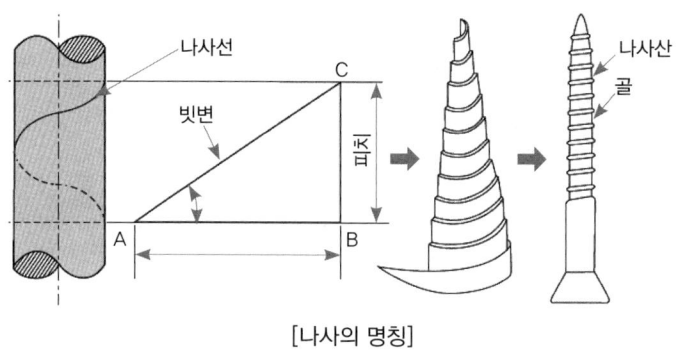

[나사의 명칭]

2) 나사의 종류

① 삼각나사 : 부품 및 구조물의 체결용으로 사용되며 종류에는 미터 보통나사, 미터 가는나사, 유니파이 보통나사, 유니파이 가는나사가 있으며 나사산의 각도는 60°이다. 나사의 외경 및 피치 등은 [mm]로 표시한다.
② 사각나사 : 큰 힘을 받는데 사용. 프레스, 나사잭, 바이스 등에 사용된다.
③ 사다리꼴나사 : 삼각나사보다 효율이 좋고 공작기계의 이송장치에 사용된다.
④ 톱니나사 : 축 방향의 힘이 한쪽으로만 작용되는 곳에 사용. 나사산의 각도는 30°, 45°인 것이 있다.
⑤ 둥근나사 : 먼지가 많은 곳. 가정용 전구의 소켓 조립용으로 사용된다.
⑥ 볼나사 : 마찰이 적고 효율이 좋다. 수치제어 공작기계의 위치결정 이동용으로 사용된다.

6. 볼트, 너트, 와셔

1) 볼트(bolt)

① 너트와 조립되어 물체를 조립 및 체결용으로 사용
② 종류 : 육각볼트, 사각볼트, 원형볼트, 접시볼트, 아이볼트, 훅볼트, T형볼트

2) 너트(nut)

① 볼트와 조립되어 물체를 조립 및 체결용으로 사용
② 종류 : 육각너트, 사각너트, 원형너트, 홈붙이너트, 슬리브너트, 아이너트, 플랜지너트, 나비너트

3) 와셔(washer)
① 볼트나 너트를 이용하여 물건을 조일 때 볼트나 너트 밑에 끼우는 얇은 쇠붙이로 볼트의 풀림을 방지
② 종류 : 평와셔, 스프링와셔, 잠금와셔, 혀붙이와셔, 경사진와셔

7. 핀(pin)

1) 핀의 개요
하중이 적은 부분의 간단한 부품 연결이나 부품의 위치를 고정할 때 사용하는 것으로 핀의 재질은 연강, 황동, 구리 등이 사용된다.

2) 핀의 종류
① 평행핀 : 기계부품의 간단한 분해 조립용
② 테이퍼핀 : 축에 보스를 고정시킬 때 사용
③ 분할핀 : 2가닥을 접어서 만든 핀. 너트의 풀림방지 또는 축에 끼운 곳이 빠지는 것을 방지하기 위해 사용
④ 스프링핀 : 핀이 세로 방향으로 쪼개져 있는 구조

[핀의 종류]

8. 브레이크 및 기타 기계요소

1) 브레이크
① 속도 제어용 브레이크
㉮ E.C(Eddy Current) 브레이크 : 권상장치의 속도제어용 브레이크이며 권상장치에만 사용한다. 와류 브레이크라고도 한다.
㉯ S.C(Speed Control) 스피드 제어 : 권상장치에만 사용
㉰ C.F(Change Frequency) 주파수 제어 : 권상장치에만 사용
② 제동용 브레이크
㉮ 교류전자브레이크(A.C magnetic brake) : 권상장치 제동용으로 사용. 브레이크드럼을 가압하여 제동하는 방식
㉠ 수전 전압의 상태가 규정 전압보다 ±10% 이상 변동이 있으면 운전을 중지한다.
㉡ 정격 전압은 주로 440V의 60Hz이다.
㉢ 모터브레이크에서 라이닝 두께가 20~30% 감소되면 스트로크를 조정하여야 한다.
㉣ 브레이크의 충격원인은 전압이 과다할 경우, 핀 둘레의 마모일 경우이다.

㉯ 유압 압상기 브레이크(thrust brake) : 전기를 투입하여 유압으로 작동하는 방식이며 주행, 횡행 장치에만 사용한다. 오일 점검 주기는 매일하며, 오일 교환시기는 6개월이다.

㉰ 유압 디스크 브레이크(oil disc brake) : 유압만으로 작동되는 방식, 주행 제동용으로 사용된다.

2) 기타 기계요소

① 감속기
  ㉮ 한 축에서 다른 축으로 동력을 전달할 때 회전속도를 줄이는 장치
  ㉯ 감속비 : 서로 맞물리는 큰 기어 잇수를 작은 기어의 잇수로 나눈 값

② 리프팅 마그네트(lifting magnet)
  ㉮ 전자석을 이용하여 철재의 화물을 자석으로 부착시켜 이송하는데 사용하는 것. 화물의 낙하방지를 위하여 항상 충전되어 있는 배터리 전원으로 자동 대체된다.
  ㉯ 정지 시 정전 보증 시간은 10분 이상이다.

③ 통스(tongs) : 중량물을 집어올려 이동시킬수 있는 집게모양의 기구. 천장크레인의 훅에 매달아 사용

④ 플립 버켓(flip bucket) : 유압을 사용하여 손가락 모양의 집게로 중량물을 집어 올려 이동시키는 기구. 천장크레인의 훅에 매달아 사용

⑤ 그래브 버켓(grab bucket) : 개폐동작을 하면서 분말, 액체 등의 물체를 운반하는 장치. 천장크레인의 훅에 매달아 사용

⑥ 스토퍼(stopper, 정지기구) : 천장크레인의 주행, 횡행레일 양 끝부분에 설치된 정지기구
  ㉮ 주행차륜 직경의 1/2 이상, 횡행차륜 직경의 1/4 이상의 높이로 설치하여야 한다.
  ㉯ 균열, 손상, 탈락이 없어야 한다.

⑦ 버퍼(buffer) : 충격을 완화해 주는 완충제로서 스프링, 고무, 나무 또는 유압식 버퍼를 사용한다.

⑧ 오일실(oil seal) : 오일에 녹지 않는 합성고무와 금속, 금속스프링을 조합해서 만든 것. 주입된 오일이 새어 나오거나 먼지가 들어가는 것을 밀봉 차단하는 목적으로 사용한다.

SECTION 02 전기편

Craftsman Overhead Travelling Crane Operator

STEP 01 전기이론

1. 전기

천장크레인을 이동하기 위한 동력은 전기를 사용하며 전동기를 구동시켜 중량물의 이동 및 이송을 한다. 사용 전압은 주로 440V를 사용, 조작 전원은 변압기를 이용 110V로 감압시켜 사용한다.

2. 전류

1) 전류의 개요

전기가 이동하는 현상. 단위는 A(ampere, 암페어)이다.
① 직류(DC, direct current) : 일정한 크기를 가진 전류
② 교류(AC, alternating current) : 일정한 주기를 가지고 크기와 방향을 바꾸는 전류

2) 전류의 3대 작용

① 전기를 이용한 발열 작용 : 전구, 전기난로 등
② 전기를 이용한 화학 작용 : 축전지, 전기도금 등
③ 전기를 이용한 자기 작용 : 전동기, 발전기 등

3. 전압 및 저항

1) 전압

전류가 흐르는 압력. 단위는 V(Voltage)이다. 천장크레인은 주로 440V를 사용. 사용되는 전선은 600V용이다.

2) 저항

물질 속을 전류가 흐르기 쉬운지 어려운지 정도를 표시하는 것. 즉, 전압과 전류의 비 단위는 Ω(ohm)이다.
① 도체(conductor) : 전기가 잘 통하는 성질을 가진 물체. 금속류, 탄소, 염용액 등
② 절연체(nonconductor, 부도체) : 전기가 잘 통하지 않는 성질을 가진 물체. 유리, 비닐 등
③ 반도체(semi conductor) : 전기전도율이 도체보다 낮고 부도체 보다 높은 성질을 가진 물체. 실리콘, 게르마늄 등

STEP 02 전기장치

1. 전동기

1) 전동기의 개요
   ① 전동기는 전기에너지를 기계에너지로 바꾸는 장치이다.
   ② 전동기의 시간 정격
      ㉮ 전동기가 정격 출력으로 회전하여 규정된 온도에 올라갈 때까지의 시간으로 표시하는 것이다.
      ㉯ 천장크레인에는 보통 30분 정격시간을 채택한다.
      ㉰ 전동기 발열의 표준 규격은 40℃이며, 50~60℃까지 허용된다.
      ㉱ 천장크레인에 사용되는 전동기의 부하 시간율은 40%이며, 사용기호는 %ED로 표기한다.

2) 전동기의 조건
   ① 기동력과 회전력이 클 것
   ② 속도조정이 가능할 것
   ③ 용량에 비해 소형일 것
   ④ 역회전 및 반복운동에 잘 견딜 것

3) 전동기의 점검사항
   ① 이상음이 발생하는지 점검
   ② 청결 유지 점검
   ③ 절연 저항계로 각 부의 절연 상태 점검
   ④ 조임부의 이완 및 구조상의 흔들림 상태 점검

4) 전동기의 종류
   ① 직류 전동기(DC)
      ㉮ 직권 전동기 : 전동기의 계자권선(자기장을 만들기 위해 철편에 코일을 감아 넣는 것)과 전기자 권선을 직렬로 연결한 것 – 가장 많이 사용
      ㉯ 분권 전동기 : 전동기의 계자권선과 전기자 권선을 병렬로 연결한 것
      ㉰ 복권 전동기 : 전동기의 계자권선과 전기자 권선을 직렬 및 병렬로 연결한 것
   ② 교류 전동기
      ㉮ 권선형 유도 전동기
         ㉠ 고정자와 회전자의 끝에 권선을 지니고 회전자에는 슬립링이 있으며 전동기의 몸체에 고정되는 브러쉬 홀더에 브러쉬를 끼워 슬립링과 브러쉬가 접촉되어 회전하는 구조이다.
         ㉡ 가동 시에 기계에 충격을 주지 않고 서서히 가속할 수 있다.
         ㉢ 2차 저항기를 사용하여 전동기의 전류 제한 및 속도를 제어한다.
      ㉯ 농형 유도 전동기
         ㉠ 고정자에 계자권선이 있다.
         ㉡ 구조가 간단하고 튼튼하다.
         ㉢ 운전 중 성능은 좋으나 기동 시 성능이 좋지 않아 슬로 스타트가 필요하며 브러쉬를 사용하지 않는다.

5) 전동기의 회전 속도 제어
   ① 전기적 제어 방식
      ㉮ 2차 저항 제어
      ㉯ 극수 변환 제어
      ㉰ 가변 전압 제어
      ㉱ 주파수 변환 제어
   ② 기계적 브레이크 제어방법
      ㉮ C.F 브레이크(주파수 변환 브레이크)
      ㉯ S.C 브레이크(스피드 제어 브레이크)
      ㉰ E.C 브레이크

6) 전기기기의 절연 종류와 허용온도

종류	구성	최고 허용온도
Y종	목면·견·지류 등의 재료로 구성되고 바니스류를 먹이지 않거나 또는 기름에 적시지 않은 채 절연하는 것	90℃
A종	목면·견·지류 등의 재료로 구성되었으나 바니스나 기름에 적신 것	105℃
E종	에나멜선용 폴리우레탄 및 에폭시 수지, 셀룰로오스 트리아세테이트 등의 재료로 구성된 것	120℃
B종	운모·석면·유리섬유 또는 유사한 무기질 재료를 접착제와 함께 사용한 것	130℃
F종	운모·석면·유리섬유 등의 재료를 실리콘 앨키이드수지 등의 접착재료와 함께 사용하여 구성된 것	155℃
H종	운모·석면·유리섬유 등의 재료를 실리콘수지 또는 같은 성질의 재료로 된 접착재료와 함께 사용한 것	180℃
C종	운모·석면·자기 등을 단독으로 사용해서 구성된 것 또는 접착재료와 함께 사용한 것	180℃ 이상

7) 권상 전동기의 소요 용량(출력)

$$출력(kW) = \frac{[정격하중(톤) + 훅의 자중] \times 권상속도(m/min)}{6.12 \times 권상기\ 효율(\eta)}$$

8) 전동기의 고장 원인
   ① 시동 불능 또는 시동이 곤란할 경우
      ㉮ 퓨즈가 끊어진 경우
      ㉯ 회로 접촉 불량
      ㉰ 전기자 권선이나 계자 권선이 단선된 경우
      ㉱ 브러쉬 접촉 불량
      ㉲ 부하가 너무 클 경우
      ㉳ 벨트가 벗겨진 경우

② 전동기가 과열된 경우
  ㉮ 과부하일 경우
  ㉯ 냉각 통풍 통로가 막혀 있을 경우
  ㉰ 냉각 흡기 온도가 높을 경우
  ㉱ 전원 전압이 너무 높거나 낮을 경우
  ㉲ 전압이 일정치 않을 경우
  ㉳ 시동스위치가 불량할 경우
  ㉴ 권선이 접지되어 있을 경우
③ 진동, 소음 및 이상음이 심할 경우
  ㉮ 고정자와 회전자 간의 틈새에 이물질이 들어 있을 경우
  ㉯ 축과 베어링의 틈새가 불량할 경우
  ㉰ 축의 베어링에 유격이 있을 경우
④ 축의 베어링이 과열되는 경우
  ㉮ 축이 굽어 있을 경우
  ㉯ 벨트의 장력이 너무 클 경우
  ㉰ 그리스의 양이 적거나 많을 경우
  ㉱ 베어링이 파손된 경우
  ㉲ 스러스트 하중, 레이디얼 하중이 너무 큰 경우
  ㉳ 오일 홈이 막혀 있을 경우
  ㉴ 오일의 점도가 부적당할 경우
  ㉵ 축의 베어링이 마모되었을 경우

2. 저항기

1) 저항기의 개요
3상 권선형 유도 전동기의 2차 측에 연결하여 저항값의 크기를 제어기로 제어하여 전동기의 속도를 조절하는 목적으로 사용하는 기구이다.

2) 저항기의 재질 및 종류
① 저항기 재질 : 주철, 철선, 강판, 탄소판 등
② 저항기의 종류
  ㉮ 캐스트 그리드 저항기   ㉯ 철선 저항기   ㉰ 강판 저항기

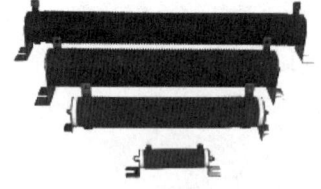

[캐스트 그리드 저항기]   [철선 저항기]   [강판 그리드 저항기]

3) 저항기 구비 조건
　① 저항기 주변은 통풍이 잘 되어야 한다.
　② 눈이나 비를 맞지 않도록 한다.
　③ 진동을 대비하여 접속부분이나 고정부분이 풀림이 있을 수 있으므로 점검을 자주 한다.
　④ 저항기의 발열온도는 허용값이 350℃까지이다.

3. 집전장치

1) 집전장치의 개요

집전장치는 천장크레인을 운행하기 위해 트롤리선으로부터 전력을 천장크레인 내로 도입하는 장치를 말한다.

[집전장치]

2) 집전장치의 종류
　① 팬터그래프형 : 중간을 지지하는 수평 배열, 고속 천장크레인에 사용
　② 폴(pole)형 : 저속 천장크레인에 사용
　③ 고정형 : 천장크레인의 횡행 등의 저속에 적합
　④ 슈(shoe)형 : 대전류용, 고압용으로 사용

3) 트롤리 선(trolly cable)

천장크레인의 전원 공급 케이블. 주행 트롤리선은 6m 간격, 경동선은 2m 간격으로 애자를 사용하여 지지한다.

4) 트롤리선의 종류
　① 경동원형 트롤리선 : 중·소형 천장크레인에 사용
　② 앵글 트롤리선 : 앵글에 구리판을 부착한 것
　③ 레일 트롤리선 : 레일에 구리판을 부착 또는 레일을 직접 이용한 것. 대용량 크레인에 사용

5) 기타 사항
　① 천장크레인에 사용되는 전압 : 3상 220V, 3상 440V, 3상 3300V 등이 있으며 주로 3상 440V를 사용

② 집전장치의 절연물 : 액자, 베이클 라이트, 목재 등이 사용
③ 배선 시 전선의 굵기 : 허용전류, 절연저항, 기계적 강도 등을 고려하여 결정
④ 전선 : 전류용량이 충분한 660V 고무 절연전선, 600V 비닐전선 또는 이와 동등 이상의 전선을 사용

4. 배전판 및 제어기

1) 배전판
① 개요 : 전동기의 보호 및 제어와 전원 개·폐를 목적으로 하는 것으로 배전판에는 개폐기, 퓨즈, 전자접촉기, 과전류 개폐기, 전압계 등이 배치된다.
② 전원 스위치 : 트롤리선을 통하여 천장크레인으로 들어오는 전원을 연결, 차단하는 것. 전기적 고장 시 퓨즈가 단락되어 기기를 보호한다.
③ 과부하 보호장치
  ㉮ 전동기 과부하 계전기 : 전동기 보호
  ㉯ 과전압 계전기 : 선로 및 전기기기 보호(계전기에서 과대전류가 흐를 때 자동으로 선로를 차단)
  ㉰ 열전동 계전기

2) 제어기(controller)
① 개요 : 천장크레인의 주행, 횡행, 권상 등의 운행속도를 제어하기 위한 레버(lever)로 운전실에서 제어기를 조작하면 1, 2, 3, 4단에 맞게 천장크레인이 운행된다.
② 동력 및 조작 전원
  ㉮ 동력 전원 : 전동기를 회전시키기 위한 전원. 440V 사용
  ㉯ 조작 전원 : 전자 접촉기 내부에 있는 전자석에 사용되는 전원. 110V 사용
③ 제어기 종류
  ㉮ 드럼형 제어기 : 직접 전동기를 작동시키는 방식. 전동기의 기동, 역회전, 전지 및 속도를 조절하는 것
  ㉯ 캠형 제어기 : 핸들 축에 설치한 캠에 의하여 가송 접촉자를 움직여서 개폐하게 되는 방식
  ㉰ 유니버설 제어기

SECTION 03 안전관리, 점검 · 정비 및 취급

Craftsman Overhead Travelling Crane Operator

STEP 01 줄걸이 작업

1. 줄걸이 작업의 정의
와이어로프, 달기체인, 섬유벨트 등을 이용하여 하물을 인양하기 위한 작업과 크레인을 이용, 이송하는 작업을 말한다.

2. 줄걸이 작업의 역학

1) 질량 및 중량
   ① 질량 : 물체가 본래부터 가지고 있는 역학적 기본량. 사용기호는 m으로 표시, 사용단위는 kg, t(ton)의 단위가 사용된다.
   ② 중량 : 뉴턴의 중력법칙에서 중력의 세기를 결정하는 중력 질량으로 물체가 위치해 있는 그 장소에서 받는 힘을 말한다.
   ③ 뉴턴의 중력 법칙
      ㉮ 제1운동 법칙 : 관성의 법칙
      ㉯ 제2운동 법칙 : 가속도의 법칙
      ㉰ 제3운동 법칙 : 작용 · 반작용의 법칙

2) 하중
   ① 하중의 정의 : 물체나 구조물 등에 가해지는 힘
   ② 정하중 : 움직이지 않는 하중으로 힘의 크기와 방향이 변하지 않는 것
   ③ 동하중 : 움직이는 하중으로 하중의 크기가 변동되는 하중
      ㉮ 충격하중 : 순간적으로 가해지는 하중
      ㉯ 반복하중 : 크기가 다른 힘이 반복해서 작용하는 하중

3) 힘
   ① 힘의 정의 : 물체의 속도나 운동방향을 바꾸거나 물체의 형태를 변화시키는 작용을 하는 물리적 양
   ② 힘의 3요소 : 힘이 작용한 크기, 힘이 작용한 방향, 힘의 작용점
   ③ 힘의 합성 : 어떠한 물체에 2개 이상의 힘이 작용될 때 2개 이상의 힘을 하나의 힘으로 합칠 수 있다. 합쳐진 힘을 합력이라 하며, 합력을 산출하는 것을 힘의 합성이라고 한다.
   ④ 힘의 분해 : 물체에 작용되는 하나의 힘을 어떠한 각도가 형성된 2개 이상의 힘으로 나눈 것을 힘의 분해라고 한다.

⑤ 힘의 모멘트 : 힘이 물체를 회전시키려고 하는 작용의 크기 즉, 어떤 점으로부터 힘의 크기와 거리를 곱한 값(예 : 스패너로 너트를 조일 경우 너트의 회전 중심선에서 스패너의 길이가 짧을수록 힘이 많이 들고 길이가 길수록 힘이 적게 든다.)

4) 속도 및 관성력

① 속도 : 물체가 운동을 할 때 빠르고 느린 것을 수치로 표시한 것으로 '속도 = 거리 × 시간'으로 표현된다.

② 관성력 : 운동을 하고 있는 물체는 계속 운동을 하려고 하며, 정지되어 있는 물체는 계속 정지하려는 성질을 말한다.

5) 줄걸이 로프에 걸리는 하중

① 줄걸이를 하였을 때 훅에 걸린 와이어로프의 각도(α)를 조각도라고 한다.

② 로프에 작용하는 하중 = $\dfrac{\text{부하물의 하중}}{\text{줄걸이 수} \times \text{조각도}}$

3. 줄걸이 방법

1) 줄걸이 용구와 줄걸이 방법 안전수칙

① 짐의 중량, 모양에 적합한 가장 안전한 줄걸이 용구를 선택한다.
② 줄걸이 용구로서 와이어로프나 체인을 선정할 경우에는 먼저 매는 각도를 정하여 짐의 모양이나 중량에 적합한 강도와 길이를 선택해야 한다.
③ 매는 각도는 60° 이내가 되도록 하고 이에 알맞은 길이의 와이어로프 등을 선택한다.
④ 특수한 형인 것이나 막대모양으로 길이가 긴 짐을 매달 때는 그에 적합한 빔을 매다는 금속 공구로 매단다.
⑤ 수가 많은 것은 상자모양인 금속공구를 사용하는 편이 안전하다.
⑥ 짐이 돌거나 기준 위치에서 벗어날 때가 있어 위험하므로 한 줄로 매다는 것은 절대로 금한다.
⑦ 밑에 쌓인 것을 들어낼 때는 반드시 위에 있는 것을 먼저 들어내고 나서 들어낼 것

2) 화물의 줄걸이

명칭	예시 그림	설명
1줄걸이		• 하물이 회전할 위험 상존 • 회전에 의해 로프 꼬임이 풀려 약하게 됨(원칙적으로 적용 금지) • 1줄걸이 시 가능한 아이(Eye)에 슬링(Sling)을 통과시키지 말고, 2줄을 꺾어서 걸면 하물이 안정됨
2줄걸이		• 긴 환봉등의 줄걸이 작업 시 활용

명칭	예시 그림	설명
3줄걸이		• U자나 T자형의 형상일 때 적합 • 3점의 중심위치가 무게중심을 중앙으로 환원주상에 등간격이 되어야 함
+자 걸이		• 사다리꼴의 형상 등에 적합 • 2본의 로프를 십자형으로 거는데 로프의 간격이 똑같도록 함

3) 짐을 매는 방법
   ① 줄걸이로 짐을 달아 올리려고 할 때는 조금씩 감아 올려서 로프 등의 팽팽한 정도를 반드시 확인한다.
   ② 짐은 수평으로 매달아 로프 등에 평균적으로 힘이 걸리도록 해야 한다.
   ③ 진동이나 흔들림 때문에 로프가 미끄러지거나 한 쪽으로 짐이 몰려서 짐이 빠져 떨어지는 일이 없도록 주의하여야 한다.

4) 짐을 매는 위치
   ① 와이어로프를 거는 아이볼트, 새클 등의 장치가 있는 곳, 미끄러질 염려가 있는 것 등에는 안전을 충분히 고려하여야 하며 필요한 받침을 반드시 사용하여야 한다.
   ② 받침은 짐의 날카로운 모서리가 손상되기 쉬운 곳에 와이어로프를 걸 때에 사용한다.
   ③ 다듬질한 면이나 동, 도금체, 절연물 등에 직접 로프를 걸어서는 안 된다.
   ④ 로프가 팽팽해졌을 때에 받침이 벗겨지지 않았나를 반드시 확인한다.
   ⑤ 짐의 아이볼트 기타의 부착물이 있는 것은 이것을 이용하도록 한다.
   ⑥ 잘 미끄러지는 곳이나 벗겨지기 쉬운 곳에는 걸지 말며, 부득이 걸어야할 때는 받침 등 적당한 보조구를 사용한다.

5) 운반 경로와 신호의 유도
   ① 운반경로의 장애물에 대해서 주의한다.
   ② 매다는 짐의 높이는 원칙적으로 사람 키보다 높게 바닥 위에서 2m 이상으로 한다.
   ③ 작업장인 경우 다른 작업자의 위치에 주의한다.
   ④ 운반 경로는 부근의 기계나 시설 상황을 잘 보아서 정하여야 한다.
   ⑤ 유도의 방법은 정해진 신호로 방향을 기중기 운전자에게 전한 다음, 반드시 한 사람이 확실하고 명료하게 정해진 방법으로 실시한다.
   ⑥ 신호자는 기중기 운전자가 가장 잘 보이는 위치를 선택한다.

6) 짐을 푸는 방법과 쌓는 방법
   ① 다음 작업을 하기 쉽도록 받침대 위에다 놓을 것

② 미끄러지거나 경사지지 않도록 주의할 것
③ 진동이나 동요로 인하여 무너지는 일이 없도록 물림을 넣거나 +자형으로 묶는 것이 좋다.

STEP 02 안전관리

1. 작업 및 운전 관련 안전사항

1) 안전작업 방법
   ① 인양할 하물을 바닥에서 끌어당기거나 밀어 작업하지 않는다.
   ② 유류드럼이나 가스통 등 운반 도중에 떨어져 폭발하거나 누출될 가능성이 있는 위험물 용기는 보관함에 담아 안전하게 매달아 운반한다.
   ③ 고정된 물체를 직접 분리, 제거하는 작업을 하지 않는다.
   ④ 인양중인 하물이 작업자의 머리위로 통과하지 않도록 근로자의 출입을 미리 통제한다.
   ⑤ 인양할 하물이 보이지 않는 경우에는 어떠한 동작도 하지 않는다.

2) 운전실 조작식 천장 주행 크레인의 운전
   ① 정격하중, 성능 및 안전장치 기능을 완전히 이해하고 자격을 갖춘 자가 운전한다.
   ② 운전 전에 주행로 및 크레인에 접촉할 만한 장애물 존재 여부, 급유 및 볼트, 너트 체결상태, 기계실, 운전실 등의 레버, 스위치 정지상태 등을 확인한다.
   ③ 지상에 설치된 승강용 계단이나 사다리의 출입문은 확실히 닫아 관계자 외의 출입을 금지시킨다.
   ④ 출입문용 열쇠는 운전자 본인이 휴대하고 관리한다.
   ⑤ 신호가 명확하지 않을 때에는 크레인 운전을 중단하고 신호수에게 재확인한다.
   ⑥ 운전 중 갑자기 경보음이 울리면 즉시 크레인의 주행을 정지하고, 그 원인을 파악, 제거한 후 작업한다.
   ⑦ 운전 중 정전이 될 때에는 핸들을 모두 정위치에 놓고 주스위치를 끈 후 송전이 될 때까지 기다린다.
   ⑧ 지상 20~30cm에서 일단 정지 확인 후 물체를 들어 올리며 정해진 위치에 내려놓기 직전에 일단 정지 후 천천히 바닥에 내려놓는다.

3) 운전 중 점검사항
   ① 주행 방향에 장애물이 있는지 확인한다. 횡행 시에는 장애물과 접촉되지 않는지 확인한다.
   ② 신호수 신호에 주의한다.
   ③ 중량을 파악해 하중 초과되지 않게 안전하게 운반한다.
   ④ 운전 중 이상음, 진동, 발열 등은 고장신호이므로 반드시 정비 후 사용한다.
   ⑤ 3방향 동시 운전은 사고 유발 행위이므로 절대 금한다.
   ⑥ 조금만 들고 (지상 20~30cm) 일단 멈춘 후 안전한가 확인 후 들어 올린다.
   ⑦ 착지지점에서 일단 멈춘 후 안전한가 확인하고 서서히 착지한다.

4) 천장크레인 운전 중 유의사항
    ① 운전 중에 다른 사람이 크레인에 타지 않도록 한다.
    ② 운전자는 다음의 경우 운전을 중지하고 신호수에게 주의를 준다.
        ㉮ 신호가 불투명하거나 규정의 신호가 아닐 때
        ㉯ 2인 이상이 신호를 할 때
        ㉰ 지정된 신호수 이외의 다른 자가 신호할 때
        ㉱ 매달린 물체의 중량이 크레인의 정격하중 이상이라는 것을 알았을 때
    ③ 물체를 매단 상태로 공중에 대기하는 경우에는 안전통로나 작업장 위에서 대기하도록 한다.
    ④ 운전 중에 경보를 실시할 경우는 다음과 같다.
        ㉮ 크레인의 운전이 시작될 때
        ㉯ 미끄러지기 쉬운 물건, 기타 위험한 물체를 운반할 때
        ㉰ 물체를 매달고 이동할 경우 진행방향으로 사람이 가고 있을 때
        ㉱ 기타 운전자가 위험을 느낄 때
    ⑤ 줄걸이 와이어로프는 사람의 힘으로 뺀다.

(5) 천장크레인 안전운전
    ① 주행 방향에 접촉할 장애물이 있는지 먼저 확인하고 주행한다.
    ② 스위치 및 각종 기능을 점검하고 확인한다.
    ③ 승강용 계단 사다리 출입문 상태를 확인한다.
    ④ 진행방향 위험을 느낄 때 경보기를 울린다.
    ⑤ 운전 종료 시에는 후크를 정해진 곳까지 감아올린다.
    ⑥ 정격하중을 초과하는 작업을 금지한다.
    ⑦ 화물 위에 작업자가 탑승하는 행위를 금지한다.
    ⑧ 후크 해지 장치가 없는 것은 사용을 금지한다.
    ⑨ 운전 중 점검 및 급유를 금지한다.

6) 무선 조작식 천장크레인 운전
    ① 주행레일 및 이동방향의 물체 확인 후 주행한다.
    ② 지정된 자만이 운전하고 사용 전 모든 기능이 정상인지 확인한다.
    ③ 걸어가면서 운전할 때는 안전통로 상태 등을 확인한다.
    ④ 흔들림, 충돌 예방을 위해 안전거리를 유지한다.
    ⑤ 리모콘은 지정된 장소에 보관한다.

2. 크레인 작업 표준신호지침

1) 크레인의 공통적인 표준 신호 방법

운전 구분	1. 운전자 호출	2. 주권사용	3. 보권 사용
수신호	호각 등을 사용하여 운전자와 신호자의 주의를 집중시킨다.	주먹을 머리에 대고 떼었다 붙였다 한다.	팔꿈치에 손바닥을 떼었다 붙였다 한다.
호각신호	아주 길게 아주 길게	짧게 - 길게	짧게 - 길게
운전 구분	4. 운전 방향 지시	5. 위로 올리기	6. 천천히 조금씩 위로 올리기
수신호	집게손가락으로 운전방향을 가리킨다.	집게손가락을 위로 해서 수평원을 크게 그린다.	한 손을 지면과 수평하게 들고 손바닥을 위쪽으로 하여 2, 3회 작게 흔든다.
호각신호	짧게 - 길게	길게 - 길게	짧게 - 짧게
운전 구분	7. 아래로 내리기	8. 천천히 조금씩 아래로 내리기	9. 수평 이동
수신호	팔을 아래로 뻗고(손끝이 지면을 향함) 2, 3회 흔든다.	한 손을 지면과 수평하게 들고 손바닥을 지면 쪽으로 하여 2, 3회 작게 흔든다.	손바닥을 움직이고자 하는 방향의 정면으로 하여 움직인다.
호각신호	길게 - 길게	짧게 - 짧게	강하고 - 짧게
운전 구분	10. 물건 걸기	11. 정지	12. 비상정지
수신호	양쪽 손을 몸 앞에 대고 두 손을 깍지낀다.	한 손을 들어올려 주먹을 쥔다.	양손을 들어올려 크게 2, 3회 좌우로 흔든다.
호각신호	길게 - 짧게	아주 길게	아주 길게 - 아주 길게

운전 구분	13. 작업 완료	14. 뒤집기	15. 천천히 이동
수신호	거수경례 또는 양손을 머리위에 교차시킨다.	양손을 마주보게 들어서 뒤집으려는 방향으로 2, 3회 절도 있게 역전시킨다.	방향을 가리키는 손바닥 밑에 집게손가락을 위로 해서 원을 그린다.
호각신호	아주 길게	길게 - 짧게	짧게 - 길게
운전 구분	16. 기다려라	17. 신호 불명	18. 기중기의 이상 발생
수신호	오른손으로 왼손을 감싸 2, 3회 작게 흔든다.	운전자는 손바닥을 안으로 하여 얼굴 앞에서 2, 3회 흔든다.	운전자는 사이렌을 울리거나 한쪽 손의 주먹을 다른 손의 손바닥으로 2, 3회 두드린다.
호각신호	길게	짧게 - 짧게	강하고 짧게

2) 붐이 있는 크레인 작업 시의 신호방법

운전 구분	1. 붐 위로 올리기	2. 붐 아래로 내리기	3. 붐을 올려서 짐을 아래로 내리기
수신호	팔을 펴 엄지손가락을 위로 향하게 한다.	팔을 펴 엄지손가락을 아래로 향하게 한다.	엄지손가락을 위로 해서 손바닥을 오므렸다 폈다 한다.
호각신호	짧게 - 짧게	짧게 - 짧게	짧게 - 길게
운전 구분	4. 붐을 내리고 짐은 올리기	5. 붐을 늘리기	6. 붐을 줄이기
수신호	팔을 수평으로 뻗고 엄지손가락을 밑으로 해서 손바닥을 폈다 오므렸다 한다.	두 주먹을 몸허리에 놓고 두 엄지손가락을 밖으로 향한다.	두 주먹을 몸허리에 놓고 두 엄지손가락을 서로 안으로 마주 보게 한다.
호각신호	짧게 - 길게	길게 - 길게	짧게 - 짧게

3) 마그네틱(Magnetic) 크레인 사용작업 시의 신호방법

운전 구분	1. 마그넷 붙이기	2. 마그넷 떼기
수신호	양쪽손을 몸 앞에다 대고 꽉 낀다	양손을 몸 앞에서 측면으로 벌린다. (손바닥은 지면으로 향하도록 한다)
호각신호	길게 – 짧게	길게

STEP 03 점검 및 정비

1. 기계장치의 점검

1) 강 구조 부분
  ① 거더, 새들, 크래브, 운전실 등 강구조부분의 용접부위 균열, 찢어짐, 터짐 여부 점검
  ② 볼트, 너트의 풀림 여부 점검
  ③ 운전실 승차계단 등의 청결상태 및 미끄럼 여부 점검
  ④ 점검, 보수를 위한 사다리, 정비대 등의 고정상태 점검

2) 운전실
  ① 각종 조명 및 경보장치 작동여부 점검
  ② 비상 정지 스위치 작동여부 점검
  ③ 운전실 출입문의 잠금상태 점검
  ④ 운전자 시야 확보를 위한 유리창 청결상태 점검(밀폐형 운전실)
  ⑤ 운전실 내부의 각종 전기스위치 작동상태 점검

3) 훅 블록
  ① 훅 고리 부분의 마모, 비틀림, 벌어짐 여부 점검
  ② 훅 해지상태 작동 여부 점검

4) 시브
  ① 시브의 플랜지부 또는 와이어로프가 닿아 회전하는 부분의 마모 여부 점검
  ② 시브 베어링 급유 상태 및 회전상태 점검
  ③ 시브를 통과하는 와이어로프의 마모 및 소선 절단 여부 점검

5) 휠(차륜)
  ① 차륜 플랜지 마모 여부 점검

② 차륜을 지지하는 베어링의 급유상태 및 소음 여부 점검
③ 차륜 직경의 마모가 허용 한도 내에 있는지 여부 점검

6) 레일
① 레일의 균열 및 두부(레일 머리부분)의 변형여부 점검
② 볼트의 풀림, 탈락 여부 점검
③ 레일 측면 마모 및 레일 엇갈림 여부 점검
④ 레일 밑의 고무 탈락 여부 점검

7) 브레이크
① 작동상태 점검
② 라이닝과 드럼 면과의 간격은 균등한지 여부 점검
③ 라이닝 마모상태 점검
④ 내부 베어링의 소음여부 점검
⑤ 제동 스프링의 장력 점검

8) 브레이크 드럼
① 브레이크 드럼의 발열여부 점검
② 마모 및 요철 발생 여부 점검
③ 과열로 인한 변형 및 균열 여부 점검

9) 오일 및 윤활유
① 거품, 악취, 변색여부 점검
② 2000시간 사용 후 교환 점검

10) 베어링
① 발열 및 소음 여부 점검
② 급유상태 점검(베어링 하우징의 1/2~1/3정도)

11) 축이음
① 감속기축과 차륜축을 연결하는 커플링 양측의 중심선 일치여부 점검
② 윤활 상태 점검
③ 체인 축이음의 경우 커버 이탈 여부 점검
④ 기어 축이음의 경우 리버볼트 풀림 여부 점검

12) 와이어로프 드럼
① 와이어로프 규격은 알맞은 것을 사용하는지 점검
② 드럼에 감겨져 있는 부분을 관찰하여 소선의 탈선 여부 점검
③ 끝처리의 가공이 잘 되어 있는지 점검
④ 와이어로프가 감기는 홈의 마모상태 점검

13) 도유기
① 급유 오일통의 오일 충전 점검

② 회전체의 마모 및 이탈 점검
③ 과도한 주유상태 점검

2. 전기장치의 점검

1) 전동기
① 전동기 회전 시 진동 및 소음발생 점검
② 전동기의 발열상태 점검
③ 전동기의 취부볼트의 풀림상태 점검
④ 카본 브러시의 마모여부 점검(마모한도 50%)

2) 집전장치
① 집전장치 취부 볼트 풀림 점검
② 카본 브러시의 마모상태 점검
③ 천장크레인 운행 중 스파크 발생 점검

3) 저항기
① 그리드판의 결손, 변형, 리드선의 물림상태 점검
② 저항기의 과도한 발열상태 점검
③ 저항기의 전원 접속부의 고정볼트의 풀림 및 스파크 발생 여부 점검

4) 리프팅 마그네트
① 리프팅 마그네트의 흡착력이 정상인지 점검
② 잔류자기 제거 스위치의 작동상태는 정상인지 점검
③ 전원 케이블은 정상인지 점검

5) 컨트롤러
① 컨트롤러 조작 중 손을 놓았을 때 자동으로 정위치로 복귀하는지 점검
② 컨트롤러 내부의 스파크 발생 여부 점검

6) 메인스위치
과전류 시 차단은 정상적으로 되는지 점검

3. 천장크레인의 관리와 보수

1) 보전방법
① 예방보전 : 고장이 일어날 것 같은 부분을 계획적으로 교환 수리하는 방법. 권상장치는 예방 보전에 속한다.
② 사후보전 : 고장이 발생한 후에 교환 수리를 하는 보전 방법. 주행, 횡행장치는 사후보전에 속한다.
③ 구조 부분의 점검은 1개월에 1번 점검, 1년에 1번 정밀점검을 받아 수리한다.
④ 예비품으로 준비해 두어야 하는 부품
㉮ 기내 배선의 절연을 완전하게 한다.

④ 수전설비, 전기기기 등에서 감전될 우려가 있는 곳은 안전커버를 한다.
④ 정전, 운전종료, 점검 및 수리 시에는 전원스위치를 내린다.
④ 보수 중에는 다른 사람이 스위치를 넣지 않게 "수리 중" 표시를 한다.
④ 복장은 피부가 노출되지 않게 하고, 건조한 옷을 착용하며 절연이 양호한 신발을 착용한다.
④ 감전사고 방지를 위한 장치에는 접지, 누전차단기, 3상4선식 주행집전장치 등이 있다.
④ 작업장에서 전기설비에 접근제한 및 위험 표지를 붙여야 하는 곳은 직류 250V, 교류 220V 이상의 전압이 흐를 때이다.

2) 급유법
① 천장크레인의 감속기어 오일은 여름철에는 점도가 높을 것, 겨울에는 점도가 낮은 것을 사용한다.
② 오일 교환 시기는 약 2000시간마다 교환한다.
③ 감속기어 케이스의 급유법은 유욕식이며 케이스의 1/4정도 오일을 채워준다.
④ 진동이 심하고 먼지가 많은 개방기어에는 그리스를 발라주는 것이 좋다.
⑤ 고속회전하는 부분은 저점도의 오일을 주유한다.
⑥ 베어링의 오일 교환 시는 솔벤트, 경유 등으로 잘 세척, 건조시킨 후 그리스를 주유하며 1회 충진하면 2000시간 정도 사용가능하며, 베어링케이스의 1/2~1/3정도 급유한다.
⑦ 브레이크 휠과 라이닝, 레일의 상면, 벨트 등에는 기름이 부착되어서는 안 된다.

STEP 04 안전관리 일반

1. 산업안전일반

1) 안전관리 및 안전의 정의
① 안전관리의 정의 : 재해로부터 인간의 생명과 재산을 보존하기 위한 계획적이고 체계적인 제반 활동을 의미
② 안전의 정의
㉮ 하인리히(H. W. Heinrich)의 안전론 : 안전은 사고예방(Accident Prevention)이며 사고예방은 물리적 환경과 인간 및 기계의 관계를 통제하는 과학인 동시에 기술(Art)
㉯ 버크호프(H. O. Berckhofs)의 안전론 : 사고의 시간성 및 에너지의 사고 관련성을 규명

2) 안전사고와 재해
① 용어의 정의
㉮ 안전사고 : 고의성이 없는 어떤 불안전한 행동이나 조건이 선행되어 발생하는 사고
㉯ 재해(loss, calamity) : 안전사고의 결과로 일어난 인명피해 및 재산의 손실
㉰ 무재해 사고(near accident, 아차사고) : 인명이나 물적 등 일체의 피해가 없는 사고
② 산업재해의 통계적 분류
㉮ 사망 : 업무로 인해서 목숨을 잃게 되는 경우
㉯ 중경상 : 부상으로 인하여 8일 이상의 노동 상실을 가져온 상해 정도

㉰ 경상해 : 부상으로 1일 이상 7일 이하의 노동 상실을 가져온 상해 정도
　　　㉱ 무상해 사고 : 응급처치 이하의 상처로 작업에 종사하면서 치료를 받는 상해 정도
　③ 재해의 원인
　　㉮ 직접원인(물적요인)
　　　㉠ 불안전한 행동(행위) : 위험장소 접근, 안전장치의 기능 제거, 복장·보호구의 잘못사용, 기계·기구 잘못사용, 운전 중인 기계장치의 손질, 불안전한 속도 조작, 위험물 취급 부주의, 불안전한 상태 방치, 불안전한 자세 동작, 감독 및 연락 불충분
　　　㉡ 불안전한 상태 : 물 자체 결함, 안전 방호장치 결함, 보호구의 결함, 물의 배치 및 작업장소 결함, 작업환경의 결함, 생산 공정의 결함, 경계표시·설비의 결함
　　㉯ 간접원인
　　　㉠ 기술적 원인 : 건물·기계장치 설계 불량, 구조·재료의 부적합, 생산 공정의 부적당, 점검·정비·보존 불량
　　　㉡ 교육적 원인 : 안전의식의 부족, 안전수칙의 오해, 경험훈련의 미숙, 작업방법의 교육 불충분, 유해위험 작업의 교육 불충분
　　　㉢ 관리적 원인 : 안전관리 조직 결함, 안전수칙 미제정, 작업준비 불충분, 인원배치 부적당, 작업지시 부적당
　④ 하인리히의 사고연쇄성 이론
　　㉮ 1단계 : 사회적 환경 및 유전적 요소
　　㉯ 2단계 : 개인적 결함
　　㉰ 3단계 : 불안전한 행동 및 불안전한 상태(물리적, 기계적 위험)
　　㉱ 4단계 : 사고
　　㉲ 5단계 : 재해
　⑤ 재해예방의 4원칙 : 손실 우연의 원칙, 원인 계기의 원칙, 예방 가능의 원칙, 대책 선정의 원칙
　⑥ 무재해운동의 3원칙 : 무(zero)의 원칙, 선취의 원칙, 전원참가의 원칙

3) 재해율
　① 연천인율
　　㉮ 근로자 1000명당 1년간에 발생하는 사상자수
　　㉯ 연천인율 = $\dfrac{사상자수}{연평균\ 근로자수} \times 1000$
　② 도수율
　　㉮ 연 근로시간 합계 100만 시간당의 재해 발생건수
　　㉯ 도수율 = $\dfrac{재해발생건수}{연\ 근로시간수} \times 10^6$
　③ 강도율
　　㉮ 연 근로시간 1000시간당 재해에 의해 잃어버린 일수
　　㉯ 강도율 = $\dfrac{근로손실일수}{연\ 근로시간수} \times 1000$

2. 보호구 및 안전표지

1) 보호구의 구비조건
① 착용이 간편할 것
② 작업에 방해가 되지 않도록 할 것
③ 유해·위험요소에 대한 방호성능이 충분할 것
④ 재료의 품질이 양호할 것
⑤ 구조와 끝마무리가 양호할 것
⑥ 외양과 외관이 양호할 것

2) 보호구의 사용원칙
① 보호구는 보호구 사용을 필요로 하는 작업에서는 반드시 착용할 것
② 보호구는 위험 대상물에 대해 충분한 보호 효과를 가질 것
③ 보호구는 착용한 사람에게 유해한 작용을 미치지 않을 것
④ 보호구는 착용이 간편하며 작업하기 쉬울 것
⑤ 보호구는 견고하며 내구성이 있고 외관도 미려할 것

3) 보호구의 종류 및 적용 작업

종류	설명
안전모	물건이 떨어지거나 추락, 충돌의 위험이 있는 작업 등에 사용
보안경	절삭 시 칩이 튀거나, 모래, 숫돌입자 등이 날리는 작업 등에 사용
차광 보호 안경	용접 작업과 같이 불티나 유해광선이 나오는 작업장에서 사용
방진 마스크	먼지가 많은 장소와 인체에 해로운 가스가 발생되는 작업장에서 사용
장갑	선반, 밀링, 연삭, 드릴, 목공기계, 해머, 정밀기계 작업 등에는 장갑을 착용하지 않음
귀마개	소음이 발생하는 작업, 제관, 조선, 단조, 직포 작업 등에 사용

4) 안전모의 종류

종류	설명
AB형	물체의 낙하 또는 비래(날아옴) 및 추락에 의한 위험을 방지 또는 경감시키기 위한 것
AE형	물체의 낙하 또는 비래(날아옴)에 의한 위험을 방지 또는 경감하고, 머리 부위 감전에 의한 위험을 방지하기 위한 것
ABE형	물체의 낙하 또는 비래(날아옴) 및 추락에 의한 위험을 방지 또는 경감하고, 머리 부위 감전에 의한 위험을 방지하기 위한 것

5) 안전화 등급 및 사용 장소
① 중작업용 안전화 : 광업, 건설업 및 철광업등에서 원료취급, 가공, 강재취급 및 강재 운반, 건설업 등에서 중량물 운반작업, 가공대상물의 중량이 큰 물체를 취급하는 작업장으로서 날카로운 물체에 의해 찔릴 우려가 있는 장소

② 보통작업용 안전화 : 기계공업, 금속가공업, 운반, 건축업 등 공구 가공품을 손으로 취급하는 작업 및 차량 사업장, 기계 등을 운전조작하는 일반작업장으로서 날카로운 물체에 의해 찔릴 우려가 있는 장소에서 사용
③ 경작업용 안전화 : 금속 선별, 전기제품 조립, 화학제품 선별, 반응장치 운전, 식품 가공업 등 비교적 경량의 물체를 취급하는 작업장으로서 날카로운 물체에 의해 찔릴 우려가 있는 장소에서 사용

6) 안전보건표지의 종류와 형태

금지표지	출입금지	보행금지	차량통행금지	사용금지	탑승금지	금연	화기금지	물체이동금지
경고표지	인화성물질경고	산화성물질경고	폭발성물질 경고	급성독성물질 경고	부식성물질경고	방사성물질경고	고압전기 경고	매달린물체경고
	낙하물 경고	고온 경고	저온 경고	몸균형상실 경고	레이저광선 경고	발암성·변이원성·생식독성·전신독성·호흡기 과민성물질 경고		위험장소 경고
지시표지	보안경 착용	방독마스크 착용	방진마스크 착용	보안면 착용	안전모 착용	귀마개 착용	안전화 착용	안전장갑 착용	안전복 착용
안내표지	녹십자 표지	응급구호 표지	들것	세안장치	비상용 기구	비상구	좌측비상구	우측비상구

7) 안전보건표지의 색도기준 및 용도

색채	색도기준	용도	사용례
빨간색	7.5R 4/14	금지	정지신호, 소화설비 및 그 장소, 유해행위의 금지
		경고	화학물질 취급장소에서의 유해·위험 경고
노란색	5Y 8.5/12	경고	화학물질 취급장소에서의 유해·위험 경고 이외의 위험 경고, 주의표지 또는 기계방호물

색채	색도기준	용도	사용례
파란색	2.5PB 4/10	지시	특정 행위의 지시 및 사실의 고지
녹색	2.5G 4/10	안내	비상구 및 피난소 사람 또는 차량의 통행 표시
흰색	N9.5	–	파란색 또는 녹색에 대한 보조색
검은색	N0.5	–	문자 및 빨간색 또는 노란색에 대한 보조색

3. 기계·기기 및 공구에 관한 사항

1) 해머 작업의 안전
① 녹이 슨 재료를 작업할 때 보호안경을 착용한다.
② 기름이 묻은 손이나 장갑을 끼고 작업하지 않는다.
③ 처음부터 큰 힘을 주어 작업하지 않고, 처음에는 서서히 타격한다.
④ 해머를 자루에 꼭 끼우고 손잡이가 금이 갔거나 머리가 손상된 것은 사용하지 않는다.
⑤ 좁은 곳이나 발판이 불안한 곳에서는 해머작업을 하지 않는다.
⑥ 해머는 자기 체중에 비례해서 선택하고, 자기 역량에 맞는 것을 선택해서 사용한다.

2) 정 작업의 안전
① 날끝이 결손된 것이나 둥글어진 것은 사용하지 않는다.
② 정은 기름을 깨끗이 닦은 후에 사용한다.
③ 따내기 작업 시는 보호안경을 착용한다.
④ 작업 중의 시선을 항상 정 끝을 주시하고, 절단 시 조각의 비산에 주의한다.
⑤ 정을 잡은 손의 힘을 빼고 작업한다.
⑥ 정 작업은 처음에는 가볍게 두들기고 목표가 정해진 후에 차츰 세게 두들기며, 작업이 끝날 때는 타격을 약하게 한다.
⑦ 담금질한 재료를 정으로 치지 말아야 한다.
⑧ 절삭면을 손가락으로 만지거나 절삭 칩을 손으로 제거하지 말 것

3) 스패너 작업의 안전
① 스패너를 해머 대용으로 사용하지 않는다.
② 너트에 꼭 맞게 사용한다.
③ 너트에 스패너를 깊이 물려서 약간씩 앞으로 당기는 식으로 풀고 조이는 작업을 한다.
④ 작은 볼트에 너무 큰 스패너를 사용하지 않는다.
⑤ 스패너에 파이프를 끼우거나 해머로 두들겨서 돌리지 않는다.
⑥ 스패너와 너트 사이에 쐐기를 끼워 사용하지 않는다.

4) 드라이버 작업
① 드라이버는 홈의 나비와 길이에 맞는 것을 사용한다.
② 드라이버의 이가 빠지거나 둥글게 된 것은 사용하지 않는다.
③ 작업 중 드라이버가 빠지지 않도록 한다.
④ 용도 이외의 다른 목적으로 사용하지 않는다.

4. 기타 안전관리

1) 연소의 3요소
① 가연성 물질 : 목재, 종이 등 산소와 반응하여 발열반응하는 물질
② 산소공급원 : 산소, 공기 등
③ 점화원 : 전기불꽃, 정전기불꽃, 충격마찰의 불꽃, 단열압축, 나화 및 고온표면 등

2) 소화 방법
① 냉각소화 : 화재 현장에 물을 주수하여 발화점 이하로 온도를 낮추어 소화하는 방법
② 질식소화 : 공기 중의 산소의 농도를 21%에서 15% 이하로 낮추어 소화하는 방법(공기 차단)
③ 제거소화 : 화재 현장에서 가연물을 없애주어 소화하는 방법
④ 화학소화(부촉매효과) : 연쇄반응을 차단하여 소화하는 방법
⑤ 희석소화 : 알코올, 에테르, 케톤류 등 수용성 물질에 다량의 물을 방사하여 가연물의 농도를 낮추어 소화하는 방법
⑥ 유화효과 : 물분무 소화설비를 중유에 방사하는 경우 유류표면에 엷은 막으로 유화층을 형성하여 화재를 소화하는 방법
⑦ 피복효과 : 이산화탄소 약제 방사 시 가연물의 구석까지 침투하여 피복하므로 연소를 차단하여 소화하는 방법

3) 화재의 종류와 소화기

소화기 \ 종류	보통화재(A급)	기름화재(B급)	전기화재(C급)
포말소화기	적합	적합	부적합
분말소화기	양호	적합	양호
CO_2소화기	양호	양호	적합

4) 고압가스 용기 및 배관의 도색

가스의 종류	도색의 구분	가스의 종류	도색의 구분
액화석유가스(LPG)	회색	산소	녹색(호스는 흑색 또는 녹색)
수소	주황색	아세틸렌	황색(호스는 적색)

5. 크레인 작업상의 법령상 안전사항

1) 크레인 안전 일반
① 안전밸브의 조정 : 유압을 동력으로 사용하는 크레인의 과도한 압력상승을 방지하기 위한 안전밸브에 대하여 정격하중(지브 크레인은 최대의 정격하중으로 함)을 건 때의 압력 이하로 작동되도록 조정(단, 하중시험 또는 안전도시험을 하는 경우에는 예외)
② 해지장치의 사용 : 훅걸이용 와이어로프 등이 훅으로부터 벗겨지는 것을 방지하기 위한 장치(해지장치)를 구비한 크레인을 사용하여야 하며, 그 크레인을 사용하여 짐을 운반하는 경우에는 해지장치를 사용

③ 폭풍에 의한 이탈 방지 : 순간풍속이 초당 30미터를 초과하는 바람이 불어올 우려가 있는 경우 옥외에 설치되어 있는 주행 크레인에 대하여 이탈방지장치를 작동시키는 등 이탈 방지를 위한 조치를 하여야 함
④ 악천후 및 강풍 시 작업 중지 : 순간풍속이 초당 10미터를 초과하는 경우 타워크레인의 설치·수리·점검 또는 해체 작업을 중지하여야 하며, 순간풍속이 초당 15미터를 초과하는 경우에는 타워크레인의 운전작업을 중지
⑤ 폭풍 등으로 인한 이상 유무 점검 : 순간풍속이 초당 30미터를 초과하는 바람이 불거나 중진(中震) 이상 진도의 지진이 있은 후에 옥외에 설치되어 있는 양중기를 사용하여 작업을 하는 경우에는 미리 기계 각 부위에 이상이 있는지를 점검

2) 크레인 작업 시의 조치
① 인양할 하물(荷物)을 바닥에서 끌어당기거나 밀어내는 작업을 하지 아니할 것
② 유류드럼이나 가스통 등 운반 도중에 떨어져 폭발하거나 누출될 가능성이 있는 위험물 용기는 보관함(또는 보관고)에 담아 안전하게 매달아 운반할 것
③ 고정된 물체를 직접 분리·제거하는 작업을 하지 아니할 것
④ 미리 근로자의 출입을 통제하여 인양 중인 하물이 작업자의 머리 위로 통과하지 않도록 할 것
⑤ 인양할 하물이 보이지 아니하는 경우에는 어떠한 동작도 하지 아니할 것(신호하는 사람에 의하여 작업을 하는 경우는 제외)

3) 크레인의 설치·조립·수리·점검 또는 해체 작업 시의 조치 사항
① 작업순서를 정하고 그 순서에 따라 작업을 할 것
② 작업을 할 구역에 관계 근로자가 아닌 사람의 출입을 금지하고 그 취지를 보기 쉬운 곳에 표시할 것
③ 비, 눈, 그 밖에 기상상태의 불안정으로 날씨가 몹시 나쁜 경우에는 그 작업을 중지시킬 것
④ 작업장소는 안전한 작업이 이루어질 수 있도록 충분한 공간을 확보하고 장애물이 없도록 할 것
⑤ 들어올리거나 내리는 기자재는 균형을 유지하면서 작업을 하도록 할 것
⑥ 크레인의 성능, 사용조건 등에 따라 충분한 응력(應力)을 갖는 구조로 기초를 설치하고 침하 등이 일어나지 않도록 할 것
⑦ 규격품인 조립용 볼트를 사용하고 대칭되는 곳을 차례로 결합하고 분해할 것

CHAPTER

02

Craftsman Overhead Travelling Crane Operator

공단 기출문제

2012년 1회 공단 기출문제

01 천장크레인에서 스팬(span)의 설명으로 맞는 것은?

① 좌우 주행 차륜 중심 간의 거리를 말한다.
② 좌우 주행 레일 중심 간의 거리를 말한다.
③ 좌우 횡행 차륜 중심 간의 거리를 말한다.
④ 좌우 횡행 레일 중심 간의 거리를 말한다.

> 스팬(span)이란 주행레일 중심 간의 거리를 말한다.

02 천장크레인의 설명으로 가장 적절한 것은?

① 주행 및 횡행으로 선회하며 짐을 운반하는 장치이다.
② 평행으로 짐을 운반하는 장치이다.
③ 주행, 횡행, 권상의 3운동으로 짐을 운반하는 장치이다.
④ 전동기를 사용하여 이동하는 장치이다.

> 천장크레인은 주행, 횡행, 권상의 3가지 운동에 의해 하물을 운반하는 장치이다.

03 관련 기준상 천장크레인의 레일 스팬이 10m 이하일 때 폭의 오차는 얼마 이내이어야 하는가?

① ±2mm
② ±3mm
③ ±4mm
④ ±5mm

> 주행레일의 스팬 편차 한계
> • 스팬이 10m 이하 : ±3mm 이내
> • 스팬이 10m 초과 : ±[3+0.25×(스팬-10)]mm 이내

04 훅의 상태가 불량하면 위험한 사고의 원인이 된다. 다음 중 훅을 교환해야 할 상태를 육안으로 가장 간단하고 쉽게 확인할 수 있는 것은?

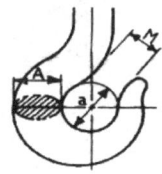

① 그림에서 M의 치수가 a의 치수와 같아진 것
② A부분의 균열을 확인하기 위하여 비파괴 검사한 것
③ 그림에서 훅의 인장응력이 변화된 것
④ 훅의 A의 치수가 원치수의 20% 이상 마모인 것

> 훅(hook) 입구의 벌어짐은 원치수의 5%이고, 줄걸이 부분의 마모는 원치수의 5% 이하이며, 마모의 깊이가 2mm 이하일 때는 다음에서 사용한다.

05 〈그림〉에서 로프 시브의 호칭지름은?

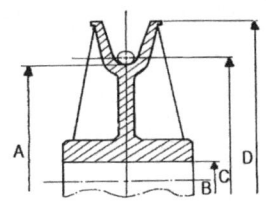

① A
② B
③ C
④ D

> A = 시브 안지름, B = 축의 지름, C = 호칭 지름, D = 시브 플랜지 바깥지름

06 전자 브레이크의 충격원인에 해당하지 않는 것은?

① 전압이 과다한 경우
② 핀 둘레가 마모되었을 경우
③ 잔류자기가 있는 경우
④ 대시포트의 조정이 불량한 경우

> 전자브레이크의 충격 원인은 전압의 과다, 핀 둘레의 마모, 대시포트의 조정이 불량인 경우이다.

07 주행 차륜의 직경이 400mm이고, 주행 모터의 회전수가 3,000rpm이며, 감속비가 1/100일 때, 주행속도는?

① 약 38m/min ② 약 68m/min
③ 약 120m/min ④ 약 80m/min

> 주행속도 = π × 직경 × 회전수 × 감속비
> = 3.14 × 400 × 3,000 × $\frac{1}{100}$ = 36.68[m/min]

08 차륜 플랜지의 한쪽이 계속 레일과 접촉되어 마모되는 원인으로 틀린 것은?

① 주행레일의 이음부(joint)의 어긋남이 클 때
② 좌우 주행레일의 높이가 틀릴 때
③ 레일과 차륜의 직각도 불량 시
④ 좌우 구동차륜의 직경차이가 클 때

> 차륜 플랜지의 측면 마모원인은 좌우 주행레일의 높이가 틀릴 경우, 레일과 차륜의 직각도 불량 시, 좌우 구동차륜의 직경차이가 클 때이다.

09 천장크레인의 와이어 드럼의 크기는 어떻게 정하는 것이 좋은가?

① 드럼의 직경은 사용하는 와이어로프의 직경보다 20배 이상이 적절하다.
② 드럼의 직경은 사용할 와이어로프의 소선의 직경보다 300배 이상이 적절하다.
③ 드럼의 직경은 크래브(Crab)의 크기에 비례해서 정하는 것이 좋다.
④ 드럼의 직경은 훅(Hook)의 크기에 비례해서 정하는 것이 좋다.

> D/d = 20 이상이다.

10 차륜 플랜지의 한쪽만 계속 레일과 접촉하여 마모되는 원인이 아닌 것은?

① 레일과 차륜의 직각도 불량
② 구동차륜과 종동차륜의 지름이 틀림
③ 좌·우 주행레일의 높이가 틀림
④ 좌·우 구동차륜의 지름 차가 큼

> 차륜 플랜지의 한쪽만 계속 레일과 접촉하여 마모되는 원인
> • 좌·우 레일의 높이가 다를 때
> • 레일과 차륜의 직각도가 불량일 때
> • 좌·우 구동차륜 및 종동차륜의 직경차가 클 때

11 천장 크레인의 브레이크 중 다른 셋과 용도가 다른 브레이크는?

① 디스크 브레이크(disk brake)
② 스러스트 브레이크(thrust brake)
③ 마그넷 브레이크(magent brake)
④ E.C 브레이크(eddy current brake)

> ①, ②, ③항은 제동용, ④항은 속도제어용 브레이크에 해당된다.

12 천장크레인의 주행, 횡행, 권상 등에서 과행을 방지하고 연동장치 및 안전장치로 사용되는 것은?

① 타임 릴레이 ② 컨트롤러
③ 리미트 스위치 ④ 브레이크

> 리미트 스위치의 설치
> • 크레인의 주행레일에는 차륜정지기구에 도달하기 전의 위치에 리미트 스위치 등 전기적 정지장치가 설치되어야 한다.
> • 횡행 속도가 매 분당 48m 이상인 크레인의 횡행레일에는 차륜정지 기구에 도달하기 전의 위치에 리미트 스위치 등 전기적 정지장치가 설치되어야 한다.

13 전동기용 브레이크로서 전기로 구동하지 아니하고 유압으로만 작동되는 것은?

① 마그네트 브레이크
② 오일 디스크 브레이크
③ 스러스트 브레이크
④ 메카니칼 브레이크

> 마그네트 브레이크는 전기로 구동하고, 오일 디스크 브레이크는 유압으로 작동하고, 스러스트 브레이크는 전기 및 유압으로 작동하며, 메카니칼 브레이크는 기계적으로 구동한다.

14 드럼에 홈이 없는 경우 와이어로프가 감길 때의 플리트 각(fleet angle)은 몇 도 이내로 해야 하는가?

① 2 ② 4
③ 6 ④ 8

🔍 와이어로프의 감기
- 권상장치 등의 드럼에 홈이 있는 경우 플리트 각도 : 4° 이내
- 권상장치 등의 드럼에 홈이 없는 경우 플리트 각도 : 2° 이내
- 권상장치 등의 드럼에 로프를 다층으로 감는 경우 로프가 쌓이는 것을 방지하기 위하여 플랜지부에서의 플리트 각도 : 0.5° 이상 4° 이내

15 천장크레인 거더의 중량을 경감할 수 있으나 휨이 가장 큰 거더는?

① I빔 거더
② 강관 거더
③ 트러스 거더
④ 박스 거더

🔍 강관 거더 : 형강이나 플레이트 대신 강관을 사용한 것이고, 거더 자체 중량을 경감할 수 있는 장점이 있으나 비틀림이 크다.

16 천장크레인의 규격 200/40ton × Span 60m에 대한 설명 중 틀린 것은?

① 200은 주권의 권상능력을 말한다.
② 40은 보권의 권상능력을 말한다.
③ 60은 스팬의 길이를 말한다.
④ 200과 40은 최대 및 최소 시험하중을 말한다.

🔍 200/40ton × span 60m에서 200 = 주권, 40 = 보권이며, 60m는 스팬의 길이를 의미한다.

17 다음은 권상장치의 권과 방지 장치를 열거한 것이다. 다음 중 훅의 접촉으로 인하여 작동되어지는 비상 리미트 장치는?

① 스크루식
② 캠식
③ 중추식
④ 싱크로 디바이스

🔍 권상장치의 권과방지장치
- 중추식 : 훅(hook)의 접촉으로 인하여 작동
- 스크루식(나사식) : 드럼의 회전에 의하여 작동하며, 연동장치에 의해 피드나사가 회전하면 그것과 맞물리는 너트(nut)가 이동하여 개폐기의 레버를 움직여 접점에 개폐를 행하는 방식
- 캠식 : 드럼과 연동되어 회전을 하고, 원판 모양으로 주위에 배치된 볼록 및 오목 캠에 의해 스위치의 레버를 작동

18 크레인에서 훅에 걸린 와이어로프가 이탈하지 못하도록 설치된 안전장치는?

① 해지장치
② 권과방지장치
③ 과부하방지장치
④ 충격하중

🔍 훅에는 와이어로프 등이 이탈되는 것을 방지하는 해지장치가 부착되어야 한다. 다만, 전용 달기기구로서 작업자의 도움 없이 짐 걸이가 가능하며 작업경로에 작업자의 접근이 없는 경우는 예외로 할 수 있다.

19 하중의 종류 중 동하중이 아닌 것은?

① 되풀이하중
② 교번하중
③ 사하중
④ 충격하중

🔍 동하중은 정하중에 대해 동적으로 작용하는 하중으로 그 크기 및 방향이 일정하지 않은 하중을 말한다. 동하중은 작동하는 양식에 따라 반복하중(되풀이하중), 교번하중, 충격하중이 있다.

20 크레인의 훅은 장시간 사용 시 반복응력으로 인한 표면경화가 발생하는데 이를 방지하기 위한 열처리 방법은?

① 풀림
② 오일담금질
③ 구상화처리
④ 고용화처리

🔍 풀림은 재료를 적당한 온도로 가열한 후 상온으로 서서히 냉각하여 연화시키는 열처리 방법이다.

21 제어기에 인터록을 설치하는 목적은?

① 전원을 공급하기 위하여
② 전자접촉의 안전을 위하여
③ 전기스파크를 발생시키기 위하여
④ 전자접속 용량조정을 위하여

🔍 제어기에 인터록(연동장치)은 전자 접촉의 안전을 위하여 설치한다.

22 시퀀스 제어란 정해진 순서에 따라 무엇을 진행하는 제어인가?

① 전원
② 단계
③ 상황
④ 실태

🔍 시퀀스 제어란 일정한 순서에 따라 제어의 각 단계를 진행해 가는 자동 제어를 말한다.

23 치차 또는 차륜 등과 같은 회전체를 축에 고정할 때 보통 사용하는 것은?

① 나사
② 베어링
③ 클러치
④ 키

🔍 키(key)는 회전체를 축에 고정시켜 회전력을 전달할 때 사용한다.

24 컨트롤 패널(Control Panel)의 내부 부품이 아닌 것은?

① 단자대(Terminal Block)
② 스페이스 히터(Space Heater)
③ 케이블 덕트(Cable Duct)
④ 전동기(Motor)

🔍 컨트롤 패널 내부 부품
 • 전선을 연결하는 단자대
 • 내부온도를 조절해 주는 히터
 • 전선을 감싸주는 케이블 덕트

25 다음 설명 중에서 틀린 것은?

① 시브 플랜지의 마모 한도는 와이어 로프직경의 20%까지 이다.
② 와이어로프를 드럼에 장치하는 방법은 와이어가 벗겨지지 않게 고정구를 사용하여 볼트로 조인다.
③ 드럼 직경(D)과 와이어로프 직경(d)과의 양호한 비율(D/d)은 20 이상이다.
④ 드럼에 와이어로프가 감길 때 와이어로프 방향과 드럼 홈 방향과의 각도는 2° 이내이다.

🔍 드럼에 와이어로프가 감길 때 와이어로프 방향과 드럼 홈 방향과의 각도는 4° 이내이다.

26 미터 보통나사의 나사산의 각도는?

① 60°　　② 55°
③ 50°　　④ 30°

🔍 미터나사는 나사산의 각도는 60도 이며, 피치는 mm로 표시하고, 바깥지름으로 호칭치수를 표시한다.

27 입력전압이 440V, 60Hz인 3상 유도전동기에서 극수가 4극, 회전자 속도가 1,760rpm일 때 이 전동기의 슬립률은?

① 2.2%　　② 4.3%
③ 13.2%　　④ 20.3%

🔍 전동기 회전자 속도 = 동기속도 − (슬립률 × 동기속도)/100에서 1,760 = 1,800 − (슬립률 ×1,800)/100(60Hz의 4극 전동기의 기본회전수는 1,800rpm이므로 슬립률 = 40/18 = 2.2%이다.)

28 2개의 축이 서로 90도 교차하고 있다. 어떤 기어를 연결해야 되는가?

① 스퍼기어
② 헬리컬기어
③ 인터널기어
④ 베벨기어

🔍 베벨기어는 원뿔 모양으로 두 축이 직각 또는 둔각 등으로 만나 서로 직접 교차하여 맞물려 돌아가는 기어이다.

29 크레인 작업종료 시의 주의사항으로 틀린 것은?

① 크레인은 작업을 종료한 위치에 정지시켜 둔다.
② 주 배선용 차단기는 내려놓는다.
③ 전용의 줄 걸이 작업 용구를 사용하고 있는 경우는 소정의 위치에 내려놓는다.
④ 훅 블록은 작업자나 차량의 통행에 지장을 주지 않는 높이까지 권상시켜 둔다.

🔍 크레인 작업 종료 시에는 지정된 장소나 처음 출발한 지점에 정지시켜 둔다.

30 권선형 3상 유도전동기의 회전방향을 변화시키는 방법으로 적합한 것은?

① 전압을 낮춘다.
② 1차 측 공급전원의 3선 중 2선을 바꾼다.
③ 1차 측 공급전원의 3선을 모두 바꾼다.
④ 저항기의 저항 값을 변화시킨다.

🔍 1차측(R.S.T) 공급전원 3선 중 2선을 바꾸면 3상 유도전동기의 회전 방향이 바뀐다.

31 천장크레인의 권하 작업 시 E.C.B(에디 커런트 브레이크)가 작동되는 노치는?

① 0(중립)
② 1
③ 2
④ 3

> E.C.B(Eddy Current Brake)코일로부터 자속을 발생시켜 그 전자력으로 제동 토크를 발생시키는 속도 제어용 브레이크 장치로 속도가 0이면 제동력이 발생하지 않으며, 천장크레인의 권하 작업 시 노치가 1단일 때 작동된다.

32 천장크레인의 모터(Motor) 부품 중에서 예비품으로 준비해 둘 필요성이 가장 큰 것은?

① 브러시(brush)와 홀더(holder)
② 회전자(rotor)
③ 고정자(stator)
④ 터미널(terminal) 단자

> 모터의 예비 부품은 소모가 많은 브러시와 홀더가 있다.

33 슬립링의 표면에 거칠어짐이 생기는 원인과 가장 거리가 먼 것은?

① 브러시의 재질이 고르지 않을 때
② 링 면과의 곡률 불일치
③ 과다 진동
④ 빈번한 정격 운전

> 정격 운전은 규정에 적합한 운전으로 슬립링의 표면 거칠어짐과 가장 거리가 멀다.

34 양축의 중심선에 3~5° 편차가 있으며, 고속회전과 충격 등이 있는 곳에 가장 적당한 것은?

① 플랜지 커플링(Flange Coupling)
② 플렉시블 커플링(Flexible Coupling)
③ 기어 커플링(Gear Coupling)
④ 머프 커플링(Muff Coupling)

> 플렉시블 커플링은 축 이음부에 고무나 가죽을 사용하여 진동을 방지한다.

35 천장크레인에서 예비품을 갖추어 두어야 하는 부품이 아닌 것은?

① 일정한 사용시간이 지나면 마모하는 부품
② 고장이 일어나기 쉬운 부품
③ 고장이 일어나기 쉽고 입수가 번거로워 시간이 많이 걸리는 부품
④ 값이 비싸며 운반하기 어려운 부품

> 예비 부품은 고장이 일어나기 쉽고, 마모가 잘되는 부품의 정비시간을 단축시키기 위해 준비해 둔다.

36 퓨즈(Fuse)의 설명으로 틀린 것은?

① 전기회로 보호 장치이다.
② 퓨즈의 재질은 주석과 납의 합금이다.
③ 전력의 크기에 따라 굵거나 가는 퓨즈를 사용한다.
④ 퓨즈의 재질은 아연과 납의 합금이다.

> 퓨즈의 재질은 주석과 납의 합금으로 되어 있다.

37 다음 설명 중 틀린 것은?

① 저항기는 사용 중 온도가 높아져서 약 350℃가 될 때가 있으므로 통풍을 잘 시켜야 된다.
② 리미트 스위치를 구조별로 구분하면 나사형, 레버형, 캠형으로 나눌 수 있다.
③ 리미트 스위치의 작용점이 최대부하 때와 무부하 때에는 약간씩 차이가 난다.
④ 천장크레인용 저항기는 용량이 크고 진동에 강한 리본형이 적합하다.

> 천장크레인용 저항기는 용량이 크고 진동에 강한 그리드형이 적합하다.

38 표준형 천장크레인의 집중 급유장치로 그리스를 급유할 수 없는 부분은?

① 드럼 베어링
② 주행차륜 베어링
③ 횡행차륜 베어링
④ 훅(Hook) 베어링

> 훅 베어링은 휴대용 그리스건을 이용하여 급유한다.

39 크레인 운전자의 일일 점검사항이 아닌 것은?

① 컨트롤러의 작동상태 확인
② 각 제동기 및 리미트 스위치 확인
③ 제동기 라이닝의 마모상태 확인
④ 좌우 레일의 높고 낮음의 차이를 정밀 측정 확인

🔍 크레인의 좌우 레일의 높고 낮음의 차이를 정밀 측정하는 것은 연간 점검사항이다.

40 다음 설명 중 틀린 것은?

① 차륜도유기란 차륜의 플랜지 부분과 답면 사이에 기름을 칠해주는 장치이다.
② 감속기어의 케이스 기어 급유법은 유욕식으로 케이스의 1/4정도 오일을 채운다.
③ 집중 급유장치로 각종 베어링 또는 크레인의 모든 활차에 그리스를 보급한다.
④ 진동이 심하고 먼지가 많은 개방기어에는 그리스를 발라주는 것이 좋다.

🔍 집중 급유장치로 훅 베어링에는 그리스를 급유할 수 없다.

41 체적이 같을 때 무거운 것부터 차례로 나열한 것은?

① 동-납-점토-철 ② 점토-납-동-철
③ 철-동-납-점토 ④ 납-동-철-점토

🔍 각 물질의 비중은 납 11.34, 동 8.9, 철 7.86, 점토 2.55 이다.

42 크레인에서 리미트 스위치의 전동에 쓰이는 일반적인 체인은?

① 롤러체인   ② 롱 링크 체인
③ 숏 링크 체인   ④ 스터드 체인

🔍 리미트 스위치의 전동에 쓰이는 체인은 롤러 체인이고, 링크 체인은 운반용 체인이다.

43 와이어로프 랭 꼬임에 대한 설명으로 틀린 것은?

① 보통 꼬임보다 손상도가 적다.
② 보통 꼬임에 비하여 킹크를 잘 일으키지 않는다.
③ 로프의 꼬임 방향과 스트랜드의 꼬임 방향이 같다.
④ 보통 꼬임보다 사용 수명이 같다.

🔍 와이어로프 꼬임은 꼬임이 풀리기 쉬워 킹크가 생기기 쉬운 곳에는 부적당하다.

44 같은 직경의 와이어로프 중 소선수가 많아지면 와이어는 어떻게 되는가?

① 마모에 강해진다.
② 소선수가 많아져도 관계없다.
③ 뻣뻣해 진다.
④ 부드러워진다.

🔍 소선은 탄소강에 특수 열처리를 하여 사용하며, 소선의 수가 많아지면 와이어는 부드러워진다.

45 권상용 체인의 점검과 사용상 주의사항이 아닌 것은?

① 체인의 길이가 제조 시보다 5% 이상 늘어나면 교환한다.
② 주유는 경유와 휘발유를 도포하여 부식을 방지한다.
③ 운전 중 급격한 속도변화와 급제동은 피한다.
④ 짐을 매달 때는 섀클이나 아이볼트 등을 이용한다.

🔍 권상용 체인은 마찰에 의해 열이 발생할 수 있는 부분으로 그리스를 주유하여 부식을 방지하도록 한다.

46 줄걸이 작업 시 짐을 매달아 올릴 때 주의사항으로 맞지 않는 것은?

① 매다는 각도는 60° 이내로 한다.
② 짐을 전도시킬 때는 가급적 주위를 넓게 하여 실시한다.
③ 큰 짐 위에 작은 짐을 얹어서 짐이 떨어지지 않도록 한다.
④ 전도 작업 도중 중심이 달라질 때는 와이어로프 등이 미끄러지지 않도록 주의한다.

🔍 무거운 짐은 밑에 쌓고, 가벼운 짐은 위에 올려 쌓는다.

47 마그네틱 크레인 신호에서 양손을 몸 앞에다 대고 꽉 끼는 신호는?

① 마그네틱 붙이기 ② 정지
③ 기다려라 ④ 신호불명

48 취급이 용이하고 킹크발생이 적어 기계, 건설, 선박에 많이 사용되는 로프의 꼬임 모양은?

① 랭S 꼬임 ② 보통 꼬임
③ 특수 꼬임 ④ 랭Z 꼬임

🔍 보통 꼬임은 외부와 접하는 부분이 작아서 마모는 크지만 킹크 발생이 적고 취급이 용이하다.

49 크레인 운전 신호방법 중 거수경례 또는 양손을 머리 위에 교차시키는 것은 무엇을 뜻하는가?

① 수평 이동 ② 기다려라
③ 크레인의 이상 발생 ④ 작업 완료

50 와이어로프의 클립 고정법에서 클립간격은 로프 직경의 약 몇 배 이상으로 장착하는가?

① 3 ② 6
③ 9 ④ 12

🔍 클립 고정법에서 클립의 간격은 로프 지름의 6배 이상으로 하며, 가장 널리 사용되는 방법이다.

51 다음 중 재해발생 원인이 아닌 것은?

① 작업 장치의 회전반경 내 출입금지
② 방호장치의 기능제거
③ 작업방법 미흡
④ 관리감독 소홀

🔍 작업장치의 회전반경 내 출입금지는 재해 예방을 위한 것이다.

52 동력전달장치에서 안전수칙으로 잘못된 것은?

① 동력전달을 빨리시키기 위해서 벨트를 회전하는 풀리에 걸어 작동시킨다.
② 회전하고 있는 벨트나 기어에 불필요한 점검을 하지 않는다.
③ 기어가 회전하고 있는 곳을 커버로 잘 덮어 위험을 방지한다.
④ 동력압축기나 절단기를 운전할 때 위험을 방지하기 위해서는 안전장치를 한다.

🔍 벨트를 걸거나 풀 때는 반드시 풀리가 회전을 완전히 멈춘 상태에서 작업하여야 한다.

53 보호구의 구비조건으로 틀린 것은?

① 착용이 간편해야 한다.
② 작업에 방해가 안 되어야 한다.
③ 구조와 끝마무리가 양호해야 한다.
④ 유해위험요소에 대한 방호성능이 경미해야 한다.

🔍 보호구의 구비조건
 • 착용이 간편할 것
 • 작업에 방해가 되지 않도록 할 것
 • 유해·위험요소에 대한 방호성능이 충분할 것
 • 재료의 품질이 양호할 것
 • 구조와 끝마무리가 양호할 것
 • 외양과 외관이 양호할 것

54 인력으로 운반 작업을 할 때 틀린 것은?

① 긴 물건은 앞쪽을 위로 올린다.
② 드럼통과 LPG 봄베는 굴려서 운반한다.
③ 무리한 몸가짐으로 물건을 들지 않는다.
④ 공동운반에서는 서로 협조를 하여 작업한다.

🔍 드럼통과 LPG봄베는 깨어지고 폭발할 염려가 있으므로 굴려서 운반하면 안 된다.

55 작업자의 안전에 대한 책임 및 업무 내용이 아닌 것은?

① 안전 활동의 평가
② 안전 작업의 이행
③ 작업 전후 안전 점검 실시
④ 보고, 신호, 안전수칙 준수

🔍 안전 활동의 평가는 안전관리자의 업무 사항이다.

56 차체에 드릴 작업 시 주의 사항으로 틀린 것은?

① 작업 시 내부의 파이프는 관통시킨다.
② 작업 시 내부에 배선이 없는지 확인한다.
③ 작업 후에는 내부에서 드릴 날 끝으로 인해 손상된 부품이 없는지 확인한다.
④ 작업 후에는 반드시 녹의 발생을 방지하기 위해 드릴 구멍에 페인트칠을 해둔다.

🔍 드릴 작업 시 내부의 파이프는 관통시키면 안 된다.

57 산업 재해는 직접 원인과 간접 원인으로 구분되는데, 다음 직접 원인 중에서 인적 불안전 행위가 아닌 것은?

① 작업 태도 불안전
② 위험한 장소의 출입
③ 기계의 결함
④ 작업자의 실수

🔍 재해의 직접원인(물적요인)
• 불안전한 행동(행위) : 위험장소 접근, 안전장치의 기능 제거, 복장·보호구의 잘못사용, 기계·기구 잘못사용, 운전 중인 기계장치의 손질, 불안전한 속도 조작, 위험물 취급 부주의, 불안전한 상태 방치, 불안전한 자세 동작, 감독 및 연락 불충분
• 불안전한 상태 : 물 자체 결함, 안전 방호장치 결함, 보호구의 결함, 물의 배치 및 작업장소 결함, 작업환경의 결함, 생산 공정의 결함, 경계표시·설비의 결함

58 안전표지의 종류 중 경고 표지가 아닌 것은?

① 인화성 물질
② 방사성 물질
③ 방독마스크 착용
④ 산화성 물질

🔍 안전표지의 종류 중 방독마스크 착용은 지시표지이다.

59 유류화재의 소화제로 가장 적합하지 않은 것은?

① CO_2 소화기   ② 물
③ 방화 커튼   ④ 모래

🔍 물은 기름과 섞이지 않기 때문에 화재가 더 확산될 수 있다.

60 아크 용접 작업상 안전수칙으로 바르지 못한 것은?

① 차광 유리는 아크 전류의 크기에 적합한 번호를 선택한다.
② 아연 도금 강판 용접 시 발생하는 가스는 무해하지 않으므로 환기할 필요가 없다.
③ 타기 쉬운 물건인 기름, 나무 조각, 도료, 헝겊 등은 작업장 주위에 놓지 않는다.
④ 용접기의 리드단자와 케이블의 접속은 반드시 절연체로 보호한다.

🔍 아크 용접 시 발생 가스는 유해하므로 반드시 환기를 시켜야 한다.

정답 2012년 1회

01 ②	02 ③	03 ②	04 ①	05 ③
06 ③	07 ①	08 ①	09 ①	10 ②
11 ④	12 ③	13 ②	14 ①	15 ②
16 ④	17 ③	18 ①	19 ③	20 ①
21 ②	22 ②	23 ④	24 ①	25 ④
26 ①	27 ②	28 ④	29 ①	30 ②
31 ②	32 ①	33 ④	34 ②	35 ④
36 ④	37 ④	38 ④	39 ④	40 ③
41 ④	42 ①	43 ②	44 ④	45 ②
46 ③	47 ①	48 ②	49 ④	50 ②
51 ①	52 ①	53 ④	54 ②	55 ①
56 ①	57 ③	58 ③	59 ②	60 ②

2012년 2회 공단 기출문제

01 천장크레인에서 주권, 보권 등에서 사용하는 권과방지 장치는?

① 리미트(Limit)스위치
② 오일게이지
③ 집중그리스펌프
④ 와이어로프

> 권상장치의 권과방지장치
> • 중추식 : 훅(hook)의 접촉으로 인하여 작동
> • 스크루식(나사식) : 드럼의 회전에 의하여 작동하며, 연동장치에 의해 피드나사가 회전하면 그것과 맞물리는 너트(nut)가 이동하여 개폐기의 레버를 움직여 접점에 개폐를 행하는 방식
> • 캠식 : 드럼과 연동되어 회전을 하고, 원판 모양으로 주위에 배치된 볼록 및 오목 캠에 의해 스위치의 레버를 작동

02 크레인 거더(girder)의 캠버에 관한 설명 중 틀린 것은?

① 거더는 동, 정, 상, 하 수평의 각 하중에 견디도록 리머 볼트로 견고하게 체결되어 있다.
② 크레인의 박스 거더는 캠버를 고려하여야 한다.
③ 캠버는 거더의 중앙에서 최대치가 된다.
④ 캠버는 하중을 안전하게 들기 위함이며 크레인에 수명에는 관계없다.

> 캠버는 크레인의 수명에 큰 영향을 준다.

03 천장크레인 운전 중 리미트 스위치가 할 수 있는 역할은?

① 운전 중 비상경고등의 역할
② 권상장치 등 각 장치의 운전 중 급출발 및 급제동 장치의 역할
③ 주행 등 각 장치의 스피드 조절스위치 역할
④ 권상, 주행, 횡행 등 각 장치의 운동에 대한 과행의 방지하는 역할

> 리미트 스위치는 권상, 주행, 횡행 등 장치의 운동에 대한 과행을 방지하는 역할이다.

04 다음 중 권상장치의 동력전달 순서로 맞는 것은?

① 전동기 → 기어감속기 → 커플링 → 드럼 → 와이어로프 → 훅
② 전동기 → 커플링 → 드럼 → 기어감속기 → 와이어로프 → 훅
③ 전동기 → 커플링 → 기어감속기 → 드럼 → 와이어로프 → 훅
④ 전동기 → 기어감속기 → 드럼 → 커플링 → 와이어로프 → 훅

> 권상장치의 동력전달 순서 : 전동기 → 커플링 → 기어감속기 → 드럼 → 와이어로프 → 훅

05 다음 설명 중 틀린 것은?

① 브레이크 휠(Brake Wheel)면의 요철이 2mm가 되면 평활하게 다듬어야 한다.
② 주행용 브레이크는 오일 디스크 브레이크 또는 트러스트 브레이크를 사용한다.
③ 권상장치의 브레이크는 오일 압상 브레이크를 사용하여 충격을 완화 시켜준다.
④ 횡행장치의 브레이크는 스러스트 브레이크를 사용한다.

> 권상장치의 브레이크는 와류 브레이크를 사용한다.

06 산업안전보건법상 크레인 제품심사 시 적용하는 과부하방지장치의 하중시험 값으로 적합한 것은?

① 정격하중의 100% 하중
② 정격하중의 110% 하중
③ 정격하중의 120% 하중
④ 정격하중의 125% 하중

> 크레인 제품심사 시 하중 시험값은 정격하중의 1.1배(110%) 하중이다.

07 권상작업 중 훅의 계속 권상되지 않을 때 우선 점검하여야 할 곳으로 맞는 것은?

① 사이렌
② 권상 리미트 스위치
③ 주행 리미트 스위치
④ 횡행 리미트 스위치

🔍 훅이 계속 권상되지 않을 때 권상 리미트 스위치를 점검하고, 횡행되지 않을 때는 횡행 리미트 스위치를 점검한다.

08 크레인에서 사용하는 훅의 일반적인 재질은?

① 기계구조용 탄소강
② 구조용 고장력 탄소강
③ 용접 구조용 압연강
④ 리벳용 원형강

🔍 훅의 재질로는 탄소강 단강품이나 기계구조용 탄소강을 사용한다.

09 정격하중에 대한 설명으로 맞는 것은?

① 훅의 무게를 제외한 순수 취급 하중
② 평상 시 주로 사용하는 취급 하중
③ 훅의 무게를 포함한 취급 하중
④ 주권과 보권이 표시한 권상능력의 합

🔍 정격하중과 권상하중
• 권상하중(hoisting load) : 들어 올릴 수 있는 최대의 하중을 말한다.
• 정격하중(rated load) : 크레인의 권상하중에서 훅, 크래브 또는 버킷 등 달기기구의 중량에 상당하는 하중을 뺀 하중을 말한다. 다만, 지브가 있는 크레인 등으로서 경사각의 위치, 지브의 길이에 따라 권상능력이 달라지는 것은 그 위치의 권상하중에서 달기기구의 중량을 뺀 하중 가운데 최대치를 말한다.

10 스러스트 브레이크의 오일 교환주기는 몇 개월인가?

① 1개월 ② 3개월
③ 6개월 ④ 12개월

11 천장크레인에서 주행레일의 진직도는 전 주행길이에 걸쳐 최대 얼마 이내이어야 하는가?

① 20mm 이내 ② 10mm 이내
③ 2mm 이내 ④ 5mm 이내

🔍 주행레일의 진직도는 전 주행길이에 걸쳐 최대 10mm 이내이고, 수평방향의 휨 량은 주행길이 2m마다 ±1mm 이내이어야 한다.

12 드럼에 감기는 로프와 드럼과의 각도에 대하여 설명한 것 중 틀린 것은?

① 홈이 있는 드럼에 와이어로프가 감길 때의 방향과 와이어로프의 방향과 각도는 4도 이내가 되어야 한다.
② 홈이 없는 드럼에 와이어로프가 감길 때는 각도는 2도 이내가 되어야 한다.
③ 와이어로프가 드럼에 감길 때 또는 역회전으로 감기는 경우에 급격히 꺾이거나 예리한 모서리에 마찰되지 않는 구조이어야 한다.
④ 드럼에 와이어로프가 감길 때의 각도는 최대한 꺾이도록 높은 각도를 유지하는 것이 좋다.

🔍 와이어로프와 드럼과의 각도는 최대한 꺾이도록 높은 각도를 유지하면 안 된다.

13 전자 브레이크의 전자석 부분 과열 원인 중 틀린 것은?

① 전원 전압의 강하
② 철심이 완전히 흡착하지 않음
③ 권선의 부분단락
④ 브레이크 슈(shoe)의 마모

🔍 브레이크 슈의 마모는 드럼과 라이닝 간극이 넓어져서 제동작용이 되지 않는 원인이다.

14 크레인 레일에 있어서 30kgf 레일의 표준길이(m)는?

① 15
② 20
③ 25
④ 30

🔍 레일은 KS 규격 R9106의 규정에 30kg 레일의 표준길이는 20m이고, 37kg, 40kg, 50kg 레일 등은 표준길이가 25m이다.

15 크레인의 와이어 드럼 홈 부위의 사용 마모한도는 주철제 드럼의 경우 로프 지름의 몇 [%] 이내 인가?

① 10%
② 15%
③ 18%
④ 25%

🔍 드럼
• 드럼 본체는 균열, 변형이 없을 것
• 드럼 홈 부위의 사용 마모 한도는 용접제 드럼의 경우 로프 지름의 20% 이내, 주철제 드럼의 경우 로프 지름의 25% 이내일 것
• 와이어로프 부착부는 풀림이 없을 것
• 볼트, 너트는 풀림 또는 탈락이 없을 것

16 완충장치(BUFFER)의 종류로서 알맞지 않은 것은?

① 유압 BUFFER
② 고무 BUFFER
③ 강철 BUFFER
④ 스프링 BUFFER

🔍 완충장치에는 유압, 고무, 스프링 Buffer가 있다.

17 천장크레인의 구조에 해당 되지 않는 것은?

① 거더
② 새들
③ 권상장치
④ 속도감응 조향장치

🔍 천장크레인의 구조 : 거더, 새들, 크래브, 훅, 운전실, 권상장치 등

18 차륜에 대하여 설명한 것 중 틀린 것은?

① 차륜의 재질은 주철, 주강, 특수주강이다.
② 천장크레인 차륜은 보통 양 플랜지의 것이 사용된다.
③ 차륜의 직경은 균일하며 답면 및 플랜지는 열처리가 되어 있다.
④ 차륜에는 종동륜만 있다.

🔍 차륜은 구동륜과 종동륜이 있다.

19 천장크레인에 대한 설명 중 틀린 것은?

① 휠베이스(wheel base)는 스팬(span) 길의 8배 이상이 되어야 좋다.
② 차륜은 구동륜과 종동륜으로 구분한다.
③ 주행레일 유지 보수 시 이물질이 있는지 확인하고 제거한다.
④ 새들(saddle) 양끝에는 주행 완충용 스톱퍼를 설치하여 충격을 완화시켜 준다.

🔍 주행 휠베이스(wheel base)는 스팬의 1/7 이상이어야 한다. 다만, 휠베이스는 1레일 상에 4개의 차륜이 있는 경우는 좌우 외측차륜의 중심간 거리, 4개 초과 8개 이하의 차륜이 있는 경우에는 좌우 각 외측 2개 차륜의 중심에서의 좌우간 거리, 8개를 초과한 차륜이 있는 경우에는 좌우 각 외측 3개 차륜의 중심에서 좌우간 거리로 한다.

20 천장크레인의 3운동이 아닌 것은?

① 주행
② 회전
③ 권상
④ 횡행

🔍 천잔크레인의 3가지 운동은 주행, 권상, 횡행운동이다.

21 천장크레인에서 동력전달 시 축의 편차가 있을 때 부적합한 커플링은?

① 유니버셜 커플링
② 플렉시블 커플링
③ 플랜지 커플링
④ 그리드 커플링

🔍 플랜지 커플링은 고속 회전하는 곳에서 사용하며 비교적 보수가 쉽고 신뢰성이 있다.

22 나사(screw) 중 일반기계의 체결용으로 쓰이는 나사는?

① 사다리꼴 나사
② 톱니 나사
③ 사각 나사
④ 삼각 나사

🔍
• 사다리꼴나사 : 운동전달용
• 톱니나사 : 한 방향으로 힘을 전달
• 사각나사 : 프레스나 잭을 사용

23 전동기의 소손 원인 중 옳지 않은 것은?

① 과부하
② 절연불량
③ 베어링 불량
④ 와이어로프 단선

24 일정시간을 두고 다음 동작으로 이행할 때에 사용하는 것은?

① 무전압 보호장치
② 타임 릴레이
③ 역상보호 계전기
④ 전자 접촉기

🔍 타임 릴레이는 일정시간을 두고 한 동작에서 다음 동작으로 이행할 때에 사용한다.

25 감전 또는 감전 예방에 대한 설명으로 가장 거리가 먼 것은?

① 감전의 피해정도는 전류의 크기와 통전시간에 따라 다르다.
② 정전시나 점검수리에는 반드시 전원스위치를 올린다.
③ 50mA 이상의 전류가 인체에 흐르면 상당히 위험하다.
④ 건조한 옷, 고무장갑 등을 착용하면 좋다.

🔍 정전 시나 점검수리에는 반드시 전원 스위치를 내린다.

26 메가테스터는 무엇을 측정하는 것인가?

① 전기 전도도
② 전력량
③ 전압
④ 전기 절연저항

🔍 메가 테스터는 전기 절연저항 측정용이고, 멀티 테스터는 전압 및 저항 측정용이다.

27 집전장치에서 불꽃(Spark) 발생의 원인이 아닌 것은?

① 접촉점에서 흐르는 전류가 정격 이상일 때
② 접촉점간의 전압이 높을 때
③ 접촉면의 거칠 때
④ 직류보다 교류에서 많다.

🔍 전기 스파크(불꽃)는 교류보다 직류에서 더 많이 발생한다.

28 잇수가 20인 작은 기어와 500rpm으로 회전할 때 이와 맞물린 큰 기어의 회전수를 100rpm으로 하려면 큰 기어의 잇수는?

① 120
② 100
③ 800
④ 60

🔍 큰기어 잇수
= (작은 기어의 잇수×작은 기어의 회전수)/ 큰 기어의 회전수
= 20 × 500 / 100 = 100개

29 천장크레인의 전원공급은 트롤리선으로 한다. 다음 설명 중 틀린 것은?

① 주행용 트롤리선은 약 6m 간격마다 애자로 지지한다.
② 경동원형의 트롤리선은 약 10m 간격마다 애자로 지지한다.
③ 트롤리선의 재질은 포금, 카본, 철 등이 사용된다.
④ 트롤리선의 종류는 경동원형, 앵글, 레일, 홈붙이 트롤리선 등이 있다.

🔍 천장크레인의 전원 공급 케이블. 주행 트롤리선은 6m 간격. 경동선은 2m 간격으로 애자를 사용하여 지지한다.

30 크래브를 급정지할 경우의 영향으로 옳지 않은 것은?

① 운반물의 횡방향으로 흔들리며 로프에 나쁜 영향을 미친다.
② 충격을 받아 크레인에 무리가 간다.
③ 주행차륜에는 별로 영향을 미치지 않는다.
④ 크래브가 충격을 받는다.

🔍 크레브를 급정지할 경우 주행, 횡행차륜 등 크레인의 모든 곳이 영향을 받는다.

31 운전자 안전수칙을 설명한 것 중 틀린 것은?

① 운반물이 흔들리거나 회전하는 상태로 운반해서는 안 된다.
② 운반물은 작업자 상부로 운반할 수 없으며 직각운전을 원칙으로 한다.
③ 운전석을 이석할 때는 크레인을 정지된 그 자리에 정지시킨 후 훅을 최대한 내려놓는다.
④ 옥외 크레인은 강풍이 불어올 경우 운전 및 옥외 점검정비를 제한한다.

🔍 운전자가 운전석을 이석할 때는 크레인을 처음 출발한 곳에 정지시켜 놓아야 한다.

32 축의 원주를 4~20개로 등분하여 키를 깎아 붙인 것과 같이 만들어 단독 키보다 훨씬 큰 힘을 전달할 수 있으며 내구력이 큰 키는?

① 성크 키   ② 접선 키
③ 스플라인   ④ 안장 키

🔍 스플라인은 축 둘레에 4~20개의 턱을 만들어 큰 회전력을 전달하며, 키 종류 중 두 번째로 큰 동력을 전달한다.

33 회로의 전압을 측정하는데 적합한 계기는?

① 전류테스터   ② 저항측정기
③ 메가테스터   ④ 멀티테스터

🔍 전류 테스터는 전류량 측정하고, 저항 측정기는 저항값을 측정한다.

34 천장크레인으로 물건을 운반할 때 주의할 점으로 틀린 것은?

① 경우에 따라서 정격하중 무게보다 약간 초과할 수 있다.
② 적재물이 떨어지지 않도록 한다.
③ 로프의 안전여부를 점검한다.
④ 운반 중 작업자의 위치에 주의한다.

🔍 천장크레인으로 물건을 운반할 때는 정격하중 범위 내에서 작업하여야 한다.

35 권선의 변환수리를 행하였을 때 잘못해서 계자의 회전방향을 반대로 결선하면 역전될 위험이 있다. 이 경우 회로를 자동적으로 차단시키는 장치는?

① 칼날형 개폐기   ② 타임 릴레이
③ 역상 보호 계전기   ④ 무전압 보호장치

36 교류 전자 브레이크(A.C magnetic brake)는 제동토크가 무여자시의 스프링과 가동 철심의 자체중량에 의해 발생되는 압력으로 브레이크 드럼을 가압하여 제동하는 방식이다. 라이닝 두께가 몇 [%] 감소되면 스트로크를 조정해야 하는가?

① 10~20%   ② 20~30%
③ 30~40%   ④ 40~50%

🔍 교류 전자 브레이크 라이닝 두께가 20~30% 감소하면 스트로크를 조정하여 사용하여야 한다.

37 전동기 회전수를 구하는 계산식은? (단, N : 회전수, f : 주파수, P : 극수, s : slip)

① $N = 120\dfrac{f}{P}(1-s)$

② $N = 120\dfrac{P}{f}(1-s)$

③ $N = \dfrac{f}{120}P(1-s)$

④ $N = 120\dfrac{P}{(1-s)} \times f$

🔍 전동기 회전수 : $N = 120\dfrac{f}{P}(1-s)$

38 오일 교환 시의 주의사항으로 적당치 않은 것은?

① 구름 베어링은 경유 또는 백등유로 청소 후 압축공기로 이물질을 제거한다.
② 구름 베어링 하우징의 엔진오일 충진량은 1/2~3/4 정도가 좋다.
③ 개방기어에는 경유로 잘 닦은 후 새기름을 바른다.
④ 기어박스인 경우 경유로 잘 닦은 후 건조 시킨 후 새 기름을 주입한다.

🔍 구름 베어링의 엔진 오일 충진량은 1/3 정도이다.

39 베어링의 온도가 상승하는 원인과 관계없는 것은?

① 속도계수가 윤활제의 한계를 초과하고 있을 경우
② 베어링 기본하중에 비하여 사용하중이 너무 큰 경우
③ 윤활제의 점성이 낮은 경우
④ 베어링의 조립 또는 베어링하우징 제작 불량인 경우

🔍 고점도의 윤활제를 사용한 경우 온도가 상승한다.

40 하역 작업을 시작하기 전에 점검해야 할 사항과 가장 거리가 먼 것은?

① 주행로상 및 크레인 주위에 장애물 유무 여부
② 급유 상태
③ 볼트, 너트 및 엔드 플레이트의 이완 여부
④ 차륜의 마모 및 진동, 소음 상태

🔍 차륜의 마모 및 진동, 소음상태는 하역 작업을 시작하기 전 점검사항이 아니다.

41 〈그림〉에서 240톤의 부하물을 들어 올리려 할 때 당기는 힘은 몇 톤인가? (단, 마찰계수 및 각종효율은 무시한다.)

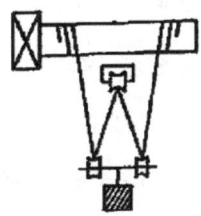

① 60   ② 80
③ 210 ④ 240

🔍 당기는 힘 : P = 하중/(활차의 개수 + 1) = 240/(3 + 1) = 60톤

42 권상용 드럼에 와이어로프를 설치하는 방법 중 맞지 않는 것은?

① 안전계수가 5 이상인 와이어로프를 사용한다.
② 로프를 드럼에서 최대로 풀었을 때 최소 1가닥은 남아야 한다.
③ 와이어로프 끝은 시징(Seizing)하여 풀리지 않도록 한다.
④ 로프가 벗겨지지 않게 누르고 볼트로 조인 것이 로프 클램프(Rope Clamp)이다.

🔍 와이어로프를 드럼에서 최대로 풀었을 때 최소 2가닥은 남아 있어야 한다.

43 와이어로프의 꼬임의 종류가 아닌 것은?

① 보통 Z꼬임
② 보통 S꼬임
③ 보통 Y꼬임
④ 랭 Z꼬임

🔍 와이어로프 꼬임 종류 : 보통 Z꼬임, 보통 S꼬임, 랭 Z꼬임, 랭 S꼬임이 있다.

44 와이어로프의 단말 체결방법 중 가장 효율적인 것은?

① 심블(Thimble)   ② 소켓(Socket)
③ 웨지(Wedge)   ④ 클립(Clip)

🔍 소켓고정법은 가장 효율적인 방법으로 와이어 끝을 소켓에 넣어 납땜 또는 아연으로 용접하는 방법이다.

45 매다는 체인에서 점검해야 할 사항이 아닌 것은?

① 마모   ② 변형
③ 균열   ④ 킹크

🔍 매다는 체인의 점검사항은 체인의 마모와 변형, 균열상태를 점검한다.

46 긴 환봉의 줄걸이 작업방법으로 가장 바람직한 것은?

① 1줄걸이   ② 2줄걸이
③ 3줄걸이   ④ 4줄걸이

🔍 2 줄걸이 작업방법은 긴 환봉의 줄걸이 방법이 적합하다.

47 와이어로프의 규격의 규정된 한국산업표준은?

① KSD 3514　② KSH 3514
③ KSW 3514　④ KSK 3514

🔍 와이어로프 한국산업표준 규격은 KSD 3514이다.

48 4.8톤의 부하물을 4줄 걸이로 하여 각도 60°로 매달았을 때 한쪽 줄에 걸리는 하중은 약 몇 톤인가?

① 0.69　② 1.23
③ 1.39　④ 1.46

🔍 와이어로프에 걸리는 하중
= 부하물의 하중/(줄걸이 수×각도)
= 4.8/(4 × sin60°) = 4.8/(4 × 0.866) = 1.39톤

49 운전자가 경보기를 울리거나 한쪽 손의 주먹을 다른 손의 손바닥으로 2~3회 두드릴 경우의 수신호의 내용은?

① 신호불명　② 이상발생
③ 기다려라　④ 물건걸기

50 와이어로프로 줄걸이 하는 방법에 관한 설명 중 옳지 않은 것은?

① 각진 예리한 물건을 이송할 때는 로프가 손상되지 않도록 다른 물질을 대어 로프를 보호한다.
② 둥근 물건은 2중 걸이를 하여 미끄러지지 않도록 한다.
③ 줄걸이 각도는 60° 이내로 하며 30~45° 이내로 하는 것이 좋다.
④ 주권과 보권을 동시에 사용해서는 안 된다.

51 안전을 위하여 눈으로 보고 손으로 가리키고, 입으로 복창하여 귀로 듣고, 머리로 종합적인 판단을 하는 지적확인의 특성은?

① 의식을 강화한다.
② 지식수준을 높인다.
③ 안전태도를 형성한다.
④ 육체적 기능수준을 높인다.

🔍 지적확인은 무재해운동의 추진 기법 중 하나이다.

52 산업안전의 의미를 설명한 것으로 틀린 것은?

① 외과적인 상처만을 말한다.
② 사고가 없는 상태를 뜻한다.
③ 위험이 없는 상태를 뜻한다.
④ 직업병이 발생되지 않는 것을 말한다.

🔍 산업재해란 근로자가 업무에 관계되는 건설물, 설비, 원자재, 가스, 증기, 분진 등에 의하거나 작업·기타업무에 기인하여 사망 또는 부상하거나 질병에 이환되는 것을 말하며, 산업안전이란 바로 이러한 산업재해로부터 근로자의 생명과 재산을 보존하기 위한 계획적이고 체계적인 제반 활동을 의미한다.

53 소화 설비 선택 시 고려하여야 할 사항이 아닌 것은?

① 작업의 성질
② 작업자의 성격
③ 화재의 성질
④ 작업자의 환경

54 운반 시 안전 수칙으로 틀린 것은?

① 운반차는 규정속도를 지킬 것
② 운반 시 시야를 가리지 않을 것
③ 승용석이 없는 운반차에는 승차하지 말 것
④ 긴 물건에는 중간에 표지를 단 후 운반할 것

🔍 긴 물건을 운반 시 운반물 끝에 표지를 단 후 운반하여야 한다.

55 기계설비에서 위험점 방호방법의 종류가 아닌 것은?

① 격리형 방호장치
② 덮개형 방호장치
③ 기능적 방호장치
④ 접근 거부형 방호장치

🔍 방호장치의 구분
• 접근거부형 : 수인식, 손쳐내기식
• 접근반응형 : 감응식
• 위치제한형 : 양수조작식
• 포집형 : 반발예방장치, 덮개
• 격리형 방호장치 : 완전차단형 방호장치, 덮개형 방호장치, 안전방책

56 연소 조건에 대한 설명으로 틀린 것은?

① 발열량이 적은 것일수록 타기 쉽다.
② 산화되기 쉬운 것일수록 타기 쉽다.
③ 산소와의 접촉면이 클수록 타기 쉽다.
④ 열전도율이 적은 것일수록 타기 쉽다.

🔍 연소 시 발열량이 클수록 타기 쉽다.

57 안전관리 측면에서 수공구로 인한 재해의 원인이 아닌 것은?

① 잘못된 공구 선택　② 공구의 수량 파악
③ 공구의 점검 소홀　④ 사용법의 미 숙지

🔍 공구의 수량파악은 수공구로 인한 재해의 원인으로 볼 수 없다.

58 낙하, 비래, 추락, 감전으로부터 근로자의 머리를 보호하기 위하여 착용하여야 할 안전모는?

① A형　　　　② BC형
③ ABC형　　 ④ ABE형

🔍 안전모의 종류

종류	설명
AB형	물체의 낙하 또는 비래(날아옴) 및 추락에 의한 위험을 방지 또는 경감시키기 위한 것
AE형	물체의 낙하 또는 비래(날아옴)에 의한 위험을 방지 또는 경감하고, 머리 부위 감전에 의한 위험을 방지하기 위한 것
ABE형	물체의 낙하 또는 비래(날아옴) 및 추락에 의한 위험을 방지 또는 경감하고, 머리 부위 감전에 의한 위험을 방지하기 위한 것

59 산업안전보건법령상 안전보건표지의 분류 명칭이 아닌 것은?

① 금지표지　　② 경고표지
③ 통제표지　　④ 안내표지

🔍 안전보건표지에는 금지표지, 경고표지, 안내표지, 지시표지가 있다.

60 스패너를 사용하는 방법으로 옳은 것은?

① 스패너를 해머 대신 사용한다.
② 스패너의 규격이 너트 규격보다 큰 것을 사용한다.
③ 너트에 스패너를 올바르게 끼우고 앞으로 당기면서 사용한다.
④ 스패너의 자루에 파이프를 넣어 지렛대 역할을 하도록 하여 사용한다.

🔍 스패너를 사용할 때는 너트에 스패너를 올바르게 끼우고 앞으로 당기면서 사용하여야 한다.

정답 2012년 2회

01 ①	02 ④	03 ④	04 ③	05 ③
06 ②	07 ②	08 ①	09 ①	10 ③
11 ②	12 ④	13 ④	14 ②	15 ④
16 ③	17 ④	18 ④	19 ①	20 ②
21 ③	22 ④	23 ④	24 ②	25 ②
26 ④	27 ②	28 ②	29 ②	30 ③
31 ③	32 ③	33 ②	34 ①	35 ③
36 ②	37 ①	38 ④	39 ③	40 ④
41 ①	42 ②	43 ③	44 ②	45 ④
46 ②	47 ①	48 ③	49 ②	50 ④
51 ①	52 ①	53 ②	54 ④	55 ③
56 ①	57 ②	58 ④	59 ③	60 ③

2012년 3회 공단 기출문제

01 크레인에 사용하는 과부하 방지장치의 안전점검 사항 중 틀린 것은?

① 과부하 방지장치가 동작할 때는 경보음이 작동되어야 한다.
② 관계책임자 이외는 임의로 조정할 수 없도록 납봉인 등이 되어 있어야 한다.
③ 과부하 방지장치의 동작 시 일정한 시간이 지나면 자동 복귀되어야 한다.
④ 과부하 방지장치는 성능검정을 필 한 것이어야 한다.

> 과부하 방지장치는 한번 작동이 될 경우 과부하가 제거되고 해당 제어기가 중립 또는 정지위치로 돌아갈 때까지는 자동으로 복귀되어서는 안 된다.

02 주행장치의 제동방식으로 가장 적합한 것은?

① 와류 브레이크 방식
② 다이나믹 브레이크 방식
③ 오일 디스크 브레이크 방식
④ 직류 전자 브레이크 방식

> 와류 브레이크와 다이나믹 브레이크는 속도 제어용 브레이크이고, 직류 전자 브레이크는 권상장치에 사용한다.

03 전자식 마그넷 브레이크(magnet brake)의 라이닝 두께가 25% 감소한 경우 가장 적합한 조치 방법은?

① 라이닝을 교환한다.
② 브레이크 드럼 지름을 크게 한다.
③ 스트로크를 조정한다.
④ 특별한 조치를 하지 않아도 된다.

> 마그네트 브레이크 라이닝 두께 마모한도는 50%까지 이므로, 25% 감소한 경우 스트로크를 조정한 후 재사용한다.

04 크레인의 과부하 방지장치용 시브 피치원 직경과 통과하는 와이어로프 지름의 비는 얼마 이상이어야 하는가?

① 2 이상
② 3 이상
③ 4 이상
④ 5 이상

> 권상장치 등의 이퀄라이저 시브 피치원 직경과 해당 이퀄라이저 시브(sheave)를 통과하는 와이어로프 지름과의 비는 10 이상으로 하고, 과부하방지 장치용의 시브 피치원 직경과 해당 시브를 통과하는 와이어로프 지름과의 비는 5 이상으로 할 수 있다.

05 위험기계ㆍ기구 안전인증 고시에 따르면 훅의 국부마모는 원래 규격 치수의 몇 [%] 이내 이어야하는가?

① 5%
② 7%
③ 10%
④ 20%

> 훅 블록 또는 달기기구
> • 훅 본체는 균열 또는 변형 등이 없어야 하고, 국부마모는 원치수의 5% 이내일 것
> • 훅 블록 또는 달기기구에는 정격하중이 표지되어 있을 것
> • 볼트, 너트 등은 풀림 또는 탈락이 없을 것
> • 해지장치는 균열, 변형 등이 없을 것

06 천장크레인의 주행차륜은 좌우차륜의 지름차가 생기면 교환하여야 한다. 좌우차륜의 지름차가 원치수의 몇 [%] 이상이면 교환하는 것이 가장 적당한가?

① 구동차륜 0.2%, 종동차륜 0.5%
② 구동차륜 0.5%, 종동차륜 1%
③ 구동차륜 2%, 종동차륜 5%
④ 구동차륜 1%, 종동차륜 2%

> 주행차륜의 직경차 허용한도는 구동차륜은 0.2%이고, 종동차륜 0.5%까지이다.

07 폭풍 시 옥외에 설치된 크레인의 이탈방지장치로서 사용되는 것은?

① 전자브레이크
② 유압식완충장치

③ 주행스토퍼(stopper)   ④ 앵커(anchor)

🔍 크레인 이탈방지 장치로 수동식은 앵커가 사용된다.

08 브레이크 라이닝의 사용 한도는 원 두께의 약 몇 [%] 일 때 새 라이닝으로 교체하여야 하는가?

① 5%   ② 15%
③ 20%   ④ 50%

🔍 브레이크류
- 라이닝은 편마모가 없고 마모량은 원치수의 50% 이내일 것
- 디스크의 마모량은 원치수의 10% 이내일 것
- 유량은 적정하고 기름누설이 없을 것
- 볼트, 너트는 풀림 또는 탈락이 없을 것

09 천장크레인에서 주행레일 연결부 틈새는 얼마인가?

① 3mm 이상   ② 3mm 이하
③ 5mm 이하   ④ 5mm 이상

🔍 주행레일
- 연결부의 틈새는 천정크레인은 3mm, 기타 크레인은 5mm 이하일 것
- 레일 연결부의 엇갈림은 상하 0.5mm 이하, 좌우 0.5mm 이하일 것
- 레일측면의 마모는 원래 규격치수의 10% 이내일 것
- 주행레일의 높이편차는 기준면으로부터 최대 ±10mm 이내이고, 좌우레일의 수평차는 10mm 이내, 레일의 구배량은 주행길이 2m 마다 2mm를 초과하지 않을 것
- 주행레일의 진직도는 전 주행길이에 걸쳐 최대 10mm이내이고, 수평방향의 휨 량은 주행길이 2m마다 ±1mm 이내일 것

10 천장크레인 차륜 직경의 마모한도는 얼마인가?

① 원치수의 10%   ② 원치수의 5%
③ 원치수의 3%   ④ 원치수의 2%

🔍 차륜
- 플랜지는 균열, 변형, 손상 등이 없으며 마모가 원치수의 50% 이내일 것
- 보스 및 웨브는 균열, 변형 또는 손상 등이 없을 것

11 드럼 홈의 지름은 와이어로프의 공칭지름보다 몇 [%] 크게 하는 것이 좋은가?

① 10   ② 20
③ 30   ④ 40

🔍 드럼 홈의 지름은 와이어로프 공칭지름보다 10% 이상 이어야 하고, 드럼 직경과 로프 직경의 비는 D/d = 20 이상이다.

12 천장크레인의 표시 중 40/20ton×26m 용어의 해석이 맞는 것은?

① 주권 40톤, 보권 20톤, 스팬 26m
② 보권 40톤, 주권 20톤, 스팬 26m
③ 주권 20톤~40톤, 스팬 26m
④ 주권 0.5톤, 스팬 26m

🔍 40/20ton × 26m는 주권 40톤, 보권 20톤, 스팬의 길이가 26m 라는 의미이다.

13 크레인의 권상장치에서 드럼의 권과방지 장치를 설명한 것 중 틀린 것은?

① 권과방지 장치는 스크루식, 캠식, 중추식이 주로 사용된다.
② 중추식은 훅(hook)의 접촉에 의거 작동되어진다.
③ 캠식은 도르래의 회전에 의거 작동된다.
④ 스크루식은 드럼의 회전에 의거 작동된다.

🔍 권상장치의 권과방지장치
- 중추식 : 훅(hook)의 접촉으로 인하여 작동
- 스크루식(나사식) : 드럼의 회전에 의하여 작동하며, 연동장치에 의해 피드나사가 회전하면 그것과 맞물리는 너트(nut)가 이동하여 개폐기의 레버를 움직여 접점에 개폐를 행하는 방식
- 캠식 : 드럼과 연동되어 회전을 하고, 원판 모양으로 주위에 배치된 볼록 및 오목 캠에 의해 스위치의 레버를 작동

14 크레인 권상장치용 제한 개폐기(limit switch)에 대한 설명으로 맞는 것은?

① 전기식으로 되어 있으므로 고장이 없다.
② 드럼에 로프가 과권이 될 경우 전류를 차단하여 회전을 정지시키는 장치이다.
③ 드럼의 회전수를 조정하는 장치이다.
④ 필히 주전원을 연결하고 조정 작업을 하여야 한다.

🔍 리미트 스위치는 드럼에 로프가 과권이 될 경우 전류를 차단하여 회전을 정지시키는 장치이다.

15 스팬이 24m인 공장작업용 천장크레인 거더의 처짐은?

① 50mm ② 30mm
③ 10mm ④ 5mm

🔍 크레인 거더의 처짐은 정격하중 및 달기기구 자중을 합한 하중에 상당하는 하중을 가장 불리한 조건으로 권상하였을 때, 당해 스팬의 800분의 1 이하가 되어야 한다. 따라서, 24,000/800 = 30mm이다.

16 리미트 스위치에 대한 설명 중 틀린 것은?

① 보통 권상장치에 사용하나, 필요에 따라 주·횡행에도 설치 사용할 수 있다.
② 권하 시 리미트 스위치가 작동하는 지점은 드럼에 와이어로프가 약 3바퀴 정도 남아있는 지점이다.
③ 비상용 리미트 스위치는 상용 리미트 스위치가 고장이 났을 때 작동하는 것이다.
④ 상용 리미트 스위치는 주로 중추식이 이용된다.

🔍 중추식 리미트 스위치는 비상용 리미트 스위치이다.

17 천장크레인에서 정격하중의 의미를 가장 잘 설명한 것은?

① 크레인이 들어 올릴 수 있는 최대 하중
② 크레인이 평상 시 주로 많이 취급하는 하중
③ 달기기구의 무게를 제외한 안전 작업 하중
④ 달기기구의 무게를 포함한 안전 작업 하중

🔍 정격하중과 권상하중
• 권상하중(hoisting load) : 들어 올릴 수 있는 최대의 하중을 말한다.
• 정격하중(rated load) : 크레인의 권상하중에서 훅, 크래브 또는 버킷 등 달기기구의 중량에 상당하는 하중을 뺀 하중을 말한다. 다만, 지브가 있는 크레인 등으로서 경사각의 위치, 지브의 길이에 따라 권상능력이 달라지는 것은 그 위치의 권상하중에서 달기기구의 중량을 뺀 하중 가운데 최대치를 말한다.

18 천장크레인의 주행레일 측면의 허용 마모한도는 원치수의 얼마인가?

① 5% 이내 ② 7% 이내
③ 10% 이내 ④ 15% 이내

🔍 주행레일
• 연결부의 틈새는 천정크레인은 3mm, 기타 크레인은 5mm 이하일 것
• 레일 연결부의 엇갈림은 상하 0.5mm 이하, 좌우 0.5mm 이하일 것
• 레일측면의 마모는 원래 규격치수의 10% 이내일 것
• 주행레일의 높이편차는 기준면으로부터 최대 ±10mm 이내이고, 좌우레일의 수평차는 10mm 이내, 레일의 구배량은 주행길이 2m 마다 2mm를 초과하지 않을 것
• 주행레일의 진직도는 전 주행길이에 걸쳐 최대 10mm이내이고, 수평방향의 휨 량은 주행길이 2m마다 ±1mm 이내일 것

19 훅에 걸리는 하중의 최대치로 제한치를 안전계수라 한다. 훅의 안전계수는 얼마인가?

① 2 이상 ② 3 이상
③ 4 이상 ④ 5 이상

🔍 훅의 안전계수는 5 이상이다.

20 천장크레인에서 주행레일 또는 건물의 양 끝에 강판으로 접합하여 케이스를 만들고 충돌 부위에는 나무나 단단한 고무를 설치하여 버퍼 스토퍼와 충돌 시 충격을 완화시켜 주는 것은?

① 휠 스토퍼(wheel stopper)
② 새들 스토퍼(saddle stopper)
③ 앤드 스토퍼(End stopper)
④ 롤러 스토퍼(roller stopper)

🔍 앤드 스토퍼는 버퍼 스토퍼와 충돌 시 충격을 완화시켜 주는 역할을 한다.

21 다음은 천장크레인에 사용되는 권선형 모터와 농형 모터의 특성을 설명한 것이다. 바르게 설명한 것은?

① 농형 모터(motor)는 2차 저항에 의하여 스피드(speed)를 조정할 수 없다.
② 농형 모터에는 슬로우 스타터(slow starter)가 필요 없다.
③ 권선형 모터는 슬로우 스타터가 필요하다.
④ 권선형 모터에는 2차 권선이 있다.

🔍 • 권선형 모터(전동기)는 슬로우 스타터가 필요 없으며, 2차 저항기로 모터의 출력 및 속도를 제어한다.
• 농형 모터(전동기)는 슬로우 스타터를 사용하며 튼튼하고 구조가 간단하다.

22 도장 방법에 관한 주의사항 중 맞지 않는 것은?

① 피도장물이 충분히 건조되었을 경우 시행한다.
② 도장을 하기 전에 기름기를 충분히 제거한다.
③ 녹을 충분히 제거한다.
④ 부재의 끝부분 및 굴곡 부분은 1회 도장만 한다.

🔍 부재의 끝부분 및 굴곡 부분은 기름이나 녹을 제거한 후 도장한다.

23 교류 권선형 유도전동기의 슬립(Slip)은 보통 몇 [%]인가?

① 1~3   ② 3~5
③ 5~8   ④ 8~10

🔍 교류 권선형 유도 전동기의 slip은 보통 3~5% 이다.

24 다음 중 기어의 소음 발생 원인이 아닌 것은?

① 백래시(backlash)가 너무 적을 경우
② 기어축의 평행도가 나쁠 경우
③ 치면에 흠이 있거나 다듬질의 정도가 나쁠 경우
④ 오일을 과다하게 급유했을 경우

🔍 오일을 과다하게 급유 했을 때는 기어의 발열 원인이 된다.

25 크레인을 주행레일(workway)에서 탑승하고자 한다. 가장 적절한 방법은?

① 같은 크레인 운전원이므로 승차용 사다리를 이용, 필요 시 임의 승차한다.
② 크레인의 주행방향으로 따라가다가 정지하면 곧 승차한다.
③ 운전 중인 운전원을 큰소리로 불러 크레인을 정지시킨 후 탑승한다.
④ 승차용 부저를 사용하여 크레인이 정지한 후 신호를 보내주면 탑승한다.

26 스프링 재료의 구비조건이 아닌 것은?

① 내식성이 클 것
② 크리프 한도가 높을 것
③ 탄성한계가 높을 것
④ 전연성이 풍부할 것

🔍 부드럽고 연한 성질인 전연성은 탄성한계가 높은 스프링 재료에는 필요가 없다.

27 천장크레인 유지 관리 시 도장에 관한 사항으로 가장 적합하지 않은 것은?

① 도장 면적의 약 10% 정도 녹 또는 부식이 되었을 때는 재 도장을 실시하여야 한다.
② 도장 도료의 색은 예전과 구분하기 위해 색깔을 바꾸어 도색하여야 한다.
③ 녹이 있는 부분은 녹을 없앤 후 도장을 하여야 한다.
④ 맑고 건조한 날씨를 택하여 하는 것이 좋다.

🔍 도장 도료의 색은 예전과 같은 색으로 도색하여야 한다.

28 양축이 동일평면 내에 있고, 그 축선이 30° 이하의 각도로 교차하는 경우에 사용되는 축 이음으로서 훅 조인트라고도 하며, 양축단에 각각 요크(yoke)를 부착하고, 이것을 십자형의 핀으로 자유로이 회전할 수 있도록 연결한 축 이음은?

① 플렉시블 커플링   ② 자재이음
③ 오울덤 커플링   ④ 고정축이음

🔍 자재이음에 대한 설명으로 유니버셜 커플링이나 만능 축이음이 있다.

29 제어기(controller)의 핸들이 무거운 경우의 고장원인과 대책 중 틀린 것은?

① 베어링에 기름이 없으면, 베어링에 급유한다.
② 이물이 혼입되어 있으면, 점검하여 청소한다.
③ 리턴 스프링이 열화되어 있으면 스프링을 교환한다.
④ 내부 기구가 부적당하면, 점검하여 조정한다.

🔍 리턴 스프링이 열화되어 있으면 그 원인을 찾아 원인을 제거해야 한다.

30 천장크레인에 사용되는 구름 베어링의 설명 중 틀린 것은?

① 구름베어링은 2,000rpm 이상 고속회전에 많이 쓰인다.
② 베어링은 볼과 롤러의 배열에 따라 구분하면 단열과 복열이 있다.
③ 안지름이 20mm 이상 500mm 미만은 5로 나눈 수가 안지름 번호이다.
④ 구름베어링의 안전율은 회전수, 수명계수를 고려하여 2.5~3으로 한다.

🔍 구름베어링은 분당 1,000rpm 이하의 저속 회전에 많이 쓰인다.

31 배전반 내에 설치된 직접적인 안전장치가 아닌 것은?

① 과전류 계전기 및 휴즈
② 제어회로용 나이프 스위치 및 휴즈
③ 단락 보호장치
④ 누름단추

🔍 누름단추 스위치는 배전반 밖에 설치한다.

32 천장크레인에서 운전작업의 유의사항으로 틀린 것은?

① 권상 시 매다는 용구가 팽팽해지면 일단 정지 후 신호에 따라 올리며 짐이 지면으로 떨어졌을 때 다시 정지하여 확인한다.
② 운전 중 정전이 되었을 때 휴즈 교환을 하고, 제어가 전원을 작동하여 송전을 기다린다.
③ 신호가 불확실하다고 생각되면 운전작업을 하지 않도록 한다.
④ 줄걸이 상태가 불안하다고 판단되면 운전작업을 하지 않도록 한다.

🔍 크레인 운전 중 정전이 되었을 때 운전자는 조작스위치를 정지 위치에 두고 메인 전원을 차단한다.

33 천장크레인에 대한 설명으로 틀린 것은?

① 천장크레인의 보수에 있어서 권상장치는 예방보전으로 관리한다.
② 주행장치의 주행차륜은 연간점검으로 관리한다.
③ 점검은 일상점검, 주간점검, 월간점검, 연간점검으로 구분한다.
④ 천장크레인은 예방보전 하는 것이 좋다.

🔍 주행장치의 주행차륜은 월간 점검사항이다.

34 저항기가 부적당하게 선정되었을 경우 다음 중 어느 것이 전동기에 영향을 미치는가?

① 발열이 생긴다.
② 과부하 계전기가 끊긴다.
③ 진동이 생긴다.
④ 단선이 된다.

35 천장크레인에서 가장 많이 사용하는 전압(V)은?

① 110
② 120
③ 220
④ 440

🔍 천장크레인에서 사용 가능한 전압은 220V, 440V, 3,300V 이며, 주로 사용하는 전압은 440V이다.

36 마그넷 크레인(magnet crane)에 있어서 최소 정전보증시간은?

① 10분 이상
② 20분 이상
③ 40분 이상
④ 50분 이상

🔍 리프팅 마그넷 부착 크레인은 정전 등 비상시에 최소 10분 이상의 흡착력을 유지하기에 충분한 용량의 충전기, 전지 등의 정전보상 장치를 갖추어야 한다.

37 전달할 수 있는 토크의 크기가 큰 것부터 순서대로 된 것은?

① 성크키이 - 스플라인 - 새들키이 - 평키이
② 평키이 - 새들키이 - 성크키이 - 스플라인
③ 새들키이 - 성크키이 - 스플라인 - 평키이
④ 스플라인 - 성크키이 - 평키이 - 새들키이

🔍 키의 토크 전달 크기의 순서 : 스플라인 - 성크 키 - 평 키 - 새들 키

38 천장크레인의 전동기 보호를 위하여 주로 사용하고 있는 계전기는?

① 과부하 계전기 ② 한시 계전기
③ 전력 계전기   ④ 주파수 계전기

> 과부하계전기는 부하치를 미리 설정해 그 이상 과부하 상태가 되면 동작하는 계전기이다.

39 M20 볼트의 설명으로 맞는 것은?

① 메트릭 나사이며 유효경이 20mm이다.
② 나사산 각도가 60°이며 볼트 외경이 20mm이다.
③ 나사산 각도가 60°이며 볼트 유효경이 20mm이다.
④ 메트릭 나사이며 나사산의 각도가 55°이다.

> M20볼트는 미터나사, 나사산의 각도 60°, 볼트의 외경 20mm이다.

40 4심 코드의 색 중 접지선의 색으로 옳은 것은?

① 녹색 ② 흑색
③ 적색 ④ 백색

> 4심 코드의 흑·백·적·녹색이며, 일반적으로 접지선은 녹색을 사용한다.

41 권상용 와이어로프는 달기구가 가장 아래쪽에 위치할 때 드럼에 몇 회 이상 감기는 여유가 있어야 하는가?

① 1회 ② 2회
③ 3회 ④ 4회

> 권상용 및 지브의 기복용 와이어로프에 있어서 달기기구 및 지브의 위치가 가장 아래쪽에 위치할 때 드럼에 2바퀴 이상 감기어 남아있어야 한다.

42 줄걸이 작업에 사용하는 샤클(shackle)의 사용 전 확인사항과 가장 거리가 먼 것은?

① 허용 인양 하중을 확인하여야 한다.
② 샤클의 재질을 확인하여야 한다.
③ 나사부 및 핀(pin)의 상태를 확인하여야 한다.
④ 안전 작업 하중(SWL)을 확인하여야 한다.

> 샤클의 재질은 확인할 필요가 없다.

43 줄걸이 작업자의 안전작업방법을 설명한 것으로 거리가 먼 것은?

① 화물의 하중을 어림짐작하여 작업한다.
② 정격하중을 넘는 무게의 화물을 매달지 않는다.
③ 상례적으로 정해진 화물은 전문적인 줄걸이 용구를 만들어 작업한다.
④ 화물의 하중 판단에 자신이 없을 때는 숙련자에게 문의하여 작업한다.

> 줄걸이 작업자는 화물의 중량·무게중심·줄걸이 방법 등을 정확히 해야 한다.

44 가로 10m, 세로 1m, 높이 0.2m인 금속화물이 있다. 이것을 4줄 걸이, 30도로 들어 올릴 때 한 개의 와이어에 걸리는 하중은 약 얼마인가? (단, 금속의 비중은 7.8이다.)

① 3.9톤   ② 7.8톤
③ 4.0톤   ④ 15.6톤

> 하중 = 체적 × 비중 = (10×1×0.2) × 7.8 = 15.6톤
> 4 줄걸이 = 15.6/ 4줄= 3.9톤 이고 줄걸이 각도 30° 일 때 로프의 장력은 1.035이므로
> 와이어 한 개에 걸리는 하중= 3.9× 1.035 = 4.05[톤]이다.

45 〈그림〉과 같이 주먹을 머리에 대고 떼었다 붙였다 하며 호각을 짧게, 길게 부는 신호 방법은?

① 보권사용 ② 주권사용
③ 위로 올리기 ④ 작업 완료

46 크레인에서 〈그림〉과 같이 200톤(T)짜리 화물을 들어 올리려 할 때 당기는 힘은? (단, 마찰저항이나 매다는 기구 자체의 무게는 없는 것으로 가정한다.)

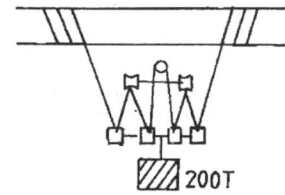

① 25톤　　② 28.6톤
③ 40톤　　④ 100톤

🔍 200톤/8줄 = 25톤

47 와이어로프의 관리방법에 대한 설명 중 틀린 것은?

① 와이어로프의 외부는 항상 기름을 칠하여 둔다.
② 지면에 직접 닿지 않게 보관한다.
③ 비에 젖었을 때는 수분을 마른 걸레로 닦은 후 기름을 칠하여 둔다.
④ 와이어로프의 보관 장소는 직접 햇빛이 닿는 곳이 좋다.

🔍 와이어로프 관리방법 : 습기가 없고, 직사광선이나 열·해충을 피할 수 있는 지붕이 있는 곳에 보관한다.

48 크레인 작업 시 정격하중 이상의 과부하가 걸려 위험한 상태일 때 와이어로프에 일어나는 현상으로 가장 적절한 것은?

① 부식된다.
② 기름이 배어 나온다.
③ 옆으로 꼬인다.
④ 킹크가 발생된다.

🔍 정격하중 이상의 과부하가 걸린 상태인 경우 와이어로프에 가해지는 압력이 커짐에 따라 기름이 배어 나온다.

49 타워크레인의 줄걸이 작업이 종료되었을 때의 올바른 방법이 아닌 것은?

① 운전자에게 반드시 종료신호를 한다.
② 줄걸이 용구는 다음에 즉시 사용할 수 있도록 훅에 걸어둔다.
③ 훅은 2m 이상의 높이로 권상하여 둔다.
④ 보호구, 보조구는 각각 정해진 장소에 보관한다.

🔍 줄걸이 용구는 작업 후 정해진 보관장소에 걸어서 보관한다.

50 [6×37]의 규격을 가진 와이어로프는 한 꼬임에서 최대 몇 가닥의 소선이 절단될 때까지 사용이 가능한가?

① 12가닥　　② 22가닥
③ 32가닥　　④ 42가닥

🔍 와이어로프의 한 가닥에서 소선의 수가 10% 이상 절단 시 폐기하여야 하므로 6×37 = 222가닥의 10% 즉 22가닥의 소선이 절단될 때까지 사용 가능하다.

51 운반작업 시의 안전수칙 중 틀린 것은?

① 무리한 자세로 장시간 운반하지 않는다.
② 화물은 될 수 있는 대로 중심을 높게 한다.
③ 정격하중을 초과하여 권상하지 않도록 한다.
④ 무거운 물건을 이동할 때 호이스트 등을 활용한다.

🔍 운반 작업 시 화물은 될 수 있는 한 무게중심을 낮게 하여야 한다.

52 다음 중 안전보건표지 분류에 해당되지 않는 것은?

① 금지 표지　　② 녹십자 표지
③ 경고 표지　　④ 안내 표지

🔍 안전보건표지의 종류 : 금지표지, 경고표지, 안내표지, 지시표지

53 안전관리의 목적이 아닌 것은?

① 인명의 존중　　② 생산성의 향상
③ 경제성의 향상　　④ 안전사고의 수습

🔍 안전관리는 재해로부터 인간의 생명과 재산을 보존하기 위한 계획적이고 체계적인 제반 활동이며, 인간존중의 구현에 있으며 근로자의 근로의욕을 고취시켜 생산능률 향상이라는 결실을 가져 오고 산업재해로 인한 기업의 경제적 손실을 방지함을 목적으로 한다.

54 재해 발생 과정에서 하인리히 연쇄반응이론의 발생 순서를 옳게 나열한 것은?

① 사회적 환경과 선천적 결함 → 개인적 결함 → 불안전 행동 → 사고 → 재해
② 개인적 결함 → 사회적 환경과 선천적 결함 → 사고 → 불안전 행동 → 재해
③ 불안전 행동 → 사회적 환경과 선천적 결함 → 개인적 결함 → 사고 → 재해
④ 사회적 환경과 선천적 결함 → 개인적 결함 → 재해 → 불안전 행동 → 사고

> 하인리히의 사고연쇄성 이론
> • 1단계 : 사회적 환경 및 유전적 요소
> • 2단계 : 개인적 결함
> • 3단계 : 불안전한 행동 및 불안전한 상태(물리적, 기계적 위험)
> • 4단계 : 사고
> • 5단계 : 재해

55 화재의 분류에서 전기 화재에 해당되는 것은?

① A급 화재 ② B급 화재
③ C급 화재 ④ D급 화재

> A급 화재-일반적인 화재, B급 화재-유류(기름) 화재, C급 화재-전기 화재, D급 화재-금속 화재

56 재해의 간접 원인이 아닌 것은?

① 기술적 원인 ② 교육적 원인
③ 관리적 원인 ④ 자본적 원인

> 재해의 간접원인
> • 기술적 원인 : 건물 · 기계장치 설계 불량, 구조 · 재료의 부적합, 생산 공정의 부적당, 점검 · 정비 · 보존 불량
> • 교육적 원인 : 안전의식의 부족, 안전수칙의 오해, 경험훈련의 미숙, 작업방법의 교육 불충분, 유해위험 작업의 교육 불충분
> • 관리적 원인 : 안전관리 조직 결함, 안전수칙 미제정, 작업준비 불충분, 인원배치 부적당, 작업지시 부적당

57 추락물의 위험이 있는 작업장에서 갖추어야 할 가장 적절한 보호구는?

① 안전모 ② 귀마개
③ 보안경 ④ 안전장갑

> 안전모는 물체의 낙하 또는 작업자의 추락 시 머리를 보호하기 위한 보호구이다.

58 보안경의 유지 관리 방법으로 틀린 것은?

① 렌즈는 매일 깨끗이 닦아야 한다.
② 흠집이 생긴 보호구는 교환해 주어야 한다.
③ 성능이 떨어진 헤드밴드는 교환해 주어야 한다.
④ 교환렌즈는 안전상 뒷면으로 빠지도록 해야 한다.

> 보안경의 교환렌즈는 안전상 앞면으로 빠지도록 해야 한다.

59 수공구 취급 시 지켜야 될 안전수칙으로 옳은 것은?

① 해머작업 시 손에 장갑을 끼고 한다.
② 줄질 후 쇳가루는 입으로 불어 낸다.
③ 사용 전에 충분한 사용법을 숙지하고 익히도록 한다.
④ 큰 회전력이 필요한 경우 스패너에 파이프를 끼워서 사용한다.

60 작업장에서의 옷차림에 대한 설명으로 틀린 것은?

① 작업복은 단정하게 착용한다.
② 작업복은 몸에 맞는 것을 입는다.
③ 수건은 허리춤에 끼거나 목에 감는다.
④ 기름이 묻은 작업복은 될 수 있는 한 입지 않는다.

> 작업 중 기계에 수건이 끼거나 걸릴 수 있기 때문에 수건을 허리춤에 끼거나 목에 감으면 절대 안 된다.

정답 2012년 3회

01 ③	02 ③	03 ③	04 ④	05 ①
06 ①	07 ④	08 ④	09 ②	10 ③
11 ①	12 ①	13 ①	14 ②	15 ②
16 ④	17 ③	18 ④	19 ④	20 ③
21 ④	22 ④	23 ②	24 ④	25 ④
26 ④	27 ②	28 ②	29 ③	30 ①
31 ④	32 ②	33 ②	34 ①	35 ④
36 ①	37 ④	38 ①	39 ④	40 ①
41 ②	42 ①	43 ①	44 ③	45 ②
46 ①	47 ④	48 ②	49 ④	50 ②
51 ②	52 ②	53 ①	54 ①	55 ③
56 ④	57 ①	58 ④	59 ③	60 ③

2012년 4회 공단 기출문제

01 연동장치에 의해 피드나사가 회전하면 그것과 맞물리는 너트(nut)가 이동하여 개폐기의 레버를 움직여 접점에 개폐를 행하는 제한스위치는?

① 캠형 리미트 스위치
② 나사형 리미트 스위치
③ 레버형 리미트 스위치
④ 중추형 리미트 스위치

🔍 권상장치의 권과방지장치
- 중추식 : 훅(hook)의 접촉으로 인하여 작동
- 스크루식(나사식) : 드럼의 회전에 의하여 작동하며, 연동장치에 의해 피드나사가 회전하면 그것과 맞물리는 너트(nut)가 이동하여 개폐기의 레버를 움직여 접점에 개폐를 행하는 방식
- 캠식 : 드럼과 연동되어 회전을 하고, 원판 모양으로 주위에 배치된 볼록 및 오목 캠에 의해 스위치의 레버를 작동

02 주행레일의 높이편차에 대한 설명으로 알맞은 것은?

① 기준면으로부터 최대 ±5mm 이내
② 기준면으로부터 최대 ±10mm 이내
③ 기준면으로부터 최대 ±15mm 이내
④ 기준면으로부터 최대 ±20mm 이내

🔍 주행레일
- 연결부의 틈새는 천정크레인은 3mm, 기타 크레인은 5mm 이하일 것
- 레일 연결부의 엇갈림은 상하 0.5mm 이하, 좌우 0.5mm 이하일 것
- 레일측면의 마모는 원래 규격치수의 10% 이내일 것
- 주행레일의 높이편차는 기준면으로부터 최대 ±10mm 이내이고, 좌우레일의 수평차는 10mm 이내, 레일의 구배량은 주행길이 2m 마다 2mm를 초과하지 않을 것
- 주행레일의 진직도는 전 주행길이에 걸쳐 최대 10mm이내이고, 수평방향의 휨 량은 주행길이 2m마다 ±1mm 이내일 것

03 천장크레인의 권과방지장치의 종류에 해당하지 않는 것은?

① 스크루형 리미트 스위치
② 캠형 리미트 스위치
③ 중추형 리미트 스위치
④ 굴곡형 리미트 스위치

🔍 권상장치의 권과방지장치
- 중추식 : 훅(hook)의 접촉으로 인하여 작동
- 스크루식(나사식) : 드럼의 회전에 의하여 작동하며, 연동장치에 의해 피드나사가 회전하면 그것과 맞물리는 너트(nut)가 이동하여 개폐기의 레버를 움직여 접점에 개폐를 행하는 방식
- 캠식 : 드럼과 연동되어 회전을 하고, 원판 모양으로 주위에 배치된 볼록 및 오목 캠에 의해 스위치의 레버를 작동

04 순간 풍속이 매초당 ( )미터를 초과한 바람이 불어온 후, 옥외에 설치되어 있는 크레인을 사용하여 작업을 하는 때에는 미리 그 크레인 각 부위의 이상유무를 하는 때에는 점검하여야 한다. ( )에 적합한 숫자는?

① 30
② 20
③ 15
④ 10

🔍 순간풍속이 초당 30미터를 초과하는 바람이 불거나 중진(中震) 이상 진도의 지진이 있은 후에 옥외에 설치되어 있는 양중기를 사용하여 작업을 하는 경우에는 미리 기계 각 부위에 이상이 있는지를 점검하여야 한다.

05 크레인의 와이어 드럼의 구비조건이 아닌 것은?

① 드럼 본체는 균열, 변형이 없을 것
② 용접제 드럼 홈의 마모한도는 로프 지름의 35%이내 일 것
③ 와이어로프 부착부는 풀림 없을 것
④ 볼트, 너트는 풀림 또는 탈락이 없을 것

🔍 드럼
- 드럼본체는 균열, 변형이 없을 것
- 드럼 홈 부위의 사용 마모 한도는 용접제 드럼의 경우 로프 지름의 20% 이내, 주철제 드럼의 경우 로프 지름의 25% 이내일 것
- 와이어로프 부착부는 풀림이 없을 것
- 볼트, 너트는 풀림 또는 탈락이 없을 것

06 천장크레인 제동 시 브레이크 라이닝에서 발열이 심하며, 연기가 발생할 때의 조치사항으로 맞는 것은?

① 드럼과 라이닝에 물을 뿌려 식힌 다음 라이닝을 교환하였다.
② 공기 중에서 자연냉각시킨 후 라이닝과 브레이크 드럼 사이의 간격을 점검하여 적합하게 조정하였다.
③ 공기 중에서 자연냉각시킨 후 브레이크 드럼을 교환하였다.
④ 드럼에 물을 뿌려 식힌 다음 라이닝의 틈새를 작게 조정하였다.

🔍 라이닝과 브레이크 드럼 사이의 간격이 적어서 일어나는 현상이므로 간격을 적합하게 조정해야 한다.

07 천장크레인의 거더에 대한 설명으로 맞지 않는 것은?

① 보통 박스형으로 된 구조이며, 양쪽 끝 부분은 새들과 조립된다.
② 천장크레인의 대들보 역할을 하는 매우 중요한 부분이다.
③ 트러스 구조로 제작된 것도 있다.
④ 트롤리와 함께 운전실을 횡행시키는 장치이다.

🔍 거더는 주행레일을 가로 질러 하중을 떠받치는 구조물이다.

08 주행차륜의 마모 한도로 틀린 것은?

① 좌우 구동 차륜의 직경차(주행) : 원치수의 0.2%
② 차륜 직경의 마모 : 원치수의 5%
③ 차륜 플랜지의 두께 : 원치수의 50%
④ 차륜 플랜지의 변형 : 수직에서 20도

🔍 주행차륜의 차륜직경 마모한도는 원치수의 3% 이내 이다.

09 천장크레인에는 주행 시 경보를 발생시킬 수 있는 장치를 설치하여야 하는데 예외로 하는 경우는?

① 운전실에서 운전하는 크레인
② 무인으로 컨트롤 룸에서 운전하는 크레인
③ 펜던트 스위치로 운전하는 크레인
④ 리모컨으로 운전하는 크레인

🔍 펜던트 스위치로 운전하는 크레인은 경보장치 설치는 예외이다.

10 크레인의 권상장치인 이퀄라이저 시브의 점검사항이 아닌 것은?

① 시브의 장력유지 상태
② 시브홈의 마모 상태
③ 시브의 회전 상태
④ 시브와 와이어로프의 접촉각도

🔍 와이어로프는 장력을 받지만 시브는 장력을 받지 않는다.

11 차륜의 점검 및 보수에 관한 설명으로 적절하지 못한 것은?

① 각 차륜의 중심선이 일치하는가를 점검한다.
② 차륜의 주행 레일과 기체 간의 직각을 유지하는지 점검한다.
③ 차륜을 교환 또는 육성가공할 경우 해당 차륜 한 개만을 수리하는 것이 원칙이다.
④ 차륜 베어링의 마모와 급유에 항상 주의한다.

🔍 차륜을 교환 또는 육성가공할 경우 모든 차륜을 수리 혹은 교체하는 것이 원칙이다.

12 와이어로프는 달기구 및 지브의 위치가 가장 아래쪽에 위치할 때 드럼에 최소한 몇 바퀴 이상 감겨 있어야 하는가?

① 1바퀴   ② 2바퀴
③ 5바퀴   ④ 7바퀴

🔍 권상용 및 지브의 기복용 와이어로프에 있어서 달기구 및 지브의 위치가 가장 아래쪽에 위치할 때 드럼에 2바퀴 이상 감기어 남아있어야 한다.

13 정격하중이 20,000kgf인 천장크레인 완성검사 시험하중은 몇 [kgf]인가?

① 20,000kgf   ② 22,000kgf
③ 25,000kgf   ④ 30,000kgf

🔍 천장크레인의 시험하중은 정격하중의 1.1배(110%)이므로 20,000kgf×1.1배 = 22,000kgf이다.

14 이퀄라이저 도르래의 점검에 대하여 기술한 것으로 틀린 것은?

① 로프 홈의 마모
② 이퀄라이저 도르래의 회전상태
③ 이퀄라이저 도르래의 축방향 이동
④ 로프와의 접촉각

🔍 ①, ②, ④항은 이퀄라이저 도르래의 점검사항이다.

15 제동기의 제동토크가 부족하여 심하게 미끄러짐(Slip)이 발생한 경우 어디를 조정해야 하는가?

① 포스트(Post) 조정 벨트
② 슈 조정 볼트
③ 브레이크 스프링 조정너트
④ 브레이크 취부대 조정너트

🔍 권상장치 등의 브레이크에서 제동토크(torque) 값은 크레인의 정격하중에 상당하는 하중을 권상 시 해당 크레인의 권상 또는 기복장치의 토크 값(당해 토크 값이 2개 이상 있을 때는 그 값 중 최대의 값)의 1.5배 이상이어야 하며, 제동토크가 부족하여 심하게 미끄러짐(Slip)이 발생하는 경우 브레이크 스프링 조정너트를 조정하여 규정 값으로 조정하도록 한다.

16 천장주행크레인의 크래브(crab)프레임 위에 설치되는 기계 구성품이 아닌 것은?

① 드럼
② 권상용 전동기
③ 횡행용 전동기
④ 주행용 전동기

🔍 주행장치는 거더 양쪽 끝단이나 새들 위에 설치된다.

17 다이나믹 브레이크에서 속도제어는 어느 때 행하는가?

① 권하 시에 한다.
② 권상 시에 한다.
③ 권상과 권하 시에 한다.
④ 주행 및 횡행 시에 한다.

🔍 다이나믹 브레이크의 속도제어는 권하 시에 한다.

18 천장크레인의 안전장치 중 필요치 않은 사항은?

① 리미트 스위치
② 전자 브레이크
③ 과부하계전기
④ 전동기

🔍 전동기는 구동장치로 안전장치에 해당되지 않는다.

19 천장크레인 권상용 훅의 국부마모에 의한 사용한도에 해당하는 마모량은?

① 원래 치수의 5%
② 원래 치수의 10%
③ 원래 치수의 20%
④ 원래 치수의 50%

🔍 훅 본체는 균열 또는 변형 등이 없어야 하고, 국부마모는 원치수의 5% 이내이어야 한다.

20 주행레일의 진직도는 전 주행 길이에 걸쳐 최대 얼마인가?

① 3mm 이내
② 5mm 이내
③ 10mm 이내
④ 20mm 이내

🔍 주행레일
• 연결부의 틈새는 천정크레인은 3mm, 기타 크레인은 5mm 이하일 것
• 레일 연결부의 엇갈림은 상하 0.5mm 이하, 좌우 0.5mm 이하일 것
• 레일측면의 마모는 원래 규격치수의 10% 이내일 것
• 주행레일의 높이편차는 기준면으로부터 최대 ±10mm 이내이고, 좌우레일의 수평차는 10mm 이내, 레일의 구배량은 주행길이 2m 마다 2mm를 초과하지 않을 것
• 주행레일의 진직도는 전 주행길이에 걸쳐 최대 10mm이내이고, 수평방향의 휨 량은 주행길이 2m마다 ±1mm 이내일 것

21 접선키에서 120°각도로 두 곳에 키를 끼우는 이유는?

① 작은 동력을 전달하기 위하여
② 축을 강하게 하기 위하여
③ 역 회전을 할 수 있게 하기 위하여
④ 축압을 막기 위하여

🔍 접선키(tangential key)는 역회전이 가능하게 120° 각도를 두고 2곳에 키를 둔다.

22 다음 설명 중 틀린 것은?

① 운전자가 크레인을 이석하고자 할 때는 녹색등을 점등하여야 한다.

② 운전자는 운반물이 흔들리거나 회전하는 상태로 운전해서는 안 된다.
③ 마그넷 크레인이 운행 중 정전이 되면 최대 5분 이내 조치하여야 한다.
④ 옥외 크레인은 매초 20m 이상의 강풍이 불어올 경우 임의 이동되지 않게 안전 조치를 해야 한다.

🔍 순간풍속이 초당 30미터를 초과하는 바람이 불어올 우려가 있는 경우 옥외에 설치되어 있는 주행 크레인에 대하여 이탈방지 장치를 작동시키는 등 이탈 방지를 위한 조치를 하여야 한다.

23 수전반 또는 보호반 내에 설치된 직접적인 안전장치는?

① 주 전자접촉기　　② 나이프 스위치
③ 누름단추 스위치　④ 표시등

🔍 주 전자접촉기는 제어반, 누름단추 스위치는 계기판 외부, 제어 회로용 나이트 스위치 및 퓨즈는 배전반 내에 설치한다.

24 ( ) 안에 알맞은 숫자는?

> 옥외에 지상 ( )m 이상 높이로 설치되어있는 크레인에는 항공법 제41조에 따르는 항공장애등을 설치하여야 한다.

① 30　　　　　② 40
③ 50　　　　　④ 60

🔍 크레인의 조명장치
• 운전석의 조명상태는 운전에 지장이 없을 것
• 야간작업용 조명은 운전자 및 신호자의 작업에 지장이 없을 것
• 옥외에 지상 60m 이상 높이로 설치되는 크레인에는 항공법에 따른 항공장애등을 설치할 것

25 크레인 운전 중의 일반적 주의사항으로 틀린 것은?

① 운전 중일 때 필요에 따라 경보를 울리는 등의 방법으로 주위의 작업자에게 주의를 준다.
② 필요 이상의 빈번한 시동정지는 기계부품이나 전기부품의 수명이 단축되므로 불필요한 운전은 자제한다.
③ 운전 중에 정전이 된 경우는 컨트롤 핸들을 정지위치에 두고 전원 스위치를 끄고 대기한다.
④ 운전 중에 이상음이나 이상진동이 발생한 경우는 그날의 작업이 종료된 후 보수 담당자에게 보고한다.

🔍 운전 중 이상음이나 이상진동이 발생할 때에는 즉시 운전을 정지하고 점검과 보수를 해야 한다.

26 실내에서 크레인을 이용하여 중량물을 운반하는 등의 작업을 계획할 때 고려 사항이 아닌 것은?

① 중량물의 종류 및 형상
② 취급방법 및 순서
③ 작업장소의 넓이 및 지형
④ 날씨

🔍 실내 작업이므로 날씨와는 관계가 없다.

27 축의 각도가 작고 동력의 변화가 작은 부분에 주로 사용되며 설치각도는 5°이내로 하는 축이음은?

① 플랜지 커플링　　② 2중 십자축 조인트
③ 유니버설 조인트　④ 플렉시블 커플링

🔍 플렉시블 커플링은 두 축이 일직선상에 있지 않아도 되며 3~5° 이내의 각도로 연결하여 사용한다.

28 권상하중 40톤, 권상속도 1.5m/min인 천장크레인의 전동기의 출력(kW)은?

① 58.8kW　　　② 588kW
③ 13.3kW　　　④ 9.8kW

🔍 전동기 출력(kW) = (권상하중×권상속도) / 6.12 = (40×1.5) / 6.12 = 9.8kW

29 우리나라에서 가장 많이 사용되는 배전 방식은?

① 3상 4선식　　② 3상 3선식
③ 단상 5선식　　④ 단상 6선식

🔍 우리나라의 송배전 방식은 송전 3상 3선식, 배전 3상 4선식을 가장 많이 사용한다.

30 크레인 작업 시 감전사고 예방 및 발생시의 조치 방법으로 적합하지 않은 것은?

① 전원 스위치가 가까운 곳에 없을 경우에는 마른 헝겊이나 대막대기, 플라스틱 등과 같은 절연성 물체로서 피해자를 이격시킨다.
② 통전한 채로 점검을 해야 할 경우에는 고무장갑, 고무구두를 착용하고 절연판 위에서 작업하는 등의 조치를 한다.
③ 정전 혹은 운전 종료 시 및 수리 점검 시는 필히 전원을 내린다.
④ 감전되어 인사불성에 빠지면 인공호흡은 더 이상 실시할 필요가 없으므로 중지한다.

> 감전되어 인사불성에 빠지더라도 전원 차단 후 소생할 때까지 인공호흡을 실시한다.

31 헬리컬기어를 사용하고 피니언 중심선상에서 아래쪽으로 설치되어 있는 기어는?

① 하이포이드 기어   ② 스파이럴 베벨기어
③ 베벨기어   ④ 스플라인 기어

> 하이포이드 기어는 기어의 이가 쌍곡선으로 되어 있고 피니언이 중심선에서 아래쪽으로 설치된 기어로 큰 동력을 전달할 수 있다.

32 천장크레인의 보수관리에 대한 설명 중 틀린 것은?

① 퓨즈는 적정용량의 것을 사용한다.
② 고장에 대하여 사전에 계획적으로 교환 수리하는 것을 예방 보전이라 한다.
③ 천장크레인의 권상장치는 사후 보전으로 한다.
④ 천정크레인의 전기장치는 예방 보전하는 것이 좋다.

> 천장크레인의 권상장치는 예방 보전의 관점에서 관리하여야 한다.

33 전기 저항의 설명으로 틀린 것은?

① 물질 속을 전류가 흐르기 쉬운가 어려운가의 정도를 표시하며, 단위는 옴(Ω)이다.
② 온도 1℃ 상승하였을 때 변화한 저항값의 비가 재료의 고유저항 또는 비저항이다.
③ 도체의 저항은 그 길이에 비례하고 단면적에 반비례한다.
④ 도체의 접촉면에 생기는 접촉 저항이 크면 열이 발생하고 전류의 흐름이 떨어진다.

> 온도가 1℃ 상승하였을 때 변화한 저항값의 비를 그 저항의 온도계수라 하며, 고유저항 또는 비저항이란 재료 자체가 지니고 있는 고유한 전기 저항이다.

34 궤도륜 사이에 있는 전동체가 굴림운동을 하며 볼, 원통, 테이퍼 롤러 등의 종류로 분류할 수 있는 것은?

① 스러스트 베어링   ② 점접촉 베어링
③ 구름 베어링   ④ 미끄럼 베어링

> 구름 베어링은 내륜, 외륜, 리테이너, 전동체의 4 가지로 구성되어 있다.

35 감속기의 기어에 급유하는 목적이 아닌 것은?

① 소음 방지   ② 냉각 작용
③ 유막 형성   ④ 미끄럼 방지

> 감속기어에 급유하는 목적은 소음방지, 냉각작용, 유막형성, 방청, 마모 및 마찰방지를 위해서이다.

36 다음 중 나사의 백 래시(back lash)를 고려하지 않아도 되는 나사는?

① 휘트워드 나사   ② 톱니 나사
③ 볼 나사   ④ 미터 나사

> 볼 나사는 마찰이 적고 효율이 높다.

37 ( ) 안에 차례로 해당하는 것은?

> 집전장치에 있어서 ( )용량이 사용용량보다 ( )하면 마모가 크며, 접촉압력이 ( )한 경우는 스파크가 심하다.

① 전류, 과, 부족   ② 전류, 부족, 부족

③ 전압, 부족, 과   ④ 전압, 과, 과

38 한국 내에서 주로 사용되는 교류 전원의 주파수는?

① 120Hz   ② 90Hz
③ 60Hz   ④ 30Hz

> 대한민국의 교류 전원 상용주파수는 60Hz이다.

39 천장크레인용 전동기에서 속도제어를 할 수 있는 교류 전동기는?

① 직권 전동기   ② 화동부권 전동기
③ 권선형 유도전동기 ④ 농형 유도전동기

> 교류 권선형 유도전동기는 2차 저항기를 사용하여 전동기의 전류와 속도를 제어한다.

40 순회검사에서 주로 확인, 검사해야 할 사항들 중 적당하지 않은 것은?

① 고장수리
② 급유이상 여부 확인
③ 발열 이상음향, 여부 확인
④ 제어기, 브레이크, 로프 이상 여부

> 고장수리는 정비사항이다.

41 와이어로프 소선의 재질로서 가장 적합한 것은?

① 주철   ② 동
③ 합금공구강 ④ 탄소강

> 와이어로프 소선 재질은 소선강도 135~180kgf/mm²정도인 탄소강이다.

42 지름이 2m, 길이가 4m인 철재원기둥을 줄걸이하여 인양하고자 할 때 이 기둥의 무게는 얼마인가?(단, 철의 비중은 7.8)

① 62.4톤   ② 74.8톤
③ 81.6톤   ④ 97.9톤

> 기둥의 무게 = 기둥의 체력×비중 = $(\pi r^2 \times l) \times$ 비중
> = $(3.14 \times 1^2 \times 4) \times 7.8 = 97.9$[톤]

43 절단하중이 7ton 이고, 안전하중이 1,000kg인 줄걸이용 와이어로프의 안전계수는?

① 0.7   ② 7
③ 70   ④ 3.5

> 안전계수(=안전율) = 전단하중/안전하중 = 7,000/1,000 = 7이다.

44 와이어로프를 교환할 시기로서 맞는 것은?

① 소선수의 15% 이상 절단이나 공칭지름의 7% 이상 감소
② 소선수의 10% 이상 절단이나 공칭지름의 7% 이상 감소
③ 소선수의 20% 이상 절단이나 공칭지름의 10% 이상 감소
④ 소선수의 15% 이상 절단이나 공칭지름의 15% 이상 감소

> 사용이 금지되는 와이어로프
> • 이음매가 있는 것
> • 와이어로프의 한 꼬임에서 끊어진 소선(필러선은 제외)의 수가 10% 이상인 것
> • 지름의 감소가 공칭지름의 7%를 초과하는 것
> • 꼬인 것
> • 심하게 변형되거나 부식된 것
> • 열과 전기충격에 의해 손상된 것

45 권상용 체인의 지름 감소 허용값은?

① 제조 시보다 5%   ② 제조 시보다 10%
③ 제조 시보다 15% ④ 제조 시보다 20%

> 권상용 체인
> • 안전율은 5 이상일 것
> • 연결된 5개의 링크를 측정하여 연신율이 제조당시 길이의 5% 이하일 것(습동면의 마모량 포함)
> • 링크 단면의 지름 감소가 해당 체인의 제조 시보다 10% 이하일 것
> • 균열이 없을 것
> • 심한 부식이 없을 것
> • 깨지거나 홈 모양의 결함이 없을 것
> • 심한 변형 등이 없을 것

46 주먹을 머리에 대고 떼었다 붙였다 하며 호각을 "짧게, 길게" 부는 신호의 의미는?

① 물건 걸기   ② 작업 완료
③ 정지   ④ 주권사용

47 크레인 작업에 관한 설명 중 틀린 것은?

① 가벼운 짐이라도 외줄로 달아서는 안 된다.
② 구멍이 없는 둥근통을 매달 때는 로프를 +자 무늬로 한다.
③ 부득이 두 대의 크레인으로 협력 작업을 할 때 지휘자는 절대 한 사람이어야 하며 신호수는 크레인 한 대에 1명씩 필요하다.
④ 운전자는 줄걸이 상태가 좋지 않다고 생각 될 때 그 작업을 하지 않아야 한다.

🔍 신호수는 두 대의 크레인 협력 작업 시 1명이 필요하다.

48 물체의 중량을 구하는 식으로 옳은 것은?

① 비중량×체적   ② 비중량×넓이
③ 넓이×체적   ④ 무게×단면적

🔍 물체의 중량 = 체적 × 비중

49 줄걸이 작업 시 짐의 무게중심에 대하여 주의할 사항으로 틀린 것은?

① 짐의 무게중심 판단은 정확히 할 것
② 짐의 무게중심은 가급적 높이도록 할 것
③ 무게중심의 바로 위에 훅을 유도할 것
④ 무게중심이 짐의 위쪽에 있는 것이나 전후, 좌우로 치우친 것은 주의할 것

🔍 짐의 무게 중심은 가급적 낮게 한다.

50 훅의 안전계수는 얼마가 가장 적당한가?

① 1 이상   ② 2 이상
③ 3 이상   ④ 5 이상

🔍 훅의 안전계수는 5 이상이다.

51 안전표지의 종류만으로 나열된 것은?

① 경고표지, 지시표지, 금지표지, 인도표지
② 경고표지, 금지표지, 지도표지, 안내표지
③ 금지표지, 경고표지, 지시표지, 안내표지
④ 지시표지, 경적표지, 지도표지, 인도표지

🔍 안전표지의 종류는 금지표지, 경고표지, 지시표지, 안내표지가 있다.

52 연삭칩의 비산을 막기 위하여 연삭기에 부착하여야 하는 안전 방호 장치는?

① 안전 덮개
② 광전식 안전 방호장치
③ 급정지 장치
④ 양수 조작식 방호장치

🔍 작업자의 안전을 위해 안전 덮개가 필요하다.

53 액체 약품 취급 시 비산물로부터 눈을 보호하기 위한 보안경은?

① 고글형   ② 스펙타클형
③ 프론트형   ④ 일반형

🔍 고글형 보안경은 부유 분진, 액체 약품 등의 비산물로부터 눈을 보호하기 위해 착용하는 프라스틱 보안경의 한 종류로 렌즈의 재질은 프라스틱이다.

54 다음 중 양중기에 사용할 수 있는 와이어로프는?

① 꼬인 것
② 이음매가 있는 것
③ 지름의 감소가 공칭지름의 5% 이내인 것
④ 한 꼬임(스트랜드)에서 끊어진 소선의 수가 10% 이상인 것

🔍 사용이 금지되는 와이어로프
• 이음매가 있는 것
• 와이어로프의 한 꼬임에서 끊어진 소선(필러선은 제외)의 수가 10% 이상인 것
• 지름의 감소가 공칭지름의 7%를 초과하는 것
• 꼬인 것
• 심하게 변형되거나 부식된 것
• 열과 전기충격에 의해 손상된 것

55 정비공장의 정리 정돈 시 안전수칙으로 틀린것은?

① 소화기구 부근에 장비를 세워두지 말 것
② 바닥에 먼지가 나지 않도록 물을 뿌릴 것
③ 사용 시 반드시 안전작동으로 2중 안전장치를 사용할 것
④ 사용이 끝난 공구는 즉시 정리하여 공구 상자 등에 보관할 것

> 바닥에 먼지가 나지 않게 깨끗이 청소를 하되 물은 뿌리면 안 된다.

56 기계 및 기계장치 취급 시 사고 발생 원인이 아닌 것은?

① 불량 공구를 사용할 때
② 안전장치 및 보호장치가 잘 되어 있지 않을 때
③ 정리 정돈 및 조명장치가 잘 되어 있지 않을 때
④ 기계 및 기계장치가 넓은 장소에 설치되어 있을 때

> 기계 및 기계장치가 좁은 장소에 설치되어 있을 때 사고발생 원인이 된다.

57 볼트나 너트를 조이고 풀 때 사항으로 틀린 것은?

① 볼트와 너트는 규정 토크로 조인다.
② 토크렌치는 볼트를 풀 때만 사용한다.
③ 한 번에 조이지 말고 2~3회 나누어 조인다.
④ 규정된 공구를 사용하여 풀고, 조이도록 한다.

> 토크 렌치는 볼트나 너트의 조임력을 규정값에 정확히 맞도록 하기 위해 사용한다.

58 화재를 분류하는 표시 중 유류화재를 나타내는 것은?

① A급 ② B급
③ C급 ④ D급

> • A급 화재 : 일반적인 화재
> • B급 화재 : 유류(기름) 화재
> • C급 화재 : 전기 화재
> • D급 화재 : 금속 화재

59 사고를 많이 발생시키는 원인 순서로 나열한 것은?

① 불안전행위 〉 불가항력 〉 불안전조건
② 불안전조건 〉 불안전행위 〉 불가항력
③ 불안전행위 〉 불안전조건 〉 불가항력
④ 불가항력 〉 불안전조건 〉 불안전행위

> 사고를 많이 발생시키는 원인 순서는 불안전행위 – 불안전조건 – 불가항력이다.

60 작업장에서 작업복을 착용하는 주된 이유는?

① 작업 속도를 높이기 위해서
② 작업자의 복장 통일을 위해서
③ 작업장의 질서를 확립시키기 위해서
④ 재해로부터 작업자의 몸을 보호하기 위해서

> 작업복을 착용하는 주된 이유는 재해로부터 작업자의 몸을 보호하기 위한 것이 첫 번째이다.

정답 2012년 4회

01 ②	02 ②	03 ④	04 ①	05 ②
06 ②	07 ④	08 ②	09 ③	10 ①
11 ③	12 ②	13 ②	14 ③	15 ③
16 ④	17 ①	18 ④	19 ①	20 ③
21 ③	22 ④	23 ②	24 ④	25 ④
26 ④	27 ②	28 ④	29 ①	30 ②
31 ①	32 ③	33 ②	34 ③	35 ④
36 ③	37 ②	38 ③	39 ③	40 ①
41 ④	42 ④	43 ②	44 ②	45 ②
46 ④	47 ③	48 ①	49 ②	50 ④
51 ③	52 ①	53 ①	54 ②	55 ②
56 ④	57 ②	58 ②	59 ③	60 ④

2013년 1회 공단 기출문제

01 천장크레인의 양정에서 상한을 제한하는 장치는 무엇인가?

① 권상 전동기 ② 마그네트 브레이크
③ 권상 감속기 ④ 캠식 권과방지장치

> 캠식 권과방지장치는 크레인의 양정에서 상한을 제한하는 장치이다.

02 와이어로프 직경(d)과 드럼직경(D)의 비(D/d)는?

① 10 ② 15
③ 20~25 ④ 26~30

> D/d = 20 이상이다.

03 훅 블록 또는 달기기구에 대한 설명으로 틀린 것은?

① 훅 본체는 균열 변형이 없어야 하고, 국부 마모는 원치수의 5% 이내일 것
② 훅 블록 또는 달기기구에는 최소하중이 표기되어 있을 것
③ 볼트, 너트 등은 풀림 또는 탈락이 없을 것
④ 해지장치는 균열, 변형 등이 없을 것

> 훅 블록 또는 달기기구
> • 훅 본체는 균열 또는 변형 등이 없어야 하고, 국부마모는 원치수의 5% 이내일 것
> • 훅 블록 또는 달기기구에는 정격하중이 표기되어 있을 것
> • 볼트, 너트 등은 풀림 또는 탈락이 없을 것
> • 해지장치는 균열, 변형 등이 없을 것

04 앵글, 찬넬 등의 형강을 격자형으로 짜서 만든 거더는?

① I-빔 거더 ② 박스 거더
③ 레티스 거더 ④ 플레이트 거더

> 레티스 거더는 앵글, 찬넬 등의 형강을 격자형으로 조립하여 만든 거더이다.

05 횡행제동에 주로 사용하는 브레이크는?

① 마그네틱 ② 에디 커런트
③ 오일 디스크 ④ 스러스트

> 스러스트 브레이크는 주행 및 횡행 제동용 브레이크로 사용된다.

06 기어의 두 축이 교차하면서 가장 큰 감속비로 감속하는 기어는?

① 웜과 웜 기어 ② 나사기어
③ 베벨기어 ④ 랙과 피니언

> 웜과 웜기어는 기어의 두 축이 교차하면서 큰 감속비를 얻을 수 있으나, 역회전에는 사용되지 않으며 전동효율이 낮고 발열현상이 크다.

07 시브에서 와이어로프 마모발생 방지대책 중 틀린 것은?

① 시브 직경을 크게 한다.
② 시브 홈의 지름을 아주 크게 한다.
③ 시브 홈의 가공을 정밀하게 한다.
④ 시브는 적정한 경도의 재질을 사용한다.

> 시브 홈의 지름을 아주 크게 하면 와이어로프가 미끄러져 서브의 수명을 단축시킨다.

08 천장크레인의 성능을 표시할 때 용도, 하중, 스팬, 양정에 대한 설명으로 틀린 것은?

① 광석운반용으로 용도를 표시하였다.
② 주권 최소하중을 25T로 표시하였다.
③ 스팬을 22m로 표시하였다.
④ 양정을 25m로 표시하였다.

> 천장크레인의 성능을 표시할 때 주권(능력)은 최소하중이 아니고 최대하중을 표시한 것이다.

09 천장크레인의 크래브(Crab)에 대한 설명으로 옳지 않은 것은?

① 대용량의 크래브에는 주권과 보권이 설치되어 있다.
② 프레임은 형강으로 견고하게 조립되어 있다.
③ 크래브에는 감속기도 설치되어 있다.
④ 크래브에는 권과방지장치가 불필요하다.

> 크래브는 권상장치와 횡행장치가 실려 운행하는 기계장치로 권과방지장치가 반드시 필요하다.

10 교류전동기의 주요 구조부가 아닌 것은?

① 전기자
② 고정자
③ 회전자
④ 엔드플레이트

> 전기자는 직류전동기의 구성요소이며, 교류전동기에서 전기자의 역할은 스테이터 코일이 담당한다.

11 브레이크 라이닝(마찰면)의 교체시기는 원래 두께의 몇 [%] 마모 시 교체하는 것이 가장 적합한가?

① 5%   ② 20%
③ 50% ④ 70%

> 브레이크 라이닝 마모한도는 원래 두께의 50% 이내 이다.

12 과부하 방지장치(안전밸브 제외)를 부착할 위치에 대하여 맞게 설명한 것은?

① 접근이 차단된 장소에 설치한다.
② 과부하 시 운전자가 용이하게 경보를 들을 수 있어야 한다.
③ 시험 시 풍속 8.3m/s를 초과하는 위치에 설치한다.
④ 가급적 운전실과 멀리 떨어진 곳에 설치한다.

> 과부하 방지장치(안전밸브는 제외) 부착 기준
> • 안전인증품 일 것
> • 정격하중의 1.1배 권상시 경보와 함께 권상동작이 정지되고 횡행, 주행동작 및 과부하를 증가시키는 동작이 불가능한 구조일 것. 다만, 지브형 크레인은 정격하중의 1.05배 권상시 경보와 함께 권상동작이 정지되고 과부하를 증가시키는 동작이 불가능한 구조일 것
> • 임의로 조정할 수 없도록 봉인되어 있을 것
> • 시험시 풍속은 8.3m/s를 초과하지 않을 것
> • 접근하기 쉬운 장소에 설치해야 하며, 과부하시 운전자가 용이하게 경보를 들을 수 있을 것
> • 과부하 방지장치는 한번 작동이 될 경우 과부하가 제거되고 해당 제어기가 중립 또는 정지위치로 돌아갈 때까지는 자동으로 복귀되지 않을 것

13 천장크레인 좌우 주행레일의 수평차는 얼마 이내 이어야 하는가?

① 10mm
② 20mm
③ 30mm
④ 40mm

> 주행레일
> • 연결부의 틈새는 천정크레인은 3mm, 기타 크레인은 5mm 이하일 것
> • 레일 연결부의 엇갈림은 상하 0.5mm 이하, 좌우 0.5mm 이하일 것
> • 레일측면의 마모는 원래 규격치수의 10% 이내일 것
> • 주행레일의 높이편차는 기준면으로부터 최대 ±10mm 이내이고, 좌우레일의 수평차는 10mm 이내, 레일의 구배량은 주행길이 2m 마다 2mm를 초과하지 않을 것
> • 주행레일의 진직도는 전 주행길이에 걸쳐 최대 10mm이내이고, 수평방향의 휨 량은 주행길이 2m마다 ±1mm 이내일 것

14 천장크레인 주행레일의 높이 편차는 기준면으로부터 최대 ± 몇 [mm] 이내로 하여야 하는가?

① 1.0
② 10.0
③ 20.0
④ 30.0

> 13번 문제 해설 참조

15 천장주행크레인에 사용되는 배선방법으로 가장 옳은 것은?

① 리밋 스위치에도 접지선을 연결한다.
② 거더에도 반드시 접지선을 연결하여야 한다.
③ 배선의 절연 저항 값이 적을수록 유리하다.
④ 전동기에는 반드시 접지선을 연결해야 한다.

> 크레인에 주로 사용되는 440V 전원은 전압이 비교적 높으므로 반드시 접지선을 연결하여야 한다.

16 전동기 회전수 1,152rpm, 전 감속비 1/18.1, 차륜의 지름이 400mm 일 때 이 천장크레인의 주행속도는?

① 25.4m/min ② 60m/min
③ 80m/min   ④ 200m/min

> 주행속도 = 3.14 × 차륜직경 × 회전수 × 감속기
> = 3.14 × 400 × 1,152 × (1/18.1) = 79.9[m/min]

17 크레인의 훅 해지장치에 대한 설명으로 틀린 것은?

① 전용달기기구로서 작업자의 도움 없이 짐 걸이가 가능하며, 작업경로에 작업자의 접근이 없는 경우라도 훅 해지장치는 반드시 설치하여야 한다.
② 훅에는 와이어로프 등이 이탈되는 것을 방지하기 위하여 해지장치가 부착되어야 한다.
③ 훅 해지장치의 종류에는 웨이트식, 스프링식 등이 있다.
④ 훅 해지장치는 항상 유효한 상태를 유지하여야 한다.

> 훅 해지장치는 작업자의 도움 없이 짐 걸이가 가능하고 작업경로에 작업자의 접근이 없는 경우는 예외로 설치하지 않아도 된다.

18 천장크레인용 훅(hook)에 대한 설명으로 틀린 것은?

① 훅의 재료는 탄소강 단강품이나 기계구조용 탄소강을 사용한다.
② 보통 50t 이하일 때는 한쪽 현수 훅을 사용하고, 그 이상일 때 양쪽 현수 훅을 사용한다.
③ 훅의 재료는 강도와 함께 연성이 커야 한다.
④ 훅의 파괴 시험은 정격하중의 125%로 한다.

> 훅의 파괴시험은 정격하중의 500%로 한다.

19 천장주행크레인의 전기장치 외함에 사용되는 접지선으로 적합하지 않은 것은?

① 전원 공급용 전선의 단면적이 $6mm^2$일 때 단면적이 $6mm^2$인 접지선 사용
② 전원 공급용 전선의 단면적이 $10mm^2$일 때 단면적이 $10mm^2$인 접지선 사용
③ 전원 공급용 전선의 단면적이 $25mm^2$일 때 단면적이 $16mm^2$인 접지선 사용
④ 전원 공급용 전선의 단면적이 $50mm^2$일 때 단면적이 $20mm^2$인 접지선 사용

> 전기장치 외함 접지선의 최소 단면적

전원 공급용 전선의 단면적 [S(mm²)]	접지선의 최소 단면적 [S(mm²)]
S ≤ 16	S
16 < S ≤ 35	16
S > 35	S/2

> 따라서, 전선의 단면적이 $50mm^2$일 때는 단면적이 $25mm^2$인 접지선을 사용하여야 한다.

20 천장크레인의 비상정지장치 구조로 틀린 것은?

① 모든 크레인에는 비상정지장치를 구비할 것
② 해당 크레인의 비상정지장치를 작동한 경우 작동 중인 동력이 차단될 것
③ 스위치의 복귀로 비상정지조작 직전의 작동이 자동으로 될 것
④ 비상정지용 누름 버튼은 적색으로 머리 부분이 돌출 되어 있을 것

> 비상정지장치는 작동된 이후 수동으로 복귀시킬 때까지 회로가 자동으로 복귀되지 않는 구조여야 한다.

21 운전자가 크레인 탑승 시 시행한 간단한 조작 점검과 가장 거리가 먼 것은?

① 주행레일 상의 위험물 여부를 확인 후, 약 20~30m 주행하여 본다.

② 권상용 제어기를 작동(ON, OFF)시켜 브레이크의 지지 능력을 점검한다.
③ 횡행장치를 구동시켜 본다.
④ 비상용 권상 중추식 리밋 스위치의 작동상태를 점검하기 위해 최대한 권상시켜 본다.

22 마그넷 크레인에 있어서 정전 시 가장 먼저 조치해야 할 사항은?

① 비상스위치를 작동시켜 전자석 및 피부착물을 바닥에 내려놓는다.
② 정전이 해소될 때까지 그대로 방치한다.
③ 주 스위치를 끈다.
④ 주행 모터용 스위치를 끈다.

🔍 크레인 운전 중 정전 시에는 비상스위치를 작동시켜 전자석 및 피부착물을 바닥에 내려놓는다.

23 천장크레인 운전자가 운전석 이탈 시에 해야 할 조치 사항으로 틀린 것은?

① 제동조치를 한다.
② 조종장치를 중립으로 놓는다.
③ 훅을 최대로 내린다.
④ 운전실의 출입문을 잠근다.

🔍 운전석 이탈 시 훅은 사람이나 차량의 출입에 방해되지 않도록 높이 올린다.

24 방폭구조로 된 전기설비의 구비조건이 아닌 것은?

① 시건장치를 할 것
② 접지를 할 것
③ 환기가 잘되도록 할 것
④ 퓨즈를 사용할 것

🔍 전기설비 구비조건으로 환기여부와는 무관하다.

25 직류와 교류의 차이점을 비교한 것 중 틀린 것은?

① 직류는 전하의 이동방향과 극성이 항상 일정하므로 안정석이 있다.
② 교류는 전압의 크기가 (+)에서 (−)로 변화하므로 증폭이 용이하다.
③ 직류는 일정한 출력 전압을 가지고 있으므로 측정이 용이하다.
④ 교류의 전류 진행방향은 극성의 변화와 상관없이 일정하다.

🔍 교류(A.C)는 규칙적으로 일정한 주기에 전류의 흐름이 크기와 방향을 바꾸는 것이다.

26 천장크레인에 사용되는 전동기의 슬립은 보통 얼마인가?

① 0~0.3%
② 3~5%
③ 8~10%
④ 15~20%

🔍 천장크레인에 사용되는 전동기의 슬립은 3~5%이다.

27 천장크레인의 감속기 급유에 관한 설명으로 틀린 것은?

① 사용오일의 점도는 기어의 치(이)면 하중이나 운전온도가 높을수록 고점도유를 사용한다.
② 개방기어는 정기적으로 조금씩 급유한다.
③ 개방식이 아닌 기어박스 내부에 있는 기어 오일은 월 1회 보충하여 사용하는 것이 좋다.
④ 기어에 윤활유를 공급하면 기어의 치(이)가 서로 맞물릴 때 치면에 유막을 형성한다.

🔍 기어박스 내부에 있는 감속기 기어오일은 2,000시간 사용 후 교환한다.

28 "전류에 의해 발생된 열은 도체의 저항과 전류의 제곱 및 흐르는 시간에 비례한다(= $0.24I^2RT$)"는 법칙은?

① 오옴(Ohm)의 법칙
② 플래밍(Fleming)의 법칙
③ 주울(Joule)의 법칙
④ 키르히호프(Kirchhoff)의 법칙

🔍 문제는 줄(Joule)의 법칙에 대한 설명이다.

29 감속기에 대한 설명 중 틀린 것은?

① 감속기의 제1단 기어는 10% 마모 시 교환하는 것이 좋다.
② 케이싱 기어일 때의 오일 사용시간은 보통 2,000시간이다.
③ 축은 회전축과 전동축으로 구분된다.
④ 커플링은 축이음 장치이다.

> 감속기의 축은 전동축과 자축이 있다.

30 가장 자주 급유해야 되는 기기 또는 부품은?

① 구름 베어링 하우징
② 키(key)
③ 미끄럼 베어링의 부시
④ 롤러 체인

> 미끄럼 베어링의 부시는 8시간 이내에 급유해야 한다.

31 1마력(PS)는 약 몇 [W]인가?

① 약 1.3   ② 약 3/4
③ 약 735   ④ 약 0.735

> 1 마력(PS) = 75kgf · m/sec = 735[W]

32 천장크레인용으로 주로 사용되는 전동기는?

① 권선형 전동기   ② 농형 전동기
③ 직류 전동기   ④ 특수 전동기

> 권선형 전동기(권선형 3상유도전동기)가 천장크레인에 주로 사용된다.

33 전동기의 시간 정격을 서술한 것 중 틀린 것은?

① 보증 수명 연수를 뜻한다.
② 정격출력으로 운전할 때 온도상승이 허용치에 달할 때까지의 시간을 뜻한다.
③ 주로 농형 전동기에서는 30분, 60분, 연속 등으로 표시된다.
④ 권선형 전동기에서는 %ED로 표시한다.

> 전동기의 시간 정격은 정격출력으로 운전할 때 온도상승이 허용치에 달할 때까지의 시간을 뜻하는 것으로 보증 수명 연수를 의미하지 않는다.

34 베어링은 자체온도 몇 도까지 사용이 가능한가?

① 50℃   ② 100℃
③ 150℃   ④ 200℃

> 베어링 자체 사용온도는 100℃ 까지 사용가능하다.

35 천장크레인으로 화물을 운반할 때의 주의사항 중 가장 옳은 것은?

① 규정된 하중 이상은 매달지 않는 것이 원칙이나 전에 매달아서 사고가 없었던 하중이면 매달아도 무방하다.
② 보조 와이어로프는 줄걸이 작업자가 선정하는 것이 좋다.
③ 와이어로프는 훅의 중심에 걸고 매다는 각도는 안전한 각도를 유지하는 것이 좋다.
④ 신호수에게만 의존하여 운전하며, 운반물을 지상에서 높이 달아 운반하는 것이 좋다.

> 와이어로프는 훅의 중심에 걸고 매다는 각도는 60° 이내가 좋다.

36 크레인 운전 중의 주의사항에 해당하지 않는 것은?

① 걸어 올리는 화물 위에 사람이 타고 있을 때는 운전을 멈춘다.
② 운전 중 하중을 걸어둔 채로 운전석을 떠나면 안 된다.
③ 화물은 최고속도로 올려야 한다.
④ 하중을 비스듬히 끌어 올리는 일은 없어야 한다.

> 화물을 들어 올릴 때는 천천히 올려야 한다.

37 서로 평행한 두 축 사이의 회전을 전달할 때 사용하는 커플링은?

① 플랙시블   ② 올덤
③ 유니버설   ④ 플랜지

🔍 올덤 커플링은 서로 평행한 두 축사이의 회전을 전달할 때 사용한다.

38 하중이 축선에 직각으로 작용하는 부분에 사용하는 베어링은?

① 레이디얼 베어링(Radial Bearing)
② 스러스트 베어링(Thrust Bearing)
③ 플랜 베어링(Plane Bearing)
④ 롤링 베어링(Rolling Bearing)

🔍 레이디얼 베어링은 축에 대하여 직각 방향의 하중을 받는 베어링이며, 스러스트 베어링은 축에 대하여 축방향의 하중을 받는 베어링이다.

39 권상하중 50톤, 권상속도 1.5m/min인 천장크레인의 권상 전동기 출력은?(단, 권상 전동기의 효율은 70%이다.)

① 12.2kW   ② 13kW
③ 17.5kW   ④ 18.5kW

🔍 전동기 출력(kW) = (권상하중 × 권상속도)/(6.12 × 권상전동기 효율) = (50 × 1.5)/(6.12 × 0.7) = 17.5[kW]

40 윤활유 유막보다 더 큰 이물질 입자에 의하여 기어의 접촉면에 긁힌 자국을 무엇이라 하는가?

① 어브레이젼(abrasion) ② 피칭(pitching)
③ 스크래칭(scratching) ④ 스폴링(spalling)

🔍 • 어브레이젼(abrasion) : 윤활유 유막보다 더 큰 이물질 입자에 의하여 기어의 접촉면에 긁힌 자국
• 피칭(pitching) : 치면의 피치 서클 근처에 치폭 방향으로 생기는 작은 거품 모양의 구멍
• 스크래칭(scratching) : 상대편 기어 치면에 비정상적으로 돌출한 것에 의해 생긴 자국
• 스폴링(spalling) : 중하중이나 빈번한 반복 접촉이 일어나는 지점의 금속피로에 의해 생성

41 줄걸이용 와이어로프에 장력이 걸린 후, 일단 정지하고 줄걸이 상태를 점검할 때의 확인사항이 아닌 것은?

① 줄걸이용 와이어로프에 장력이 균등하게 작용하는가?
② 줄걸이용 와이어로프의 안전율은 4 이상 되는가?
③ 화물이 붕괴 또는 추락할 우려는 없는가?
④ 줄걸이용 와이어로프가 이탈할 우려는 없는가?

🔍 줄걸이용 와이어로프의 안전율은 5 이상이어야 한다.

42 크레인 작업 중 팔꿈치에 손바닥을 붙였다 떼었다 하는 동작은 무슨 신호인가?

① 운전자 호출   ② 주권사용
③ 보권사용   ④ 기다려라

43 크레인의 권상(호이스팅)하중에서 훅, 크래브 또는 버킷 등 달기기구의 중량에 상당하는 하중을 뺀 하중을 무엇이라고 하는가?

① 임계하중
② 정격하중
③ 최대하중
④ 연속하중

🔍 정격하중과 권상하중
• 권상하중(hoisting load) : 들어 올릴 수 있는 최대의 하중을 말한다.
• 정격하중(rated load) : 크레인의 권상하중에서 훅, 크래브 또는 버킷 등 달기기구의 중량에 상당하는 하중을 뺀 하중을 말한다. 다만, 지브가 있는 크레인 등으로서 경사각의 위치, 지브의 길이에 따라 권상능력이 달라지는 것은 그 위치의 권상하중에서 달기기구의 중량을 뺀 하중 가운데 최대치를 말한다.

44 물체의 중량을 구하는 공식으로 맞는 것은?

① 비중 × 넓이   ② 무게 × 길이
③ 넓이 × 체적   ④ 비중 × 체적

🔍 물체의 중량 = 체적×비중

45 크레인에서 사용하는 권상용 와이어로프의 안전율은 얼마인가?

① 2 이상   ② 3 이상
③ 4 이상   ④ 5 이상

🔍 **와이어로프의 안전율**

와이어로프의 종류	안전율
권상용 와이어로프, 지브의 기복용 와이어로프, 횡행용 와이어로프 및 케이블 크레인의 주행용 와이어로프	5.0
지브의 지지용 와이어로프, 보조로프 및 고정용 와이어로프	4.0
케이블 크레인의 주 로프 및 레일로프	2.7
운전실 등 권상용 와이어로프	10.0

🔍 **사용이 금지되는 와이어로프**
- 이음매가 있는 것
- 와이어로프의 한 꼬임에서 끊어진 소선[필러선은 제외]의 수가 10% 이상인 것
- 지름의 감소가 공칭지름의 7%를 초과하는 것
- 꼬인 것
- 심하게 변형되거나 부식된 것
- 열과 전기충격에 의해 손상된 것

46 와이어로프의 주요 구성요소만 나열되어 있는 것은?

① 스트랜드, 심강, 소선
② 소선, 스트랜드, 스플라이스
③ 소선, 심강, 스플라이스
④ 스트랜드, 철강, 심강

🔍 와이어로프의 주요 구성요소 : 소선, 심강, 스트랜드

47 신호수가 양쪽 손을 몸 앞에다 대고 두 손을 깍지 끼는 신호를 보내고 있다. 이는 무슨 신호인가?

① 물건걸기　② 비상정지
③ 뒤집기　　④ 수평이동

48 연결된 5개의 링크의 길이가 20cm인 표준 체인은 이 연결된 5개의 링크의 길이가 최대 몇 [cm]가 될 때까지 사용이 가능한가?

① 21　② 22
③ 23　④ 24

🔍 링크 단면의 지름감소가 제조 시 보다 5% 이하면 사용 가능하므로 20×0.05 = 1이다. 따라서, 20cm + 1cm = 21cm이다.

49 크레인용 와이어로프는 지름이 몇 [%] 이상 감소하면 사용할 수 없는가?

① 로프 공칭 지름의 2%
② 로프 공칭 지름의 3%
③ 로프 공칭 지름의 5%
④ 로프 공칭 지름의 7%

50 로프 하나를 두 줄 걸이로 하여 1,000kgf의 짐을 90°로 걸어 올렸을 때 한 줄에 걸리는 무게(kgf)는?

① 250　② 500
③ 707　④ 6,930

🔍 한 줄에 걸리는 무게(kgf)
1,000kgf × cos45° = 1,000kgf × 0.707 = 707[kgf]

51 재해율 중 연천인율 계산식으로 옳은 것은?

① (재해수 / 평균근로자수) × 1,000
② (재해율 × 근로자수) / 1,000
③ 강도율 × 1,000
④ 재해자수 ÷ 연평균근로자수

🔍 연천인율 = (재해자 수 / 평균근로자 수) ×1,000

52 화재 발생 시 소화기를 사용하여 소화 작업을 하고자 할 때 올바른 방법은?

① 바람을 안고 우측에서 좌측을 향해 실시한다.
② 바람을 등지고 좌측에서 우측을 향해 실시한다.
③ 바람을 안고 아래쪽에서 위쪽을 향해 실시한다.
④ 바람을 등지고 위쪽에서 아래쪽을 향해 실시한다.

🔍 소화기를 사용할 때는 바람을 등지고 위쪽에서 아래쪽을 향해 분무한다.

53 산업안전을 통한 기대효과로 옳은 것은?

① 기업의 생산성이 저하된다.
② 근로자의 생명만 보호된다.
③ 기업의 재산만 보호된다.
④ 근로자와 기업의 발전이 도모된다.

54 가스배관 파손 시 긴급조치 요령으로 잘못된 것은?

① 소방서에 연락한다.
② 주변의 차량을 통제한다.
③ 누출되는 가스배관의 라인마크를 확인하여 후단 밸브를 차단한다.
④ 천공기 등으로 도시가스배관을 뚫었을 경우에는 그 상태에서 기계를 정지시킨다.

🔍 누출되는 가스배관의 라인마크를 확인하여 전단밸브를 차단한다.

55 벨트를 분리에 걸 때는 어떤 상태에서 하여야 하는가?

① 저속 상태　② 고속 상태
③ 정지 상태　④ 중속 상태

🔍 회전이 정지된 상태에서 벨트를 풀리에 걸어야 한다.

56 수공구 사용상의 재해의 원인이 아닌 것은?

① 잘못된 공구 선택
② 사용법의 미 숙지
③ 공구의 점검 소홀
④ 규격에 맞는 공구 사용

57 복스 렌치가 오픈엔드 렌치보다 비교적 많이 사용되는 이유로 옳은 것은?

① 두 개를 한 번에 조일 수 있다.
② 마모율이 적고 가격이 저렴하다.
③ 다양한 볼트 너트의 크기를 사용할 수 있다.
④ 볼트와 너트 주위를 감싸 힘의 균형 때문에 미끄러지지 않는다.

🔍 복스 렌치는 오픈 렌치와 규격이 동일하지만, 여러 방향에서 사용이 가능하며, 볼트나 너트 주위를 완전히 감싸게 되어 있어서 사용 중에 미끄러지지 않은 장점이 있다.

58 재해의 복합 발생 요인이 아닌 것은?

① 환경의 결함　② 사람의 결함
③ 품질의 결함　④ 시설의 결함

🔍 재해의 복합 발생원인은 환경의 결함, 사람의 결함, 시설의 결함이다.

59 작업장 내의 안전한 통행을 위하여 지켜야 할 사항이 아닌 것은?

① 주머니에 손을 넣고 보행하지 말 것
② 좌측 또는 우측통행 규칙을 엄수할 것
③ 운반차를 이용할 때에는 가능한 빠른 속도록 주행할 것
④ 물건을 든 사람과 만났을 때는 즉시 길을 양보할 것

🔍 운반차를 이용할 때는 되도록 저속으로 주행하여야 한다.

60 납산 배터리 액체를 취급하는데 가장 좋은 것은?

① 가죽으로 만든 옷
② 무명으로 만든 옷
③ 화학섬유로 만든 옷
④ 고무로 만든 옷

🔍 배터리 전해액은 황산으로 이를 취급할 때는 고무로 만든 옷을 입어야 한다.

정답 2013년 1회

01 ④	02 ③	03 ②	04 ③	05 ④
06 ①	07 ②	08 ②	09 ④	10 ①
11 ③	12 ②	13 ①	14 ②	15 ④
16 ③	17 ①	18 ④	19 ④	20 ③
21 ④	22 ②	23 ②	24 ③	25 ④
26 ②	27 ②	28 ③	29 ③	30 ③
31 ③	32 ①	33 ①	34 ②	35 ③
36 ③	37 ②	38 ①	39 ③	40 ①
41 ④	42 ②	43 ②	44 ④	45 ④
46 ①	47 ①	48 ①	49 ④	50 ③
51 ①	52 ④	53 ②	54 ③	55 ③
56 ④	57 ④	58 ③	59 ③	60 ④

2013년 2회 공단 기출문제

01 주행차륜에서 전동기에 의해 직접 구동하는 차륜을 무엇이라 하는가?

① 종동륜　　② 횡동륜
③ 역동륜　　④ 구동륜

> 구동륜은 차량의 중량을 분담하여 지지하면서 동시에 전동기에 의해 직접 구동된다.

02 접지에 대한 설명으로 옳지 않은 것은?

① 제어반은 접지하여야 한다.
② 방폭지역의 저전압 전기기계의 접지저항은 10Ω 이하로 하여야 한다.
③ 프레임은 접지하여야 한다.
④ 전동기의 외함접지는 400V 이하일 때 200Ω 이하로 하여야 한다.

> 전기장치의 외함접지
> • 400V 미만 일 때 100Ω 이하
> • 400V 초과일 때는 10Ω 이하
> • 단, 방폭지역의 저압 전기기계·기구의 외함은 전압과 관계없이 10Ω 이하

03 전선의 굵기는 결정하는 요인과 가장 거리가 먼 것은?

① 절연저항　　② 허용전류
③ 사용 주파수　　④ 기계적 강도

> 전선의 굵기를 결정하는 기준은 절연저항과 허용전류, 기계적 강도, 코로나 방전 등이다.

04 비상정지누름버튼의 설명으로 잘못된 것은?

① 적색이어야 한다.
② 자동복귀 되는 구조이어야 한다.
③ 머리 부분은 돌출형이어야 한다.
④ 버튼주변은 황색으로 표기할 수 있다.

> 비상정지장치는 작동된 이후 수동으로 복귀시킬 때까지 회로가 자동으로 복귀되지 않는 구조여야 한다.

05 천장크레인의 횡행을 제동하기 위한 브레이크를 설치하여야 하나 옥내에 설치되는 천장크레인의 경우 횡행속도 몇 [m/min] 이하에는 설치하지 않아도 되는가?

① 50m/min　　② 40m/min
③ 30m/min　　④ 20m/min

> 주행 제동을 위한 브레이크
> • 크레인은 주행을 제동하기 위한 브레이크를 설치해야 한다. 다만, 인력으로 주행되는 크레인에는 적용하지 않는다.
> • 주행을 제동하기 위한 제동토크 값은 전동기 정격토크의 50% 이상이어야 한다.
> • 크레인은 횡행을 제동하기 위한 브레이크를 설치해야 한다. 다만, 횡행속도가 매분당 20m 이하로서 옥내에 설치되거나 인력으로 횡행되는 크레인에는 적용하지 않는다.
> • 동력에 의하여 작동되는 선회부를 갖는 크레인은 브레이크를 설치해야 한다.

06 유니버셜식 제어기의 특징은?

① 가격이 싸고, 응답이 빠르다.
② 설치면적이 절감되고, 조작이 편리하다.
③ 소형, 경량이며 구조가 간단하다.
④ 조작자세가 안정되며, 응답이 빠르다.

> 유니버셜 제어기는 1개 레버로 2개의 동작을 동시 또는 단독으로 조작할 수 있다.

07 천장크레인의 스팬에 대한 설명으로 옳은 것은?

① 좌우 주행레일 중심간의 거리
② 횡행차륜 양쪽 중심간의 거리
③ 거더의 양쪽 끝단까지의 거리
④ 거더 양쪽 중심간의 거리

> 스팬(span)이란 주행레일 중심 간의 거리를 말한다.

08 시브 홈 지름이 너무 큰 경우에 대한 설명 중 틀린 것은?

① 와이어로프의 형태를 납작하게 변형시킨다.
② 와이어로프의 마모를 촉진시킨다.
③ 시브의 마모를 촉진시킨다.
④ 시브의 수명을 연장시킨다.

🔍 시브 홈 지름이 너무 큰 경우 시브의 수명을 단축시킨다.

09 전자식과부하 방지장치를 설명한 것으로 옳은 것은?

① 내부의 마이크로 스위치를 동작하여 운전 상태를 정지하는 안전장치이다.
② 변화되는 중량을 아날로그 표시, 편의성을 향상시켰으며 가격도 저렴하다.
③ 스트레인 게이지의 전자식 저항 값의 변화에 따라 아주 민감하게 동작하는 방호장치이다.
④ 감지방법은 하중의 방향에 따라 인장로드셀 방법, 입출로드셀 방법이 있다.

🔍 전자식과부하 방지장치의 감지방법은 인장로드셀 방법과 입출로드셀 방법이 있는데, 열에 약하고 가격이 비싼 것이 흠이다.

10 천장크레인의 훅(Hook)이 지면에서 최고점(권상한도)에 이를 때 권과 방지용 리밋 스위치(cam-type)의 캠은 약 몇 회전하는가?

① 1회전 미만
② 2회전
③ 3회전
④ 4회전 이상

🔍 캠이 1회전 이내에 리미트 스위치가 작동하도록 한다.

11 천장크레인의 와이어로프는 훅이 최하단(바닥)에 도달되었을 때 와이어 드럼에 최소 얼마의 여유 감김이 있어야 하는가?

① 2회전 이상
② 4회전 이상
③ 6회전 이상
④ 7회전 이상

🔍 와이어로프는 드럼에 최소 2회전 이상 감겨 있어야 한다.

12 독립륜 구동식에 대한 설명으로 옳지 않은 것은?

① 단일 전동기 기어 케이스 축과 차륜이 브리지 한쪽 끝에서 구동이 이루어지는 방법이다.
② 2개의 독립 차륜 구동은 브리지가 주행레일을 따라 주행하는데 사용된다.
③ 각각의 전동기는 동력을 기어케이스에 전달하므로 주행레일 상에 있는 구동륜에 간접적으로 전달된다.
④ 2개의 전동기를 하나로 연결해 주는 연결 축은 1개의 전동기가 돌아가지 않을 때 감소된 속도록 브리지가 계속 움직일 수 있도록 한다.

🔍 독립륜 구동식은 주행레일 상에 있는 구동륜에 직접적으로 전달되는 방식이다.

13 브레이크 드럼의 림 두께는 원치수에 대해 몇 [%]가 마모되면 교환하는가?

① 10
② 20
③ 30
④ 40

🔍 브레이크 드럼의 림 두께 마모한도는 원치수의 40% 이내이고, 브레이크 라이닝의 마모한도는 50% 이내이다.

14 다음 중 천장크레인의 권상장치 구성요소가 아닌 것은?

① 차륜(Wheel)
② 권상전동기
③ 전자석(Magnet) 브레이크
④ 드럼 및 시브

🔍 권상장치는 하물을 위로 들어 올리거나 내리는 운동을 하며, 구성요소는 권상전동기, 브레이크, 드럼 및 시브, 리미트 스위치 등이 있다.

15 근로자가 크레인을 이용하여 화물을 권상시킬 때, 위험한 상태에서 작업안전을 위해 급정지시킬 수 있도록 설치되어 있는 일종의 방호장치는?

① 충돌방지장치(Anti collision)
② 비상정지장치(Emergency stop switch)
③ 레일클램프장치(Rail clamp)
④ 훅 해지장치(Hook latch)

16 훅에 대한 설명으로 틀린 것은?

① 훅에 사용하는 재료는 탄소강 단강품이나 기계구조용 탄소강을 쓴다.
② 매다는 하중이 50톤 이상인 것에서는 양쪽 현수 훅이 많다.
③ 훅의 안전계수는 5 이상이다.
④ 훅에 와이어로프가 걸리는 부분의 마모자국 깊이가 2mm가 되면 교환하여야 한다.

🔍 마모 자국 깊이가 2mm가 되면 다듬어서 사용한다.

17 천장크레인의 보도(Walk way)에 대하여 잘못 설명한 것은?

① 크레인에 설치된 보도는 거더 등의 강 구조부분 점검 및 크레인의 보수, 유지 및 점검에 필요하다.
② 보도 측면에 설치된 난간은 작업자의 추락방지 안전을 위하여 설치한다.
③ 보도는 충분한 강도를 갖도록 견고하게 설치되어야 한다.
④ 보도의 폭은 가능한 좁은 것이 좋다.

🔍 보도면은 미끄러지거나 넘어지는 등의 위험이 없는 구조이어야 한다.

18 천장크레인 완성검사 시험하중은 정격하중의 최소 몇 배를 초과 시험하여야 하는가?

① 1.1
② 1.25
③ 2.5
④ 3.25

🔍 천장크레인 완성검사 시험하중 정격하중의 1.1배(110%)이다.

19 주행레일에서 레일 측면의 마모는 원래 규격 치수의 몇 [%] 이내이어야 하는가?

① 3%
② 5%
③ 10%
④ 20%

🔍 주행레일
• 연결부의 틈새는 천정크레인은 3mm, 기타 크레인은 5mm 이하일 것
• 레일 연결부의 엇갈림은 상하 0.5mm 이하, 좌우 0.5mm 이하일 것
• 레일측면의 마모는 원래 규격치수의 10% 이내일 것
• 주행레일의 높이편차는 기준면으로부터 최대 ±10mm 이내이고, 좌우레일의 수평차는 10mm 이내, 레일의 구배량은 주행길이 2m 마다 2mm를 초과하지 않을 것
• 주행레일의 진직도는 전 주행길이에 걸쳐 최대 10mm이내이고, 수평방향의 휨 량은 주행길이 2m마다 ±1mm 이내일 것

20 천장크레인 운전 중 크래브(crab)를 급정지 시켰을 때, 가장 충격을 받지 않는 구조물은?

① 횡행차륜
② 주행차륜
③ 크래브(crap) 본체
④ 권상 와이어로프

🔍 주행차륜은 크래브의 급정지 시 충격을 받지 않는 구조물이다.

21 크레인의 작업 시 안전과 거리가 먼 것은?

① 작업 개시전에 안전장치의 기능을 확인한다.
② 화물을 권상한 채로 운전석을 떠날 경우에는 콘트롤러 핸들을 정지 위치에 놓는다.
③ 정격하중을 초과하는 하중을 권상 시키지 않는다.
④ 2대의 크레인으로 1개의 화물을 권상 시키는 것은 가능한 하지 않는다.

🔍 크레인 운전자는 화물을 권상한 채로 운전석을 이탈하면 안 된다.

22 전동기의 절연종류 중 적합하지 않은 것은?

① E종
② B종
③ F종
④ C종

🔍 절연의 종류 및 허용 최고온도

절연의 종류	허용 최고온도(℃)
Y종	90
A종	105
E종	120
B종	130
F종	155
H종	180
C종	180 초과

23 커플링의 설명으로 틀린 것은?

① 고무 플렉시블 커플링은 타이어형 플렉시블 커플링이라고도 부르며 가장 탄력성이 큰 것으로 많이 사용된다.
② 고무 플렉시블 커플링은 전달 토크가 크면 모양이 커지는 단점이 있다.
③ 기어 커플링은 전달 토크가 적으므로 부하 변동에 대해서도 위험하다.
④ 플랜지형 플렉시블 커플링은 플랜지를 이용하되 설치 볼트 고무 부시를 끼워 그 탄성을 이용한 것이다.

🔍 기어 커플링은 전달 토크가 크며 부하 변동에 대해서도 안전하다.

24 동력의 단위 중 1마력(PS)은?

① 70kgf·m
② 102kgf·s/m
③ 102kgf·m/s
④ 75kgf·m/s

🔍 1마력(PS) = 75kgf·m/s = 735W

25 부하물이 위험물이며 대하중이고, 작업장 주위에 기계나 시설물이 없이 넓은 곳이며, 작업 인원도 없는 곳에서 신호수의 유도를 받으며 작업을 할 때 가장 양호한 운전 방법은?

① 최소 높이 2m를 유지하며 서행한다.
② 가능한 지면에서 낮게 올려 서행한다.
③ 작업장이 넓고 위험 개소가 없으니까 높이 2m를 유지하며 빨리 작업한다.
④ 주행을 서행하면서 수시로 브레이크를 사용하여 정지하면서 작업한다.

🔍 작업장 주위에 큰 위험요소가 없는 조선에서 부하물이 위험물이며 대하중인 만큼 가능한 지면에서 낮게 올려 서행하는 것이 안전하다.

26 천장크레인 작업의 안전수칙을 열거한 것 중 적합하지 않은 것은?

① 달아 올린 짐 밑에 사람의 통행을 막는다.
② 운반물을 작업자 상부로 운반한다.
③ 지정된 신호수 외에는 신호를 하지 않는다.
④ 임의로 스위치 박스에 손대지 않도록 한다.

🔍 운반물을 작업자 위로 운반할 수 없으며 운전자는 직각운전을 원칙으로 한다.

27 다음 크레인 배선에 관한 것 중 틀린 것은?

① 배선의 피복 상태는 손상, 파손, 탄화 부분이 없을 것
② 배선의 단자 체결 부분은 전용 단자를 사용하고 볼트 및 너트의 풀림 또는 탈락이 없을 것
③ 배선의 절연 저항은 대지전압 150V 초과 300V 이하인 경우 0.2Ω 이상일 것
④ 배선은 KSB 3064에 정해진 규격에 적합한 캡타이어 케이블 일 것

🔍 배선은 600V 비닐절연 케이블을 사용한다.

28 감속기 오일은 점도 검사를 하지만 일반적으로 몇 시간 사용 후 교환하는가?

① 4,000시간
② 3,000시간
③ 2,000시간
④ 10,00시간

🔍 감속기 오일은 매 2,000시간 사용 후 교환한다.

29 차륜도유기에 관해 틀린 것은?

① 차륜도유기를 사용하면 차륜베어링, 기어, 주행모터의 수명을 연장시킨다.
② 오일탱크는 도유기 몸체보다 상단에 위치하는 것이 올바르다.
③ 장기간 운휴할 경우에 오일 코크는 열어두어 녹을 방지한다.
④ 레일 측면에도 도유기를 사용할 수 있다.

🔍 장기간 운휴할 때는 오일 코크를 잠가 둬야한다.

30 니크롬선의 저항이 20Ω인 전열기를 100V의 전선에 연결하였을 경우 전류는 몇 [A]인가?

① 2,000 ② 5
③ 0.2   ④ 10

🔍 전류(I) = $\frac{전압(E)}{저항(R)} = \frac{100}{20} = 5[A]$

31 풀림 방지용 너트의 종류가 아닌 것은?

① 플랜지 너트   ② 홈붙이 너트
③ 로크 너트   ④ 캡 너트

🔍 캡 너트는 유체의 누설을 막기 위하여 너트의 위가 막힌 것이다.

32 천장크레인에서 운전을 하고자 할 때 최초에 하여야 할 사항은?

① 권상용 제어기의 노치(notch)만을 "0" 노치에 두고 메인 스위치를 on으로 작동시킨다.
② 주행용 제어기의 노치만을 "0" 노치에 두고 메인 스위치를 on으로 작동시킨다.
③ 모든 제어기의 노치에 상관없이 메인 스위치를 on으로 작동시킨다.
④ 모든 제어기의 노치를 "0" 노치에 두고 메인 스위치를 on으로 작동시킨다.

🔍 천장크레인에서 운전을 하고자 할 때에는 최초 모든 제어기의 노치를 "0" 노치에 두고 메인 스위치를 on으로 작동시킨다.

33 작업 중에 감속기에서 갑자기 비정상적인 소음이나 진동이 발생할 경우의 검사 사항으로 거리가 먼 것은?

① 베어링(bearing)의 파손 혹은 과다 마모로 기어(gear)가 흔들리는지 여부
② 감속기의 윤활유 적정량 여부 확인
③ 기어를 체결하는 키(key)의 이완으로 기어 중심거리를 벗어난 경우가 있는지 확인
④ 천장크레인의 비상정지장치를 긴급 확인

🔍 비상정지장치는 크레인 작동 중 돌발 사태가 발생하였을 때, 급정지시키는 장치로 비정상 소음이나 진동 발생 시 검사사항이 아니다.

34 천장크레인용 전동기(motor)로 주로 사용되는 것은?

① 직류전동기-직권전동기, 교류전동기-분권전동기
② 직류전동기-복권전동기, 교류전동기-권선전동기
③ 직류전동기-차동복권전동기, 교류전동기-가동 복권전동기
④ 직류전동기-직권전동기, 교류전동기-권선형 전동기

35 다음 중 베어링의 수명과 가장 관계 깊은 것은?

① 발열 상태
② 진동
③ 그리스 주유상태
④ 과부하 상태

🔍 그리스 주유의 주기가 길어지면 베어링의 마모가 빠르게 진행되어 수명이 짧아진다.

36 권상모터(motor)의 정비 시 절연저항을 측정하고자 한다. 절연저항을 측정하는 기구로 가장 적합한 것은?

① 메거테스터
② 전일테스터
③ 전류테스터
④ 그로울러 테스터

🔍 메거테스터는 절연저항 측정기이다.

37 운반물을 들어 올릴 경우의 요령으로 적당치 않은 것은?

① 훅을 운반물 중심 상에 위치하도록 한다.
② 로프가 충분한 장력을 가질 때까지 서서히 감는다.
③ 운반물을 주행 경로를 고려 적당한 높이에 있도록 한다.
④ 로프가 장력을 가질 때부터 주행을 시작한다.

🔍 와이어로프가 장력을 가질 때부터 주행을 시작하면 안 된다.

38 천장크레인이 운전할 때 신호 수단이 아닌 것은?

① 슬링 로프
② 손
③ 깃발
④ 호루라기

🔍 천장크레인의 신호수단은 육성신호, 수신호, 호각, 깃발 등이 있다.

39 베어링(bearing) 호칭번호 23124의 안지름은?

① 120mm
② 155mm
③ 60mm
④ 115mm

🔍 베어링 호칭번호는 네 번째, 다섯 번째 자리가 베어링 안쪽 지름치수이다.
00은 10mm, 01은 12mm, 02는 15mm, 03은 17mm, 04 부터는 5배수가 베어링의 안지름이므로 24×5 = 120mm이다.

40 다음 전기부품의 점검 중 불꽃(spark) 발생의 대비책이 아닌 것은?

① 스위치의 접촉면에 먼지나 이물질이 없도록 한다.
② 전원 차단 시에는 반드시 메인(main) 측에서 부하 측 순서로 행한다.
③ 스위치류의 개폐는 급속히 행한다.
④ 접촉면을 매끄럽게 유지한다.

🔍 전원 차단 시에는 반드시 부하 측에서 메인 측 순서로 행한다.

41 와이어로프(Wire rope)의 꼬임 방법이 아닌 것은?

① 보통 Z 꼬임
② 보통 S 꼬임
③ 보통 Y 꼬임
④ 랭(Lang) 꼬임

🔍 와이어로프 꼬임 방법은 보통 Z 꼬임, 보통 S 꼬임, 보통 꼬임, 랭 꼬임이 있다.

42 와이어로프용 윤활유의 구비조건이 아닌 것은?

① 유막을 형성하는 힘이 작아야 한다.
② 로프에 잘 스며들도록 침투력이 있어야 한다.
③ 내산화성이 커야 한다.
④ 사용 조건하에서 녹지 않아야 한다.

🔍 와이어로프용 윤활유는 유막을 형성하는 힘이 커야 한다.

43 권상장치 등의 드럼에 홈이 있는 경우와 홈이 없는 경우의 플리트(fleet) 각도(와이어로프가 감기는 방향과 로프가 감겨지는 방향과의 각도)를 옳게 설명한 것은?

① 홈이 있는 경우 10° 이내, 홈이 없는 경우 5° 이내이다.
② 홈이 있는 경우 5° 이내, 홈이 없는 경우 10° 이내이다.
③ 홈이 있는 경우 4° 이내, 홈이 없는 경우 2° 이내이다.
④ 홈이 있는 경우 2° 이내, 홈이 없는 경우 4° 이내이다.

🔍 와이어로프의 감기
· 권상장치 등의 드럼에 홈이 있는 경우 플리트 각도 : 4° 이내
· 권상장치 등의 드럼에 홈이 없는 경우 플리트 각도 : 2° 이내
· 권상장치 등의 드럼에 로프를 다층으로 감는 경우 로프가 쌓이는 것을 방지하기 위하여 플랜지부에서의 플리트 각도 : 0.5° 이상 4° 이내

44 와이어로프의 심강 종류가 아닌 것은?

① 섬유심
② 공심
③ 와아어심
④ 편심

🔍 심강의 종류는 섬유심, 공심, 와이어심(철심)이 있다.

45 크레인에서 줄걸이 와이어로프를 이용해 화물을 양중할 때 줄걸이 로프에 가장 장력이 적게 걸리는 각도는?

① 30°
② 60°
③ 90°
④ 120°

🔍 줄걸이 각도에 따른 장력
· 30° = 1.04배
· 60° = 1.16배
· 90° = 1.41배
· 120° = 2.0배

46 가는 와이어로프일 때 짝감기 걸이로 맞는 것은?

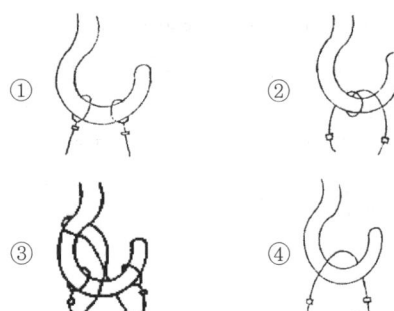

47 기계 설치용 크레인에서 권상용 와이어로프를 8줄 걸이로 6호(6×37), 20mm 직경, B종을 사용할 때 최대 권상 가능한 하중은 약 얼마인가? (단, 로프의 전단하중은 23톤, 안전율은 5일 경우)

① 14톤
② 37톤
③ 42톤
④ 48톤

🔍 최대하중 = 절단하중 / 안전율 = 23/5 = 4.6톤이다. 이것을 8줄걸이로 하면 8×4.6 = 36.8톤 = 약 37[톤]이다.

48 줄걸이 체인의 사용 및 폐기 한도에 대한 설명으로 옳지 않은 것은?

① 안전계수가 5 이상인 것을 사용하여야 한다.
② 링 지름의 감소가 공칭 직경의 10%를 넘은 것은 교환한다.
③ 균열이 있는 것은 폐기한다.
④ 늘어남이 제조 시보다 10% 이내의 것은 재활용한다.

🔍 권상용 체인
• 안전율은 5 이상일 것
• 연결된 5개의 링크를 측정하여 연신율이 제조당시 길이의 5% 이하일 것(습동면의 마모량 포함)
• 링크 단면의 지름 감소가 해당 체인의 제조 시보다 10 % 이하일 것
• 균열이 없을 것
• 심한 부식이 없을 것
• 깨지거나 홈 모양의 결함이 없을 것
• 심한 변형 등이 없을 것

49 로프의 엮어 넣기를 할 때 엮어 넣는 길이는 로프 지름의 몇 배가 되어야 하는가?

① 10배
② 10~20배
③ 20~30배
④ 30~40배

🔍 엮어 넣는 길이는 와이어로프 지름의 30~40배이다.

50 크레인으로 중량물을 인양하기 위해 줄걸이 작업을 할 때 주의사항으로 틀린 것은?

① 중량물의 중심위치를 고려한다.
② 줄걸이 각도를 최대한 크게 해준다.
③ 줄걸이 와이어로프가 미끄러지지 않도록 한다.
④ 날카로운 모서리가 있는 중량물은 보호대를 사용한다.

🔍 줄걸이 각도에 따라 장력은 다르며, 각도는 60°를 넘으면 안 된다.

51 불안전한 조명, 불안전한 환경, 방호장치의 결함으로 인하여 오는 산업재해 요인은?

① 지적 요인
② 물적 요인
③ 신체적 요인
④ 정신적 요인

🔍 재해의 직접원인(물적요인)
• 불안전한 행동(행위) : 위험장소 접근, 안전장치의 기능 제거, 복장·보호구의 잘못사용, 기계·기구 잘못사용, 운전 중인 기계장치의 손질, 불안전한 속도 조작, 위험물 취급 부주의, 불안전한 상태 방치, 불안전한 자세 동작, 감독 및 연락 불충분
• 불안전한 상태 : 물 자체 결함, 안전 방호장치 결함, 보호구의 결함, 물의 배치 및 작업장소 결함, 작업환경의 결함, 생산 공정의 결함, 경계표시·설비의 결함

52 이동식 크레인 작업 시 일반적인 안전대책으로 틀린 것은?

① 붐의 이동범위 내에서는 전선 등의 장애물이 있어도 된다.
② 크레인의 정격 하중을 표시하여 하중이 초과하지 않도록 하여야 한다.

③ 지반이 연약할 때에는 침하방지 대책을 세운 후 작업을 하여야 한다.
④ 인양물은 경사지 등 작업바닥의 조건이 불량한 곳에 내려놓아서는 안 된다.

🔍 붐의 이동 범위 내에서는 전선 등의 장애물이 있으면 안 된다.

53 목재 섬유 등 일반화재에도 사용되며, 가솔린과 같은 유류나 화학 약품의 화재에도 적당하나, 전기화재는 부적당한 특징이 있는 소화기는?

① ABC소화기
② 모래
③ 포말소화기
④ 분말소화기

🔍 포말소화기는 A급 화재-일반화재, B급 화재-유류 화재에 적합하다.

54 다음 중 옳은 작업방법이 아닌 것은?

① 배터리 전해액을 다룰 때는 고무장갑을 껴야 한다.
② 배터리는 그늘진 곳에 보관해야 한다.
③ 공구 손잡이가 짧을 때는 파이프를 연결하여 사용한다.
④ 무거운 것은 혼자 작업하면 위험하다.

🔍 공구 손잡이가 짧더라도 파이프를 연결하여 사용하면 안 된다.

55 수공구를 사용할 때 주의사항으로 가장 거리가 먼 것은?

① 양호한 상태의 공구를 사용할 것
② 수공구는 그 목적 이외의 용도에는 사용하지 말 것
③ 수공구는 올바르게 사용할 것
④ 수공구는 녹 방지를 위해 기름걸레에 싸서 보관할 것

🔍 수공구는 녹 방지를 위해 건조한 장소에 보관하도록 한다.

56 산업재해의 직접원인 중 인적 불안전 행위가 아닌 것은?

① 작업복의 부적당
② 작업 태도 불안전
③ 위험한 장소의 출입
④ 기계 공구의 결함

57 항타기 또는 항발기에 사용되는 권상용 와이어로프의 안전계수는 최소 얼마 이상이어야 하나?

① 10
② 8
③ 5
④ 4

🔍 와이어로프의 안전율

와이어로프의 종류	안전율
권상용 와이어로프, 지브의 기복용 와이어로프, 횡행용 와이어로프 및 케이블 크레인의 주행용 와이어로프	5.0
지브의 지지용 와이어로프, 보조로프 및 고정용 와이어로프	4.0
케이블 크레인의 주 로프 및 레일로프	2.7
운전실 등 권상용 와이어로프	10.0

58 작업장에서 지켜야 할 안전수칙이 아닌 것은?

① 작업 중 입은 부상은 즉시 응급조치하고 보고한다.
② 밀폐된 실내에서는 장비의 시동을 걸지 않는다.
③ 통로나 마루바닥에 공구나 부품을 방치하지 않는다.
④ 기름걸레나 인화물질은 나무상자에 보관한다.

🔍 기름걸레나 인화물질은 뚜껑이 있는 불연성 용기에 보관한다.

59 렌치 작업 시 안전사항으로 옳은 것은?

① 오픈렌치를 사용 시 몸의 중심을 옆으로 한 후 작업한다.
② 오픈렌치의 크기는 너트의 치수보다 약간 큰 것을 선택하여야 한다.
③ 볼트의 크기에 따라 큰 토크가 필요 시에는 오픈렌치 2개를 연결하여 사용한다.
④ 오픈렌치로 볼트를 조이거나 풀 때 모두 작업자의 앞으로 당긴다.

60 운전자는 작업 전에 장비의 정비 상태를 확인하고 점검하여야 하는데 적합하지 않은 것은?

① 타이어 및 궤도 차륜상태
② 브레이크 및 클러치의 작동상태
③ 낙석, 낙하물 등의 위험이 예상되는 작업 시 견고한 헤드 가이드 설치상태
④ 모터의 최고 회전 시 동력상태

🔍 모터의 최고 회전 시 동력상태는 운전 전 점검사항이다.

정답 2013년 2회

01 ④	02 ④	03 ③	04 ②	05 ④
06 ②	07 ①	08 ④	09 ④	10 ①
11 ①	12 ③	13 ④	14 ①	15 ②
16 ④	17 ④	18 ①	19 ③	20 ②
21 ②	22 ④	23 ②	24 ④	25 ②
26 ②	27 ④	28 ③	29 ③	30 ②
31 ④	32 ④	33 ④	34 ④	35 ③
36 ①	37 ④	38 ①	39 ①	40 ②
41 ③	42 ①	43 ③	44 ④	45 ①
46 ②	47 ②	48 ④	49 ④	50 ②
51 ②	52 ①	53 ③	54 ③	55 ④
56 ④	57 ③	58 ④	59 ④	60 ④

2013년 3회 공단 기출문제

01 축의 점검과 관리방법에 대한 설명으로 옳지 않은 것은?

① 훅의 마모는 2mm 이상의 홈이 생기면 연삭 숫돌로 평편하게 다듬질하여야 한다.
② 마모가 5% 이상 되면 교환하여야 한다.
③ 훅의 균열은 년 1회 균열검사를 하여야 한다.
④ 점검 후 균열이 발견되면 용접하여 사용하고, 입구의 벌어짐이 5% 이상이면 폐기한다.

🔍 훅 본체의 균열 또는 변형 등이 발견되었다면 폐기하여야 한다.

02 천장크레인 권상장치의 권과방지기구로 가장 많이 사용되는 것은?

① 원심 분리 스위치 ② 캠식 리미트 스위치
③ 족답 스위치(foot S/W) ④ 와류 브레이크

🔍 권상장치의 권과방지장치
• 중추식 : 훅(hook)의 접촉으로 인하여 작동
• 스크루식(나사식) : 드럼의 회전에 의하여 작동하며, 연동장치에 의해 피드나사가 회전하면 그것과 맞물리는 너트(nut)가 이동하여 개폐기의 레버를 움직여 접점에 개폐를 행하는 방식
• 캠식 : 드럼과 연동되어 회전을 하고, 원판 모양으로 주위에 배치된 볼록 및 오목 캠에 의해 스위치의 레버를 작동

03 천장크레인의 주행장치를 감속시키는데 사용되는 기계요소는?

① 키 ② 기어
③ 커플링 ④ 스프링

🔍 키는 축과 보스를 결합하는 기계요소이고, 커플링은 두 축을 연결하는 장치이다.

04 천장크레인의 권상장치에 사용되는 브레이크를 설명한 것으로 틀린 것은?

① 전자브레이크는 운반물을 보호하여 지지하는 역할을 한다.
② 전자브레이크는 유압 압상 브레이크와 병용하여 사용되는 수가 많다.
③ 브레이크의 제동력은 전동기 회전력의 100% 이상이 되어야 한다.
④ 유압 압상이 브레이크는 전자 브레이크의 제동시간보다 느리다.

🔍 권상장치 등에 사용되는 브레이크의 제동토크 값은 크레인의 정격하중에 상당하는 하중을 권상 시 해당 크레인의 권상 또는 기복장치의 토크값의 1.5배 이상이어야 한다.

05 권과방지용 리미트 스위치의 종류가 아닌 것은?

① 나사형 ② 캠형
③ 중추식 ④ 앵커형

🔍 권상장치의 권과방지장치
• 중추식 : 훅(hook)의 접촉으로 인하여 작동
• 스크루식(나사식) : 드럼의 회전에 의하여 작동하며, 연동장치에 의해 피드나사가 회전하면 그것과 맞물리는 너트(nut)가 이동하여 개폐기의 레버를 움직여 접점에 개폐를 행하는 방식
• 캠식 : 드럼과 연동되어 회전을 하고, 원판 모양으로 주위에 배치된 볼록 및 오목 캠에 의해 스위치의 레버를 작동

06 권상용 로프와 드럼에 대한 설명 중 잘못된 것은?

① 로프를 드럼에서 최대로 풀었을 때, 드럼에는 2가닥 이상의 로프가 남아 있어야 한다.
② 보통 드럼의 직경은 로프 직경의 20배 이상이어야 한다.
③ 드럼의 홈이 마모되어 형상이 변형되었을 경우 재가공하여 사용할 수 있다.
④ 로프의 클립은 최소 4개 이상 고정되어 있어야 한다.

🔍 드럼
• 드럼본체는 균열, 변형이 없을 것
• 드럼 홈 부위의 사용 마모 한도는 용접제 드럼의 경우 로프 지름의 20% 이내, 주철제 드럼의 경우 로프 지름의 25% 이내일 것
• 와이어로프 부착부는 풀림이 없을 것
• 볼트, 너트는 풀림 또는 탈락이 없을 것

07 천장크레인 크래브 부분의 점검사항으로 틀린 것은?

① 크레인 운전 중 크래브에서 발생하는 소음을 점검한다.
② 크래브에 설치된 주행장치의 이상 유무를 점검한다.
③ 크래브에 부착된 안전난간의 이상 유무를 점검한다.
④ 크래브 프레임의 용접부 균열발생 유무를 점검한다.

> 천장크레인 주행장치는 거더의 양 끝이나 새들 위에 설치되어 있으므로 크래브와 무관하다.

08 천클립에 의한 와이어로프의 단말 고정 시 로프지름이 16mm 이하인 경우 클립수로 알맞은 것은?

① 4개 ② 5개
③ 6개 ④ 7개 이상

> 단말고정 클립수
>
> | 로프지름(mm) | 클립수 |
> |---|---|
> | 16 이하 | 4개 |
> | 16 초과 28 이하 | 5개 |
> | 28 초과 | 6개 이상 |

09 천장크레인의 3대 주요 구동장치가 아닌 것은?

① 권상장치 ② 횡행장치
③ 주행장치 ④ 신호장치

> 천장크레인의 3대 구동장치는 권상장치, 주행장치, 횡행장치이다.

10 동일한 천장크레인의 거더 위에 개별 작동이 가능한 정격하중 10톤의 권상기(크래브) 2대를 설치하였을 때의 설명으로 틀린 것은?

① 천장크레인의 정격하중은 20톤이다.
② 천장크레인의 정격하중의 표시는 20(10+10)ton으로 한다.
③ 두 대의 천장크레인으로 본다.
④ 천장크레인 거더의 강도는 20톤 하중에 적합한 구조이어야 한다.

> 동일한 크레인 거더 위에 권상기가 2대 설치되었을 때 1대의 크레인으로 본다.

11 무선 원격제어기 또는 펜던트 스위치를 사용하여 작동하는 2대의 천장크레인에 대한 설명 중 옳은 것은?

① 무선 원격제어기는 손을 떼면 자동적으로 정지위치(off)에 복귀되는 구조이어야 한다.
② 무선 원격제어기는 정해진 작동위치뿐만 아니라 중간위치에서도 작동하여야 한다.
③ 하나의 무선 원격제어기에 선택 스위치를 부착하여 두 대의 천장크레인을 제어할 수 있다.
④ 팬던트 스위치와 무선 원격제어기를 동시에 사용하여 천장크레인을 작동할 수 있다.

> 무선원격 제어기는 손을 떼면 자동적으로 정지위치(off)로 복귀되는 각각의 작동종류에 대한 누름버튼 또는 스위치 등이 비치되어 정상적으로 작동되어야 하며, 레버형 스위치는 정지위치에서의 기계식 잠금장치 또는 무인작동 방지회로(deadman's handle circuit) 등 오작동을 방지할 수 있는 기능을 갖추어야 한다.

12 크레인의 훅에 해지장치를 설치하는 이유는?

① 무게중심의 조정
② 인양각도의 조정
③ 줄걸이 용구의 이탈 방지
④ 줄걸이 용구의 미끄럼 방지

> 훅에 걸리는 줄걸이 용구의 이탈 방지를 위해 해지장치를 설치한다.

13 전동기의 일반적인 사항을 설명한 것으로 틀린 것은?

① 분권식의 경우 부하변동에 관계없이 일정한 속도로 운전된다.
② 브러시와 홀더는 예비부품으로 준비해둘 필요가 있다.
③ 카본 브러시의 마모한도는 원래치수의 20%까지이나 10%까지 쓸 수 있다.
④ 모터의 전원전압이 너무 낮아도 과열된다.

> 카본 브러시의 마모한도는 원치수의 50% 이하이어야 한다.

14 전자(마그네틱) 브레이크의 드럼이 마모되었을 때 일어나는 현상과 가장 거리가 먼 것은?

① 브레이크 드럼과 라이닝의 틈새가 커진다.
② 라이닝이 발열할 위험이 있다.
③ 브레이크 제동이 약해지며 제동시간이 늦어진다.
④ 전자석이 소손될 염려가 있다.

🔍 전자석의 소손과는 무관하다.

15 크레인 권상장치의 이퀄라이저 시브 피치원 직경과 당해 이퀄라이저 시브(sheave)를 통과하는 와이어로프 지름과의 비는 얼마 이상으로 하는가?

① 4 이상
② 6 이상
③ 8 이상
④ 10 이상

🔍 권상장치 등의 이퀄라이저 시브 피치원 직경과 해당 이퀄라이저 시브(sheave)를 통과하는 와이어로프 지름과의 비는 10 이상으로 하고, 과부하방지 장치용의 시브 피치원 직경과 해당 시브를 통과하는 와이어로프 지름과의 비는 5 이상으로 할 수 있다.

16 천장크레인에서 사용하는 훅(Hook)에 대한 설명으로 틀린 것은?

① 훅(Hook)의 국부마모가 원치수의 5%를 초과하면 폐기한다.
② 훅(Hook) 본체는 균열 또는 변형이 없어야 한다.
③ 훅 개구부의 증가는 5% 이내이어야 한다.
④ 훅 블록 또는 달기기구에는 정격하중이 표시되어 있어야 한다.

🔍 훅 입구의 벌어짐이 원치수의 5% 이상이면 폐기한다.

17 천장크레인에서 정격하중의 의미로서 가장 올바른 것은?

① 천장크레인이 들어 올릴 수 있는 최대하중
② 평상 시 주로 많이 취급하는 하중
③ 달기기구의 자중을 제외한 순수 권상하중
④ 달기기구의 자중을 포함한 취급하중

🔍 정격하중과 권상하중
• 권상하중(hoisting load) : 들어 올릴 수 있는 최대의 하중을 말한다.
• 정격하중(rated load) : 크레인의 권상하중에서 훅, 크래브 또는 버킷 등 달기기구의 중량에 상당하는 하중을 뺀 하중을 말한다. 다만, 지브가 있는 크레인 등으로서 경사각의 위치, 지브의 길이에 따라 권상능력이 달라지는 것은 그 위치의 권상하중에서 달기기구의 중량을 뺀 하중 가운데 최대치를 말한다.

18 천장크레인에서 주행레일의 높이 편차는 기준면으로부터 최대 얼마인가?

① ±10mm 이내
② ±15mm 이내
③ ±20mm 이내
④ ±30mm 이내

🔍 주행레일
• 연결부의 틈새는 천정크레인은 3mm, 기타 크레인은 5mm 이하일 것
• 레일 연결부의 엇갈림은 상하 0.5mm 이하, 좌우 0.5mm 이하일 것
• 레일측면의 마모는 원래 규격치수의 10% 이내일 것
• 주행레일의 높이편차는 기준면으로부터 최대 ±10mm 이내이고, 좌우레일의 수평차는 10mm 이내, 레일의 구배량은 주행길이 2m 마다 2mm를 초과하지 않을 것
• 주행레일의 진직도는 전 주행길이에 걸쳐 최대 10mm이내이고, 수평방향의 휨 량은 주행길이 2m마다 ±1mm 이내일 것

19 천장크레인의 주행장치에서 차륜 플랜지 두께의 마모 한계는 원래치수의 몇 [%] 인가?

① 20
② 30
③ 40
④ 50

🔍 플랜지는 균열, 변형, 손상 등이 없으며 마모가 원치수의 50% 이내이어야 한다.

20 천장크레인의 비상정지장치에 대한 설명 중 틀린 것은?

① 1정지방식은 기계가 정지한 후에 액추에이터 전원이 차단되는 방식이다.
② 0정지방식은 액추에이터 전원이 즉시 차단되어 기계가 정지하는 방식이다.
③ 천장크레인의 비상정지장치는 1정지방식을 원칙으로 한다.
④ 0정지방식은 정지신호가 반드시 전용 정지신호배선에 의한 하드와이어드 방식으로 구성하여야 한다.

> **비상정지장치**
> - 비상정지장치는 작동과 동시에 구동부 동력이 차단되는 0정지 방식이어야 한다. 다만, 관성 등에 의해 급정지 시 추가적인 위험을 초래할 수 있는 경우에는 1정지 방식으로 할 수 있다.
> - 0정지 방식 : 액추에이터 전원의 즉각적인 차단에 의한 정지
> - 1정지 방식 : 액추에이터에는 전원이 공급된 상태에서 기계가 정지한 후 전원이 차단되는 제어정지방식
> - 0정지 방식의 경우에는 직접배선으로 정지회로를 구성(하드와이어드 방식)하여야 하며, 작동신호가 전자로직이나 통신회로망을 경유하는 신호전송방식(소프트와이어드 방식)으로 이루어지지 않아야 한다. 다만, 안전프로그램로직과 같이 안전성과 신뢰성이 입증된 부품을 사용하여 회로를 구성하는 경우에는 소프트와이어드 방식으로 구성할 수 있다.
> - 1정지 방식을 채택하는 경우 기계 액추에이터 동력의 최종적인 제거를 위한 전기회로는 하드와이어드 방식으로 구성되어야 한다.

21 절연저항 측정 단위에서는 메가옴(MΩ)을 사용한다. 400V 전압에서는 몇 메가옴 이상이 나와야 하는가?

① 약 0.4MΩ
② 약 0.5MΩ
③ 약 0.6MΩ
④ 약 0.7MΩ

> 사용전압 400V 이상인 경우에는 약 0.4[MΩ] 이상이 나와야 한다.

22 천장크레인 운전실의 전압계가 멈추었을 때 점검해야 될 사항이 아닌 것은?

① 정전여부 확인
② 주 인입개폐기 점검
③ 집전자의 이탈여부 검사
④ 천장크레인 내 변압기 이상여부 점검

> 변압기는 천장크레인 외부에 설치되어 있다.

23 전동기가 기동하지 않는 원인과 거리가 먼 것은?

① 단선
② 전압강하가 크다.
③ 커넥터의 접촉 불량
④ 사용빈도가 많다.

> 전동기가 가동하지 않는 원인은 보기 중 ①, ②, ③항과 전동기 터미널이 이완되었을 때이다.

24 천장크레인으로 짐을 운반해 와서 지정한 장소에 내리는 작업 중이다. 이때 올바르지 못한 운전 방법은?

① 지면에 닿기 전 약 30cm 정도에서 일단 정지한다.
② 받침대가 놓여 있는 정해진 위치에 일단 정지하지 않고, 그대로 권하하여 와이어를 푼다.
③ 정해진 위치라도 꼭 신호수의 신호에 따라 내려야 한다.
④ 지면에 가까워지면 권하속도를 서서히 줄인다.

> 받침대가 놓여 있는 정해진 위치에 내려놓기 직전 일단 정리 후 천천히 바닥에 내려놓는다.

25 천장크레인 운전을 하면 전동기에서 열이 발생하는데 그 허용온도는 약 얼마 정도인가?(단, 주위의 외기 온도는 40℃이다.)

① 40~50℃   ② 50~60℃
③ 60~70℃   ④ 70~80℃

> 외기 온도가 40℃일 때 전동기의 허용온도는 50~60℃ 정도이다.

26 다음 〈그림〉의 키는?

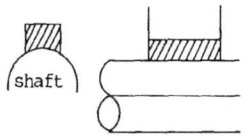

① 납작키(평키, flat key)
② 안장키(새들키, saddle key)
③ 묻힘키(성크키, sunk key)
④ 접선키(tangential key)

> 안장키는 축에는 홈을 파지 않고 보스에만 홈을 판 키이다.

27 지름 80mm 축에 끼워 있는 부시(미끄럼) 베어링의 마모한도로 가장 적합한 것은?

① 16mm   ② 8mm
③ 2mm   ④ 0.01mm

> 부시베어링의 마모한도는 축의 직경이 60~100mm일 때 2mm이다.

28 천장크레인으로 중량물 운반 시 일반적으로 안전한 높이는 지상으로부터 얼마인가?

① 0.5m ② 1m
③ 1.5m ④ 2m

🔍 중량물 운반 시 안전 높이는 작업자들의 평균 키를 고려하여 2m 가량의 높이로 권상하여 이동한다.

29 윤활제를 점검했을 때 이상이 없는 상태는?

① 고무상을 나타내고 있을 때
② 금속 분말이 혼입하여 심하게 변색하고 있을 때
③ 그리스의 경우 광유와 비누가 분리되지 않을 때
④ 윤활제가 몹시 부족할 때

🔍 윤활제가 그리스일 경우 광유와 비누가 분리되지 않는다는 것은 이상이 없다는 것이다.

30 구름베어링이 회전 시 맑은 금속음이 날 경우 가장 유력시되는 원인은?

① 베어링 내의 이물질 ② 과량의 윤활제
③ 윤활 부족   ④ 조립 불량

🔍 구름베어링에 윤활유가 부족하거나 부적당한 오일을 넣으면 소음이 난다.

31 화물의 흔들림으로 일어나는 재해가 많다. 다음 화물의 흔들림에 대한 설명 중 틀린 것은?

① 가속도, 감속도가 클수록 흔들림 각은 크게 된다.
② 권상로프가 길수록 흔들림 폭은 크게 된다.
③ 화물이 무거울수록 흔들림 각은 크게 된다.
④ 매달린 화물의 무게가 무거울수록 흔들림 주기는 크게 된다.

🔍 화물의 진동
• 화물이 무거울수록 진폭은 커지기 쉽다.
• 가속도, 감속도가 클수록 커진다.
• 권상 로프가 길수록 진폭은 커진다.
• 권상 로프가 길수록 진동 주기는 길어진다.
• 화물의 무게와 진동 주기는 관계가 없다.

32 입력 전압이 440V, 60(Hz)인 3상 유도전동기가 있다. 극수가 4극이고 슬립이 3%일 때 회전자 속도는 약 얼마인가?

① 1,746rpm
② 1,780rpm
③ 1,800rpm
④ 1,880rpm

🔍 전동기속도 = (120×주파수 / 극수) · (1 − 슬립율)
= (120×60 / 4) · (1 − 0.03)
= 1,746[rpm]

33 천장크레인 전기부품의 스파크 발생 원인 중 틀린 것은?

① 직류보다 교류에서 많다.
② 주파수가 높을수록 많다.
③ 접촉면에 요철이 심할수록 많다.
④ 접촉점을 흐르는 전류가 많을수록 많다.

🔍 전기 스파크는 교류(A.C)보다 직류(D.C)에서 많이 발생한다.

34 점검항목 중 연간 점검에 해당하는 것은?

① 주행, 횡행 레일을 측정기 사용 점검
② 훅의 작동 상태
③ 전기 배선의 누전 및 오염 상태
④ 와이어 드럼의 이상 마모 상태

🔍 주행 · 횡행레일 상태는 연간 점검사항이다.

35 다음 설명 중에 가장 옳은 것은?

① 플랜지 커플링이란 플랜지 사이를 볼트로 조인 것이며 축의 지름이 75mm 이상의 것에 편리하다.
② 플렉시블 커플링이란 축심이 정확하게 일치할 때 사용하는 것이다.
③ 두개의 축이 일직선상에 있지 않고 경사되는 경우에 사용되는 축이음은 머프 커플링이다.
④ 가공비가 적게 들고 큰 하중에 견디며 주로 모터 축에 사용되는 축이음은 스플라인이다.

🔍
- 플렉시블 커플링은 두 축이 정확히 일치하지 않는 경우에 사용되며, 플랜지 플렉시블 커플링, 그리드 플렉시블 커플링 등이 있다.
- 머프 커플링은 고정축 이음으로 주철제 원통 안에 두축 맞추어 키로 고정하는 슬리브 커플링의 한 종류이다.
- 스플라인은 축의 원주를 4~20개로 등분하여 키를 깎아 붙인 것과 같이 만들어 단독 키보다 훨씬 큰 힘을 전달할 수 있으며 내구력이 큰 키를 말한다.

36 베어링을 정비 시 세척하고자 한다. 가장 적당한 세척제는?

① 그리스 ② 붕산수
③ 등유 ④ 휘발유

🔍 베어링 세척제로는 백등유가 적합하다.

37 저항체의 종류에 따른 저항기 구분으로 맞는 것은?

① 분할형, 일체형, 그리드형 등이 있다.
② 권선형, 그리드형, 리본형 등이 있다.
③ A종, B종, 일체형 등이 있다.
④ 직권형, 분권형, 권선형 등이 있다.

🔍 저항체의 종류에 따라 저항기를 구분하면 권선형 저항기, 그리드형 저항기, 리본형 저항기 등이 있다.

38 정격 전압이 220V인 전동기를 110V와 440V에 연결한 경우 전기적으로 예상되는 결과가 아닌 것은?

① 110V에 연결한 경우, 충분한 전류가 흐르지 못해 작동하지 않는다.
② 440V에 연결한 경우, 설계 회전수보다 빠르게 회전한다.
③ 110V에 연결한 경우, 전동기가 소손되지 않는다.
④ 440V에 연결한 경우, 전류의 과잉으로 전동기가 타 버린다.

🔍
- 낮은 전압인 경우 : 전동기의 회전력은 전압의 제곱비로 낮아지므로, 운전 시 전동기의 슬립이 높아지고(회전속도 저하) 심할 경우 작동하지 않게 된다.
- 높은 전압인 경우 : 전동기 철심에 전압에 비례하는 자속이 유기되고, 자속포화 현상이 나타나게 된다. 이에 따라 과도한 자화전류가 흐르게 되며 역률 저하로 특성이 나빠지고 온도 상승에 따른 과열의 원인이 된다.

39 스퍼기어에 피니언의 잇수가 18개이고, 1,000rpm으로 회전할 때 상대편의 기어를 500rpm으로 회전시키려면 기어의 잇수는 몇 개로 하여야 하는가?

① 40개 ② 36개
③ 27개 ④ 9개

🔍 $Z_2 = \dfrac{R_2}{R_1} \times Z_1 = \dfrac{1,000}{500} \times 18 = 36[개]$

40 관리와 보수에 관련된 사항 중 틀린 것은?

① 고장 발생이 많은 부품은 기계부분에는 기어(gear)이고, 전기부분의 고장으로 전동기(motor)이다.
② 일반적으로 전기회로를 열 때(off) 보다 닫을 때(on)에 스파크(이상전압)가 많으므로 주의한다.
③ 보전방법에는 예방보전과 사후보전이 있으며, 예방보전이란 고장이 일어날 것 같은 부분을 계획적으로 교환 수리하는 방법이다.
④ 임시수리 중의 한 사항은 정기검사까지의 기간이 길 때 사용한도에 따라서 중간에 국부적으로 검사 수리하는 것이다.

🔍 일반적으로 전기회로를 닫을 때(on)보다 열 때(off) 스파크(이상전압)가 많으므로 주의한다.

41 와이어로프의 구조를 대별하면 3가지로 나눌 수 있는데 맞는 것은?

① 소선, 스트랜드, 심강
② 스트랜드, 심강, 체인
③ 심강, 체인, 소선
④ 체인, 소선, 스트랜드

🔍 와이어로프는 소선, 스트랜드, 심강으로 구성된다.

42 화물을 권하한 후, 줄걸이 용구를 분리하는 방법으로 적절하지 않은 것은?

① 훅은 가능한 낮은 위치로 유도하여 분리
② 직경이 큰 와이어로프는 비틀림이 작용하여 흔들림이 발생하므로 흔들리는 방향에 주의하면서 분리

③ 작업을 빨리 진행하기 위하여 기중기로 줄걸
이용 와이어로프를 잡아당겨 분리
④ 줄걸이용 와이어로프는 손으로 분리하는 것이
원칙임

> 작업을 빨리 진행하기 위해 기중기로 줄걸이용 와이어로프를 잡아당겨 분리하면 안 된다.

43 와이어로프 보관 시의 주의사항과 거리가 먼 것은?

① 직사광선을 피한다.
② 통풍이 잘 되는 건물 내에 보관한다.
③ 지면에 직접 닿게 놓는다.
④ 산, 아황산가스 등에 침식되지 않도록 한다.

> 와이어로프 보관 방법
> • 지면에 직접 닿지 않도록 침목 등을 받쳐 30cm 이상의 틈을 유지하여 보관하다.
> • 습기가 없고 환기가 잘 되는 지붕이 있는 곳에 보관한다.
> • 고열 · 해풍 및 직사광선 등은 피한다.
> • 사용한 와이어로프는 모래, 흙 등 이물질을 제거한 후 보관한다.

44 섬유로프 또는 섬유벨트를 크레인 등에 사용할 수 있는 것은?

① 꼬임이 끊어진 것
② 물기가 있는 것
③ 심하게 손상된 것
④ 심하게 부식된 것

> 물기가 있는 섬유로프 또는 섬유벨트 사용 시 미끄러지지 않도록 주의하여 사용한다.

45 안전한 줄걸이 작업방법이 아닌 것은?

① 매다는 각도는 60° 이내로 한다.
② 여러 개를 동시에 매달 때는 일부가 떨어지는 일이 없도록 한다.
③ 밑에 쌓인 것을 들어낼 때는 반드시 위에 있는 것을 들어내고 나서 들어낸다.
④ 가까운 운반거리에서는 매단 짐 위에 안전하게 올라탄 후 신호를 한다.

> 줄걸이 작업 시 어떤 경우에도 사람은 매단 짐 위에 타면 안 된다.

46 와이어로프 소선의 마모에 대한 설명으로 틀린 것은?

① 외부의 소선은 다른 물체와 많이 접촉하므로 마모가 쉽게 일어난다.
② 활차의 지름이 너무 작은 경우에도 마모가 일어난다.
③ 내부의 소선은 다른 물체와 접촉하지 않으므로 마모가 전혀 일어나지 않는다.
④ 와이어로프가 활차의 접촉면에 원만히 접촉하지 않을 경우에도 마모가 일어난다.

> 와이어로프 마모에는 표면에 생기는 외부 마모와 수선 내부끼리 부딪쳐서 생기는 내부 마모가 있다.

47 와이어로프의 수명에 관한 설명 중 틀린 것은?

① 제조업체는 로프의 수명을 보증하는 표시를 명시하여야 한다.
② 수명은 사용자의 사용법과 사용조건에 영향을 받는다.
③ 제조업체가 로프의 성능을 명시하는 것은 파단하중이다.
④ 로프를 많이 굽히면 수명이 짧아진다.

> 와이어로프 제조업체는 로프의 수명을 보증하는 표시는 하지 않는다.

48 와이어로프의 가공방법 중 클립을 조일 때의 주의사항으로 틀린 것은?

① 클립의 새들(saddle)은 로프의 힘이 걸리는 쪽에 있을 것
② 클립의 간격은 로프 직경의 2배 이상일 것
③ 로프에 하중을 걸기 전과 건 후에 단단하게 체결할 것
④ 안전을 위해 주기적으로 점검하고 죄어줄 것

> 와이어로프의 단말 가공(클립 체결)
>
> | 로프지름(mm) | 클립수 | 클립 간격 |
> | --- | --- | --- |
> | 16 이하 | 4개 | |
> | 16 초과 28 이하 | 5개 | 지름의 6배 |
> | 28 초과 | 6개 이상 | |

49 매다는 체인을 새로 구입하여 연결된 5개의 링크의 길이를 재어 보았더니 200mm 이었다. 이 체인의 연결된 5개의 링크의 길이가 몇 [mm] 이상 되면 사용이 불가한가?

① 204mm
② 205mm
③ 208mm
④ 210mm

🔍 사용한 후 5개의 링크의 길이가 처음보다 5% 이상 늘어났으면 200 + (200 × 0.05) = 210mm이다. 따라서, 210mm 이상이면 사용 불가이다.

50 와이어로프의 교체시기를 판정하는 기준이 잘못 된 것은?

① 한 꼬임사이에서 소선의 수가 10% 이상 절단된 것
② 마모로 인하여 지름이 공칭지름의 5% 이상 감소된 것
③ 킹크된 것
④ 심한 변형이나 부식이 발생한 것

🔍 사용이 금지되는 와이어로프
• 이음매가 있는 것
• 와이어로프의 한 꼬임에서 끊어진 소선(素線)(필러선은 제외)의 수가 10% 이상(비자전로프의 경우에는 끊어진 소선의 수가 와이어로프 호칭지름의 6배 길이 이내에서 4개 이상이거나 호칭지름 30배 길이 이내에서 8개 이상)인 것
• 지름의 감소가 공칭지름의 7%를 초과하는 것
• 꼬인 것
• 심하게 변형되거나 부식된 것
• 열과 전기충격에 의해 손상된 것

51 장비가 습지 등에 빠져 자력으로 탈출할 수 없을 때 하부 프레임에 로프를 걸고 견인하고자 할 경우 로프는 장비 중량의 최대 몇 [%]까지 제한하는가?

① 20%
② 40%
③ 60%
④ 80%

🔍 장비가 습지 등에 빠져 자력으로 탈출할 수 없을 때 하부 프레임에 로프를 걸고 견인하고자 할 경우 로프는 장비 중량의 60%까지 제한한다.

52 안전관리의 근본 목적으로 가장 적합한 것은?

① 생산의 경제적 운용
② 근로자의 생명 및 신체의 보호
③ 생산과정의 시스템화
④ 생산량 증대

🔍 안전관리는 재해로부터 인간의 생명과 재산을 보존하기 위한 계획적이고 체계적인 제반 활동을 의미한다.

53 전기화재의 원인과 관련이 없는 것은?

① 단락(합선)
② 과절연
③ 전기불꽃
④ 과전류

🔍 전기 화재의 원인은 합선, 전기 스파크, 과전류가 흐를 때이다.

54 운행 중 올바른 안전거리는?

① 뒤차가 앞지를 수 있는 거리
② 앞차와 평균 10m 이상의 거리
③ 앞차가 급정지 했을 때 충돌을 피할 수 있는 거리
④ 앞차의 진행방향을 확인할 수 있는 거리

🔍 운행 중 안전거리란 앞차가 급정지 했을 때 그 앞차와의 충돌을 피할 수 있는 거리를 말한다.

55 가연성 가스 저장실에 안전사항으로 옳은 것은?

① 기름걸레를 가스통 사이에 끼워 충격을 적게 한다.
② 휴대용 전등을 사용한다.
③ 담뱃불을 가지고 출입한다.
④ 조명은 백열등으로 하고 실내에 스위치를 설치한다.

56 산소용접 시 안전 수칙으로 옳은 것은?

① 용접 작업 시 반드시 투명 안경을 사용한다.
② 작업 후는 산소밸브를 먼저 닫고 아세틸렌밸브를 닫는다.

③ 점화 시에는 산소밸브를 먼저 열고 아세틸렌 밸브를 연다.
④ 점화는 성냥불이나 담뱃불로 해도 무관하다.

🔍 산소용접이 끝난 후 산소밸브를 먼저 잠그고 아세틸렌밸브를 닫는다.

57 연삭기의 워크레스트와 숫돌과의 틈새는 몇 [mm]로 조정하는 것이 적합한가?

① 3mm 이내   ② 5mm 이내
③ 7mm 이내   ④ 10mm 이내

🔍 연삭기의 워크레스트(작업대)와 숫돌과의 틈새는 3mm 이내를 유지하여야 한다.

58 재해의 원인 중 생리적인 원인에 해당 되는 것은?

① 작업자의 피로
② 작업복의 부적당
③ 안전장치의 불량
④ 안전수칙의 미 준수

🔍 재해의 원인 중 생리적 원인은 피로, 수면 부족, 음주, 고령 등이 있다.

59 벨트의 안전사항과 가장 거리가 먼 것은?

① 벨트 교환은 정지 상태에서 한다.
② 벨트 풀리가 있는 부분은 덮개를 한다.
③ 벨트의 이음새는 돌기가 있는 구조로 한다.
④ 회전하는 벨트는 스스로 회전이 멈출 때 까지 기다린 후 정비한다.

🔍 벨트의 이음새는 돌기가 없는 구조여야 안전하다.

60 안전보건표지의 종류별 용도, 사용 장소, 형태 및 색채에서 바탕은 흰색, 기본모형은 빨간색, 관련부호 및 그림은 검정색으로 된 표지는?

① 보조표지   ② 지시표지
③ 주의표지   ④ 금지표지

🔍 안전보건표지의 색채
• 금지표지 : 바탕은 흰색, 기본모형은 빨간색, 관련 부호 및 그림은 검은색
• 경고표지 : 바탕은 노란색, 기본모형, 관련 부호 및 그림은 검은색. 다만, 인화성물질 경고, 산화성 물질 경고, 폭발성물질 경고, 급성독성물질 경고, 부식성물질 경고 및 발암성·변이원성·생식독 성·전신독성·호흡기과민성 물질 경고의 경우 바탕은 무색, 기본모형은 빨간색(검은색도 가능)
• 지시표지 : 바탕은 파란색, 관련 그림은 흰색
• 안내표지 : 바탕은 흰색, 기본모형 및 관련 부호는 녹색 또는 바탕은 녹색, 관련 부호 및 그림은 흰색
• 출입금지표지 : 글자는 흰색바탕에 흑색. 단, 다음 글자는 적색
 - ○○○제조/사용/보관 중
 - 석면취급/해체 중
 - 발암물질 취급 중

정답 2013년 3회

01 ④	02 ②	03 ②	04 ③	05 ④
06 ③	07 ②	08 ①	09 ④	10 ③
11 ①	12 ②	13 ③	14 ④	15 ④
16 ③	17 ③	18 ①	19 ④	20 ③
21 ①	22 ④	23 ②	24 ②	25 ②
26 ②	27 ③	28 ④	29 ③	30 ②
31 ④	32 ①	33 ①	34 ①	35 ①
36 ③	37 ②	38 ②	39 ②	40 ②
41 ①	42 ③	43 ③	44 ③	45 ②
46 ③	47 ①	48 ②	49 ④	50 ②
51 ③	52 ②	53 ②	54 ③	55 ②
56 ②	57 ①	58 ①	59 ③	60 ④

2014년 1회 공단 기출문제

01 천장크레인의 주행장치에서 감속기의 역할은?

① 차륜의 회전속도를 감속시켜 전동기의 회전력을 향상시킨다.
② 축의 회전속도를 감속시켜 브레이크의 제동력을 향상시킨다.
③ 전동기의 회전속도를 감속시켜 차륜에 전달한다.
④ 레일의 마찰력을 감소시켜 원활한 주행이 이루어지도록 한다.

> 감속기는 전동기의 회전속도를 감속시켜 동력을 차륜에 전달한다.

02 천장크레인 운전실에 대한 설명으로 틀린 것은?

① 운전자가 안전운전을 할 수 있도록 충분한 시야를 확보할 수 있는 구조이어야 한다.
② 운전실의 제어기에는 작동방향표시가 있어야 한다.
③ 운전자가 인양물을 잘 볼 수 있도록 운전실에는 조명장치를 설치하지 아니한다.
④ 운전자가 쉽게 조작할 수 있는 위치에 개폐기, 제어기, 브레이크, 경보장치를 설치하여야 한다.

> 운전실 또는 운전대의 구조
> • 운전자가 안전한 운전을 할 수 있는 충분한 시야를 확보할 수 있을 것
> • 운전자가 쉽게 조작할 수 있는 위치에 개폐기, 제어기, 브레이크, 경보장치 등을 설치할 것
> • 운전자가 접촉하는 것에 의해 감전위험이 있는 충전부분에는 감전방지를 위한 덮개나 울을 설치할 것
> • 분진이 현저하게 발산하는 장소에 설치하는 크레인의 운전실은 분진의 침입을 방지할 수 있는 구조일 것
> • 물체의 낙하, 비래 등의 위험이 있는 장소에 설치되는 크레인의 운전대에는 안전망 등 안전한 조치를 할 것
> • 운전실 등은 훅 등의 달기기구와 간섭되지 않아야 하며 흔들림이 없도록 견고하게 고정할 것
> • 운전실에는 적절한 조명을 갖출 것
> • 운전실의 바닥은 미끄러지지 않는 구조일 것
> • 운전실에는 자연환기(창문열기) 또는 기계장치 등 환기장치를 갖출 것

03 브레이크 중에서 전기를 투입하여 유압으로 작동되는 것은?

① 오일 디스크 브레이크
② 마그넷 브레이크
③ 스러스트 브레이크
④ 다이나믹 브레이크

> 스러스트 브레이크는 압상기 브레이크라고도 하며 전기를 투입하여 유압으로 작동한다.

04 1대의 제어기로 주 제어기(Master controller) 2대의 기능을 가져, 주행과 횡행 또는 주권과 보권을 같이 사용할 수 있고 설치면적이 절감되는 등의 특징을 가진 제어기는?

① 수동 드럼형 제어기
② 캠 작동식 제어기
③ 푸시 버튼 제어기
④ 유니버셜 제어기

> 유니버셜 제어기는 1대의 제어기로 주 제어기(Master controller) 2대의 기능을 가져, 주행과 횡행 또는 주권과 보권을 같이 사용할 수 있고 설치면적이 절감된다.

05 크레인 거더의 처짐은 정격하중 및 달기기구 자중을 합한 하중을 가장 불리한 조건으로 권상하였을 때, 스팬의 얼마 이하여야 하는가?

① 1/800
② 1/700
③ 1/600
④ 1/500

> 처짐 한도
> • 크레인 거더의 처짐은 정격하중 및 달기기구 자중을 합한 하중에 상당하는 하중을 가장 불리한 조건으로 권상하였을 때, 당해 스팬의 800분의 1 이하가 되어야 한다.
> • 크레인의 박스 거더에는 자중에 의한 처짐과 정격하중의 1/2에 의한 처짐을 합산한 값에 상당하는 캠버를 주어야 한다.

06 비상정지스위치에 대한 설명으로 옳은 것은?

① 비상 정지용 누름 버튼은 황색으로 한다.
② 비상정지용 누름 버튼은 머리 부분이 돌출되지 않게 한다.
③ 스위치의 복귀로 비상정지 조작 직전의 작동이 자동으로 되어야 한다.
④ 운전 조작을 처음의 시동 상태에서 시작하도록 회로를 구성한다.

> • 누름버튼형 비상정지장치는 버섯형(돌출형), 액추에이터는 적색이고 주변의 배경색은 황색이어야 한다.
> • 비상정지장치는 작동된 이후 수동으로 복귀시킬 때까지 회로가 자동으로 복귀되지 않는 구조여야 한다.

07 전동기의 필요조건과 가장 거리가 먼 것은?

① 기동 회전력이 클 것
② 속도 조종 및 역회전이 가능할 것
③ 기동 속도가 빠르고, 용량에 비해 대형일 것
④ 기동, 정지 및 역회전 등에 대해 충분히 견딜 수 있는 구조일 것

> 전동기는 기동속도가 빠르고 용량에 비해 소형이어야 한다.

08 크레인의 레일 정지기구(Stopper)를 설명한 것으로 틀린 것은?

① 크레인의 횡행레일에는 양끝부분 또는 이에 준하는 장소에 당해 크레인 횡행 차륜 직경의 1/4이상 높이의 정지기구를 설치하여야 한다.
② 주행거리를 연장하거나 또는 필요 시 정지기구(stopper)를 철거하여 편리하게 작업할 수 있어야 한다.
③ 크레인의 주행레일에는 양끝부분 또는 이에 준하는 장소에 당해 크레인 주행 차륜 직경의 1/2 이상 높이의 정지기구를 설치하여야 한다.
④ 크레인의 주행레일에는 차륜 정지기구에 도달하기 전의 위치에 리미트 스위치 등 전기적 정지장치가 설치되어야 한다.

> 레일의 정지기구
> • 크레인의 횡행레일에는 양끝부분 또는 이에 준하는 장소에 완충장치, 완충재 또는 해당 크레인 횡행 차륜 지름의 4분의 1 이상 높이의 정지 기구를 설치해야 한다.
> • 크레인의 주행레일에는 양끝부분 또는 이에 준하는 장소에 완충장치, 완충재 또는 해당 크레인 주행 차륜 지름의 2분의 1 이상 높이의 정지 기구를 설치해야 한다.
> • 크레인의 주행레일에는 차륜정지기구에 도달하기 전의 위치에 리미트스위치 등 전기적 정지장치가 설치되어야 한다.
> • 횡행 속도가 매 분당 48m 이상인 크레인의 횡행레일에는 차륜정지 기구에 도달하기 전의 위치에 리미트스위치 등 전기적 정지장치가 설치되어야 한다.
> • 타워크레인 등은 트롤리 기구가 지브의 최대 바깥쪽과 안쪽에 접근 시 작동이 정지되는 트롤리 이동한계 스위치 등의 정지장치를 갖추어야 한다.
> • 선회동작이 가능한 지브형 크레인 등은 바람의 영향으로 붕괴할 우려가 있는 경우에는 선회 브레이크를 해제하여 지브가 바람의 방향에 따라 회전할 수 있도록 하거나 적절한 설계적 방안이 고안되어야 한다.
> • 타워크레인 등 선회장치를 갖는 크레인은 선회에 의한 구조 및 회전부와 고정부분 사이의 전기배선 등을 보호하기 위한 선회각도 제한스위치를 부착해야 한다. 다만, 구조상 부착하지 않아도 되는 경우는 예외로 할 수 있다.

09 고속형 천장크레인의 집전장치로 중간지지를 갖는 수평배열이며 휠이나 슈를 사용하는 것은?

① 팬터그라프형 집전장치
② 포올형 집전장치
③ 고정형 집전장치
④ 자유형 집전장치

> 팬터그라프형 집전장치는 천장크레인에 사용되는 전기를 미끄럼 접촉에 의해 공급받는 장치이다.

10 훅(Hook)에 대한 설명으로 옳은 것은?

① 훅 본체는 균열 또는 변형이 없어야 한다.
② 훅의 재질은 탄소강 단강품이나 기계구조용 탄소강이며, 강도와 연성이 작은 것이 바람직하다.
③ 훅은 마모되면서 와이어로프가 걸리는 부분에 홈이 생기며, 이 홈의 깊이가 10mm가 되면 평편하게 다듬질 하여야 한다.
④ 훅 입구의 벌어짐이 신품의 50% 이상 되면 교환하여야 한다.

- 훅 블록 또는 달기기구
  - 훅은 화물의 하중을 지탱하는 기구인 만큼 강도가 커야 한다.
  - 훅 본체는 균열 또는 변형 등이 없어야 하고, 국부마모는 원 치수의 5% 이내일 것
  - 훅 블록 또는 달기기구에는 정격하중이 표시되어 있을 것
  - 볼트, 너트 등은 풀림 또는 탈락이 없을 것
  - 해지장치는 균열, 변형 등이 없을 것

11 천장크레인용 고리걸이 훅의 안전계수는?

① 4 이상   ② 5 이상
③ 8 이상   ④ 10 이상

> 훅의 안전계수는 5 이상이다.

12 천장크레인 횡행장치의 동력전달순서로 알맞은 것은?

① 횡행 전동기-감속기어-횡행 차륜
② 횡행 전동기-횡행 차륜-감속기어
③ 감속기어-횡행 전동기-횡행 차륜
④ 감속기어-횡행 차륜-횡행 전동기

> 횡행장치의 동력전달순서는 횡행 전동기 – 감속기어 – 횡행 차륜 순이다.

13 천장크레인의 시험하중은 정격하중의 몇 [%] 인가?

① 110   ② 120
③ 130   ④ 140

> 안전인증 제품심사(이설포함) 시 크레인의 하중시험은 정격하중의 1.1배(단, 타워크레인은 1.05배)미만 하중으로 할 것(타워크레인 제품심사시의 하중시험은 지브 외측 단에서 적용)

14 횡행 스토퍼를 설명한 것 중 틀린 것은?

① 재료는 경질고무나 스프링을 사용한다.
② 횡행차륜 정지용 스토퍼의 높이는 차륜 지름의 1/4이상 되어야 한다.
③ 고무 및 유압 등을 이용하여 완충시켜 주는 장치이다.
④ 횡행 스토퍼에는 자주 그리스를 도포하여 보호한다.

> 감속장치인 횡행스토퍼는 그리스를 도포하지 않는다.

15 전기식 과부하방지장치의 설명으로 틀린 것은?

① 권상모터의 전류변화를 CT로 감지하여 크레인을 정지시키는 장치이다.
② 가격이 다른 종류의 과부하방지장치에 비해 비싸다.
③ 정지상태에서는 과부하를 감지하지 못하는 단점이 있다.
④ 호이스트, 천장크레인 등 비교적 소형 크레인에 많이 활용된다.

> 전기식 과부하 방지장치는 구조가 간단하며, 다른 종류의 과부하 방지장치에 비해 저렴하다.

16 천장크레인의 주요장치 중 속도제어장치가 부착되지 않는 것은?

① 횡행장치   ② 주행장치
③ 신호장치   ④ 주권장치

> 천장크레인의 주요장치로는 횡행장치, 주행장치, 권상장치(주권장치)가 있다.

17 주행레일 위에 설치된 새들에 직접적으로 지지 되는 거더가 있는 크레인을 가장 바르게 나타낸 것은?

① 갠트리크레인   ② 천장크레인
③ 지브형크레인   ④ 고정식크레인

> 천장크레인은 주행레일 위에 설치된 새들에 직접적으로 지지되는 거더가 있는 크레인이다.

18 크레인에 사용되는 각종 시브(sheave)의 주요 점검사항이 아닌 것은?

① 시브 홈의 이상 마모는 없는가?
② 시브 홈과 와이어로프 지름이 적정한가?
③ 시브 홈의 윤활상태는 적정한가?
④ 원활히 회전하고 암이나 보스 등에 균열은 없는가?

> 시브 홈의 윤활상태는 주요 점검대상이 아니다.

19 천장크레인 브레이크 라이닝의 마모량은?

① 원치수의 10% 이내일 것
② 원치수의 25% 이내일 것
③ 원치수의 50% 이내일 것
④ 원치수의 80% 이내일 것

> 천장크레인 브레이크의 마모한도는 원치수 두께의 50% 이내이고, 드럼 림 두께의 마모한도는 40% 이내 이다.

20 천장크레인에서 와이어로프가 드럼에 감길 때 홈이 없는 경우 플리트(fleet) 각도는 얼마가 좋은가?

① 2° 이내
② 4° 이내
③ 15° 이내
④ 30° 이내

> 와이어로프의 감기
> • 권상장치 등의 드럼에 홈이 있는 경우 플리트 각도 : 4° 이내
> • 권상장치 등의 드럼에 홈이 없는 경우 플리트 각도 : 2° 이내
> • 권상장치 등의 드럼에 로프를 다층으로 감는 경우 로프가 쌓이는 것을 방지하기 위하여 플랜지부에서의 플리트 각도 : 0.5° 이상 4° 이내

21 천장크레인의 주기적인 정비를 위한 예비 품목과 가장 거리가 먼 것은?

① 퓨즈
② 브레이크 라이닝
③ 전동기 브러시
④ 제어반(판넬)

> 천장크레인 정비를 위한 예비품목으로는 퓨즈, 브레이크 라이닝, 브러시, 램프 등이 있다.

22 가을에서 겨울로 계절이 바뀔 때 옥외용 크레인의 감속기어 오일로 가장 적합한 것은?

① 점도가 낮은 것
② 점도가 높은 것
③ 점도가 같은 것
④ 옥외는 오일량을 높게 할 것

> 옥외용 크레인의 감속기 오일은 겨울철에는 점도가 낮아야 하고, 여름철에는 점도가 높은 것을 사용한다.

23 전기를 전달하기 어려운 물질은?

① 전도재료
② 절연재료
③ 도전재료
④ 자성체

> 절연재료는 목면, 운모, 석면, 유리섬유 등이 있다.

24 천장크레인의 전원공급은 트롤리선으로 하며 선의 배열 방법에는 수평배열과 수직배열이 있다. 트롤리선의 종류가 아닌 것은?

① 경동 트롤리선
② 애자 트롤리선
③ 앵글 동 바 트롤리선
④ 레일 트롤리선

> 애자는 전기가 통하지 않게 트롤리선을 절연하고 동시에 고정시키기 위해 사용되는 절연체이다.

25 제어기(Controller)에 스파크가 심하게 발생하는 고장과 대책 중 틀린 것은?

① 전동기에 과부하가 걸려 있다. - 부하를 적정하게 한다.
② 핑거 및 s접촉판이 거칠다. - 사포로 다듬질 한다.
③ 저항기가 부적당하다. - 적정한 것으로 교환 또는 저항치를 수정한다.
④ 핑거의 조정이 불량하다. - 접촉압력이 1.5kgf 정도로 되게끔 재조정한다.

26 축 이음의 종류가 아닌 것은?

① 플렉시블 커플링
② 부시 커플링
③ 플랜지 커플링
④ 유니버설 조인트

> 커플링 (coupling)은 축 이음을 위한 기계요소로 원통 커플링, 올덤 커플링, 플랜지 커플링, 플렉시블 커플링, 자재 이음(universal joint)등이 있다.

27 천장크레인의 전자석 브레이크 등에 사용하는 것으로 코일을 여러 번 감고 전류를 흐르게 하였을 때 자석이 되게 한 것은?

① 라이닝
② 솔레노이드
③ 디스크
④ 드럼

> 솔레노이드는 도선을 속이 빈 긴 원통형의 코일모양으로 감은 것으로 도선에 전류를 흘리면 자기장을 생성시키기 때문에 전자석이 될 수 있다.

28 천장크레인의 감속기어 오일은 약 몇 시간마다 교환하는 것이 좋은가?

① 2,000시간
② 200시간
③ 20시간
④ 매일

🔍 감속기어 오일은 약 2,000시간 사용 후 교환하여야 한다.

29 고정자 및 회전자의 양쪽에 권선을 지니고 있으며, 회전자의 권선에 슬립링을 통해서 외부 저항을 증감하면 부하를 걸었을 때 속도를 가감할 수 있고, 특히 크레인의 기동 시에 기계에 충격을 주지 않고 서서히 가속할 수 있는 전동기는?

① 권선형 유도 전동기
② 농형 유도 전동기
③ 직류 분권 전동기
④ 직류 직권 전동기

🔍 권선형 유도 전동기는 저항값 증감으로 회전속도를 가감하는 전동기이다.

30 천장크레인 운전자가 작업 시작 전 점검에 대한 설명으로 적합하지 않은 것은?

① 건물과 건물 사이의 거리 상태
② 주행로의 상측 및 트롤리가 횡행하는 레일의 상태
③ 와이어로프가 통과할 곳의 상태
④ 권과방지장치, 브레이크, 클러치 및 운전장치의 기능

🔍 건물과 건물사이의 거리 상태는 사전 점검사항이 아니다.

31 크레인 운전 후 전동기 부분의 발열이 심한 것을 발견하였다. 발열의 원인으로서 가장 거리가 먼 것은?

① 사용빈도가 높았다.
② 부하가 과대하였다.
③ 저항기가 부 적정하였다.
④ 단선이 되었다.

🔍 전선이 단선되면 전동기가 회전하지 못해 작업을 할 수 없다.

32 천장크레인 부품에서 수리한도에 대한 설명으로 맞는 것은?

① 차기의 검사까지 보증할 여유를 두고 정해진 한도이다.
② 재료역학 관점에서 최후의 한도이다.
③ 마모한도라고도 한다.
④ 사용한도보다 큰 한도로 되어 있다.

🔍 수리한도는 어떤 기계장치나 부품이 고장 났을 때 다음 보수 때까지 수리해서 사용할 수 있는지를 판단하는 기준이다.

33 전동기에서 2차 저항기의 역할로 가장 알맞은 것은?

① 전동기에 과전류가 흐르는 것을 막아 전동기를 보호하는 역할을 한다.
② 전동기의 저항을 줄임으로서 전동기의 회전수를 일정하게 하는 역할을 한다.
③ 권선형 유도전동기의 2차 회로에 부착되어 저항량을 조정함으로써 속도를 변속하는 역할을 한다.
④ 농형 전동기에 저항이 너무 크므로 2차 저항기를 부착하여 저항량을 줄임으로서 안전하게 작동할 수 있는 역할을 한다.

🔍 2차 저항기는 권선형 유도전동기의 2차 회로에 부착되어 저항을 조정함으로써 속도를 변속하는 역할을 한다.

34 "권상에 있어서 새로운 로프를 교환 후 (　)을 걸지 말고 (　)정도로 수회 고르기 운전을 행한 후 사용한다." (　)에 적당한 것은?

① 하중, 1/2속도
② 전하중, 1/2하중
③ 하중, 규정속도
④ 전하중, 규정속도

🔍 권상에 있어서 새로운 로프를 교환 후 전하중을 걸지 말고 1/2하중 정도로 수회 고르기 운전을 행한 후 사용한다.

35 구름 베어링에 대한 설명으로 틀린 것은?

① 미끄럼 베어링에 비하여 마찰손실이 적다.

② 미끄럼 베어링보다 소음이나 진동이 생기기 쉽다.
③ 미끄럼 베어링보다 충격에 강하다.
④ 미끄럼 베어링에 비해 윤활과 보수가 용이하다.

> **구름 베어링의 특성**
> - 미끄럼 베어링에 비하여 마찰손실이 적다.
> - 미끄럼 베어링보다 소음이나 진동이 생기기 쉽다.
> - 미끄럼 베어링보다 충격에 약하다.
> - 미끄럼 베어링에 비해 윤활과 보수가 용이하다.
> - 감쇠력이 작아 충격 흡수력이 작다.
> - 축심의 변동이 작다.
> - 표준형 양산품으로 호환성이 높다.

36 크레인의 운전종료 후 조치사항으로서 틀린 것은?

① 각 제어기를 OFF하고 전원 스위치(S/W)를 OFF한다.
② 각 부의 기기를 청소한다.
③ 크레인 작업종료 지점에 정지하고 메인 스위치(S/W)를 OFF한다.
④ 운전 중 이상을 느꼈던 부분을 점검한다.

> 운전 종료 후 크레인을 정해진 지점에 정지하고 메인 스위치를 OFF한다.

37 천장크레인 운전 시작 전 고려하여야 할 사항으로 틀린 것은?

① 작업내용과 작업순서에 대하여 관계자와 충분히 협의한다.
② 크레인 이동하는 영역 내에 장애물이 없는지를 사전에 확인한다.
③ 방호장치의 이상 유무를 확인한다.
④ 이동할 물품 종류 등에 대해서 고려 할 필요가 없으며, 신속한 작업의 고려가 우선이다.

> 이동할 물품의 종류, 중량확인 및 작업순서를 작업자 상호간 협의해야 한다.

38 천장크레인 점검 보수작업 중 감전사고가 발생하였을 때 조치 방법으로 틀린 것은?

① 즉시 전원을 차단한다.
② 즉시 피해자를 잡아 당겨 접촉물로부터 분리시킨다.
③ 감전되어 인사불성에 빠지더라도 전원 차단 후 인공호흡을 실시한다.
④ 전원을 차단하기 어려운 경우에는 마른 헝겊이나 플라스틱 등 절연물을 이용하여 접촉물을 제거한다.

> 즉시 피해자를 잡아당기면 감전의 위험이 있으므로 전원 차단 후 접촉물로 부터 분리시킨다.

39 크레인에서 주행차륜 베어링의 점검항목이 아닌 것은?

① 현저한 마모가 없을 것
② 이상 진동 또는 현저한 발열이 없을 것
③ 급유가 적정할 것
④ 용접부 크랙이 없을 것

> 베어링에는 용접부가 없다.

40 기어의 손상 중 잇면으로부터 일부 금속편이 떨어지는 원인으로 가장 적당한 것은?

① 과하중 또는 중심선의 불일치
② 윤활유의 부적당
③ 윤활유량 과다
④ 기어의 회전속도가 느릴 때

> 과하중 또는 중심선 불일치, 과도한 사용으로 인해 기어의 잇면으로부터 일부 금속편이 떨어질 수 있다.

41 크레인에서 와이어로프를 교환 후 작업 개시 전 권상 시험을 해 볼 때 가장 양호한 방법은?

① 정격하중의 1/2를 매달아 여러 번 권상·하 해본다.
② 정격하중을 매달아 여러 번 권상·하 해본다.
③ 시험하중을 매달아 여러 번 권상·하 해본다.
④ 적당량의 부하하중을 운전자가 선정하여 여러 번 권상·하 해본다.

42 천장크레인에서 사용하는 일반 와이어로프 소선의 표준인장강도는?

① 135~180kg·f/mm²
② 85~150kg·f/mm²
③ 40~50kg·f/mm²
④ 10~20kg·f/mm²

🔍 소선의 강도에 의한 와이어로프의 구분

구분	공칭인장강도	적요
E종	135kgf/mm² 급	라(裸)
G종	150kgf/mm² 급	도금
A종	165kgf/mm² 급	라(裸) 및 도금 후 신선한 것
B종	180kgf/mm² 급	라(裸)

43 크레인에 사용하는 권상용 와이어로프의 안전율은 얼마 이상인가?

① 3   ② 5
③ 7   ④ 10

🔍 와이어로프의 안전율

와이어로프의 종류	안전율
권상용 와이어로프, 지브의 기복용 와이어로프, 횡행용 와이어로프 및 케이블 크레인의 주행용 와이어로프	5.0
지브의 지지용 와이어로프, 보조로프 및 고정용 와이어로프	4.0
케이블 크레인의 주 로프 및 레일로프	2.7
운전실 등 권상용 와이어로프	10.0

44 크레인이 작동 중에 위험한 상황이 발생되어 신호수가 아닌 낯모르는 사람이 정지신호를 보내왔다. 이때 운전자는 어떻게 행동해야 하는가?

① 무조건 정지시키고 난 후 확인한다.
② 신호수가 아니므로 무시하고 작업을 진행한다.
③ 신호수에게 물어보거나 가까이에 신호수가 없으면 사이렌을 울린다.
④ 운전자가 주위를 확인한 후 정지한다.

🔍 운전자는 기본적으로 신호수의 신호에 따라 작업하지만, 작동 중 위험한 상황이 발생된 경우라면 위험 상황을 알리는 어느 누구의 신호라도 정지 후 안전 상태를 확인하여야 한다.

45 와이어로프를 드럼(drum)에 설치할 때, 와이어로프가 벗겨지지 않도록 무엇을 사용하여 볼트로 조이는가?

① 너트   ② 클램프(고정구)
③ 섀클   ④ 링크

🔍 와이어로프가 벗겨지지 않게 조이는 볼트는 클램프이다.

46 와이어로프에 관한 설명 중 틀린 것은?

① 랭 꼬임은 소선의 경사가 완만하여 외부와의 접촉면이 길다.
② 보통 꼬임은 스트랜드와 와이어로프의 꼬임 방향이 서로 반대이다.
③ 보통 꼬임은 외부와 접촉 면적이 작아서 마모는 크지만 킹크 발생이 적고 취급이 용이하다.
④ 랭 꼬임은 보통 꼬임에 비해서 손상도가 심해 장시간의 사용에 불리하다.

🔍 랭 꼬임
• 스트랜드와 소선의 꼬임 방향이 같다.
• 소선과 외부 접촉 면적이 길어서 마모가 적고, 유연하며 수명이 길다.
• 꼬임이 풀리기 쉽고, 킹크(kink) 발생이 쉽다.

47 직경이 500mm이고, 길이가 1m인 환봉을 크레인으로 운반하고자 할 때, 이 환봉의 무게는? (단, 환봉의 비중은 8.7)

① 1.70kg·f   ② 17.0kg·f
③ 170.8kg·f   ④ 1,708kg·f

🔍 환봉의 무게 = 단면적 × 길이 × 비중 = π × (0.25)² × 1m × 8.7 = 1.707375m³이므로 약 1,707kgf이다.

48 크레인에서 와이어로프를 고정할 때 가장 효율이 높고 양호한 고정방법은?

① 합금고정   ② 클립고정
③ 쐐기고정   ④ 엮어넣기

🔍 와이어로프 고정 방법과 효율은 합금고정 효율 100%, 클립고정 효율 80~85%, 쐐기고정 효율 65~70%, 엮어넣기 효율 70~80% 정도이다.

49 크레인 신호 중 〈그림〉과 같이 한 손을 들어 올려 주먹을 쥐는 수신호는?

① 정지 ② 비상 정지
③ 작업 완료 ④ 위로 올리기

50 신호법 중 운전자가 사이렌을 울리거나 한쪽 손 주먹을 다른 손의 손바닥으로 2, 3회 두드리는 신호는?

① 기중기의 이상 발생 ② 기다려라
③ 물건 걸기 ④ 신호 불명

51 안전보건표지의 종류와 형태에서 〈그림〉의 표지로 맞는 것은?

① 안전복 착용 ② 안전모 착용
③ 보안면 착용 ④ 출입금지

지시표지의 종류

52 드라이버 사용 시 주의할 점으로 틀린 것은?

① 규격에 맞는 드라이버를 사용한다.
② 드라이버는 지렛대 대신으로 사용하지 않는다.
③ 클립(clip)이 있는 드라이버는 옷에 걸고 다녀도 무방하다.
④ 잘 풀리지 않는 나사는 플라이어를 이용하여 강제로 뺀다.

잘 풀리지 않는 나사는 강제로 빼면 나사가 망가질 수 있다.

53 전장품을 안전하게 보호하는 퓨즈의 사용법으로 틀린 것은?

① 퓨즈가 없으면 임시로 철사를 감아서 사용한다.
② 회로에 맞는 전류 용량의 퓨즈를 사용한다.
③ 오래되어 산화된 퓨즈는 미리 교환한다.
④ 과열되어 끊어진 퓨즈는 과열된 원인을 먼저 수리한다.

퓨즈는 전기 회로에서 단락에 의해 전선이 타거나 과대 전류가 부하에 흐르지 않도록 하는 구성품으로 사용 중인 퓨즈가 끊어져 교체할 때는 동일 용량의 것을 사용하여야 한다.

54 산업재해의 통계적 분류 중에서 경상해란?

① 부상으로 1일 이상 7일 이하의 노동 상실을 가져온 상해 정도
② 응급 처치 이하의 상처로 작업에 종사하면서 치료를 받는 상해 정도
③ 부상으로 인하여 8일 이상의 노동 상실을 가져온 상해 정도
④ 업무상 목숨을 잃게 되는 경우

산업재해의 통계적 분류
• 사망 : 업무로 인해서 목숨을 잃게 되는 경우
• 중경상 : 부상으로 인하여 8일 이상의 노동 상실을 가져온 상해 정도
• 경상해 : 부상으로 1일 이상 7일 이하의 노동 상실을 가져온 상해 정도
• 무상해 사고 : 응급처치 이하의 상처로 작업에 종사하면서 치료를 받는 상해 정도

55 벨트를 풀리에 걸 때는 어떤 상태에서 걸어야 하는가?

① 저속으로 회전 상태   ② 중속으로 회전 상태
③ 고속으로 회전 상태   ④ 회전을 중지한 상태

> 풀리가 회전 중 일 때는 손이 말려 들어갈 위험이 있으므로 회전을 중지한 상태에서 벨트를 걸어야 한다.

56 다음 중 전기 화재에 대하여 가장 적합하지 않은 것은?

① 분말 소화기   ② 포말 소화기
③ CO_2소화기   ④ 할론 소화기

> 포말소화기는 일반화재나 유류화재에 적합하다.

57 무거운 짐을 이동할 때 설명으로 틀린 것은?

① 힘겨우면 기계를 이용한다.
② 기름이 묻은 장갑을 끼고 한다.
③ 지렛대를 이용한다.
④ 2인 이상이 작업할 때는 힘센 사람과 약한 사람과의 균형을 잡는다.

> 기름이 묻은 장갑을 끼고 작업하면 운반 중 무거운 짐이 미끄러질 수 있으므로 사용하지 않는다.

58 지렛대 사용 시 주의사항이 아닌 것은?

① 손잡이가 미끄럽지 않을 것
② 화물 중량과 크기에 적합할 것
③ 화물 접촉면을 미끄럽게 할 것
④ 둥글고 미끄러지기 쉬운 지렛대는 사용하지 말 것

> 화물 접촉면을 미끄럽게 하면 지렛대 사용 시 화물이 미끄러진다.

59 크레인 운전 시 운전자 안전수칙을 설명한 것으로 틀린 것은?

① 운반물을 작업자 머리 위로 운반해서는 안 된다.
② 운전석을 이석할 때는 크레인을 정지위치로 이동시킨 후 훅을 최대한 내려놓는다.
③ 옥외크레인은 강풍이 불어올 경우 운전 및 옥외 점검, 정비를 제한한다.
④ 운반물이 흔들리거나 회전하는 상태로 운반해서는 안 된다.

> 통행이 용이하도록 최대한 올려놓는다.

60 마이크로미터를 보관하는 방법으로 틀린 것은?

① 습기가 없는 곳에 보관한다.
② 직사광선에 노출되지 않도록 한다.
③ 앤빌과 시픈들을 밀착시켜서 둔다.
④ 측정부분이 손상되지 않도록 보관함에 보관한다.

> 앤빌과 시픈들을 밀착시켜 놓으면 안 된다.

정답 2014년 1회

01 ③	02 ③	03 ③	04 ④	05 ①
06 ④	07 ③	08 ②	09 ①	10 ①
11 ②	12 ①	13 ①	14 ④	15 ②
16 ③	17 ②	18 ③	19 ③	20 ①
21 ④	22 ①	23 ②	24 ②	25 ④
26 ②	27 ②	28 ①	29 ①	30 ②
31 ④	32 ①	33 ③	34 ②	35 ③
36 ③	37 ③	38 ②	39 ④	40 ①
41 ①	42 ②	43 ②	44 ①	45 ②
46 ④	47 ④	48 ①	49 ①	50 ①
51 ②	52 ④	53 ①	54 ①	55 ④
56 ②	57 ②	58 ③	59 ②	60 ③

2014년 2회 공단 기출문제

01 전자 브레이크의 라이닝 두께가 20% 감소되었을 때 올바른 방법은?

① 라이닝을 갈아 끼운다.
② 스트로크를 조정한다.
③ 브레이크 드럼의 지름을 키운다.
④ 60%마모 될 때 까지 계속 사용한다.

> 전자 브레이크 라이닝 두께 마모한도는 50% 까지 이므로 20% 감소되면 스트로크를 조정 후 다시 사용하면 된다.

02 천장크레인용 배선의 절연저항 값으로 틀린 것은?

① 대지전압 150V 이하인 경우 0.1MΩ 미만일 것
② 대지전압 150V 초과 300V 이하인 경우 0.2MΩ 이상일 것
③ 대지전압 300V 초과 400V 미만인 경우 0.3MΩ 이상일 것
④ 사용전압 400V 이상인 경우 0.4MΩ 이상일 것

> 대지전압 150V 이하인 경우 0.1MΩ 이상 이어야 한다.

03 크레인에서 권상용으로 사용하는 와이어로프의 안전율은 얼마인가?

① 최소 1 이상   ② 최소 3 이상
③ 최소 5 이상   ④ 최소 7 이상

> 와이어로프의 안전율

와이어로프의 종류	안전율
권상용 와이어로프, 지브의 기복용 와이어로프, 횡행용 와이어로프 및 케이블 크레인의 주행용 와이어로프	5.0
지브의 지지용 와이어로프, 보조로프 및 고정용 와이어로프	4.0
케이블 크레인의 주 로프 및 레일로프	2.7
운전실 등 권상용 와이어로프	10.0

04 화물의 운반을 용이하게 하기 위하여 화물과 크레인 본체 간을 와이어로프 혹은 체인 등으로 연결하여 권상작업을 하게 되는데, 이때 크레인 등의 훅에 걸린 와이어로프 등의 이탈을 방지하기 위해 설치, 사용하는 것은?

① 권과 방지장치   ② 비상 정지장치
③ 훅 해지장치   ④ 훅 딤블장치

> 훅에는 와이어로프 등이 이탈되는 것을 방지하는 해지장치가 부착되어야 한다. 다만, 전용 달기기구로서 작업자의 도움 없이 짐 걸이가 가능하며 작업경로에 작업자의 접근이 없는 경우는 예외로 할 수 있다.

05 신호수의 다음과 같은 신호를 보일 때 운전자가 취해야 할 행동은?

① 권상레버를 당겨 화물을 권상한다.
② 주행레버를 밀어 빠르게 주행한다.
③ 비상 정지 버튼을 누른다.
④ 아무 문제없으므로 작업을 속행한다.

06 천장크레인의 성능 및 기타사항을 상세하게 표기할 때의 순서로 맞는 것은?

① 양정 – 스팬 – 정격하중 – 아웃리치
② 정격하중 – 스팬 – 양정 – 사용동력
③ 사용동력 – 스팬 – 정격속도 – 양정
④ 양정 – 스팬 – 차륜간격 – 정격하중

> 천장크레인의 성능 및 기타사항 표기 순서는 정격하중 – 스팬 – 양정 – 사용동력 순이다.

07 크래브(Crab)에 설치되는 것이 아닌 것은?

① 횡행차륜 ② 주권모터
③ 보권모터 ④ 주행차륜

🔍 크래브에 설치되는 것은 횡행차륜, 주권모터, 보권모터 등이다.

08 원판 마찰차의 원둘레면 위에 이를 깍은 것으로 평행한 두 축 사이에 일정한 속도비로 회전 운동을 전달하며, 천장크레인에 가장 많이 사용하는 기어는?

① 베벨(bevel) 기어
② 스퍼(spur) 기어
③ 헬리컬(helical) 기어
④ 랙 및 피니언(rack and pinion) 기어

🔍 스퍼기어는 천장크레인에 가장 많이 사용하는 기어로 물림이 원활하여 소음이 적다.

09 크레인의 펜던트 스위치에 대한 설명으로 틀린 것은?

① 비상정지스위치가 설치되어야 한다.
② 충격을 받으면 자동으로 정지되어야 한다.
③ 크레인의 작동방향이 표기되어야 한다.
④ 주행 버튼에서 손을 떼면 자동적으로 정지되어야 한다.

🔍 펜던트 스위치
- 펜던트 스위치에는 크레인의 비상정지용 누름버튼과 손을 떼면 자동적으로 정지위치(off)로 복귀되는 각각의 작동종류에 대한 누름버튼 또는 스위치 등이 비치되어 있고 정상적으로 작동해야 한다.
- 펜던트 스위치에 접속된 케이블은 꼬임이나 무리한 힘이 가해지지 않도록 보조와이어로프 등으로 지지되어야 하고 크레인과의 사이에 접지선이 연결되어 있어야 한다. 다만, 해당 스위치의 외함 구조가 절연제품의 경우에는 접지선을 생략할 수 있다.
- 펜던트 스위치의 외함은 식별이 용이한 색상이어야 하며 최소 보호등급은 옥내용인 경우 IP43, 옥외용인 경우 IP55 이상이어야 한다.
- 펜던트 스위치는 조작위치에서의 바닥면에서 0.9m에서 1.7m 사이에 위치해야 한다.

10 천장크레인의 운전실에 대한 내용으로 적당하지 않은 것은?

① 운전자가 쉽게 조작할 수 있는 위치에 개폐기, 제어기, 브레이크, 경보장치 등을 설치하여야 한다.
② 운전자가 안전한 운전을 할 수 있도록 충분한 시야를 확보하여야 한다.
③ 작업바닥 면에서 운전하는 크레인에도 운전실을 설치하여야 한다.
④ 운전실의 바닥은 미끄러지지 않는 구조 이어야 한다.

🔍 작업바닥 면에서 운전하는 크레인에는 운전실은 설치하지 않아도 된다.

11 천장크레인의 주행레일에서 스팬이 10m 이하인 경우 스팬 편차 한계는?

① ±3mm ② ±6mm
③ ±10mm ④ ±18mm

🔍 주행레일의 스팬 편차한계
- 스팬이 10m 이하 : ±3mm
- 스팬이 10m 초과 : ±3+{0.25×(스팬−10)}mm (단, 최대 15mm를 초과해서는 아니됨)

12 천장주행크레인의 권과방지장치의 기능에 대한 설명 중 틀린 것은?

① 전기식 권과방지장치는 접점이 개방되면 권과가 방지되는 구조이어야 한다.
② 직동식 권과방지장치는 훅 등 달기기구의 상부와 드럼과의 간격이 0.25미터 이상이어야 한다.
③ 권과방지장치는 용이하게 점검할 수 있는 구조이어야 한다.
④ 권과를 방지하기 위하여 자동적으로 전동기용 동력을 차단하고 작동을 제동하는 기능을 가져야 한다.

🔍 권과방지장치의 기능
- 권과를 방지하기 위하여 자동적으로 전동기용 동력을 차단하고 작동을 제동하는 기능을 가질 것
- 훅 등 달기기구의 상부(해당 달기기구의 권상용 시브를 포함)와 드럼, 시브, 트롤리프레임, 기타 해당 상부가 접촉할 우려가 있는 것의(경사진 시브를 제외) 하부와의 간격이 0.25m 이상(직동식 권과방지장치는 0.05m 이상)이 되도록 조정할 수 있는 구조일 것
- 용이하게 점검할 수 있는 구조일 것

13 천장크레인의 감속기에 관한 설명으로 옳지 않은 것은?

① 감속기어의 오일은 여름철에 점도가 낮은 것을 사용하여야 한다.
② 감속기오일은 약 2,000시간마다 교환하는 것이 좋다.
③ 감속기의 오일은 1/4정도 오일을 채워준다.
④ 감속기의 급유법은 유욕식이다.

> 감속기어의 오일은 여름철엔 점도가 높고, 겨울철에는 점도가 낮은 것을 사용한다.

14 천장크레인용 와이어 드럼의 지름 D와 와이어로프의 지름 d와의 비로 다음 중 가장 적합한 것은?

① D/d = 20
② D/d = 10
③ D/d = 5
④ D/d = 4

> 드럼 직경(D)과 와이어로프 직경(d)의 비는 D/d = 20이다.

15 크레인에서 시브 홈의 마모한도는 와이어로프 지름의 몇 [%] 이하이어야 하는가?

① 5
② 10
③ 15
④ 20

> 시브
> • 시브 본체는 균열, 변형 등이 없을 것
> • 시브 홈은 이상 마모가 없어야 하고, 마모한도는 와이어로프 지름의 20% 이하일 것

16 천장주행크레인의 권상 모터에 투입되는 전기의 정격 전류가 10 암페어(A)이다. 권상모터의 과전류 보호용 차단기의 차단용량으로 적합한 것은?

① 20A
② 30A
③ 40A
④ 50A

> 과전류 보호용으로 차단기 또는 퓨즈를 설치 시 차단용량은 해당 전동기 등의 정격전류에 대하여 차단기는 250%, 퓨즈는 300% 이하여야 한다.

17 캠(cam)형 리미트 스위치에 대한 설명으로 옳은 것은?

① 드럼에 연동되어 회전을 하며 나사봉이 돌려지면서 나사봉에 들어가 있는 너트는 훅의 권상, 권하되는 거리에 비하여 이동하고 너트의 좌우 극한점에 도달하면 스위치 레버에 의해 회로를 개방하여 전원을 차단하게 되어 있다.
② 드럼과 연동되어 회전을 하고, 원판 모양으로 주위에 배치된 볼록 및 오목 캠에 의해 스위치의 레버를 작동시키는 구조이다.
③ 훅의 상승에 의해 중추에 닿아 직접 작동되는 방식이다.
④ 작동위치의 오차를 적게 할 수 있으며, 드럼의 회전과 관계없이 와이어로프를 교환한 후 위치의 재조정이 불필요하다.

> 권상장치의 권과방지장치
> • 중추식 : 훅(hook)의 접촉으로 인하여 작동
> • 스크루식(나사식) : 드럼의 회전에 의하여 작동하며, 연동장치에 의해 피드나사가 회전하면 그것과 맞물리는 너트(nut)가 이동하여 개폐기의 레버를 움직여 접점에 개폐를 행하는 방식
> • 캠식 : 드럼과 연동되어 회전을 하고, 원판 모양으로 주위에 배치된 볼록 및 오목 캠에 의해 스위치의 레버를 작동

18 천장크레인의 횡행 운전 중 갑자기 장애물이 나타났을 때 가장 먼저 해야 할 일은?

① 조작 스위치를 중립 위치에 놓는다.
② 비상정지 스위치를 누른다.
③ 횡행운전을 중지한다.
④ 사이렌을 울린다.

> 긴급 상황에서는 비상정지 스위치를 사용한다.

19 크레인의 주행레일 설명으로 틀린 것은?

① 주랭레일은 균열, 두부의 변형이 없을 것
② 레일 연결부의 엇갈림은 상하 및 좌우 모두 0.5mm 이하일 것
③ 레일 측면의 마모는 원래 규격 치수의 20% 이내일 것
④ 레일 연결부의 틈새는 기타 크레인의 경우 5mm 이하일 것

주행레일
- 연결부의 틈새는 천정크레인은 3mm, 기타 크레인은 5mm 이하일 것
- 레일 연결부의 엇갈림은 상하 0.5mm 이하, 좌우 0.5mm 이하일 것
- 레일측면의 마모는 원래 규격치수의 10% 이내일 것
- 주행레일의 높이편차는 기준면으로부터 최대 ±10mm 이내이고, 좌우레일의 수평차는 10mm 이내, 레일의 구배량은 주행길이 2m 마다 2mm를 초과하지 않을 것
- 주행레일의 진직도는 전 주행길이에 걸쳐 최대 10mm이내이고, 수평방향의 휨 량은 주행길이 2m마다 ±1mm 이내일 것

20 브레이크는 제동용과 속도제어용으로 나눌 수 있는데 속도제어용 브레이크 중 운동에너지를 전기에너지로 변환시키고 이 전기에너지를 소모시켜 제어하는 브레이크 방식은?

① 다이나믹(Dynamic) 브레이크
② 스러스트(Thrust) 브레이크
③ 와류(Eddy Current) 브레이크
④ 전자(Magnet) 브레이크

다이나믹 브레이크 : 직류전동기용 속도제어용 브레이크로 운동에너지를 전기에너지로 변환시키고 이 전기에너지를 소모시켜 제어하는 방식

21 크레인 운전자가 화물을 권상할 때 위험한 상태에서 작업안전을 위해 급정지시키는 비상정지 장치에 대한 설명으로 가장 적합한 것은?

① 작업 종료 시 전원을 차단하기 위한 장치이다.
② 누름 버튼은 적색으로 머리 부분이 돌출되고, 수동 복귀되는 형식이다.
③ 누름 버튼은 황색으로 머리 부분이 돌출되고, 자동 복귀되는 형식이다.
④ 탑승용(운전석) 크레인일 경우 권상레버와 같이 부착된다.

- 누름버튼형 비상정지장치는 버섯형(돌출형), 액추에이터는 적색이고 주변의 배경색은 황색이어야 한다.
- 비상정지장치는 작동된 이후 수동으로 복귀시킬 때까지 회로가 자동으로 복귀되지 않는 구조여야 한다.

22 축과 보스에 작은 삼각형의 돌기 홈을 이용하여 고정하는 것은?

① 스플라인   ② 세레이션

③ 유니버설 커플링   ④ 플랜지 커플링

세레이션은 축과 보스에 작은 삼각형의 돌기 홈을 이용하여 고정하는데 사용한다.

23 운전종료 후의 조치사항으로 틀린 것은?

① 각 제어기를 OFF하고 전원 S/W를 OFF한다.
② 각 부의 청소를 한다.
③ 운전종료 지점에 크레인을 정지시키고 S/W를 OFF한다.
④ 각 부의 이상유무를 점검한다.

운전 종료 지점에 크레인을 정지시키지 않고 지정된 위치에 정지 시킨다.

24 윤활유가 유입되거나 부착되어서는 안 되는 것은?

① 와이어로프 및 드럼
② 브레이크 라이닝 및 드럼
③ 체인 및 스프로켓
④ 베어링 및 하우징

브레이크 라이닝 및 드럼에 오일이 묻으면 제동작동이 원활하지 않다.

25 천장크레인의 주행에 대한 설명으로 틀린 것은?

① 급격한 주행을 하지 말 것
② 주행과 동시에 운반물을 권상 또는 권하시키지 말 것
③ 운반물 위에 사람이 타고 있을 때에는 주행을 서서히 할 것
④ 주행로 상에 장애물이 있을 때에는 주행을 멈출 것

운반물 위에 사람이 타고 있을 때는 운전을 정지한다.

26 천장크레인에서 교류전류가 널리 사용되는 주된 이유는?

① 발전이 간단하므로
② 직류보다 위험이 적어서

③ 모터를 돌리는데 적당하므로
④ 전압을 자유롭게 변화시키는 것이 가능하므로

🔍 교류(A.C)는 일정한 주기를 갖고 시간에 따라 전압을 자유롭게 변화시킬 수 있어 널리 사용된다.

27 전동기에 부하가 크게 걸릴 경우 미치는 영향과 관계없는 것은?

① 발열한다.
② 최대 토크가 증가한다.
③ 퓨즈가 끊어질 수 있다.
④ 과부하 계전기가 작동한다.

🔍 전동기 과부하 시 퓨즈가 끊어질 수 있고, 전동기가 발열하며, 과부하 계전기가 작동한다.

28 전동기 회로의 보호장치가 아닌 것은?

① 퓨즈   ② 차단기
③ 과전류 릴레이   ④ 변압기

🔍 변압기는 교류 전압을 높이거나 낮추는 사용된다.

29 전원 440V, 60Hz이며, 전동기의 극수가 6극인 전동기의 동기 회전속도는?

① 1,500rpm   ② 1,000rpm
③ 1,200rpm   ④ 900rpm

🔍 전동기 동기 회전속도는 60Hz에서 2극은 3,600rpm, 4극은 1,800rpm, 6극은 1,200rpm이다.
전동기 회전속도 $= \dfrac{(120 \times 60)}{6} = 1,200[rpm]$

30 제어기에서 전자 접촉자의 면이 거칠 경우, 자주 일어나는 전기적인 현상은?

① 스파크가 일어난다.   ② 회전력이 커진다.
③ 핸들이 무거워진다.   ④ 기동이 잘된다.

🔍 전기 스파크는 주파수가 높을수록, 접촉면이 거칠수록, 접촉점 간 전압이 높을수록, 교류보다 직류에서 많이 발생한다.

31 와이어로프용 그리스의 구비조건 중 틀린 것은?

① 산, 알칼리, 수분을 함유하지 않을 것
② 휘발성이 아닐 것
③ 물에 잘 씻어질 것
④ 온도변화에 대한 점도의 변화가 작을 것

🔍 물에 잘 씻어지지 않아야 한다.

32 키(Key)는 다음 어느 경우에 사용하는가?

① 축이 손상되었을 때
② 압연재나 형재를 영구적으로 연결할 때
③ 축에 풀리, 기어 등을 고정시킬 때
④ 와이어로프가 손상되었을 때

🔍 키는 회전체인 풀리, 기어 등을 축에 고정시킬 때 사용한다.

33 크레인의 운전시작 전 점검 중 크레인 본체에 대한 무부하 운전 시의 점검사항이 아닌 것은?

① 권과방지장치의 작동 이상 유무를 점검한다.
② 과부하 방지장치의 정상 작동 유무를 확인한다.
③ 브레이크 작동 및 이상 유무를 점검한다.
④ 전동기, 베어링, 감속기 등의 이상음, 진동 및 과열 등을 점검한다.

🔍 과부하 방지장치의 정상 작동 유무는 운전 시작 전 점검사항이 아니다.

34 전기 기기의 철심으로 가장 많이 사용하는 것은?

① 탄소강판   ② 규소강판
③ 동판   ④ 주철판

🔍 규소강판 등의 전자 강판이 가장 많이 사용된다.

35 90도로 교차하고 있는 2개의 축을 연결할 때 사용하는 기어는?

① 스퍼기어   ② 헬리컬기어
③ 인터널기어   ④ 베벨기어

🔍 베벨기어는 90°로 교차하고, 2개의 축을 연결할 때 사용한다.

36 권선형 유도 전동기의 2차 저항 제어방식의 특징 중 거리가 먼 것은?

① 2차 저항치의 가변에 의해 속도가 제어된다.
② 기동 시 쿠숀 스타트로서도 사용된다.
③ 어떤 용량의 전동기에도 제어가 가능하다.
④ 부하변동에 의한 속도변동이 작고, 효율이 제어방식 중 가장 우수하다.

🔍 ④항은 3상유도전동기의 특징을 설명한 것이다.

37 천장크레인의 안전한 운전방법으로 틀린 것은?

① 항상 짐의 중량과 크기를 염두에 두고, 장애물 대처 방안과 충분한 여유를 가지고 운전한다.
② 안전커버를 벗긴 채로 운전하는 것을 금한다.
③ 리밋 스위치가 있으면 리밋 스위치에 의존하는 운전을 한다.
④ 현장작업자와 운전자와의 연락 미비로 인한 사고가 발생할 우려가 있으므로 항상 세심한 주의를 한다.

🔍 리미트 스위치는 천장크레인의 안전장치와 연동장치로 필수적으로 사용되며, 각 장치의 운동에 대한 과행의 방지하는 역할을 한다.

38 베어링 유닛에 발생하는 이상음의 원인이 아닌 것은?

① 취부 시 부주의에 의해 회전면에 생긴 흠집
② 베어링 정지 시 진동에 의해 발생한 흠집
③ 윤활유의 과다 공급
④ 세트 스크루가 풀린 경우

🔍 윤활유의 과다공급은 베어링 온도의 상승 원인이 된다.

39 퓨즈가 끊어져 다시 끼웠을 때도 끊어졌다면?

① 다시 한 번 끼워본다.
② 좀 더 굵은 선으로 끼운다.
③ 합선 및 이상여부를 점검한다.
④ 좀 더 용량이 큰 퓨즈로 끼운다.

🔍 합선 및 이상여부를 점검하여 고장난 곳을 찾아 수리한다.

40 저항기 사용 중 온도가 높아졌을 때 그 허용 값은?

① 약 250℃
② 약 300℃
③ 약 350℃
④ 약 400℃

🔍 천장크레인 운전 중 저항기 허용온도는 약 350℃ 이내 이다.

41 와이어로프의 양 끝을 고정하는 방법으로 틀린 것은?

① 소켓가공이라고도 하는 합금고정법은 양호하게 하면 이용효율을 100%로 할 수 있다.
② 지름 32mm 이상의 굵은 와이어로프는 합금 고정이 양호하다.
③ 합금고정의 소켓 재질은 일반적으로 주철제를 사용한다.
④ 클립고정법은 이음효율을 100%로 할 수 있다.

🔍 합금고정의 소켓 재질은 일반적으로 단조한 강철을 사용한다.

42 동일조건에서 2중 걸기 작업의 줄걸이 각도 α 중 로프에 장력이 가장 크게 걸리는 각도는?

① α = 30°일 때
② α = 60°일 때
③ α = 90°일 때
④ α = 120°일 때

🔍 줄걸이 각도의 각이 커질수록 한 줄에 걸리는 장력은 커진다.

43 안전계수를 구하는 공식은?

① 안전하중÷절단하중
② 시험하중÷정격하중
③ 시험하중÷안전하중
④ 절단하중÷안전하중

🔍 안전계수(안전율) = $\dfrac{\text{절단하중}}{\text{안전하중}}$

44 ⟨그림⟩과 같이 양쪽 손을 몸 앞에 대고 두 손을 깍지 끼는 수신호가 의미하는 것은?

① 정지
② 보권사용
③ 기다려라
④ 물건걸기

45 와이어로프의 구조 중 소선을 꼬아 합친 것을 무엇이라고 하는가?

① 심강
② 스트랜드
③ 소선
④ 공심

> 소선은 와이어로프를 구성하는 한 가닥 선이고, 심강은 스트랜드를 구성하는 가장 중심의 소선이다.

46 아래 ⟨그림⟩과 같은 강괴를 들어 올릴 때 중량은?(단, 비중 7.85)

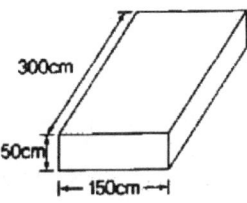

① 약 2,250kgf
② 약 9,000kgf
③ 약 17,663kgf
④ 약 26,493kgf

> 중량 = 체적×비중
> = (가로×세로×높이)×비중
> = 300×150×50×(7.85/1000) = 17,662.5[kgf]

47 크레인 운전자가 손바닥을 안으로 하여 얼굴 앞에서 2~3회 흔드는 수신호는?

① 미동신호
② 들어올리기
③ 감아올림
④ 신호불명

48 와이어로프에 관한 설명으로 틀린 것은?

① 부식은 표면 침식이 적은 것 같아도 내부 깊숙이 진행될 수 있다.
② 아연 도금한 것은 절대 사용하지 않는다.
③ 꼬임은 S형, Z형이 있다.
④ 와이어로프에 도금한 것을 사용할 수도 있다.

> 보통 아연 도금한 로프는 사용하지 않으나, 선박용이나 공중다리용으로 사용하기도 한다.

49 와이어로프의 절단하중을 100%로 하였을 때 킹크(Kink)가 발생한 와이어로프의 절단하중에 대한 설명 중 옳은 것은?

① 변화가 없다.
② 절단하중은 증가한다. 즉, 더 절단되지 않는다.
③ 절단하중은 감소한다. 즉, 더 쉽게 절단된다.
④ (+)킹크의 경우 절단하중은 크게 증가하고, (−)킹크의 경우에는 절단하중이 감소한다.

> 킹크는 와이어로프에 영구변형이나 손상을 주는 단단한 매듭이다.

50 정격하중이 40톤인 크레인을 제작할 때, 와이어로프는 몇 가닥 설치해야 하는가? (단, 와이어로프의 절단하중 20톤, 직경 20mm, 안전계수는 5로 한다.)

① 2
② 4
③ 5
④ 10

> 최대하중 = $\dfrac{절단하중}{안전율}$ = $\dfrac{20}{5}$ = 4 이므로,
> $\dfrac{적격하중}{초대하중}$ = $\dfrac{40}{4}$ = 1 [가닥]이 된다.

51 기계, 기구 또는 설비에 설치한 방호장치를 해체하거나 사용을 정지할 수 있는 경우로 틀린 것은?

① 방호장치의 수리 시
② 방호장치의 정기점검 시
③ 방호장치의 교체 시
④ 방호장치의 조정 시

> 방호장치의 수리는 방호장치의 조정이나 교체 시를 제외하고는 해체하거나 사용을 정지할 수 없다.

52 안전보건표지에서 〈그림〉이 나타내는 것은?

① 비상구 없음 표지 ② 방사선위험 표지
③ 탑승금지 표지 ④ 보행금지 표지

> 금지표지의 종류
> 출입금지 | 보행금지 | 차량통행금지 | 사용금지
> 탑승금지 | 금연 | 화기금지 | 물체이동금지

53 정비작업에서 공구의 사용법에 대한 내용으로 틀린 것은?

① 스패너의 자루가 짧다고 느낄 때는 반드시 둥근 파이프로 연결할 것
② 스패너를 사용할 때는 앞으로 당길 것
③ 스패너는 조금씩 돌리며 사용할 것
④ 파이프 렌치는 반드시 둥근 물체에만 사용할 것

> 스패너는 파이프 등을 연결하여 사용하면 안 된다.

54 연삭작업 시 주의사항으로 틀린 것은?

① 숫돌 측면을 사용하지 않는다.
② 작업은 반드시 보안경을 쓰고 작업한다.
③ 연삭작업은 숫돌차의 정면에 서서 작업한다.
④ 연삭숫돌에 일감을 세게 눌러 작업하지 않는다.

> 연삭작업은 숫돌차의 측면에 서서 작업한다.

55 안전보건표지의 종류와 형태에서 〈그림〉과 같은 표지는?

① 인화성 물질 경고
② 폭발성물질 경고
③ 고온 경고
④ 낙하물 경고

> 경고표지의 종류
> 폭발성물질 경고 | 고온 경고 | 낙하물 경고

56 산업안전에서 근로자가 안전하게 작업을 할 수 있는 세부 작업 행동 지침을 무엇이라고 하는가?

① 안전수칙
② 안전표지
③ 작업지시
④ 작업수칙

57 방호장치 및 방호조치에 대한 설명으로 틀린 것은?

① 충전전로 인근에서 차량, 기계장치 등의 작업이 있는 경우 충전부로부터 3m이상 이격시킨다.
② 지반 붕괴의 위험이 있는 경우 흙막이 지보공 및 방호망을 설치해야 한다.
③ 발파작업 시 피난장소는 좌우측을 견고하게 방호한다.
④ 직접 접촉이 가능한 벨트에는 덮개를 설치해야 한다.

> 발파작업 시 피난장소는 전면과 상부를 견고하게 방호하여야 한다.

58 안전사고와 부상의 종류에서 재해 분류상 중상해는?

① 부상으로 1주 이상의 노동 손실을 가져온 상해 정도
② 부상으로 2주 이상의 노동 손실을 가져온 상해 정도
③ 부상으로 3주 이상의 노동 손실을 가져온 상해 정도
④ 부상으로 4주 이상의 노동 손실을 가져온 상해 정도

> 안전사고와 부상의 종류(통계적 분류와 다름)
> • 중상해 : 부상으로 2주 이상의 노동 손실을 가져온 상해 정도
> • 경상해 : 부상으로 1일 이상 14일 미만의 노동 손실을 가져온 상해 정도
> • 경미상해 : 부상으로 8시간 이하의 휴무 또는 작업에 종사하면서 치료를 받는 상해 정도

59 사고로 인하여 위급한 환자가 발생하였다. 의사의 치료를 받기 전까지 응급처치를 실시할 때 응급처치 실시자의 준수사항으로 가장 거리가 먼 것은?

① 사고현장 조사를 실시한다.
② 원칙적으로 의약품의 사용은 피한다.
③ 의식 확인이 불가능하여도 생사를 임의로 판정하지 않는다.
④ 정확한 방법으로 응급처치를 한 후 반드시 의사의 치료를 받도록 한다.

> 사고현장 조사는 경찰 공무원 등에 의해 이루어진다.

60 전기시설과 관련된 화재로 분류되는 것은?

① A급 화재   ② B급 화재
③ C급 화재   ④ D급 화재

> 화재의 등급
> • A급 화재 : 일반화재
> • B급 화재 : 유류, 가스화재
> • C급 화재 : 전기화재
> • D급 화재 : 금속화재(Al, Mg)

정답 2014년 2회

01 ②	02 ①	03 ③	04 ③	05 ③
06 ②	07 ④	08 ②	09 ②	10 ③
11 ①	12 ②	13 ①	14 ①	15 ④
16 ①	17 ②	18 ②	19 ③	20 ①
21 ②	22 ②	23 ③	24 ②	25 ③
26 ④	27 ②	28 ②	29 ③	30 ①
31 ③	32 ②	33 ②	34 ②	35 ④
36 ④	37 ②	38 ②	39 ③	40 ③
41 ③	42 ④	43 ④	44 ④	45 ②
46 ③	47 ④	48 ②	49 ③	50 ④
51 ②	52 ④	53 ①	54 ③	55 ①
56 ①	57 ③	58 ②	59 ①	60 ③

2014년 3회 공단 기출문제

01 제한 개폐기(limit switch)의 점검 및 보수에 대하여 설명한 것으로 틀린 것은?

① 개폐의 작용점을 잘 맞추어야 한다.
② 작동부분에 소량의 주유 및 접촉면 등의 청결을 철저히 한다.
③ 최대 부하 시와 무부하 시 개폐점이 틀리므로 양쪽에 적합하도록 조정한다.
④ 권상높이를 높이고자 할 때는 제한 개폐기(limit switch)를 제거하고 작업을 한다.

> 리미트 스위치는 드럼에 로프가 과권될 경우 전류를 차단하여 회전을 정지시키는 안전장치이므로 제거하고 작업을 해면 안 된다.

02 천장크레인 운전 중 전동기에 열이 나는 원인이 아닌 것은?

① 저속으로 운전하는 경우
② 전압강하가 심한 경우
③ 부하가 클 경우
④ 저항기가 부적당한 경우

> 전동기에 열이 발생하는 원인은 전압강하가 심한 경우, 부하가 클 경우, 저항기가 부적당한 경우와 전동기 사용빈도가 많은 경우이다.

03 크래브 트롤리의 권상장치에 사용되는 브레이크는?

① 밴드 브레이크(Band brake)
② 중력 브레이크(Gravity brake)
③ 스러스터 브레이크(Thruster brake)
④ 마그넷 브레이크(Magnet brake)

> 마그넷 브레이크는 권상장치와 산업기계에 많이 사용되며, 교류(A.C) 마그넷브레이크와 직류(D.C) 마그넷브레이크가 있다.

04 급전(집전)설비에 대한 설명으로 옳지 않은 것은?

① 집전장치는 트롤리선에서 전원을 크레인 내에 도입하는 부분이다.
② 주행전선 가설 시 선과 선의 거리는 150~300mm로 한다.
③ 주행전선 가설 시 지상 및 기체 외부에서 보기 쉬운 장소에 황색 표시등을 설치하여 통전 상태를 표시한다.
④ 기내 배선은 지상 전원설비로부터의 집전장치에서 각 전동기 및 전기기구에 이르는 배선을 말한다.

> 주행전선 가설 시 지상 및 기체외부에서 보기 쉬운 장소에 적색 표시등을 설치하여 통전상태를 표시한다.

05 감속기의 부품이 아닌 것은?

① 기어
② 축
③ 베어링
④ 새들

> 새들은 천장크레인 건물기둥의 양쪽에 설치된 주행레일 위에 얹힌 구조물이다.

06 중추형 권과방지장치의 특징과 거리가 먼 것은?

① 매달린 중추의 위치에서 동작하므로 동작위치의 오차가 적다.
② 동작 후의 복귀거리가 짧다.
③ 권상드럼의 회전수와 관련이 있어 와이어로프 교환 시 위치를 조정할 필요가 있다.
④ 권상위치 제한은 가능하나, 권하위치의 제한은 불가능하다.

> 중추형 권과방지장치는 권상드럼의 회전과 관계없이 와이어로프를 교환한 후 위치의 재조정이 필요 없다.

07 천장주행크레인의 주행차륜과 레일에 대한 설명으로 옳지 않은 것은?

① 차륜의 재질은 주철품인 경우 FC25 이상으로 해야 한다.
② 차륜의 재질은 주강품인 경우 SC46 이상으로 해야 한다.
③ 각강 레일은 SS50 이상의 일반압연강재를 사용한다.
④ 차륜을 표면경화 할 경우 Hs=5 이하, 픽은 30mm 이상으로 한다.

🔍 차륜을 표면 경화할 경우 Hs=35 이상, 픽은 5mm 이상으로 한다.

08 천장크레인에서 건물의 양 끝이나 천장크레인끼리 서로 충돌 시 충격을 완화시켜 주며 피해를 감소시켜 주는 장치는?

① 레일 스토퍼(rail stopper)
② 주행 버퍼 스토퍼(buffer stopper)
③ 앤드 스토퍼(end stopper)
④ 크래브 스토퍼(crab stopper)

🔍 주행 버퍼 스토퍼는 스프링이나 단단한 고무 또는 유압을 이용하여 서로 충돌 시 충격을 완화시켜 주는 스토퍼이다.

09 15kW의 전동기로 12m/min의 속도로 권상할 경우 권상 하중은?(단, 전동기를 포함한 크레인의 효율은 65%이다.)

① 5톤   ② 10톤
③ 15톤   ④ 20톤

🔍 권상하중 = (6.12×전동기출력×권상기효율)/권상속도 = (6.12×15×0.65)/12 = 5[ton]

10 크레인의 용량을 표시하는 아래 용어 중 훅, 버킷 등 달아 올림 기구의 무게에 상당하는 하중을 뺀 것은?

① 시험하중   ② 선회하중
③ 정격하중   ④ 최대정격총하중

🔍 정격하중과 권상하중
• 권상하중(hoisting load) : 들어 올릴 수 있는 최대의 하중을 말한다.
• 정격하중(rated load) : 크레인의 권상하중에서 훅, 크래브 또는 버킷 등 달기기구의 중량에 상당하는 하중을 뺀 하중을 말한다. 다만, 지브가 있는 크레인 등으로서 경사각의 위치, 지브의 길이에 따라 권상능력이 달라지는 것은 그 위치의 권상하중에서 달기기구의 중량을 뺀 하중 가운데 최대치를 말한다.

11 천장주행크레인 크래브(Crab) 프레임 등의 용접부에 대한 비파괴 검사 방법이 아닌 것은?

① 자분탐상검사(Magnet Particle Testing : MT)
② 와전류탐상검사(Eddy Current Testing : ECT)
③ 초음파탐상검사(Ultrasonic Testing : UT)
④ 낙중시험검사(Falling weight Testing : FWT)

🔍 낙중시험검사(FWT)는 파괴검사 방법이다.

12 천장크레인의 비상정지스위치를 작동시키면 어떻게 되는가?

① 권상중인 화물을 자동으로 지면에 내려놓는다.
② 작동중인 동력이 차단된다.
③ 권상을 제외한 모든 전동기의 동력을 차단한다.
④ 주행 중인 크레인을 서서히 정지시킨다.

🔍 비상정지 스위치를 작동시키면 작동중인 동력이 차단된다.

13 크레인의 훅(Hook)에 걸린 와이어로프의 이탈을 방지하기 위한 안전장치는?

① 충돌방지장치
② 해지장치
③ 리미트스위치
④ 미끄럼방지장치

🔍 훅의 해지장치는 줄걸이 용구를 훅에 걸고 작업 시 이탈을 방지하기 위한 안전장치이다.

14 〈그림〉에서 지시하는 곳(플리트 각도)의 가장 양호한 각도는?

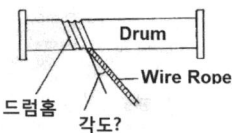

① 4° 이내 ② 8° 이내
③ 10° 이내 ④ 20° 이내

🔍 와이어로프의 감기
• 권상장치 등의 드럼에 홈이 있는 경우 플리트 각도 : 4° 이내
• 권상장치 등의 드럼에 홈이 없는 경우 플리트 각도 : 2° 이내
• 권상장치 등의 드럼에 로프를 다층으로 감는 경우 로프가 쌓이는 것을 방지하기 위하여 플랜지부에서의 플리트 각도 : 0.5° 이상 4° 이내

15 다음 〈그림〉에서 유니버셜 제어기의 Ⓐ 방향이 횡행이고, Ⓑ 방향이 주행이라면, Ⓒ 방향에 대한 설명 중 옳은 것은?

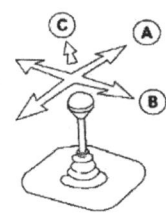

① 권상의 방향이다.
② 권하의 방향이다.
③ 권상과 주행의 동시작업이다.
④ 주행과 횡행의 동시작업이다.

16 정격하중에 상당하는 부하물을 달았을 때 제동용 브레이크에서의 제동력은 토크 최대값의 몇 배 이상이어야 하는가?

① 1 ② 1.5
③ 2 ④ 3

🔍 제동토크(torque) 값(권상 또는 기복장치에 2개 이상의 브레이크가 설치되어 있을 때는 각각의 브레이크 제동토크 값을 합한 값)은 크레인의 정격하중에 상당하는 하중을 권상 시 해당 크레인의 권상 또는 기복장치의 토크 값(당해 토크 값이 2개 이상 있을 때는 그 값 중 최대의 값)의 1.5배 이상이어야 한다.

17 제조 시 또는 장기간 반복 사용한 훅에 적합한 열처리 방법은?

① 뜨임 ② 풀림
③ 담금질 ④ 불림

🔍 풀림은 재료를 가공경화하여 열처리하는 방법이다.

18 전동기에서 스파크(Spark)가 발생하는 원인이 아닌 것은?

① 접촉점 간의 전압이 높을 때
② 접촉면이 거칠 때
③ 접촉점을 흐르는 전류가 정격 이상일 때
④ 주파수가 낮을수록

🔍 전기 스파크는 주파수가 높을수록, 접촉면이 거칠수록, 접촉점 간 전압이 높을수록, 교류보다 직류에서 많이 발생한다.

19 다음 중 천장크레인 권상장치의 주요 구성요소가 아닌 것은?

① 전동기
② 감속기
③ 브레이크
④ 캠버

🔍 천장크레인 권상장치의 주요 구성요소는 드럼, 드럼케이스, 감속장치, 전동기, 브레이크, 리미트스위치, 와이어로프 등이다.

20 천장크레인의 주행레일 연결부의 틈새는?

① 3mm 이하 ② 4mm 이하
③ 5mm 이하 ④ 6mm 이하

🔍 주행레일
• 연결부의 틈새는 천정크레인은 3mm, 기타 크레인은 5mm 이하일 것
• 레일 연결부의 엇갈림은 상하 0.5mm 이하, 좌우 0.5mm 이하일 것
• 레일측면의 마모는 원래 규격치수의 10% 이내일 것
• 주행레일의 높이편차는 기준면으로부터 최대 ±10mm 이내이고, 좌우레일의 수평차는 10mm 이내, 레일의 구배량은 주행길이 2m 마다 2mm를 초과하지 않을 것
• 주행레일의 진직도는 전 주행길이에 걸쳐 최대 10mm이내이고, 수평방향의 휨 량은 주행길이 2m마다 ±1mm 이내일 것

21 2차 측 저항의 조정 저항값을 증감함으로써 회전속도를 가감하는 전동기는?

① 직류 직권전동기
② 교류 농형 유도전동기
③ 직류 분권전동기
④ 교류 권선형 전동기

> 교류 권선형 전동기는 2차 저항에 의해 속도를 제어하며, 농형 전동기에 비해 효율이 좋지 않지만 기동력은 우수하다.

22 너트의 종류별 설명으로 틀린 것은?

① 사각너트 : 건축용, 목공용 너트
② 나비너트 : 공구가 필요치 않고 손으로 조일 수 있는 너트
③ 둥근너트 : 일반적으로 많이 사용되는 너트
④ 캡너트 : 유체의 누출을 방지하기 위한 너트

> 둥근너트는 일반적으로 쓰이는 육각너트를 쓸 수 없는 경우나 너트의 높이를 작게 해야 할 경우 사용된다.

23 제어반에서 주전원 차단기나 퓨즈가 자주 차단될 때 점검해야 할 사항과 가장 거리가 먼 것은?

① 전선로 상호간의 절연저항 점검
② 퓨즈 용량이 맞는지 점검
③ 과부하 여부 점검
④ 전선로의 길이 점검

> 제어반에서 차단기나 퓨즈가 차단되는 원인은 전선로간의 절연저항이나 퓨즈용량, 과부하의 영향을 받아서이다.

24 측압을 받는 곳에 쓰이는 베어링은?

① 트러스트(Thrust) 베어링
② 레이디얼(Radial) 베어링
③ 평면(Plane) 베어링
④ 분할 베어링

> 트러스트 베어링은 하중이 축선 방향으로 작용하는 부분의 베어링이다.

25 변압기의 1차 권수 80회, 2차 권수 320회인 경우, 1차 측에 25V의 전압을 가하면 2차 전압(V)은?

① 50
② 72
③ 100
④ 125

> 전압과 권선비 관계식
> $N_1/N_2 = V_1/V_2$에서
> $V_2 = V_1 \times (N_2/N_1) = 25 \times (320/80) = 100[V]$이다.

26 크레인 운전 전 확인사항으로 틀린 것은?

① 운전실의 각 레버, 컨트롤러 핸들, 스위치 등이 정상인가를 확인한다.
② 무부하로 운전을 행하여 각 안전장치, 브레이크 기능을 알아본다.
③ 운전개시 시에는 앵커 또는 레일 클램프를 확실히 작동시켜 둔다.
④ 전임 사용자로부터 전달받은 사항을 확인하고, 그 내용을 파악하여 둔다.

> 운전개시 전에는 앵커 또는 레일 클램프가 해제된 상태이어야 한다.

27 두 개의 동작을 한 개의 핸들(Handle)로서 동시에 조작하는 제어기는?

① 유니버셜 식
② 크랭크 식
③ 수평 식
④ 마그네트 식

> 유니버셜식 제어기는 1개의 레버로 2개의 제어기를 동시 또는 단독으로 조작할 수 있다.

28 저항기의 온도상승 요인이 아닌 것은?

① 통풍이 불량하다.
② 사용빈도가 높다.
③ 인칭운전의 빈도가 높다.
④ 최종 노치의 운전이 길다.

> 저항기 중간 노치의 운전시간이 길 때 과열되어 온도 상승요인이 될 수 있다.

29 베어링의 온도상승 원인으로 가장 거리가 먼 것은?

① 정격속도를 초과한 경우
② 과하중이 작용한 경우
③ 베어링의 수명이 초과한 경우
④ 베어링의 유격이 과대한 경우

> 베어링의 유격이 과대한 경우 소음이 발행하며 베어링이 손상될 수 있다.

30 크레인 운전 후 점검 및 조치사항으로 틀린 것은?

① 각 브레이크의 제동상태를 확인한다.
② 각 동작부위의 이완 및 풀림을 주의 깊게 확인한다.
③ 배전반의 스위치는 차단하지 말고 그대로 둔다.
④ 운전일지를 기록하여 보관한다.

> 각 스위치를 정지 위에 두고 배전반의 스위치는 차단한다.

31 훅의 열처리 방법으로 실온에서 냉각시켜 가단성을 높이고 깨지기 쉬운 성질을 줄이는 것은?

① 담금질   ② 구상화처리
③ 석출경화   ④ 풀림

> 풀림은 훅의 장시간 사용으로 표면경화가 발생을 방지하기 위하여 재료를 가공경화를 하는 열처리방법이다.

32 치차면은 원추형이고, 동력을 직각(90°)으로 전달할 경우에 사용되는 치차는?

① 베벨기어
② 랙과 피니언
③ 스퍼기어(평기어)
④ 헬리컬 기어

> 베벨기어는 동력을 직각으로 전달하고, 두 축이 교차할 때 동력 전달에 사용된다.

33 크레인의 급유에 대하여 설명한 것 중 틀린 것은?

① 윤활유는 점도, 유막의 강도, 변질 가능성 등을 고려하여 선정한다.
② 그리스 니플에 급유 시에는 그리스 건을 사용한다.
③ 집중급유장치는 수동 또는 전동으로 급유관 및 분배 변을 통하여 각각의 축 베어링에 일정량을 급유하는 방법이다.
④ 그리스컵이나 그리스건 식은 집중급유장치에 비하여 급유 시간이 짧게 걸린다.

> 그리스컵이나 그리스건 식은 집중급유장치에 비하여 급유시간이 많이 걸린다.

34 축(shift)에 관한 설명 중 틀린 것은?

① 기계장치의 일부로써 회전에 의한 운동이나 동력을 전달하는 역할을 한다.
② 회전축과 전동축 두 가지로 구분한다.
③ 기계를 돌리기 위하여 동력을 전달하는 축을 전동축이라 한다.
④ 축끼리의 연결은 축 커플링 또는 조인트라 한다.

> 축은 일반적으로 베어링(bearing)에 지지되어 강도, 휨 그 밖의 기계적 필요조건을 구비하여 회전 및 왕복운동을 하는 기계요소를 말하며, 작용 하중에 따라 차축, 스핀들, 전동축으로 구분된다.

35 전동기에서 미끄럼(slip)을 구하는 공식은? (단, S : Slip, Ns : 동기속도, N : 전동기속도, P : 극수)

① $S = Ns - \dfrac{P \times Ns}{Ns} \times 100\%$
② $S = \dfrac{N \times Ns}{P} \times 100\%$
③ $S = \dfrac{Ns + N}{Ns} \times 100\%$
④ $S = \dfrac{Ns - N}{Ns} \times 100\%$

36 우리나라에서 사용되고 있는 전력계통의 주파수는?

① 50Hz
② 60Hz
③ 70Hz
④ 80Hz

> 우리나라의 교류 전원 상용주파수는 60Hz 이다.

37 천장크레인을 작동시킬 때의 전원투입 순서는?

① 부하 측에서 전원 측으로
② 전원 측에서 부하 측으로
③ 순서를 가릴 필요가 없다.
④ 운전자 가까이에 있는 스위치부터 켠다.

🔍 천장크레인 작동 시 전원 투입순서는 전원측에서 부하측으로 한다.

38 축(shaft)에는 홈을 가공치 않고 보스(boss)에만 홈을 가공하여 축의 표면과 보스의 홈에 모양이 일치하도록 가공하여 박은 키(Key)를 무엇이라 하는가?

① 성크키(Sunk Key)
② 반달키(Woodruff Key)
③ 안장키(Saddle Key)
④ 접선키(Tangential Key)

🔍
- 성크키(묻힘키, sunk key)
  - 드라이빙키 : 축과 보스에 다 같이 홈을 파서 사용하며, 기울기가 1/100이며, 해머로 때려 박는다.
  - 세트키 : 축과 보스에 다 같이 홈을 파서 사용하며, 축심에 평행으로 끼우고 보스를 밀어 넣는다.
- 반달키(woodruff key) : 축이 약해지는 결점이 있으나 공작기계 핸들축과 같은 테이퍼 축에 사용한다.
- 안장키(saddle key) : 축은 키홈을 절삭치 않고 보스에만 홈을 파서 사용하며, 극 경하중용으로 마찰력으로 고정시킨다.
- 접선키(tangential key) : 축과 보스에 접선방향으로 홈을 파서 사용하며, 역전하는 경우는 120° 각도로 두 곳에 설치한다.

39 천장크레인에서 전기 스파크가 일어났을 때 운전자가 가장 먼저 취해야할 조치는?

① 퓨즈를 끊는다.
② 메인 전원을 차단(OFF)한다.
③ 레버를 급속히 중립위치로 한다.
④ 전동기 전원을 차단(OFF)한다.

🔍 메인 전원을 차단하고 이상 유무를 확인하도록 한다.

40 천장크레인의 배전판에 설치되는 기기가 아닌 것은?

① 유니버설 컨트롤러   ② 과전류 개폐기
③ 단락보호장치   ④ 퓨즈

🔍 배전판에는 과전류개폐기, 전원개폐기, 퓨즈, 단락보호장치, 전압계 등이 있다.

41 분진이 발생하는 작업 장소에서 착용하는 일반적인 보호구는?

① 방독마스크   ② 헬멧
③ 귀덮개   ④ 방진마스크

🔍 방진마스크는 공기 중의 분진을 들어 마시지 않도록 하기 위해 사용하는 마스크이다.

42 다음 중 인화성이 가장 큰 물질은?

① 산소   ② 질소
③ 황산   ④ 알코올

🔍 알코올의 인화점은 12℃이다.

43 산업재해를 예방하기 위한 재해예방 4원칙으로 틀린 것은?

① 대량 생산의 원칙
② 예방 가능의 원칙
③ 원인 계기의 원칙
④ 대책 선정의 원칙

🔍 산업재해 재해예방 4원칙은 손실 우연의 원칙, 예방 가능의 원칙, 원인 계기의 원칙, 대책 선정의 원칙 이다.

44 안전보건표지 색채 중 대피장소 또는 방향 표시의 색채는?

① 파란색   ② 녹색
③ 빨간색   ④ 노란색

🔍 안전보건표지의 색채
- 빨간색(금지, 경고) : 정지신호, 소화설비 및 그 장소, 유해행위의 금지, 화학물질 취급장소에서의 유해·위험 경고
- 노란색(경고) : 화학물질 취급장소에서의 유해·위험 경고 이외의 경고, 주의 표지 또는 기계방호물
- 파란색(지시) : 특정 행위의 지시 및 사실의 고지
- 녹색(안내) : 비상구 및 피난소, 사람 또는 차량의 통행 표시
- 흰색 : 파란색 또는 녹색에 대한 보조색
- 검은색 : 문자 및 빨간색 또는 노란색에 대한 보조색

45 안전한 해머작업을 위한 해머 상태로 옳은 것은?

① 머리가 깨어진 것
② 쐐기가 없는 것
③ 타격 면에 홈이 있는 것
④ 타격 면이 평탄한 것

🔍 해머작업 시에는 장갑을 착용하지 않아야 하며, 타격면이 평탄한 것을 사용한다.

46 화재 시 소화원리에 대한 설명으로 틀린 것은?

① 기화소화법은 가연물을 기화시키는 것이다.
② 냉각소화법은 열원을 발화온도 이하로 냉각하는 것이다.
③ 질식소화법은 가연물에 산소공급을 차단하는 것이다.
④ 제거소화법은 가연물을 제거하는 것이다.

🔍 소화효과
• 냉각소화 : 냉각에 의한 소화방법, 액체의 증발잠열 또는 열용량이 큰 고체를 이용
• 질식소화 : 산소의 공급을 차단하는 소화방법, 산소농도 저하로 인한 소화
• 제거소화 : 가연물을 제거하여 소화, 기체 및 액체로 인한 대화재의 경우 유일한 소화법
• 억제소화 : 연속적 관계의 차단 소화방법, 할로겐, 알칼리 금속 첨가로 불활성화

47 벨트를 풀리에 걸 때 가장 올바른 방법은?

① 회전을 정지시킨 때
② 저속으로 회전할 때
③ 중속으로 회전할 때
④ 고속으로 회전할 때

🔍 벨트를 풀리에 걸 때는 회전을 정지시킨 후 안전하게 건다.

48 안전 관리상 보안경을 사용해야 하는 작업과 가장 거리가 먼 것은?

① 장비 밑에서 정비 작업을 할 때
② 산소 결핍 발생이 쉬운 장소에서 작업을 할 때
③ 철분 또는 모래 등이 날리는 작업을 할 때
④ 전기용접 및 가스용접 작업을 할 때

🔍 산소결핍 발생이 쉬운 장소에서는 호흡용 보호구를 착용하고 작업을 한다.

49 화상을 입었을 때 응급조치로 옳은 것은?

① 된장을 바른다.
② 메틸알코올에 담근다.
③ 미지근한 물에 담근다.
④ 시원한 물에 담근다.

🔍 화상을 입었을 때 응급조치방법은 우선 냉수나 식염수 등을 이용하여 화상부위의 화기를 식힌다.

50 안전표지의 구성요소가 아닌 것은?

① 모양   ② 색깔
③ 내용   ④ 크기

🔍 안전표지의 구성요소는 모양, 색깔, 내용이다.

51 줄걸이용 체인을 사용해야 되는 곳으로 적합하지 않은 곳은?

① 고열물 작업 장소
② 수중 작업 장소
③ 마그넷 크레인의 마그넷 지지
④ 천장크레인의 완충장치

52 줄걸이용 와이어로프의 안전율은 몇 이상인가?

① 2   ② 3
③ 4   ④ 5

🔍 와이어로프의 안전율

와이어로프의 종류	안전율
권상용 와이어로프, 지브의 기복용 와이어로프, 횡행용 와이어로프 및 케이블 크레인의 주행용 와이어로프	5.0
지브의 지지용 와이어로프, 보조로프 및 고정용 와이어로프	4.0
케이블 크레인의 주 로프 및 레일로프	2.7
운전실 등 권상용 와이어로프	10.0

53 화물의 중량을 구하는 방법으로 옳은 것은?

① 체적 × 비중
② 넓이 × 높이
③ 넓이 × 체적
④ 넓이 × 비중

🔍 화물의 중량 = 체적×비중. 단, 체적 = 가로×세로×높이이다.

54 다음 〈그림〉과 같이 1,500kgf의 짐을 90°로 걸어 올렸을 때 한 줄에 걸리는 무게는 약 몇 [kgf]인가? (단, 로프의 수는 2줄임)

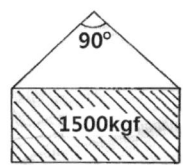

① 1,050
② 1,060
③ 1,500
④ 1,750

🔍 1줄에 걸리는 하중 = $\dfrac{\text{부하물의 하중}}{\text{줄걸이 수} \times \text{조각도}}$ = $\dfrac{1500}{2 \times \cos\frac{90°}{2}}$
= $\dfrac{1500}{2 \times \cos 45°}$ ≒ 1060[kgf]

55 〈그림〉과 같이 양손의 손바닥을 앞으로 하여 머리 위에서 급히 좌우로 2~3회 흔드는 작업신호는?

① 호출
② 신호 불명
③ 비상 정지
④ 작업 완료

56 「와이어로프의 사용한도는 소선수가 ( )% 이상 절단된 경우와 직경의 감소가 원직경의 ( )% 이상인 경우이다.」에서 ( )에 들어갈 각각의 숫자는?

① 7, 10
② 10, 7
③ 10, 15
④ 15, 10

🔍 사용이 금지되는 와이어로프
• 이음매가 있는 것
• 와이어로프의 한 꼬임에서 끊어진 소선(素線)(필러선은 제외)의 수가 10% 이상(비자전로프의 경우에는 끊어진 소선의 수가 와이어로프 호칭지름의 6배 길이 이내에서 4개 이상이거나 호칭지름 30배 길이 이내에서 8개 이상)인 것
• 지름의 감소가 공칭지름의 7%를 초과하는 것
• 꼬인 것
• 심하게 변형되거나 부식된 것
• 열과 전기충격에 의해 손상된 것

57 줄걸이 작업 시의 안전사항으로 틀린 것은?

① 정지 시 역 브레이크는 되도록 쓰지 말 것
② 가능한 매다는 물체의 중심을 높게 할 것
③ 매다는 물체의 중량 판정을 정확히 할 것
④ 가능하면 한 가닥으로 중량물을 인양하지 말 것

🔍 줄걸이 작업 시 가능한 매다는 물체의 중심을 낮게 해야 한다.

58 와이어로프 선정 시의 고려사항과 가장 거리가 먼 것은?

① 사용빈도
② 작업환경조건
③ 하중의 종류
④ 와이어로프의 자체중량

🔍 와이어로프는 사용빈도, 작업환경조건, 하중의 종류 등을 고려하여 선정하도록 한다.

59 신호수의 준수사항이 아닌 것은?

① 신호수는 운전자에게 정확한 신호로 전달한다.
② 신호수는 규정된 신호방법에 의거 신호한다.
③ 대형 화물을 권상할 때는 반드시 2명의 신호수를 배치한다.
④ 짐 밑에 들어가거나 짐 위에 타는 사람이 없도록 한다.

🔍 신호수는 1인을 배치하며, 수신호·경적을 정확하게 사용하여야 한다.

60 와이어로프의 주요 구성요소가 아닌 것은?

① 소선　　　　② 스트랜드
③ 심강　　　　④ 클립

> 🔍 와이어로프 구성요소는 소선, 스트랜드, 심강으로 구성되어 있다.

정답 2014년 3회

01 ④	02 ①	03 ④	04 ③	05 ④
06 ③	07 ④	08 ②	09 ①	10 ③
11 ④	12 ②	13 ②	14 ①	15 ④
16 ②	17 ②	18 ④	19 ④	20 ①
21 ④	22 ③	23 ④	24 ①	25 ③
26 ③	27 ①	28 ④	29 ④	30 ③
31 ④	32 ①	33 ④	34 ②	35 ④
36 ②	37 ②	38 ③	39 ②	40 ①
41 ④	42 ④	43 ①	44 ②	45 ④
46 ①	47 ①	48 ②	49 ④	50 ④
51 ④	52 ④	53 ①	54 ②	55 ③
56 ②	57 ②	58 ④	59 ③	60 ④

2014년 4회 공단 기출문제

01 감속기의 소음발생 원인에 해당하지 않는 것은?

① 윤활유의 공급이 과다한 경우5
② 감속기 제작 상측의 평행도가 맞지 않은 경우
③ 기어의 치면에 흠집이 있는 경우
④ 기어의 백래시(Backlash)가 너무 작은 경우

🔍 윤활유가 부족하거나 부적당한 오일이면 소음이 발생한다.

02 크레인 리미트 스위치의 종류가 아닌 것은?

① 크랭크식   ② 스크루식
③ 캠식   ④ 중추식

🔍 권상장치의 권과방지장치
• 중추식 : 훅(hook)의 접촉으로 인하여 작동
• 스크루식(나사식) : 드럼의 회전에 의하여 작동하며, 연동장치에 의해 피드나사가 회전하면 그것과 맞물리는 너트(nut)가 이동하여 개폐기의 레버를 움직여 접점에 개폐를 행하는 방식
• 캠식 : 드럼과 연동되어 회전을 하고, 원판 모양으로 주위에 배치된 볼록 및 오목 캠에 의해 스위치의 레버를 작동

03 천장크레인의 주요 구조에 해당하지 않는 것은?

① 거더(Girder)   ② 새들(Saddle)
③ 크래브(Crab)   ④ 훅(Hook)

🔍 천장크레인의 주요 구조는 크래브, 거더, 새들, 횡행장치, 주행장치, 권상장치, 운전실 등이 있다.

04 천장크레인에서 통로의 설치조건으로 틀린 것은?

① 통로 바닥면은 미끄러지거나 넘어지는 등의 위험이 없는 구조여야 한다.
② 통로의 폭은 최소 60cm 이상이어야 한다.
③ 정격하중이 3톤 이상인 천장크레인의 거더에는 통로를 설치하여야 한다.
④ 통로에 설치되는 난간의 높이는 90cm 이상이어야 한다.

🔍 통로의 설치
• 천장주행크레인, 갠트리크레인 및 언로더에 있어서는 정격하중이 3톤 이상의 크레인 거더 및 지브형 크레인 등의 지브에는 폭 40cm 이상의 통로를 전 길이에 걸쳐서 설치해야 한다. 다만, 점검대 또는 그 밖에 해당 크레인을 점검할 수 있는 설비가 구비되어 있는 것은 제외 할 수 있다.
• 크레인 거더 또는 수평 지브위에 설치된 트롤리 및 그 밖에 장치의 횡행 및 수평지브의 선회에 설치되는 통로부분은 바닥면으로부터 높이 90cm 이상의 튼튼한 손잡이로 된 난간이 설치되어야 하고 중간대 및 바닥면으로부터 높이 10cm 이상의 발끝막이판을 설치할 것
• 바닥면은 미끄러지거나 넘어지는 등의 위험이 없는 구조일 것

05 크레인의 권상용 와이어로프는 달기기구 및 지브의 위치가 가장 아래쪽에 위치할 때 드럼에 몇 바퀴 이상 감기어 남아 있어야 하는가?

① 1바퀴
② 2바퀴
③ 3바퀴
④ 4바퀴

🔍 드럼은 훅의 위치가 가장 낮은 곳에 위치할 때 클램프 고정이 되지 않은 로프가 드럼에 2바퀴 이상 남아 있어야 하며, 훅의 위치가 가장 높은 곳에 위치할 때 해당 감김 층에 대하여 감기지 않고 남아있는 여유가 1바퀴 이상인 구조여야 한다.

06 나사형 권과방지장치를 설명한 것으로 틀린 것은?

① 권상드럼의 회전수와 관계가 없다.
② 상하한 전양정에서 작동하므로 정지 정도가 나쁘다.
③ 와이어로프를 교환한 경우에는 권과방지장치를 재조정하여야 한다.
④ 스프로킷을 교환하는 경우에 기어의 치수를 변경시키면 양정 간격을 확보할 수 없다.

🔍 스크루식(나사식)은 드럼의 회전에 의하여 작동하며, 연동장치에 의해 피드나사가 회전하면 그것과 맞물리는 너트(nut)가 이동하여 개폐기의 레버를 움직여 접점에 개폐를 행하는 방식으로 권상드럼의 회전수와 비례하여 이동한다.

07 권선의 변환·수리 시 잘못해서 계자의 회전방향을 거꾸로 결선하면 역전하여 위험하므로 이런 경우 회로를 자동적으로 차단하는 기기는?

① 무전압 보호장치
② 타임 릴레이
③ 역상 보호계전기
④ 역전 연동기

08 천장크레인의 제어반 구조로 틀린 것은?

① 내부 배선은 전용의 단자를 사용할 것
② 외함의 구조는 충전부가 노출되도록 오픈형일 것
③ 제어반에는 과전류 보호용 차단기 또는 퓨즈가 설치되어 있을 것
④ 제어반에는 제어반의 명칭, 전원의 정격이 표시된 이름판을 각각 붙일 것

> 제어반 외함의 구조는 충전부가 노출되지 않도록 폐쇄형이어야 한다.

09 유압 압상 브레이크(Thruster Brake)의 설명 중 틀린 것은?

① 전동기, 원심펌프, 실린더, 피스톤으로 구성되어 있다.
② 유압을 발생시켜 압상력을 얻어 제동이 일어난다.
③ 전자 브레이크에 비해 충격이 작아 각부의 파손 및 마모가 적다.
④ 동작시간이 빨라 속도제어용으로 사용하는 것이 아니고, 오로지 정지의 목적으로만 사용한다.

> 유압 압상 브레이크는 권상장치에 사용되며, 속도제어용으로 사용한다.

10 작업 중 와이어로프 등이 훅에서 이탈되는 것을 방지하기 위하여 훅에 설치되는 장치는?

① 권과방지장치   ② 감속장치
③ 해지장치   ④ 제동장치

> 훅 해지장치는 와이어로프가 훅에서 이탈되는 것을 방지하기 위해 설치되는 장치이다.

11 버퍼 스토퍼(Buffer Stopper)에 대한 설명으로 맞는 것은?

① 경질고무나 스프링 또는 유압을 이용하여 충돌시 완충시켜 주는 장치이다.
② 전기식과 기계식이 있다.
③ 권상장치에 부착하는 안전장치이다.
④ 차륜에 부착하여 차륜의 마모를 방지해 준다.

> 주행 버퍼스토퍼는 경질고무나 스프링 또는 유압을 이용하여 서로 충돌 시 충격을 완화시켜 주는 장치이다.

12 천장크레인의 주행레일의 연결부 틈새는 몇 [mm] 이하여야 하는가?

① 10
② 15
③ 3
④ 5

> 주행레일
> • 연결부의 틈새는 천정크레인은 3mm, 기타 크레인은 5mm 이하일 것
> • 레일 연결부의 엇갈림은 상하 0.5mm 이하, 좌우 0.5mm 이하일 것
> • 레일측면의 마모는 원래 규격치수의 10% 이내일 것
> • 주행레일의 높이편차는 기준면으로부터 최대 ±10mm 이내이고, 좌우레일의 수평차는 10mm 이내, 레일의 구배량은 주행길이 2m 마다 2mm를 초과하지 않을 것
> • 주행레일의 진직도는 전 주행길이에 걸쳐 최대 10mm이내이고, 수평방향의 휨량은 주행길이 2m마다 ±1mm 이내일 것

13 천장크레인 운전실의 구비조건과 가장 거리가 먼 것은?

① 운전실에는 적절한 조명을 갖출 것
② 운전실은 달기기구의 흔들림과 연동되도록 트롤리에 설치할 것
③ 운전자가 안전한 운전을 할 수 있는 충분한 시야를 확보할 수 있을 것
④ 운전자가 용이하게 조작할 수 있는 위치에 개폐기 및 경보 장치 등을 설치할 것

○ 운전실 또는 운전대의 구조
- 운전자가 안전한 운전을 할 수 있는 충분한 시야를 확보할 수 있을 것
- 운전자가 쉽게 조작할 수 있는 위치에 개폐기, 제어기, 브레이크, 경보장치 등을 설치할 것
- 운전자가 접촉하는 것에 의해 감전위험이 있는 충전부분에는 감전방지를 위한 덮개나 울을 설치할 것
- 분진이 현저하게 발산하는 장소에 설치하는 크레인의 운전실은 분진의 침입을 방지할 수 있는 구조일 것
- 물체의 낙하, 비래 등의 위험이 있는 장소에 설치되는 크레인의 운전대에는 안전망 등 안전한 조치를 할 것
- 운전실 등은 훅 등의 달기기구와 간섭되지 않아야 하며 흔들림이 없도록 견고하게 고정할 것

14 횡행레일 양 끝에 설치하는 횡행차륜 정지용 스토퍼(Stopper)의 높이는?

① 횡행차륜 지름의 1/2 이상
② 횡행차륜 지름의 1/3 이상
③ 횡행차륜 지름의 1/4 이상
④ 횡행차륜 지름의 1/5 이상

○ 레일의 정지기구
- 크레인의 횡행레일에는 양끝부분 또는 이에 준하는 장소에 완충장치, 완충재 또는 해당 크레인 횡행 차륜 지름의 4분의 1 이상 높이의 정지 기구를 설치해야 한다.
- 크레인의 주행레일에는 양끝부분 또는 이에 준하는 장소에 완충장치, 완충재 또는 해당 크레인 주행 차륜 지름의 2분의 1 이상 높이의 정지 기구를 설치해야 한다.

15 천장크레인 주행용 레일(Rail)의 구배량은?

① 주행길이 2m당 0.5mm를 초과하지 않을 것
② 주행길이 2m당 2mm를 초과하지 않을 것
③ 주행길이 10m당 1mm를 초과하지 않을 것
④ 주행길이 10m당 2mm를 초과하지 않을 것

○ 주행레일의 높이편차는 기준면으로부터 최대 ±10mm 이내이고, 좌우레일의 수평차는 10mm 이내, 레일의 구배량은 주행길이 2m 마다 2mm를 초과하지 않아야 한다.

16 옥내에 설치된 크레인에서 횡행을 제동하기 위한 브레이크를 설치하지 않아도 되는 속도는?

① 20m/min 이하   ② 30m/min 이하
③ 40m/min 이하   ④ 50m/min 이하

○ 크레인은 횡행을 제동하기 위한 브레이크를 설치해야 한다. 다만, 횡행속도가 매분당 20m 이하로서 옥내에 설치되거나 인력으로 횡행되는 크레인에는 적용하지 않는다.

17 천장크레인의 횡행장치는?

① 크레인 전체를 움직이기 위한 장치이다.
② 크레인에서 짐을 들어 올리거나 내리기 위한 장치이다.
③ 센터포스트를 중심으로 선회하기 위한 장치이다.
④ 크래브 또는 트롤리를 크레인의 거더 위에서 수평방향으로 이동시키기 위한 장치이다.

○ 주행(travelling)이란 크레인 일체가 이동하는 것을 말하며, 횡행(traversing)이란 크래브(crab) 또는 트롤리(trolley)가 거더, 트랙, 로프, 지브 등을 따라 이동하는 것을 말한다.

18 천장크레인 권상장치의 주요 구성요소에 해당하지 않는 것은?

① 전동기   ② 감속기
③ 브레이크   ④ 경보장치

○ 권상장치의 구성요소는 전동기, 감속기, 브레이크 등이다.

19 다음 중 크레인에서 사용하는 훅의 일반적인 재질은?

① 기계구조용 탄소강
② 구조용 고장력 탄소강
③ 용접 구조용 압연강
④ 리벳용 원형강

○ 훅의 재질로는 탄소강 단강품이나 기계구조용 탄소강을 사용한다.

20 전동기의 보호, 제어 및 전원의 개폐를 목적으로 설치된 것은?

① 권과방지장치   ② 배전함
③ 집전장치   ④ 리미트 스위치

○ 배전함은 전동기의 보호, 제어 및 전원의 개폐를 목적으로 설치된다.

21 배선 및 전기기기의 점검·정비를 위하여 측정 장비로 널리 활용되는 것은?

① 충전기　　② 변압기
③ 멀티테스터　④ 청진기

🔍 멀티테스터는 하나의 장치로 전류, 저항, 전압 등을 측정하는 장비로 사용한다.

22 슬라이딩 베어링에서는 원통 모양의 베어링 메탈을 끼워 사용하는데, 이것을 무엇이라고 하는가?

① 저널　　② 롤러
③ 부시　　④ 붐

🔍 부시는 파이프 모양으로 슬라이딩 베어링에 사용한다.

23 다음 중 급유주기가 가장 짧은 것은?

① 구름 베어링 하우징　② 개방치차
③ 부시(미끄럼 베어링)　④ 롤러 체인

🔍 부시(bush)의 급유 주기는 최소 8시간 이내이다.

24 천장크레인 운전 작업 시 전동기가 발열하는 원인이 아닌 것은?

① 사용빈도가 높을 경우
② 부하가 과대할 경우
③ 전압강하가 심할 경우
④ 단선되었을 경우

🔍 단선된 경우 전동기가 작동되지 않는다.

25 크레인 운전 시의 안전수칙으로 알맞지 않은 것은?

① 정격하중을 초과하는 작업 금지
② 매일 작업 개시 전 브레이크, 클러치, 컨트롤러 기능 및 와이어로프의 이상 여부 등을 점검
③ 지정된 신호수에 의해 명확한 신호를 받아 작업
④ 화물의 적재장소가 협소한 경우에는 통로 확보를 위해 권상한 상태를 유지

🔍 화물을 권상한 상태를 유지하는 것을 금지한다.

26 플렉시블 커플링 러버(Rubber)의 가장 주된 역할은?

① 유연성 및 쇼크 흡수성을 부여하기 위해서
② 커플링 볼트를 보호하기 위해서
③ 브레이크 슈를 보호하기 위해서
④ 브레이크 모터의 센터링을 좋게 하기 위해서

🔍 플렉시블 커플링 러버는 두 개의 축을 정확히 일치시키기 어려울 때 진동 및 충격을 흡수하는 목적으로 사용한다.

27 축은 그대로 두고 보스에만 홈을 판 키는?

① 새들키　　② 평키
③ 성크키　　④ 미끄럼키

🔍
- 안장키(saddle key) : 축은 키홈을 절삭치 않고 보스에만 홈을 파서 사용하며, 극 경하중용으로 마찰력으로 고정시킨다.
- 평키(flat key) : 축에 자리만 평평하게 가공하며 보스에 기울기(1/100)가 있다. 경하중에 쓰이며, 안장 키이 보다는 강하다.
- 묻힘키(sunk key)
  - 드라이빙키 : 축과 보스에 다 같이 홈을 파서 사용하며, 기울기가 1/100이며, 해머로 때려 박는다.
  - 세트키 : 축과 보스에 다 같이 홈을 파서 사용하며, 축심에 평행으로 끼우고 보스를 밀어 넣는다.
- 패더키(feather key) : 묻힘키의 일종으로 미끄럼키라고도 한다. 축방향으로 보스의 이동이 가능하며 보스와의 간격이 있어 회전 중 이탈을 막기 위해 고정하는 수가 많다.

28 권선형 유도전동기의 속도조정 목적으로 사용되는 것은?

① 슬립링　　② 회전자
③ 고정자　　④ 2차 저항기

🔍 2차 저항기는 권선형 유도전동기의 속도조정을 목적으로 사용된다.

29 다음 절연재료의 종류 중 가장 높은 온도 상승에 견딜 수 있는 것은?

① A종　　② B종
③ E종　　④ F종

절연의 종류 및 허용 최고온도

절연의 종류	허용 최고온도(℃)
Y종	90
A종	105
E종	120
B종	130
F종	155
H종	180
C종	180 초과

30 퓨즈(Fuse)의 설명으로 가장 거리가 먼 것은?

① 전기회로 보호장치이다.
② 퓨즈의 재료는 주석과 납 등이 있다.
③ 퓨즈는 회로에 병렬로 연결한다.
④ 과대전류가 흐르면 녹아 끊어져 전류를 차단한다.

🔍 퓨즈는 회로에 직렬로 연결한다.

31 다음 중 산업안전보건법상 크레인의 최초 검사 후 안전검사 주기는?(단, 건설현장에서 사용하지 아니함을 전제한다.)

① 2년에 1회
② 1년에 1회
③ 1년에 2회
④ 1년에 4회

🔍 크레인은 사업장에 설치가 끝난 날부터 3년 이내 최초 안전검사를 하고, 그 이후부터는 2년 마다 안전검사를 실시한다.

32 비교적 대용량의 크레인에 사용하는 트롤리선의 종류는?

① 경동 트롤리선
② 앵글 트롤리선
③ 레일 트롤리선
④ 황경동 트롤리선

🔍 트롤리선의 종류
• 경동 트롤리선 : 중·소형 천장크레인에 사용
• 앵글 동바 트롤리선 : 앵글에 구리판을 부착한 것
• 레일 트롤리선 : 레일에 구리판을 부착 또는 레일을 직접 이용한 것. 대용량 크레인에 사용

33 구름 베어링 하우징에 1/3 정도 그리스를 급유하면 일반적으로 몇 시간 후 재급유를 하여야 하는가?

① 약 1,000시간
② 약 2,000시간
③ 약 3,000시간
④ 약 4,000시간

🔍 구름베어링 하우징에 1/3 정도 그리스를 급유하면 약 2,000시간 사용가능하다.

34 전동기 회전수를 구하는 계산식은? (단, N : 회전수, f : 주파수, P : 극수, s : slip)

① $N = 120\dfrac{f}{P}(1-s)$
② $N = 120\dfrac{P}{f}(1-s)$
③ $N = \dfrac{f}{120}P(10-s)$
④ $N = 120\dfrac{P}{(1-s)} \times f$

35 천장크레인 전장품(電裝品)의 예비품으로 반드시 확보되지 않아도 되는 것은?

① 전자접촉기 팁과 코일
② 브레이크 라이닝과 코일
③ 터미널 박스와 주 인입 개폐기
④ 퓨즈와 램프

36 운전작업 중의 일반사항으로 틀리게 설명한 것은?

① 운전 중에 운전수는 짐이나 작업 장소로부터 주의력을 다른 곳으로 돌려서는 안 된다.
② 운전 중 전원이 차단되면 즉시 제어기를 OFF 위치에 놓아야 한다.
③ 주행 시작시마다 사이렌을 울려 여러 사람에게 주의하게 해야 한다.
④ 옆 크레인의 스러스트 브레이크가 OFF일 때 운전자가 없으면 조금씩 밀어나가는 작업은 무방하다.

🔍 운전자가 없이 밀어나가는 작업을 하면 안 된다.

37 크레인 운전자가 갖추어야 할 기본사항이 아닌 것은?

① 크레인을 설계할 수 있는 능력이 있어야 한다.
② 크레인의 올바른 운전방법을 습득하여야 한다.
③ 크레인 관련 법령, 지침을 충분히 이해한다.
④ 크레인의 동작특성을 충분히 이해한다.

🔍 크레인을 설계하는 능력은 크레인설계자가 하는 일이다.

38 두 축이 서로 직접 교차하여 맞물려 돌아가는 기어는?

① 평 기어   ② 내접 기어
③ 베벨 기어   ④ 더블 헬리컬 기어

🔍 베벨기어는 두 축이 직각으로 만나고, 축이 교차할 때의 동력을 전달하는데 사용한다.

39 전동기를 접지하는 목적으로 가장 적합한 것은?

① 감전을 방지하기 위해
② 누전을 방지하기 위해
③ 전동기의 과열을 방지하기 위해
④ 전동기에 전기를 공급하기 위해

🔍 전동기에 의한 감전을 방지하기 위해 필요한 설비가 접지이다.

40 동력전달용 나사에서 사다리꼴나사의 특징이 아닌 것은?

① 사각나사보다 제작이 어렵고 정밀도가 낮다.
② 마모에 대한 조정이 쉽다.
③ 동력전달이 정확하다.
④ 강도가 크다.

🔍 사다리꼴나사는 사각나사보다 제작이 쉽고 정밀도가 높다.

41 안전율을 구하는 공식으로 맞는 것은?

① 안전율 = 이동하중/고정하중
② 안전율 = 시험하중/정격하중
③ 안전율 = 사용하중/절단하중
④ 안전율 = 절단하중/사용하중

🔍 안전율(=안전계수) = 절단하중/사용(정격, 안전) 하중

42 줄걸이 용구에 해당되지 않는 것은?

① 와이어로프(Wire Rope)
② 조인트(Joint)
③ 체인(Chain)
④ 새클(Shackle)

🔍 조인트는 축끼리 연결에 사용한다.

43 줄걸이 와이어로프의 끝단 처리방법과 그 효율이 옳게 짝지어진 것은?

① 소켓고정 : 100%
② 코터(쐐기)고정 : 100%
③ 클립고정 : 90%~95%
④ 아이 스플라이스(Eye Splice)고정 : 65%~70%

🔍 줄걸이 와이어로프 끝단 처리방법과 효율
• 소켓 고정 : 100%
• 코터(쐐기) 고정 : 65~70%
• 클립 고정 : 80~85%
• 아이스플라이스 고정 : 75~90%

44 와이어로프 랭꼬임에 대한 설명으로 틀린 것은?

① 보통꼬임보다 손상도가 적다.
② 보통꼬임에 비하여 킹크를 잘 일으키지 않는다.
③ 로프의 꼬임방향과 스트랜드의 꼬임방향이 같다.
④ 보통꼬임보다 사용 수명이 길다.

🔍 랭꼬임의 특징
• 스트랜드와 소선의 꼬임 방향이 같다.
• 소선과 외부 접촉 면적이 길어서 마모가 적고, 유연하며 수명이 길다.
• 꼬임이 풀리기 쉽고, 킹크(kink) 발생이 쉽다.

45 와이어로프 선정에 있어서 고려할 사항으로 가장 거리가 먼 것은?

① 차륜의 답면   ② 사용상의 마모
③ 사용 빈도   ④ 하중의 종류

🔍 와이어로프 선정 시 고려할 사항은 사용상의 마모, 사용빈도, 하중의 종류 등이 있다.

46 〈그림〉과 같이 주먹을 머리에 대고 떼었다 붙였다 하여 호각을 짧게, 길게 부는 신호 방법은?

① 보권사용　　② 주권사용
③ 위로 올리기　④ 작업완료

47 와이어로프 사용 중 (+)킹크(kink) 현상이 발생했다면 이 로프의 절단하중은 신품 기준으로 몇 [%] 저하되었는가?

① 약 90~95%　② 약 50~80%
③ 약 20~40%　④ 변함없다.

> 킹크에 의한 절단하중의 감소율
>
> | 와이어로프상태 | 감소율(%) |
> |---|---|
> | 킹크 없음 | 0 |
> | (+) 킹크 | 25~40 |
> | (−) 킹크 | 50~80 |

48 와이어로프 지름일 가늘 때 사용하는 짝감아 걸이는?

① 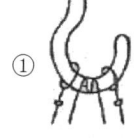　②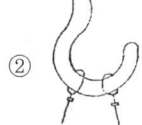

③ 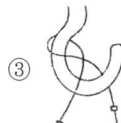　④

49 다음 〈그림〉과 같이 1,500kgf의 짐을 90°로 걸어 올렸을 때, 한 줄에 걸리는 무게는 약 몇 [kgf]인가?

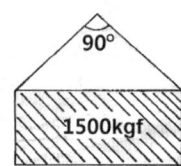

① 1,500　② 1,350
③ 1,060　④ 750

> 1줄에 걸리는 하중 = $\dfrac{\text{부하물의 하중}}{\text{줄걸이 수} \times \text{조각도}}$ = $\dfrac{1500}{2 \times \cos\dfrac{90°}{2}}$
> = $\dfrac{1500}{2 \times \cos 45°}$ ≒ 1060[kgf]

50 줄걸이 작업 시 짐을 매달아 올릴 때 주의사항으로 맞지 않는 것은?

① 매다는 각도는 60° 이내로 한다.
② 짐을 전도시킬 때는 가급적 주위를 넓게 하여 실시한다.
③ 큰 짐 위에 작은 짐을 얹어서 짐이 떨어지지 않도록 한다.
④ 전도 작업 도중 중심이 달라질 때는 와이어로프 등이 미끄러지지 않도록 주의한다.

> 큰 짐 위에 작은 짐을 얹으면 떨어지기 쉬우므로 떨어지지 않도록 매어두는 것이 좋다.

51 작업 시 준수해야 할 안전사항으로 틀린 것은?

① 대형 물건의 기중 작업 시 신호 확인을 철저히 할 것
② 고장 중인 기기에는 표시를 해 둘 것
③ 정전시에는 반드시 전원을 차단할 것
④ 자리를 비울 때 장비 작동은 자동으로 할 것

> 운전석을 비울 때 혹은 최대한 올려놓은 상태이어야 한다.

52 크레인으로 중량물을 운반할 때의 주의사항으로 틀린 것은?

① 시선은 반드시 운반물만을 주시한다.
② 운반물이 추락하지 않도록 한다.
③ 규정 무게를 초과하여 들어 올리지 않는다.
④ 운반물이 흔들리지 않도록 한다.

> 크레인 운전자의 시선을 주위를 넓게 바라보아야 한다.

53 6각 볼트·너트를 조이고 풀 때 가장 적합한 공구는?

① 바이스　② 플라이어
③ 드라이버　④ 복스렌치

> 복스렌치는 공구의 끝부분이 볼트나 너트를 완전히 감싸게 되어 있는 형태의 렌치이다.

54 사고의 원인 중 가장 많은 부분을 차지하는 것은?

① 불가항력 ② 불안전한 환경
③ 불안전한 행동 ④ 불안전한 지시

> 사고를 많이 발생시키는 순서는 불안전한 행동 – 불안전한 조건 – 불가항력 순이다.

55 작업 개시 전에 실시하는 훅(Hook)의 점검기준이 아닌 것은?

① 균열이 없는 것을 사용할 것
② 개구부가 원래 간격의 5%를 초과하지 않을 것
③ 단면 지름의 감소가 원래 지름의 5%를 초과하지 않을 것
④ 두부 및 만곡의 내측에 홈이 있는 것을 사용할 것

> 훅 블록 또는 달기기구
> • 훅 본체는 균열 또는 변형 등이 없어야 하고, 국부마모는 원 치수의 5% 이내일 것
> • 훅 블록 또는 달기기구에는 정격하중이 표기되어 있을 것
> • 볼트, 너트 등은 풀림 또는 탈락이 없을 것
> • 해지장치는 균열, 변형 등이 없을 것

56 화재 시 연소의 주요 3요소로 틀린 것은?

① 고압 ② 가연물
③ 점화원 ④ 산소

> 화재연소의 3요소는 가연물, 점화원, 산소이다.

57 다음 중 장갑을 끼고 작업할 때 가장 위험한 작업은?

① 건설기계 운전 작업 ② 타이어 교환 작업
③ 해머 작업 ④ 오일 교환 작업

> 장갑을 착용해서는 안 되는 작업 : 연삭 작업, 해머 작업, 드릴 작업, 정밀기계 작업

58 가스용접 시 사용하는 봄베의 안전수칙으로 틀린 것은?

① 봄베를 넘어뜨리지 않는다.
② 봄베를 던지지 않는다.
③ 산소 봄베는 40℃ 이하에서 보관한다.
④ 봄베 몸통에는 녹슬지 않도록 그리스를 바른다.

> 봄베 몸통에 녹 방지를 위해 그리스나 오일을 바르면 폭발할 수 있다.

59 근로자 1,000명당 1년간에 발생하는 재해자 수를 나타낸 것은?

① 도수율 ② 강도율
③ 연천인율 ④ 사고율

> 연천인율 = $\dfrac{재해자수}{평균근로자수} \times 100$

60 작업환경 개선방법으로 가장 거리가 먼 것은?

① 채광을 좋게 한다.
② 조명을 밝게 한다.
③ 부품을 신품으로 모두 교환한다.
④ 소음을 줄인다.

> 작업환경은 작업시간·작업방법·작업자세 등 작업조건과 작업상태를 의미한다.

정답 2014년 4회

01 ①	02 ①	03 ④	04 ②	05 ②
06 ①	07 ③	08 ②	09 ④	10 ③
11 ①	12 ③	13 ②	14 ③	15 ②
16 ①	17 ④	18 ④	19 ③	20 ②
21 ③	22 ③	23 ③	24 ①	25 ④
26 ①	27 ①	28 ④	29 ③	30 ④
31 ①	32 ③	33 ②	34 ①	35 ③
36 ④	37 ①	38 ③	39 ①	40 ①
41 ④	42 ②	43 ③	44 ②	45 ①
46 ②	47 ③	48 ①	49 ③	50 ③
51 ④	52 ①	53 ④	54 ③	55 ④
56 ①	57 ③	58 ④	59 ③	60 ③

2015년 1회 공단 기출문제

01 천장크레인의 용량은 정격하중과 스팬으로 표기하는 것이 보통이지만 한 가지를 더 추가한다면?

① 양정
② 권상속도
③ 횡행속도
④ 주행속도

> 천장크레인의 용량은 정격하중(주권과 보권), 스팬의 길이와 천장크레인의 높이를 나타내는 양정으로 표기한다.

02 다음 중 크레인의 훅 블록 또는 달기구의 구비조건이 아닌 것은?

① 훅의 국부 마모는 원치수의 10% 이내일 것
② 훅 블록에는 정격하중이 표기 되어 있을 것
③ 훅 부의 볼트, 너트 등은 풀림, 탈락이 없을 것
④ 훅 해지 장치는 균열, 변형 등이 없을 것

> 훅 블록 또는 달기기구
> • 훅 본체는 균열 또는 변형 등이 없어야 하고, 국부마모는 원치수의 5% 이내일 것
> • 훅 블록 또는 달기기구에는 정격하중이 표기되어 있을 것
> • 볼트, 너트 등은 풀림 또는 탈락이 없을 것
> • 해지장치는 균열, 변형 등이 없을 것

03 크레인 권상 브레이크의 제동 토크는 정격하중에 상당하는 하중을 걸고 권상 시 권상 토크의 몇 배 이상 이어야 하는가?

① 1.5배
② 2배
③ 2.5배
④ 3배

> 제동토크(torque) 값(권상 또는 기복장치에 2개 이상의 브레이크가 설치되어 있을 때는 각각의 브레이크 제동토크 값을 합한 값)은 크레인의 정격하중에 상당하는 하중을 권상 시 해당 크레인의 권상 또는 기복장치의 토크 값(당해 토크 값이 2개 이상 있을 때는 그 값 중 최대의 값)의 1.5배 이상이어야 한다.

04 크레인의 과부하 방지장치용 시브 피치원 직경과 통과하는 와이어로프 지름의 비는 얼마 이상이어야 하는가?

① 2 이상
② 3 이상
③ 4 이상
④ 5 이상

> 권상장치 등의 이퀄라이저 시브 피치원 직경과 해당 이퀄라이저 시브(sheave)를 통과하는 와이어로프 지름과의 비는 10 이상으로 하고, 과부하방지 장치용의 시브 피치원 직경과 해당 시브를 통과하는 와이어로프 지름과의 비는 5 이상으로 할 수 있다.

05 천장크레인 구동축의 안전조건과 가장 거리가 먼 것은?

① 축은 변형 또는 마모가 없을 것
② 축에 가공된 키 홈은 균열 또는 변형이 없을 것
③ 축에 사용된 키는 풀림, 빠짐 및 변형이 없을 것
④ 축심은 축의 회전속도와 비례하는 진동을 할 것

> 크레인의 구동축의 축심은 축을 회전시켰을 때 진동이 없어야 한다.

06 거더 중 부식에 강하며 대 하중, 편심 하중을 받는데 가장 유리한 것은?

① 플레이트 거더
② 트러스 거더
③ 박스 거더
④ 강관구조 거더

> 박스 거더는 전면을 강판으로 둘러싸인 박스모양으로 공간 이용이 용이하고, 부식에 강하며, 중형 이상의 용량(20~50톤)인 크레인에 주로 사용된다.

07 크레인에 사용되는 훅에 대한 설명 중 틀린 것은?

① 훅의 재질은 단조강을 사용한다.
② 양훅은 일반적으로 소형 크레인(소용량)에 사용된다.
③ 장기간 사용하면 벤딩, 경화가 일어나므로 일정기간 사용 후 소둔 처리한다.
④ 훅은 사용 상태에 따라 편훅과 양훅이 있다.

> 훅은 매다는 하중이 50톤 이하 일 때는 편훅을 사용하고, 50톤 이상 일 때는 양훅을 사용한다.

08 직류전동기가 아닌 것은?

① 분권전동기 ② 농형 유도전동기
③ 복권전동기 ④ 직권전동기

> 전동기 종류 : 직류전동기(DC)는 직권·분권·복권전동기가 있고, 교류전동기(AC)는 농형·권선형 전동기가 있다.

09 드럼 홈의 지름은 와이어로프의 공칭지름보다 몇 [%] 크게 하는 것이 좋은가?

① 10 ② 20
③ 30 ④ 40

> 와이어로프 드럼 본체의 홈은 와이어로프 공칭지름보다 10% 크게 제작한다.

10 천장크레인 운전실에 대한 설명으로 옳지 않은 것은?

① 거더의 한쪽 끝 상단부에 설치한다.
② 운전실 내부에는 배전반, 제어기, 브레이크 페달 등이 운전에 편리하도록 배치되어 있다.
③ 개방형은 단열을 하지 않는다.
④ 밀폐형은 매연, 혹서·혹한 시에 대한 대책을 세울 수 있다.

> 천장크레인의 운전실은 거더의 한쪽 끝 하단부에 설치하고, 내부에는 배전반, 제어기, 브레이크 페달 등이 배치되어 있다.

11 브레이크 드럼과 라이닝에 대하여 기술한 것이다. 틀린 것은?

① 드럼의 제동 면이 과열하면 마찰계수가 증가한다.
② 드럼과 라이닝의 간격은 드럼직경의 $\frac{1}{150}$ ~ $\frac{1}{200}$ 이다.
③ 드럼은 열팽창에 의하여 직경 변화가 있다.
④ 드럼 제동면의 요철이 2mm에 도달하면 가공 또는 교환하여야 한다.

> 브레이크 드럼의 제동면이 과열하면 마찰계수가 감소하여 라이닝 재질이 변하므로 150℃를 초과하면 안 된다.

12 크레인 권상장치용 제한 개폐기(limit switch)에 대한 설명으로 맞는 것은?

① 전기적으로 되어 있으므로 고장이 없다.
② 드럼에 로프가 과권이 될 경우 전류를 차단하여 회전을 정지시키는 장치이다.
③ 드럼의 회전수를 조정하는 장치이다.
④ 필히 주전원을 연결하고 조정 작업을 하여야 한다.

> 리미트 스위치는 권상, 횡행, 주행 등 각 장치의 운동에 대한 과행방지기구로 권상용의 경우 로프가 과권이 될 때 전류를 차단하여 드럼 회전을 정지시키는 장치이다.

13 비상정지장치에 대한 설명으로 부적합한 것은?

① 비상 시 조작할 경우에만 작동된다.
② 운전자가 조작 가능한 위치에 설치한다.
③ 작동된 경우에는 동력이 차단되어야 한다.
④ 위험구역에 접근하면 자동으로 작동되어야 한다.

> 비상정지장치는 천장크레인 작동 중 돌발상황이 발생되어 안전사고의 위험이 있을 때 그 상황을 인지한 운전자나 지상의 작업자가 비상스위치를 눌러 크레인을 정지시키는 장치이다.

14 비상정지장치가 작동된 후의 상태가 아닌 것은?

① 주행레버의 작동불능상태
② 횡행레버의 작동불능상태
③ 권상레버의 작동불능상태
④ 모든 조명의 소등상태

> 비상정지장치가 작동되면 작동 중인 크레인에 연결된 동력이 차단되어 모든 기기가 작동불능상태가 되지만 모든 조명은 소등이 되지 않는다.

15 천장크레인 좌우 차륜의 직경 차 한도로 알맞은 것은?

① 구동륜 - 원치수의 0.3%, 종동륜 - 원치수의 0.5%
② 구동륜 - 원치수의 0.2%, 종동륜 - 원치수의 0.5%

③ 구동륜 - 원치수의 0.3%, 종동륜 - 원치수의 0.2%
④ 구동륜 - 원치수의 0.2%, 종동륜 - 원치수의 0.3%

> 크레인 좌우 주행차륜의 직경차이 한도는 구동륜은 원치수의 0.2%이고, 종동륜은 원치수의 0.5% 이내 이다. 또한 차륜직경의 마모한도는 원치수의 3% 이내이다.

16 제어기(Controller)의 설명으로 옳지 않은 것은?

① 전동기의 1차와 2차 제어를 실시하는 것을 직접 가역제어기라 한다.
② 1차의 보조회로를 직접 접촉하여 전자코일을 제어하는 것을 마스터 컨트롤러라 한다.
③ 핸들의 외형 구조에 따라 크랭크식과 레버식이 있다.
④ 제어조작기구에 따라 드럼형과 캠형의 두 종류가 있다.

> 제어기는 전동기의 1차와 2차 제어를 직접하는 직접가역식과 1차의 주회로를 전자접촉으로 전자코일을 제어하는 마스터 컨트롤러(master controller)가 있다.

17 전동기에 대한 설명으로 옳지 않는 것은?

① 교류전동기는 기동회전력이 크고 부하의 변동에 따라 속도가 변화하는 정출력 특성이 있으므로 크레인의 감아돌림, 프로펠러, 팬 등에 사용된다.
② 교류 권선형 유도전동기는 고정자 및 회전자의 양쪽에 권선이 있으며, 이 회전자의 권선에 슬립 링을 통해서 외부저항을 증감하면 부하를 걸었을 때 속도를 가감할 수 있다.
③ 직류전동기에서 전기자는 회전부분을 가리키며, 코일이 들어가는 슬롯이 있는 성층철심으로 구성된다.
④ 교류전동기 고정자의 슬롯에 넣은 코일은 위상이라는 3개의 권선을 형성하도록 연결되어 있다.

> 보기 ①항은 교류전동기가 아닌 직류 직권전동기의 특징이다.

18 크레인 용어 중 양정을 옳게 표현한 것은?

① 주행레일과 레일의 간격
② 횡행레일과 레일의 간격
③ 건물바닥이나 지상에서 크레인 상면까지의 거리
④ 상한 리미트 스위치 작동지점부터 하한 리미트 스위치 작동지점까지의 수직 거리

> 양정이란 훅을 권상 시 상한 리미트 스위치가 작동하는 최고의 높이에서 권하 시 하한 리미트 스위치가 작동하는 최저의 위치까지의 거리를 의미한다.

19 어떤 천장크레인의 시험하중이 110톤일 때 이 크레인으로 작업할 수 있는 하중의 범위는?

① 100톤 이하
② 120톤 이하
③ 125톤 이하
④ 175톤 이하

> 천장크레인의 시험하중은 정격하중의 110%(1.1배)이다.

20 과부하 방지장치의 구비조건이 아닌 것은?

① 안전인증품일 것
② 정격하중의 1.1배 권상 시 경보와 함께 권상, 횡행, 주행 동작이 불가능한 구조일 것
③ 과부하 시 운전자가 용이하게 조정할 수 있는 곳에 설치할 것
④ 임의로 조정할 수 없도록 봉인되어 있을 것

> 과부하 방지장치(안전밸브는 제외) 부착 기준
> • 안전인증품 일 것
> • 정격하중의 1.1배 권상 시 경보와 함께 권상동작이 정지되고 횡행, 주행동작 및 과부하를 증가시키는 동작이 불가능한 구조일 것. 다만, 지브형 크레인은 정격하중의 1.05배 권상 시 경보와 함께 권상동작이 정지되고 과부하를 증가시키는 동작이 불가능한 구조일 것
> • 임의로 조정할 수 없도록 봉인되어 있을 것
> • 시험시 풍속은 8.3m/s를 초과하지 않을 것
> • 접근하기 쉬운 장소에 설치해야 하며, 과부하 시 운전자가 용이하게 경보를 들을 수 있을 것
> • 과부하 방지장치는 한번 작동이 될 경우 과부하가 제거되고 해당 제어기가 중립 또는 정지위치로 돌아갈 때까지는 동작상태를 유지 할 것

21 저항기에 있어서 중간속도로 장시간 운전할 경우 일어나는 현상에 대한 설명으로 가장 적합한 것은?

① 저항기의 온도가 상승한다.
② 전동기의 온도가 내려간다.
③ 다른 속도의 운전과 전동기 온도는 동일하다.
④ 정격속도로 운전하는 것보다 유리하다.

🔍 저항기는 크레인 작동 중 온도가 상승하며 그 허용값은 350℃ 정도이나 정지된 때에는 상온이다.

22 천장크레인의 운동속도에 대한 설명 중 틀린 것은?

① 권상장치에서 속도는 양정이 짧은 것과 권상능력이 큰 것은 빠르게 작동하도록 한다.
② 권상장치에서 속도는 하중이 가벼운 것보다 무거운 것을 느리게 작동되게 한다.
③ 위험물을 운반 시는 가능한 저속으로 운전함이 좋다.
④ 주행속도는 가능한 저속으로 운전하는 것이 좋다.

🔍 크레인의 권상장치에서 속도는 양정이 짧은 것과 권상능력이 큰 것은 느리게 작동하도록 하여야 한다.

23 다음 중 크레인의 안전작업과 거리가 먼 것은?

① 크레인의 탑승은 지정된 사다리를 이용한다.
② 신호수의 사소한 신호에도 주의를 한다.
③ 정격하중 이상의 중량물 권상을 금지한다.
④ 크레인의 정지 시는 신속한 정지를 위하여 역상제동을 사용한다.

🔍 크레인 정지 시 하물, 마그네트 등은 모두 정해진 위치에 내린 후 메인 스위치를 끈다.

24 변압기는 어떤 원리를 이용한 전기장치인가?

① 전자 유도작용   ② 전류의 화학작용
③ 정전 유도작용   ④ 전류의 발열작용

🔍 변압기는 전자 유도작용에 의하여 한편의 권선에 공급한 교류전기를 다른 편의 권선에 동일 주파수의 교류전기의 전압으로 변환시켜주는 역할을 한다.

25 전기 기기의 불꽃(Spark) 발생을 막기 위한 방법으로 틀린 것은?

① 스위치류의 개폐를 신속히 행한다.
② 스위치의 접촉면에 먼지나 이물질이 없도록 한다.
③ 접촉면을 매끄럽게 유지시킨다.
④ 교류보다 직류를 많이 사용해야 한다.

🔍 전기 스파크는 주파수가 클수록 많이 발생하고, 교류보다 직류에서 많이 발생하므로 교류전동기를 많이 사용하는 것이 좋다.

26 볼베어링에서 볼을 적당한 간격으로 유지시키는 것은?

① 부시(bush)
② 레이스(race)
③ 하우징(housing)
④ 리테이너(retainer)

🔍 볼베어링은 볼 또는 로울러와 볼과 볼의 간격을 유지하며 가이드 역할을 하는 리테이너로 구성되어 있다.

27 다음 구름 베어링에 대한 설명으로 틀린 것은?

① 과열의 위험이 적다.
② 마찰계수가 적고 동력 손실이 적다.
③ 윤활유가 적게 들고 급유에 드는 수고가 적다.
④ 저널의 길이를 짧게 할 수 있다.

🔍 회전축 또는 왕복운동을 하는 축을 지지하여 축에 작용하는 하중을 부담하는 요소를 베어링이라 하고, 베어링에 접촉된 부분을 저널이라 하는데, 구름 베어링은 저널의 길이를 짧게 할 수 없다.

28 양축이 동일평면 내에 있고, 그 축선이 30° 이하의 각도로 교차하는 경우에 사용되는 축 이음으로서 훅 조인트라고도 하며, 양축 단에 각각 요크(yoke)를 부착하고, 이것을 십자형의 핀으로 자유로이 회전할 수 있도록 연결한 축 이음은?

① 플렉시블 커플링
② 자재이음(유니버셜 조인트)
③ 오울덤 커플링(Oldham's coupling)
④ 고정축이음

🔍 자재이음(유니버설 조인트)은 두 축이 비교적 떨어진 위치에 있는 경우나 두 축의 각도(편각)가 큰 경우에 이 두 축을 연결하기 위하여 사용되는 축이음(커플링)의 일종이다.

29 운전 중 컨트롤러(Controller) 베어링에 기름이 마르거나 레버(Lever) 조정이 불량하였을 때 나타나는 현상으로 가장 적합한 것은?

① 스파크가 일어난다.
② 핸들(레버)이 무겁다.
③ 작동이 안 된다.
④ 정지한다.

🔍 운전 중 베어링에 윤활유가 없거나 레버의 조정이 불량하거나 이물이 혼입되어 있으면 핸들(레버)이 무겁다.

30 다음은 전동기 분해순서를 열거한 것이다. 바르게 순서대로 열거한 항목은?

ⓐ 외선 커버의 급유용 그리스 니플과 부속 파이프 및 외선 커버를 분해한다.
ⓑ 고정자와 회전자를 분리한 후 베어링을 뽑는다.
ⓒ 슬립링 측의 측함 커버 취부 볼트를 뽑은 후 슬립링 측의 베어링을 분해한다.
ⓓ 외선 팬을 뽑고 브라켓을 분리시킨다.

① ⓐ - ⓑ - ⓒ - ⓓ   ② ⓐ - ⓒ - ⓑ - ⓓ
③ ⓓ - ⓐ - ⓑ - ⓒ   ④ ⓐ - ⓒ - ⓓ - ⓑ

31 크레인 작업종료 시의 주의사항으로 틀린 것은?

① 크레인은 작업을 종료한 위치에 정지시켜 둔다.
② 주 배선용 차단기를 내려놓는다.
③ 전용의 줄 걸이 작업 용구를 사용하고 있는 경우는 소정의 위치에 내려놓는다.
④ 혹 블록은 작업자나 차량의 통행에 지장을 주지 않는 높이까지 권상시켜 둔다.

🔍 크레인 작업 종료 시 크레인을 정해진 위치에 정지하고 각 조작 레버 혹은 컨트롤러를 "0" 점에 놓은 후 부하측부터 전원측으로 NFB(no fuse breaker)를 차단시킨다.

32 다음은 기어에 대하여 서로 관계있는 것 끼리 묶어 놓았다. 틀린 것은?

① 두 축이 평행 - 헬리컬기어
② 두 축이 교차 - 인터널 기어(내 치차)
③ 두 축이 평행도 아니고 교차도 아님 - 웜기어
④ 두 축이 평행 - 스퍼기어(평 치차)

🔍 인터널 기어(내접기어)는 두 축의 회전 방향이 같으며 높은 감속비를 필요로 하는 곳에서 사용한다.

33 천장크레인의 자동 도유 장치는 일반적으로 어느 곳에 도유하는가?

① 주행 차륜 축   ② 주행 차륜 보스
③ 주행 차륜 플랜지   ④ 주행 레일기어

🔍 크레인의 자동 도유 장치는 상단에 있는 오일 통에서 호스를 통해 오일이 공급되며, 주행 차륜 플랜지에 적당량의 오일을 묻혀 레일 측면과 차륜 플랜지의 마모를 줄일 수 있다.

34 전기 저항의 설명으로 틀린 것은?

① 물질 속을 전류가 흐르기 쉬운가 어려운가의 정도를 표시하며, 단위는 옴(Ω)이다.
② 온도 1℃ 상승하였을 때 변화한 저항 값의 비가 재료의 고유저항 또는 비저항이다.
③ 도체의 저항은 그 길이에 비례하고 단면적에 반비례한다.
④ 도체의 접촉면에 생기는 접촉 저항이 크면 열이 발생하고 전류의 흐름이 떨어진다.

🔍 고유저항 또는 비저항은 단위면적당 단위길이당 도체의 전기저항을 말한다.

35 천장크레인에 사용하는 전원은 주로 몇 볼트를 사용하는가?

① 110   ② 440
③ 540   ④ 640

🔍 천장크레인에서 사용하는 전압은 220V, 440V, 3,300V 이지만, 주 사용전원은 440볼트이다.

36 Bearing의 식별기호이다. 안지름에 해당하는 번호는?

$$\underline{62}\ \underline{05}\ \cdot\ \underline{2RSR}\ \cdot\underline{N}\ \cdot\underline{C}$$
　㉠　㉡　　㉢　　　㉣

① ㉠　　　② ㉡
③ ㉢　　　④ ㉣

> ㉠ 형식번호와 지름번호(6 : 단열흡형, 2 : 경하중형), ㉡ 베어링 내경(안지름), ㉢ 베어링 외륜 외경

37 천장크레인을 급출발, 급정지하면 안 되는 사유와 가장 거리가 먼 것은?

① 크레인에 기계적 무리를 가하지 않도록 하기 위하여
② 갑자기 출발하면 인양 화물의 움직임이 비교적 적으므로
③ 취급 물건이 관성에 의하여 심하게 흔들리면 매우 위험하므로
④ 갑자기 과전류가 흘러 전기장치에 무리가 갈 수 있으므로

> 천장크레인을 급출발시키면 인양 화물의 움직임이 갑자기 커져 낙하 위험이 있다.

38 다음 중 브러시를 사용하지 않는 전동기는?

① 직류 전동기
② 권선형 유도전동기
③ 정류자 전동기
④ 농형 유도전동기

> 농형 유도전동기는 구조가 간단하고 튼튼하여 운전 중 성능은 좋으나, 기동 시 성능이 좋지 않아 슬로 스타터가 필요하지만 브러시를 사용하지는 않는다.

39 임시수리에 대해서 기술한 것으로 맞지 않는 것은?

① 순회검사에서 발견한 것으로 수리를 필요로 하는 사항
② 돌발적으로 생긴 고장에 대하여 바로 수리를 행하는 사항
③ 정기검사까지의 기간이 길 때 사용 정도에 따라서 중간에 국부적으로 검사 수리하는 사항
④ 고장이 생기지는 않았으나 운전자가 고장 가능성이 있다고 판단하고 수리하는 사항

> ④항은 연간 정비사항이다.

40 운전 전 배전반의 점검 중 가장 옳은 것은?

① 파워(Power) 램프의 점등을 확인한다.
② 제어기를 운전하여 본다.
③ 크래브의 움직임을 확인한다.
④ 주행, 횡행 시의 요동 또는 속도를 확인한다.

> 크레인 운전 전 배전반 점검은 파워 램프의 점등 유무를 확인해야 한다.

41 와이어로프의 굵기는 무엇으로 나타내는가?

① 외접원의 직경　② 원둘레
③ 스트랜드의 직경　④ 내접원의 직경

> 와이어로프 지름(직경)을 측정할 때는 외접원을 측정하며 와이어로프의 단면적을 봤을 때는 직경이 큰 것을 측정한다.

42 권상용 체인으로 적합하지 않는 것은?

① 안전율이 5 이상일 것
② 연결된 5개의 링크를 측정하여 연신율이 제조 당시 길이의 7% 이하일 것
③ 링크 단면의 지름감소가 당해 체인의 제조 시보다 10% 이하일 것
④ 심한 부식이 없을 것

> 권상용 체인
> • 안전율은 5 이상일 것
> • 연결된 5개의 링크를 측정하여 연신율이 제조당시 길이의 5% 이하일 것(습동면의 마모량 포함)
> • 링크 단면의 지름 감소가 해당 체인의 제조 시보다 10 % 이하일 것
> • 균열이 없을 것
> • 심한 부식이 없을 것
> • 깨지거나 홈 모양의 결함이 없을 것
> • 심한 변형 등이 없을 것

43 와이어로프의 교체시기가 아닌 것은?

① 녹이 생겨 심하게 부식된 것
② 소선의 수가 10% 이상 단선된 것
③ 공칭지름이 3% 초과 마모된 것
④ 킹크가 생긴 것

> 사용이 금지되는 와이어로프
> • 이음매가 있는 것
> • 와이어로프의 한 꼬임에서 끊어진 소선(素線)(필러선은 제외)의 수가 10% 이상(비자전로프의 경우에는 끊어진 소선의 수가 와이어로프 호칭지름의 6배 길이 이내에서 4개 이상이거나 호칭지름 30배 길이 이내에서 8개 이상)인 것
> • 지름의 감소가 공칭지름의 7%를 초과하는 것
> • 꼬인 것
> • 심하게 변형되거나 부식된 것
> • 열과 전기충격에 의해 손상된 것

44 천장크레인에서 하중이 40톤인 화물을 들어올리기 위해서는 와이어로프를 몇 가닥으로 해야 하는가?(단, 와이어로프의 직경은 20mm, 절단하중은 20톤, 자체무게는 0톤이며, 안전계수는 7로 한다.)

① 2가닥(2줄 걸이)
② 8가닥(8줄 걸이)
③ 14가닥(14줄 걸이)
④ 20가닥(20줄 걸이)

> • 와이어로프의 안전하중 = 절단하중/안전계수 = 20/7 = 2.857(톤)
> • 와이어로프의 가닥 수 = 부하물의 하중/안전하중 = 40/2.857 = 14[줄]

45 와이어로프 1줄 걸이 방법의 특징으로 틀린 것은?

① 짐의 중심 잡기가 용이하다.
② 작업이 용이하고 회전이 쉽다.
③ 달아올리는 순간 짐이 돌거나 이동하기 쉽다.
④ 짐이 한쪽으로 치우치면 동여 맨 로프에서 짐이 빠져 떨어질 위험이 있다.

> 와이어로프 1줄 걸이는 짐의 올바른 중심잡기가 어렵다.

46 가로 3m, 세로 2m, 높이 1m인 구리의 무게는 몇 [톤(ton)]인가?(단, 구리의 비중은 9로 한다.)

① 0.54
② 5.4
③ 54
④ 540

> 구리의 무게 = 체적×비중 = (3×2×1)×9 = 54[톤]이다.

47 와이어로프 구성기호 6×19의 설명으로 옳은 것은?

① 6은 소선수, 19는 스트랜드 수
② 6은 안전계수, 19는 절단하중
③ 6은 스트랜드수, 19는 절단하중
④ 6은 스트랜드수, 19는 소선수

> 와이어로프 구성기호는 스트랜드 수×소선 수 이므로, 구성기호 6×19 에서 6은 스트랜드 수 이고 19는 소선 수이다.

48 줄걸이 작업 시의 기본적인 주의사항으로 틀린 것은?

① 줄걸이 작업 중 훅은 운반물체의 중심 위에 위치시킬 것
② 권하 작업 시 급격한 충격을 피할 것
③ 줄걸이 각도는 원칙적으로 60° 이상으로 할 것
④ 권하 작업 시 안전사항을 눈으로 확인할 것

> 줄걸이 작업 시 줄걸이 각도는 원칙적으로 60° 이내로 한다.

49 크레인용 와이어로프에 대한 설명으로 틀린 것은?

① 와이어로프의 재질은 탄소강이며, 소선의 강도는 135~180kgf/mm² 정도이다.
② 고열 작업용으로 스트랜드 한 줄을 심으로 하여 만든 로프도 있다.
③ 와이어로프의 꼬기와 스트랜드의 꼬기 방향이 반대인 것은 랭꼬임이라 한다.
④ 랭꼬임이 보통꼬임보다 손상율이 적으며, 장시간 사용에도 잘 견딘다.

> 와이어로프의 꼬기와 스트랜드의 꼬기가 같은 방향이면 랭꼬임이고, 꼬기 방향 반대이면 보통꼬임이라 한다.

50 와이어로프 작업자가 줄걸이 작업을 실시할 때 짐의 중량에 따른 안전작업 방법이 아닌 것은?

① 짐의 중량을 어림짐작하여 작업한다.
② 정격하중을 넘는 무게의 짐을 매달지 않는다.
③ 상례적으로 정해진 짐의 전문적인 줄걸이 용구를 만들어 작업한다.
④ 짐의 중량 판단에 자신이 없을 때는 상급자에게 문의하여 작업한다.

> 와이어로프 작업자는 화물을 권상하고자 할 때 중량의 정확한 추정이 필요하다.

51 안전보건표지의 종류와 형태에서 〈그림〉의 안전 표지 판이 나타내는 것은?

① 병원 표지
② 비상구 표지
③ 녹십자 표지
④ 안전지대 표지

> 안내표지의 종류

52 해머 사용 시 주의사항이 아닌 것은?

① 쐐기를 박아서 자루가 단단한 것을 사용한다.
② 기름 묻은 손으로 자루를 잡지 않는다.
③ 타격면이 닳아 경사진 것은 사용하지 않는다.
④ 처음에는 크게 휘두르고 차차 작게 휘두른다.

> 해머 작업을 할 때 처음에는 작게 휘두르고 차차 크게 휘두른다.

53 훅(Hook)의 점검과 관리 방법을 설명한 것 중 맞는 것은?

① 입구의 벌어짐이 5% 이상 된 것은 교환하여야 한다.
② 훅의 안전계수는 3 이하이다.
③ 훅의 마모, 균열 및 변형 등을 점검하여야 한다.
④ 훅의 마모는 와이어로프가 걸리는 곳에 5mm의 홈이 생기면 그라인딩 한다.

> 훅의 안전계수는 5 이상이고, 훅 입구의 벌어짐이 5% 이상 된 것은 폐기하여야 하며, 훅의 마모는 와이어로프가 걸리는 곳에 2mm 이상의 홈이 생기면 그라인딩한다.

54 볼트머리나 너트의 크기가 명확하지 않을 때나 가볍게 조이고 풀 때 사용하며 크기는 전체 길이로 표시하는 렌치는?

① 소켓 렌치
② 조정 렌치
③ 복스 렌치
④ 파이프 렌치

> 조정 렌치는 조(Jaw)의 폭을 자유로이 조정하여 사용할 수 있는 공구로 볼트·너트를 풀거나 조이는 작업에 사용하며, 호칭치수는 전체 길이로 나타낸다.

55 정비작업 시 안전에 가장 위배되는 것은?

① 깨끗하고 먼지가 없는 작업환경을 조성한다.
② 회전 부분에 옷이나 손이 닿지 않도록 한다.
③ 연료를 가득 채운 상태에서 연료통을 용접한다.
④ 가연성 물질을 취급 시 소화기를 준비한다.

> 연료를 채운 상태에서 연료통을 용접하면 폭발 및 화재의 위험이 있다.

56 다음 중 기계작업 시 적절한 안전거리를 가장 크게 유지해야 하는 것은?

① 프레스
② 선반
③ 절단기
④ 전동 띠톱 기계

> 전동 띠톱 기계는 비산물에 의한 재해 우려가 있으므로 안전 덮개를 씌우고 충분한 안전거리를 확보한 상태로 작업해야 한다.

57 구급처치 중에서 환자의 상태를 확인하는 사항과 가장 거리가 먼 것은?

① 의식   ② 상처
③ 출혈   ④ 격리

> 격리는 법정감염병, 검역감염병으로 부터의 감염을 방지하기 위해 환자나 보균자 등 타인에게 감염시킬 우려가 있는 사람을 일반의 사회생활 환경에서 분리하는 것은 의미하는 의학용어이다.

58 공장에서 엔진 등 중량물을 이동하려고 한다. 가장 좋은 방법은?

① 여러 사람이 들고 조용히 움직인다.
② 체인 블록이나 호이스트를 사용한다.
③ 로프로 묶어 인력으로 당긴다.
④ 지렛대를 이용하여 움직인다.

> 사람이 이동시킬 수 없는 무거운 중량물은 체인 블록이나 권상(호이스트)장치를 사용하는 것이 좋다.

59 화재의 분류가 옳게 된 것은?

① A급 화재 : 일반 가연물 화재
② B급 화재 : 금속 화재
③ C급 화재 : 유류 화재
④ D급 화재 : 전기 화재

> 화재의 분류
> • A급 화재 : 일반 가연물 화재
> • B급 화재 : 유류(기름) 화재
> • C급 화재 : 전기 화재
> • D급 화재 : 금속 화재

60 중량물을 들어 올리거나 내릴 때 손이나 발이 중량물과 지면 등에 끼어 발생하는 재해는?

① 낙하   ② 충돌
③ 전도   ④ 협착

> 협착은 기계의 움직이는 부분사이 또는 움직이는 부분과 고정 부분 사이에 신체 또는 신체의 일부분이 끼이거나 물리는 것을 의미한다.

정답 2015년 1회

01 ①	02 ①	03 ①	04 ④	05 ④
06 ③	07 ②	08 ②	09 ①	10 ①
11 ①	12 ②	13 ④	14 ④	15 ②
16 ②	17 ①	18 ④	19 ④	20 ③
21 ①	22 ①	23 ④	24 ①	25 ④
26 ④	27 ④	28 ②	29 ①	30 ④
31 ①	32 ②	33 ③	34 ②	35 ②
36 ②	37 ②	38 ④	39 ④	40 ①
41 ①	42 ②	43 ③	44 ③	45 ①
46 ③	47 ④	48 ③	49 ④	50 ①
51 ③	52 ④	53 ①, ③	54 ②	55 ③
56 ④	57 ④	58 ②	59 ①	60 ④

2015년 2회 공단 기출문제

01 마그넷 브레이크 점검결과 라이닝 두께가 30% 감소되었을 때 조치 방법으로 가장 적절한 것은?

① 스트로크를 조정한다.
② 라이닝을 교환한다.
③ 브레이크 드럼직경을 크게 한다.
④ 마모한도에 달할 때 까지 계속 사용한다.

> 브레이크 라이닝 두께의 마모한도는 50%까지 이므로 30% 감소되었으면 스트로크를 조정한 후 다시 사용한다.

02 천장크레인용 시브 홈의 마모 한도는?

① 와이어로프 원 직경의 50%
② 와이어로프 원 직경의 40%
③ 와이어로프 원 직경의 30%
④ 와이어로프 원 직경의 20%

> 시브
> • 시브 본체는 균열, 변형 등이 없을 것
> • 시브 홈은 이상 마모가 없어야 하고, 마모한도는 와이어로프 지름의 20% 이하일 것

03 리미트 스위치(Limit S/W)에 대한 설명 중 틀린 것은?

① 보통 권상장치에 사용하나, 필요에 따라 주행·횡행에도 설치·사용할 수 있다.
② 권하 시 리미트 스위치가 작동하는 지점은 드럼에 와이어로프가 약 3바퀴 정도 남아있는 지점이다.
③ 비상용 리미트 스위치는 상용 리미트 스위치가 고장이 났을 때 작동하는 것이다.
④ 횡행 리미트 스위치는 중추식이 이용된다.

> 중추형 리미트 스위치는 훅의 접촉으로 인하여 작동하는 비상용 스위치로 훅의 과상승 방지용으로 사용된다.

04 천장크레인에서 일반적으로 가장 널리 사용되는 차륜 구동방식으로 맞는 것은?

① 1륜과 3륜
② 3륜과 6륜
③ 5륜과 7륜
④ 2륜과 4륜

> 천장크레인에서 차륜 구동방식은 4륜으로 2륜 구동하는 방식과 8륜으로 4륜 구동하는 방식이 많이 사용된다.

05 크레인에서 횡행속도가 얼마 이상일 경우 횡행레일의 차륜 정지기구에 리미트 스위치 등 전기적 정지장치를 설치하여야 하는가?

① 20m/min 이상
② 32m/min 이상
③ 40m/min 이상
④ 48m/min 이상

> 횡행 속도가 매 분당 48m 이상인 크레인의 횡행레일에는 차륜 정지 기구에 도달하기 전의 위치에 리미트스위치 등 전기적 정지장치가 설치되어야 한다.

06 천장크레인에 설치되어 있는 통로에 관한 설명으로 틀린 것은?

① 통로의 바닥면은 미끄러지거나 넘어질 위험이 없어야 한다.
② 통로의 폭은 40cm 이하로 해야 한다.
③ 통로에는 바닥면으로부터 높이 90cm 이상의 안전난간이 설치되어야 한다.
④ 통로에는 바닥면으로부터 높이 10cm 이상의 발끝막이 판이 설치되어야 한다.

> 통로의 설치
> • 천장주행크레인, 갠트리크레인 및 언로더에 있어서는 정격하중이 3톤 이상의 크레인 거더 및 지브형 크레인 등의 지브에는 폭 40cm 이상의 통로를 전 길이에 걸쳐서 설치해야 한다. 다만, 점검대 또는 그 밖에 해당 크레인을 점검할 수 있는 설비가 구비되어 있는 것은 제외 할 수 있다.
> • 크레인 거더 또는 수평 지브위에 설치된 트롤리 및 그 밖에 장치의 횡행 및 수평지브의 선회에 설치되는 통로부분은 바닥면으로부터 높이 90cm 이상의 튼튼한 손잡이로 된 난간이 설치되어야 하고 중간대 및 바닥면으로부터 높이 10cm 이상의 발끝막이판을 설치할 것
> • 바닥면은 미끄러지거나 넘어지는 등의 위험이 없는 구조일 것

07 와이어로프의 지름이 20mm인 경우 한국산업표준에서 정하고 있는 제조 시 지름의 허용차는 얼마인가?

① 0 ~ -7% ② 0 ~ +7%
③ 0 ~ -5% ④ 0 ~ +5%

🔍 한국산업표준에서 정하는 와이어로프 직경의 허용차는 0 ~ +7%이다.

08 훅(Hook)에 대한 내용 중 틀린 것은?

① 50톤 이상의 훅은 고리가 반드시 1쪽만으로 되어 있어야 하중을 집중해서 들어 올릴 수 있다.
② 훅에는 와이어로프 슬링, 와이어로프걸이용 기구 등이 이탈되는 것을 방지하는 해지장치가 부착되어야 한다.
③ 훅의 강도는 각 부분에 인장하중, 압축하중, 전단하중이 걸리므로 그 응력을 이겨내는 강도를 필요로 하므로 안전계수 5 이상의 것을 사용한다.
④ 훅 사용 중에 줄걸이 부분의 마모는 원치수의 5% 이하이고, 2mm 이하일 때는 다듬어서 사용한다.

🔍 훅에 매다는 화물의 중량이 50톤 이하는 1쪽 현수 훅을 사용하고, 50톤 이상인 것은 양쪽 현수 훅을 사용한다.

09 천장주행크레인의 크래브(Crab) 프레임 위에 설치되는 기계 구성품이 아닌 것은?

① 드럼 ② 권상용 전동기
③ 횡행용 전동기 ④ 주행용 전동기

🔍 크래브 프레임 상단에는 드럼, 권상용 전동기, 횡행용 전동기가 설치되어 있다.

10 사용 중인 천장크레인에서 저항기의 발열온도는 몇 [℃] 까지 허용되는가?

① 150 ② 250
③ 350 ④ 550

🔍 운전 중인 천장크레인에서 저항기의 발열온도 한계는 350℃ 이내이다.

11 천장크레인 배전반의 설치목적이 아닌 것은?

① 전동기 보호 ② 전동기 제어
③ 발전기 구동제어 ④ 전원의 개폐

🔍 천장크레인의 배전반은 전동기 보호, 전동기 제어, 전원의 개폐를 위해 설치한다.

12 전자 브레이크 라이닝 20% 마모 시 상태를 가장 올바르게 표현한 것은?

① 전자석이 손상될 염려가 있다.
② 브레이크 드럼과 라이닝의 간격이 좁아진다.
③ 사용 가능 범위에 있는 상태이므로 정상 사용이 가능하다.
④ 브레이크 드럼의 면이 손상될 우려가 있다.

🔍 전자 브레이크 라이닝 두께의 마모한도는 50% 이내이다.

13 일반적으로 차륜의 재료로 사용되지 않는 것은?

① 주철 ② 주강
③ 특수 주강 ④ 구리

🔍 차륜의 재질에는 차륜압과 사용 상태에 따라 주철 또는 주강이나 특수 주강, 특수 단강 등이 사용된다.

14 천장크레인 주행장치의 동력전달부분에 관한 설명으로 틀린 것은?

① 단일전동기로서 단일감소기어 케이스에 출력을 공급하는 구조를 중앙기어 케이스 구동식이라 한다.
② 출력축이 전동기 양쪽으로 연결된 2중 전동기를 사용하는 것을 중앙전동기 구동식이라 한다.
③ 중앙전동기 구동과 중앙기어 케이스의 복합 형태를 이중기어 케이스 구동식이라 한다.
④ 독립륜 구동식은 2개의 전동기가 각각 독립적으로 설치되어 있다.

🔍 중앙전동기 구동식은 출력축이 전동기 양쪽으로 연결된 단일 전동기를 사용한다.

15 크레인에 과부하 방지장치(안전밸브는 제외)를 부착 시 해당되는 내용이 아닌 것은?

① 법 규정에 의한 안전인증품일 것
② 정격하중의 1.1배 권상 시 경보와 함께 권상 작동이 정지될 것
③ 선회, 횡행 및 주행 작동이 가능한 구조일 것
④ 임의로 조정할 수 없도록 봉인되어 있을 것

🔍 과부하 방지장치(안전밸브는 제외) 부착 기준
- 안전인증품 일 것
- 정격하중의 1.1배 권상 시 경보와 함께 권상동작이 정지되고 횡행, 주행동작 및 과부하를 증가시키는 동작이 불가능한 구조일 것. 다만, 지브형 크레인은 정격하중의 1.05배 권상 시 경보와 함께 권상동작이 정지되고 과부하를 증가시키는 동작이 불가능한 구조일 것
- 임의로 조정할 수 없도록 봉인되어 있을 것
- 시험 시 풍속은 8.3m/s를 초과하지 않을 것
- 접근하기 쉬운 장소에 설치해야 하며, 과부하 시 운전자가 용이하게 경보를 들을 수 있을 것
- 과부하 방지장치는 한번 작동이 될 경우 과부하가 제거되고 해당 제어기가 중립 또는 정지위치로 돌아갈 때까지는 동작 상태를 유지 할 것

16 천장크레인의 비상정지장치에 대한 설명으로 틀린 것은?

① 비상정지장치가 작동되어도 권하 동작만은 중지되지 아니 한다.
② 비상정지장치의 누름버튼은 돌출형이고 적색이어야 한다.
③ 비상정지장치는 접근이 용이한 곳에 배치되어야 한다.
④ 비상정지장치가 작동된 경우 수동으로 전원을 복귀시키는 구조이어야 한다.

🔍 운전 중인 천장크레인의 비상정지장치가 작동한 경우 모든 동력이 차단되어 운행이 중지된다.

17 양정이 50m를 넘는 천장크레인의 사용하중 결정법으로 가장 적당한 것은?

① 와이어로프의 절단하중을 정격하중으로 한다.
② 와이어로프의 안전율은 정격하중에 훅과 불록의 무게만을 고려하여 정한다.
③ 와이어르프의 안전율은 정격하중에 훅, 블록 및 로프 중량까지를 고려하여 정한다.
④ 와이어로프의 안전율은 정격하중에 대하여 정격하중을 2~3으로 하는 것이 적당하다.

🔍 와이어로프 안전율은 정격하중에 훅, 블록 및 로프 중량까지를 고려하여 결정한다.

18 와이어로프를 드럼에서 최대로 풀었을 때 드럼에 최소 몇 바퀴 이상 남겨 놓아야 하는가?

① 1바퀴   ② 2바퀴
③ 4바퀴   ④ 6바퀴

🔍 드럼은 훅의 위치가 가장 낮은 곳에 위치할 때 클램프 고정이 되지 않은 로프가 드럼에 2바퀴 이상 남아 있어야 하며, 훅의 위치가 가장 높은 곳에 위치할 때 해당 감김 층에 대하여 감기지 않고 남아있는 여유가 1바퀴 이상인 구조여야 한다.

19 전동기 브러시 마모한도는 원치수의 몇 [%] 이하이어야 하는가?

① 20   ② 30
③ 40   ④ 50

🔍 전동기 브러시 마모한도는 원치수의 50% 이하 이어야 한다.

20 와이어로프 등이 훅으로부터 이탈되는 것을 방지하는 안전장치는?

① 훅 고정장치   ② 훅 해지장치
③ 로프 고정장치   ④ 로프 해지장치

🔍 훅 해지장치는 훅에 걸린 줄걸이용 와이어로프가 이탈하지 못하도록 설치된 것이다.

21 천장크레인에서 리모컨 크레인의 작업에 대하여 설명으로 틀린 것은?

① 걸어가면서 운전하는 경우는 안전통로를 이용한다.
② 화장실 용무 등 운전을 일시 정지할 경우는 제어기의 전원 스위치를 끈다.
③ 리모컨 크레인은 운전시작 전 제어기의 제어 방향과 당해 크레인의 작동 방향과의 일치여부는 확인할 필요가 없다.

④ 휴식 시나 작업 종료 시 크레인 작업을 종료할 때에는 제어기에서 키를 빼어 조정의 장소에 보관한다.

> 리모컨 크레인은 운전 시작 전 제어기의 제어방향과 크레인의 작동방향과의 일치여부를 확인할 필요가 있다.

22 윤활제의 구비조건으로 틀린 것은?

① 유성이 좋을 것
② 점도가 클 것
③ 화학적으로 안전할 것
④ 인화점이 높을 것

> 윤활유는 유성이 좋으며, 화학적으로 안전하여야 하고, 인화점이 높으며, 점도가 적당하여야 한다.

23 크레인 운전 중에 경보음이 울리는 경우로 바람직하지 않은 경우는?

① 크레인의 운전을 시작할 때
② 미끄러지기 쉬운 물건, 기타 위험물을 운반할 때
③ 하중을 매달고 이동 중 진행 방향에 사람이 있는 경우
④ 크레인 운전 중에는 항상 경보를 울린다.

24 천장크레인에서 주권, 보권이 동시에 표시되어 있을 때 천장크레인의 사용 방법으로 맞는 것은?

① 주감기의 정격하중 이내로 한다.
② 보조감기의 정격하중 이내로 한다.
③ 주감기 및 보조감기 하중의 합계 이내로 한다.
④ 주감기에서 보조감기의 하중을 뺀 값 이내로 한다.

> 천장크레인에 주권·보권이 동시에 표시되어 있어도 주 감기의 정격하중 이내로 한다.

25 피치원의 지름이 30cm, 잇수 12인 평치차의 모듈은 얼마 인가?

① 3.6
② 2.5
③ 3.3
④ 2.4

> 평치차의 모듈(M) = 피치원의 지름(D)/잇수(Z)
> = 30/12 = 2.5

26 440V용 전동기의 절연저항은 최소 얼마 이상이어야 하는가?

① 0.04MΩ
② 0.4MΩ
③ 4MΩ
④ 40MΩ

> 배선의 절연저항
> • 대지전압 150V 이하 : 0.1MΩ
> • 대지전압 150V~300V : 0.2MΩ
> • 사용전압 300V~ 400V ; 0.3MΩ
> • 사용전압 400V 이상 : 0.4MΩ

27 20Ω의 저항에 1.2A의 전류를 흐르게 하려면 몇 [V]의 전압에 필요한가?

① 10
② 15
③ 21
④ 24

> 전압(V) = 저항(Ω) × 전류(A) = 20 × 1.2 = 24[V]

28 퓨즈가 끊어지는 원인이 아닌 것은?

① 과부하가 걸렸을 때
② 회전자의 권선이 단락되었을 때
③ 과전류가 흘렀을 때
④ 리미트 스위치(Limit S/W)가 동작했을 때

> 리미트 스위치의 동작 여부는 퓨즈의 단락 원인과는 무관하다.

29 운전 중 전동기에 전원이 들어오지 않아 정지되었을 때 가장 먼저 점검하여야 할 것은?

① 과부하 계전기 동작 유무 확인
② 집전기 이탈상태 확인
③ 배선 상태 확인
④ 브레이크 동작 상태 확인

> 천장크레인의 전동기 보호를 위해 사용되는 계전기는 과부하 계전기이다.

30 크레인의 일반적인 기동법으로 맞는 것은?

① 2차 저항 기동법
② △Y 기동법
③ 리액터 기동법
④ 소프터 스타터 기동법

🔍 2차 저항 기동법은 권선형 유도전동기 기동법이다.

31 축과 보스에 각각 홈을 파서 때려 박는 일반적인 키(Key) 방식은?

① 묻힘 키(성크 키)   ② 안장 키(새들 키)
③ 평 키(플랫 키)   ④ 원뿔 키(핀 키)

🔍 묻힘키(sunk key)
  • 드라이빙키 : 축과 보스에 다 같이 홈을 파서 사용하며, 기울기가 1/100이며, 해머로 때려 박는다.
  • 세트키 : 축과 보스에 다 같이 홈을 파서 사용하며, 축심에 평행으로 끼우고 보스를 밀어 넣는다.

32 크레인의 안전운전을 위한 수칙이 아닌 것은?

① 크레인의 탑승은 지정된 사다리를 이용한다.
② 크레인을 주행할 때 경적을 울리거나 경광등을 작동한다.
③ 크레인을 운전 중에 반드시 운행일지를 기록한다.
④ 지정된 신호수에 의해 명확한 신호를 받아 동작한다.

🔍 크레인 작업종료 후 운행일지를 작성한다.

33 천장크레인 운전요령 중 메인(Main) 스위치를 투입했는데도 운전실의 신호램프가 들어오지 않을 때 가장 옳은 처리방법은?

① 먼저 정비사에게 연락한다.
② 제어기의 전압이 '0' 상태인가 확인한다.
③ 상사에게 보고한다.
④ 모터에서부터 점검한다.

🔍 크레인 운전실의 신호램프가 들어오지 않을 때 제어기의 전압이 '0' 상태인가 확인하고, 메인스위치를 'ON'으로 작동한다.

34 사용 중인 천장크레인은 산업안전보건법 관련에 따라 주기적인 점검 및 검사를 실시하여야 한다. 다음 중 관계가 없는 것은?

① 안전검사
② 작업시작 전 점검
③ 자율안전프로그램에 의한 검사
④ 완성검사

🔍 완성검사는 크레인 제작 완성 시 하는 검사이다.

35 천장크레인의 장치별 정비시기에 대한 설명 중 틀린 것은?

① 천장크레인의 횡행장치는 사후 보전으로 수리한다.
② 천장크레인의 주행장치는 사후 보전으로 수리해도 무방하다.
③ 천장크레인의 권상장치는 사후 보전으로 수리해도 무방하다.
④ 예방 보전이라 함은 고장이 일어날 것 같은 부분을 계획적으로 교환, 수리하는 방법이다.

🔍 예방 보전은 고장이 발생할 것 같은 부분이나 장치를 계획적으로 교환 및 수리하는 방법으로 천장크레인의 권상장치 등의 중요한 요소는 예방보전으로 정비하여야 한다.

36 베어링 메탈로 사용하기에 적당하지 않은 것은?

① 화이트 메탈   ② 청동
③ 켈 밋   ④ 침탄강

🔍 베어링 메탈 재료는 연한 바탕에 단단한 결정이 미세하게 혼합된 조직인 화이트 메탈, 청동, 켈밋 합금, 주철 등이 있다.

37 화물을 들어 올릴 때의 주의사항으로 거리가 먼 것은?

① 매단 화물 위에는 절대로 타지 말 것
② 섀클로 철판을 세워서 매달 것
③ 줄을 거는 위치는 무게중심보다 낮게 한다.
④ 조금씩 감아올려서 로프 등의 팽팽한 정도를 반드시 확인하여야 한다.

> 섀클(shackle)은 와이어로프나 체인 등을 연결하거나 고정시키는데 사용하는 기구로 철판을 세워 매다는 것과는 거리가 멀다.

38 치차의 마모한계는 피치원에 있어서 치두께 원치수의 40%가 한계이나 보통 몇 [%]에서 교환하는 것이 좋은가?

① 5~10
② 20~30
③ 30~40
④ 30~50

> 기어(치차)의 마모한계는 기어 두께의 원치수의 40% 이내 이나, 보통 20~30% 마모에서 교환하는 것이 좋다.

39 권선형 유도 전동기의 구조에 해당되지 않는 것은?

① 단락형   ② 회전자
③ 고정자   ④ 슬립링

> 권선형 유도전동기는 계자 권선이 있는 고정자, 전동기 안에서 회전하는 회전자, 슬립링으로 구성되어 있다.

40 권선형 3상 유도전동기의 회전방향을 변화시키는 방법으로 적합한 것은?

① 전압을 낮춘다.
② 1차측 공급전원의 3선 중 2선을 바꾼다.
③ 1차측 공급전원의 3선을 모두 바꾼다.
④ 저항기의 저항 값을 변화시킨다.

> 권선형 3상 유도전동기는 정회전에서 역회전으로 변화시키려면 1차측 공급전원의 3선중 2선을 바꾸면 된다.

41 크레인 작업 시의 신호방법으로 바람직하지 않은 것은?

① 신호수단으로 손, 깃발, 호각 등을 이용한다.
② 신호는 절도 있는 동작으로 간단명료하게 한다.
③ 운전자에 대한 신호는 신호의 정확한 전달을 위하여 최소한 2인 이상이 한다.
④ 신호자는 운전자가 보기 쉽고 안전한 장소에 위치하여야 한다.

> 작업 중인 운전자에 대한 신호는 정확한 전달을 위해 정해진 한 사람이 한다.

42 줄걸이 작업 시 섬유벨트의 장점이 아닌 것은?

① 취급이 용이하다.
② 제작이 간단하여 값이 많이 싸다.
③ 하물을 손상시키지 않는다.
④ 와이어로프나 체인보다 가볍다.

> 섬유벨트의 가격은 비교적 저렴하나, 와이어로프나 링크체인보다 가격이 많이 싸지는 않다.

43 하중 W의 물건을 1개의 이동활차와 1개의 고정활차를 이용하여 들어 올리려 한다. 하중 W와 힘 F와의 비 W : F는?

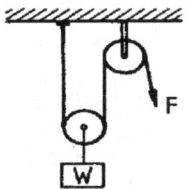

① 1 : 1
② 2 : 1
③ 1 : 2
④ 3 : 1

> 당기는 힘(F)는 하중(W)의 1/2 이므로 W : F = 2 : 1이다.

44 와이어로프를 선정할 때 주의할 때 주의해야 할 사항이 아닌 것은?

① 용도에 따라 손상이 적게 생기는 것을 선정한다.
② 하중의 중량이 고려된 강도를 갖는 로프를 선정한다.
③ 심강(Core)은 사용용도에 따라 결정한다.
④ 높은 온도에서 사용할 경우 반드시 도금한 로프를 선정한다.

> 고온에서 와이어로프를 사용할 때는 도금한 로프는 선정하지 않는다.

45 줄걸이 작업자의 안전적 작업방법을 설명한 것으로 거리가 먼 것은?

① 화물의 하중을 어림짐작하여 작업한다.
② 정격하중을 넘는 무게의 화물을 매달지 않는다.
③ 상례적으로 정해진 화물은 전문적인 줄걸이 용구를 만들어 작업한다.
④ 화물의 하중 판단에 자신이 없을 때는 숙련자에게 문의하여 작업한다.

> 화물의 하중을 정확히 측정해야 작업의 능률을 향상시키고 안전사고를 미연에 방지할 수 있다.

46 와이어로프에 심강을 사용하는 목적으로 틀린 것은?

① 충격 하중의 흡수
② 스트랜드의 위치를 올바르게 유지
③ 소선끼리의 마찰에 의한 마모 방지
④ 와이어 소선의 절약

> 심강은 섬유심·공심·철심으로 나뉘며, 스트랜드의 위치를 올바르게 유지하고 중량물로 인한 충격하중을 흡수하고 소선끼리 발생하는 마찰을 적게하며 마모를 줄이고, 기름을 품고 있어 로프의 내부 녹을 방지한다.

47 크레인에 사용되는 와이어로프 규격에서 로프의 1줄 길이는 몇 [m]를 표준으로 하는가?

① 50m, 100m, 150m
② 100m, 200m, 300m
③ 150m, 250m, 350m
④ 200m, 500m, 1,000m

> 한국산업규격 KS D3514의 규정에 의한 와이어로프 1가닥의 길이는 200m, 500m, 1,000m이다.

48 절단하중이 1,200kgf인 와이어로프를 2줄걸이로 해서 600kgf의 화물을 인양할 때 이 와이어로프 안전율은 얼마 인가?

① 3   ② 4
③ 5   ④ 6

> 와이어로프의 안전율 = (절단하중 × 로프줄 수 × 도르래조합효율) / 권상하중 = (1,200 × 2) / 600 = 4

49 와이어로프를 절단하였을 때 절단부분에서 로프의 꼬임이 풀리는 것을 방지하기 위해 끝을 철선으로 묶는 방법은?

① 시징   ② 클립
③ 엮어 넣기   ④ 킹크

> 시징(seizing)은 절단된 와이어로프의 끝부분이 풀림을 방지하기 위해 끝단을 철사로 마감처리하는 것이다.

50 운전자가 사이렌을 울리거나 손바닥을 안으로 하여 얼굴 앞에서 2~3회 흔드는 신호는?

① 크레인 이상 발생으로 작업 못함
② 신호불명
③ 줄걸이 작업미비
④ 작업완료

> 교재의 크레인 작업 표준 신호지침 참고

51 안전보건표지의 색채 중에서 대피 장소 또는 비상구의 표지에 사용되는 것으로 맞는 것은?

① 빨간색   ② 주황색
③ 녹 색   ④ 청 색

> 안전보건표지의 색채
> • 빨간색(금지, 경고) : 정지신호, 소화설비 및 그 장소, 유해행위의 금지, 화학물질 취급장소에서의 유해·위험 경고
> • 노란색(경고) : 화학물질 취급장소에서의 유해·위험 경고 이외의 경고, 주의 표지 또는 기계방호물
> • 파란색(지시) : 특정 행위의 지시 및 사실의 고지
> • 녹색(안내) : 비상구 및 피난소, 사람 또는 차량의 통행 표시
> • 흰색 : 파란색 또는 녹색에 대한 보조색
> • 검은색 : 문자 및 빨간색 또는 노란색에 대한 보조색

52 중량물 운반에 대한 설명으로 틀린 것은?

① 흔들리는 중량물은 사람이 붙잡아서 이동한다.
② 무거운 물건을 운반할 경우 주위 사람에게 인지하게 한다.
③ 규정용량을 초과하여 운반하지 않는다.
④ 무거운 물건을 상승시킨 채 오랫동안 방치하지 않는다.

🔍 중량물이 심하게 흔들리는 경우 크레인 운전을 정지하여야 한다.

53 일반적으로 연삭기에 부착해야 하는 안전방호장치는?

① 안전덮개
② 급발진장치
③ 양수조작식 방호장치
④ 광전식 안전방호장치

🔍 연삭기에 부착해야하는 안전방호장치는 안전덮개이다.

54 작업에 필요한 수공구의 보관방법으로 적합하지 않는 것은?

① 공구함을 준비하여 종류와 크기별로 보관한다.
② 사용한 공구는 파손된 부분 등의 점검 후 보관한다.
③ 사용한 수공구는 녹슬지 않도록 손잡이 부분에 오일을 발라서 보관한다.
④ 날이 있거나 뾰족한 물건은 위험하므로 뚜껑을 씌워둔다.

🔍 오일이 묻은 손잡이는 미끄럼 등으로 사고를 유발할 수 있으므로 수공구 보관 시는 손잡이를 깨끗하게 유지해야 한다.

55 사고의 원인 중 불안전한 행동이 아닌 것은?

① 허가 없이 기계장치 운전
② 사용 중인 공구에 결함 발생
③ 작업 중에 안전장치 기능 제거
④ 부적당한 속도로 기계장치 운전

🔍 재해의 직접원인(물적요인)
• 불안전한 행동(행위) : 위험장소 접근, 안전장치의 기능 제거, 복장·보호구의 잘못사용, 기계·기구 잘못사용, 운전 중인 기계장치의 손질, 불안전한 속도 조작, 위험물 취급 부주의, 불안전한 상태 방치, 불안전한 자세 동작, 감독 및 연락 불충분
• 불안전한 상태 : 물 자체 결함, 안전 방호장치 결함, 보호구의 결함, 물의 배치 및 작업장소 결함, 작업환경의 결함, 생산 공정의 결함, 경계표시·설비의 결함

56 전기용접의 아크 빛으로 인해 눈이 혈안이 되고 눈이 붓는 경우가 있다. 이럴 때 응급조치사항으로 가장 적절한 것은?

① 안약을 넣고 계속 작업한다.
② 눈을 잠시 감고 안정을 취한다.
③ 소금물로 눈을 세정한 후 작업한다.
④ 냉습포를 눈 위에 올려놓고 안정을 취한다.

🔍 냉습포를 눈 위에 올려놓고 안정을 취하면 눈의 붓기와 안압이 진정된다.

57 벨트 전동장치에 내재된 위험적 요소로 의미가 다른 것은?

① 트랩(Trap)
② 충격(Impact)
③ 접촉(Contact)
④ 말림(Entanglement)

🔍 벨트 전동장치 내 위험요소는 트랩, 접촉, 말림 등이 있다.

58 작업장에서 지켜야 할 준수사항이 아닌 것은?

① 불필요한 행동을 삼가 할 것
② 작업장에서 급히 뛰지 말 것
③ 대기 중인 차량에는 고임목을 고여둘 것
④ 공구를 전달할 경우 시간절역을 위해 가볍게 던질 것

🔍 작업장에서 공구 전달 시 공구를 던지면 공구 파손과 안전사고를 유발할 수 있다.

59 화재발생 시 연소조건이 아닌 것은?

① 점화원
② 산소(공기)
③ 발화시기
④ 가연성 물질

🔍 화재연소의 3요소는 점화원, 산소(공기), 가연성 물질이다.

60 인간공학적인 안전 설정으로 페일세이프에 관한 설명 중 가장 적절한 것은?

① 안전도 검사방법을 말한다.
② 안전통제의 실패로 인하여 원상 복귀가 가장 쉬운 사고의 결과를 말한다.
③ 안전사고 예방을 할 수 없는 물리적 불안전 조건과 불안전 인간의 행동을 말한다.
④ 인간 또는 기계에 과오나 동작상의 실패가 있어도 안전사고를 발생시키지 않도록 하는 통제책을 말한다.

> 페일 세이프(Fail-Safety)
> • 정의 : 인간 또는 기계에 과오나 동작상의 실수가 있어도 안전사고를 발생시키지 않도록 2중 또는 3중으로 통제를 가하도록 한 체제
> • 페일 세이프의 종류 : 다경로 하중 구조, 하중 경감 구조, 교대 구조, 중복 구조

정답 2015년 2회

01 ①	02 ④	03 ④	04 ④	05 ④
06 ②	07 ②	08 ①	09 ④	10 ③
11 ③	12 ③	13 ④	14 ②	15 ③
16 ①	17 ③	18 ②	19 ④	20 ②
21 ③	22 ②	23 ④	24 ①	25 ②
26 ②	27 ④	28 ②	29 ①	30 ①
31 ①	32 ③	33 ②	34 ④	35 ③
36 ④	37 ②	38 ②	39 ①	40 ②
41 ③	42 ②	43 ②	44 ④	45 ①
46 ④	47 ④	48 ②	49 ①	50 ②
51 ③	52 ①	53 ①	54 ③	55 ②
56 ④	57 ②	58 ④	59 ③	60 ④

2015년 3회 공단 기출문제

01 천장크레인에서 전동기의 회전방향을 결정하거나 속도를 조절하는 장치는?

① 새들
② 패널
③ 버퍼
④ 제어기

> 제어기는 천장크레인에서 전동기의 회전방향을 결정하거나 속도를 조절하고, 버퍼(buffer)는 충격을 완화해주는 완충제이다.

02 천장크레인에 사용되는 전선의 색상으로 틀린 것은?

① 주황색 – 접지
② 흑색 – 교류 및 직류 전원선로
③ 적색 – 교류제어회로
④ 청색 – 직류제어회로

> 접지선 – 녹색, 교류 및 직류 전원선 – 흑색, 교류제어회로선 – 적색, 직류제어회로선 – 청색

03 운전자가 펜던트 스위치를 잡고 화물과 함께 이동하는 천장주행크레인에 대한 설명 중 옳은 것은?

① 동일한 주행로 상에 2대의 천장크레인에 대해서는 충돌방지장치를 반드시 설치해야 한다.
② 천장크레인의 주행속도는 분당 70미터 이하이어야 한다.
③ 펜던트 스위치의 전선케이블에는 케이블 보호를 위한 보조와이어로프 등이 설치되어야 한다.
④ 펜던트 스위치 조작전압은 교류인 경우 대지전압 300V 이하이어야 한다.

> • 동일한 주행로 상에 2대 이상 병렬 설치된 것(작업바닥 면에서 펜던트 및 무선원격제어기 등을 조작하며 화물과 운전자가 함께 이동하는 것은 제외)은 크레인이 대면하는 끝 부분에 두 크레인의 충돌을 방지할 수 있는 장치를 설치해야 한다.
> • 펜던트 또는 무선원격제어기를 사용하여 작업바닥 면에서 조작하며 화물과 운전자가 함께 이동하는 크레인의 주행속도는 매 분당 45m 이하여야 한다.
> • 펜던트 스위치에 접속된 케이블은 꼬임이나 무리한 힘이 가해지지 않도록 보조와이어로프 등으로 지지되어야 하고 크레인과의 사이에 접지선이 연결되어 있어야 한다. 다만, 해당 스위치의 외함 구조가 절연제품의 경우에는 접지선을 생략할 수 있다.
> • 조작전압은 대지전압 교류 150V 이하 또는 직류 300V 이하여야 한다.

04 차륜에 대하여 설명한 것 중 틀린 것은?

① 차륜의 재질은 주철, 주강, 특수주강이다.
② 천장크레인 차륜은 보통 양 플랜지의 것이 사용된다.
③ 차륜의 직경은 균일하며 답면 및 플랜지는 열처리가 되어있다.
④ 차륜에는 종동륜만 있다.

> 차륜은 천장크레인이 이동하는데 필요한 구동장치로 구동차륜과 종동차륜이 있다.

05 천장크레인 레일에 있어서 레일의 측면마모와 좌우레일의 수평차는 얼마 이내인가?

① 모두 15mm 이내
② 측면마모는 원래 규격치수의 10% 이내, 좌우레일 수평차는 10mm 이내
③ 측면마모는 원래 규격치수의 25% 이내, 좌우레일 수평차는 25mm 이내
④ 측면마모는 원래 규격치수의 30% 이내, 좌우레일 수평차는 5mm 이내

🔍 **주행레일**
- 연결부의 틈새는 천정크레인은 3mm, 기타 크레인은 5mm 이하일 것
- 레일 연결부의 엇갈림은 상하 0.5mm 이하, 좌우 0.5mm 이하일 것
- 레일측면의 마모는 원래 규격치수의 10% 이내일 것
- 주행레일의 높이편차는 기준면으로부터 최대 ±10mm 이내이고, 좌우레일의 수평차는 10mm 이내, 레일의 구배량은 주행길이 2m 마다 2mm를 초과하지 않을 것
- 주행레일의 진직도는 전 주행길이에 걸쳐 최대 10mm이내이고, 수평방향의 휨 량은 주행길이 2m마다 ±1mm 이내일 것

06 천장크레인의 주요 안전장치가 아닌 것은?

① 권과방지장치　② 비상정지장치
③ 집전장치　　　④ 과부하방지장치

🔍 집전장치는 주행레일을 따라 고정되어 있는 급전장치에서 미끄럼 접촉에 의해 크레인을 운행하기 위한 전원을 공급받는 장치이다.

07 크레인의 양정에 대한 의미로서 가장 알맞은 것은?

① 로프(rope)가 드럼에 감기는 거리
② 훅(hook)이 상·하한 리밋(limit) 사이를 움직일 수 있는 수직거리
③ 기중기의 트롤리(trolley)가 수평으로 움직일 수 있는 최대 거리
④ 운전실 하면(下面)과 지상과의 거리

🔍 양정은 천장크레인의 높이를 나타내며 훅이 상한 리미트와 하한 리미트 사이를 움직일 수 있는 수직거리이다.

08 천장크레인의 권과방지장치의 종류에 해당하지 않는 것은?

① 스크루형 리미트 스위치
② 캠형 리미트 스위치
③ 굴곡형 리미트 스위치
④ 중추형 리미트 스위치

🔍 **권상장치의 권과방지장치**
- 중추식 : 훅(hook)의 접촉으로 인하여 작동
- 스크루식(나사식) : 드럼의 회전에 의하여 작동하며, 연동장치에 의해 피드나사가 회전하면 그것과 맞물리는 너트(nut)가 이동하여 개폐기의 레버를 움직여 접점에 개폐를 행하는 방식
- 캠식 : 드럼과 연동되어 회전을 하고, 원판 모양으로 주위에 배치된 볼록 및 오목 캠에 의해 스위치의 레버를 작동

09 완충장치에서 버퍼 스토퍼(buffer stopper)에 사용되지 않는 것은?

① 경질 고무
② 스프링
③ 유압
④ 플레이트 강판

🔍 충격을 완화해주는 스프링, 고무, 나무, 유압식 버퍼가 사용된다.

10 도르래 홈의 마모 한도는 와이어로프 지름의 몇 [%] 이내인가?

① 10%
② 20%
③ 30%
④ 40%

🔍 **도르래 등의 기준**
- 회전상태가 원활할 것
- 도르래 본체는 균열, 변형, 파손 등이 없을 것
- 도르래 홈은 이상 마모가 없어야 하고, 마모한도는 와이어로프 지름의 20% 이하일 것
- 부시 및 암은 마멸, 균열이 없고 급유상태가 양호할 것
- 브라켓, 키, 핀 등은 파손, 변형 및 휨이 없을 것

11 구조가 간단하고 마모부분이 없으며 유지가 용이하고 정격속도의 1/5의 안정된 저속도를 쉽게 얻을 수 있는 브레이크는?

① 유압 브레이크
② E.C 브레이크
③ D.C 마그넷 브레이크
④ 트러스트 브레이크

🔍 와류브레이크(E.C, eddy current brake)는 권상장치의 속도제어용으로 가장 많이 사용되며 구조가 간단하고 마모부분이 없으며 저속도를 쉽게 얻을 수 있다.

12 드럼은 훅의 위치가 가장 낮은 곳에 위치할 때 클램프 고정이 되지 않는 로프가 드럼에 몇 바퀴 이상 남아 있어야 하는가?

① 1회　　　② 2회
③ 5회　　　④ 7회 이상

드럼은 혹의 위치가 가장 낮은 곳에 위치할 때 클램프 고정이 되지 않은 로프가 드럼에 2바퀴 이상 남아 있어야 하며, 혹의 위치가 가장 높은 곳에 위치할 때 해당 감김 층에 대하여 감기지 않고 남아있는 여유가 1바퀴 이상인 구조여야 한다.

13 권상 장치의 제동 제어용으로 사용이 가장 부적당한 브레이크의 형식은?

① 교류전자 브레이크
② 직류전자 브레이크
③ 유압 압상기 브레이크
④ E.C 브레이크

유압압상기 브레이크는 속도제어용 브레이크로 반응속도가 느린 단점이 있다.

14 천장크레인용 혹(hook)의 입구가 벌어지는 변형량을 시험하는 방법으로 가장 적합한 것은?

① 혹에 정격하중을 동하중으로 작용시켜 입구의 벌어짐이 0.5% 이하이어야 한다.
② 혹에 정격하중의 2배를 정하중으로 작용시켜 입구의 벌어짐이 0.25% 이하이어야 한다.
③ 혹에 최대하중을 동하중으로 작용시켜 입구의 벌어짐이 0.25% 이하이어야 한다.
④ 혹에 정격하중을 정하중으로 작용시켜 입구의 벌어짐이 0.5% 이하이어야 한다.

혹을 제작하고 나서 혹 입구의 치수를 측정한 후 혹에 정격하중의 2배를 정하중으로 작용시켜 입구의 영구변형률이 0.25% 이하이어야 한다.

15 와이어로프의 구성요소가 아닌 것은?

① 소선
② 스트랜드
③ 클립
④ 심강

와이어로프의 구조는 소선, 스트랜드, 심강으로 구성되어 있다.

16 〈그림〉에서 트롤리프레임에 설치된 (A)에 역할로 맞는 것은?

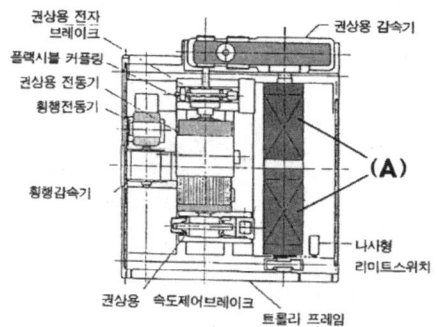

① 트롤리 횡행
② 화물 주행
③ 트롤리선 권상권하
④ 화물 권상권하

17 천장크레인 주행 장치 중 다음 〈그림〉과 같이 각 차륜마다 전동기를 이용하여 구동하는 방식은?

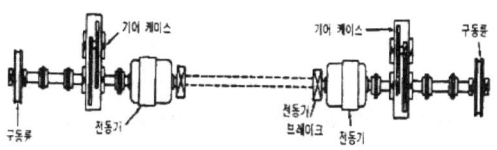

① 중앙 전동기 구동법
② 이중 기어케이스 구동법
③ 중앙 기어케이스 구동법
④ 독립륜 구동법

독립륜 구동식 : 2개의 전동기가 각각 독립적으로 설치

18 천장크레인 좌우레일의 수평 차는 얼마이내 인가?

① ±5mm
② ±10mm
③ ±15mm
④ ±20mm

주행레일
• 연결부의 틈새는 천정크레인은 3mm, 기타 크레인은 5mm 이하일 것
• 레일 연결부의 엇갈림은 상하 0.5mm 이하, 좌우 0.5mm 이하일 것
• 레일측면의 마모는 원래 규격치수의 10% 이내일 것
• 주행레일의 높이편차는 기준면으로부터 최대 ±10mm 이내이고, 좌우레일의 수평차는 10mm 이내, 레일의 구배량은 주행길이 2m마다 2mm를 초과하지 않을 것
• 주행레일의 진직도는 전 주행길이에 걸쳐 최대 10mm이내이고, 수평방향의 휨 량은 주행길이 2m마다 ±1mm 이내일 것

19 과부하방지장치(Overload limiter)에 대한 설명으로 적합한 것은?

① 크레인으로 화물을 들어 올릴 때 최대 허용 하중(적정하중) 이상이 되면 과적재를 알리면서 자동으로 운반 작업을 중단시켜 과적에 의한 사고를 예방하는 방호장치이다.
② 과부하 방지장치는 작동하는 방법에 따라 모터 전자식, 부하식, 기계식으론 구분한다.
③ 기계식은 권상모터에 공급되는 전류 값의 변화에 따라 과전류를 감지하여 제어하는 방식이다.
④ 전기식은 스프링, 방진고무 등의 차짐을 이용하여 마이크로 스위치를 동작시켜 제어 하는 방식이다.

> 과부하방지장치란 크레인으로 화물을 들어 올릴 때 최대 허용 하중(적정하중) 이상이 되면 과적재를 알리면서 자동으로 운반 작업을 중단시켜 과적에 의한 사고를 예방하는 방호장치이다.

20 천장크레인에서 크래브(crab)가 거더에 설치되어 있는 레일을 따라 이동하는 것을 무엇이라 하는가?

① 스팬(span) ② 기복(luffing)
③ 주행(travelling) ④ 횡행(traversing)

> 주행과 횡행
> • 주행(travelling) : 크레인 일체가 이동하는 것을 말한다.
> • 횡행(traversing) : 크래브(crab) 또는 트롤리(trolley)가 거더, 트랙, 로프, 지브 등을 따라 이동하는 것을 말한다.

21 천장크레인의 권상, 권하 시 주의할 사항으로 옳지 않은 것은?

① 와이어로프를 풀 때 필요 이상 풀지 말 것
② 와이어 규정 하중을 지킬 것
③ 와이어로프가 홈에서 벗어나지 않도록 운전할 것
④ 와이어로프를 감을 때는 항상 최대속도로 감을 것

> 권상·권하작업 시 와이어로프를 감을 때는 항상 서서히 1단으로 감아올린다.

22 다음 설명 중에서 틀린 것은?

① 베어링 발열 여부 측정 시 측정온도가 대기온도와 같을 때 결함이 있다고 본다.
② 평 베어링 점검 시 스며 나오는 오일에 이물질이 있는지 이상 유무를 살펴본다.
③ 운전 시 베어링 이상음이 발생하면 즉시 점검해야 한다.
④ 회전 베어링의 하우징(Housing)에 그리스를 1/3 정도 채우면 약 2000 시간 사용 가능하다.

> 베어링의 온도상승범위는 상온 20℃ 이하이며, 베어링 자체온도가 100℃까지는 사용가능하다.

23 매일 작업하는 크레인의 그리스컵에 대한 점검은?

① 주 1회 ② 매일
③ 정기검사 시 ④ 주 2회

> 크레인의 그리스컵 점검은 일상(매일)점검 사항이다.

24 크레인 권상전동기의 소요 동력(kW)을 구하는 식으로 맞는 것은?(단, 단위는 권상하중 : 톤, 속도 : m/min)

① $\dfrac{\{정격\ 하중 + 훅(hook)의\ 자중\} \times 권상전동기\ 효율}{6.12 \times 속도}$

② $\dfrac{\{정격\ 하중 + 훅(hook)의\ 자중\} \times 권상전동기\ 효율}{6.12}$

③ $\dfrac{\{정격\ 하중 + 훅(hook)의\ 자중\} \times 권상전동기\ 효율}{6.12 + 속도}$

④ $\dfrac{\{정격\ 하중 + 훅(hook)의\ 자중\} \times 속도}{6.12 + 권상전동기\ 효율}$

> 권상전동기 소용 동력(kw)을 구하는 공식 = ④

25 천장크레인의 권하 작업 시 E.C.B(에디 커런트 브레이크)가 작동되는 노치는?

① 0(중립) ② 1
③ 2 ④ 3

> E.C.B(Eddy Current Brake)코일로부터 자속을 발생시켜 그 전자력으로 제동 토크를 발생시키는 속도 제어용 브레이크 장치로 속도가 0이면 제동력이 발생하지 않으며, 천장크레인의 권하 작업 시 노치가 1단일 때 작동된다.

26 1마력(PS)은 약 몇 [W] 인가?

① 약 1.3
② 약 3/4
③ 약 735
④ 약 0.735

> 1마력은 75kg의 물체를 1초에 1m 끌어 올리는 힘으로 1마력 = 75kgf · m/sec = 735W = 0.735[kW]이다.

27 와이어로프를 새것으로 교체하여 사용할 경우 초기 운전 시의 주의사항은?

① 시험하중을 걸고 저속으로 여러 번 운전한 후 사용
② 사용 정격하중을 걸고 저속으로 여러 번 운전한 후 사용
③ 사용 정격하중의 1/2 정도를 걸고 저속으로 여러 번 운전한 후 사용
④ 시험하중을 걸고 고속으로 여러 번 운전한 후 사용

> 와이어로프 교체한 후 사용정격하중의 1/2 정도를 걸고 저속으로 여러 번 운전한 후 사용한다.

28 감속기 오일은 점도검사를 하여 교환하지만 일반적으로 몇 시간 사용 후 교환하는가?

① 1,000
② 2,000
③ 3,000
④ 4,000

> 감속기 오일은 2,000시간 사용 후 교환하여야 한다.

29 치차 또는 차륜 등과 같은 회전체를 축에 고정할 때 보통 사용하는 것은?

① 나사(Screw)
② 베어링(Bearing)
③ 클러치(Clutch)
④ 키(Key)

> 키(key)는 치차 또는 차륜 등과 같은 회전체를 축에 고정시키거나 회전력을 전달함과 동시에 축 방향으로 미끄럼 운동을 할 수 있도록 할 때 사용한다.

30 천장크레인의 전동기 보호를 위하여 주로 사용하고 있는 계전기는?

① 과부하 계전기
② 한시 계전기
③ 전력 계전기
④ 주파수 계전기

> 과부하계전기는 전동기의 전원에 과전류가 흐를 때 전동기를 보호하기 위해 전원을 차단하는 장치이다.

31 천장크레인 관련 설명 중 가장 올바른 것은?

① 전기에너지를 기계에너지로 바꾸는 장치를 발전기라 하며 직류발전기와 교류발전기가 있다.
② 마그넷크레인은 철편을 붙였을 때 전기스위치를 끊어도 잔류자기 때문에 철편이 금방 떨어지지 않는다.
③ 저항체는 전력을 열로 바꾸므로 정지 중에도 약 650℃가 될 때가 있으므로 가연물을 가까이 하면 안 된다.
④ 천장크레인용 저항기는 용량이 크고 진동에 강한 권선형이 적합하다.

> 발전기는 기계에너지를 전기에너지로 변환시키는 장치이고, 저항체의 허용온도는 350℃까지이며, 천장크레인에는 그리드형 저항기가 주로 사용된다.

32 일일점검으로 운전 전 점검사항이 아닌 것은?

① Limit S/W의 작동상태
② Brake의 작동상태
③ 기계식 제동기의 이상발열
④ 운전실의 정리 정돈상태

> 기계식 제동기의 이상발열이나 이상한 소리가 나면 운전 중 점검사항으로 바로 수리하여야 한다.

33 전기 판넬에서 고장개소를 파악하기 앞서 제일 먼저 취해야 할 사항은?

① 주 전원 개폐기를 차단한다.
② 터미널 박스를 열어본다.
③ 변압기를 드라이버로 분해한다.
④ 케이블 묶음을 풀어 놓는다.

> 전기 판넬에서 고장개소를 파악하기 전에 주 전원개폐기를 차단하여야 한다.

34 천장크레인이 운전 중 갑작스런 고장으로 정전되었을 때, 크레인 운전원이 가장 먼저 취해야 할 행동은?

① 각 제어기를 OFF 시킨다.
② 즉시 상급자에게 연락하러 간다.
③ 상급자에게 보고한 다음 고장 여부를 확인한다.
④ 고장 여부를 확인하기 위해 즉시 크레인 위로 올라가 본다.

> 무엇보다 먼저 각 제어기를 OFF하고 다음 조치를 취한다.

35 〈그림〉의 직류전자 브레이크 작동 회로에서 R_2 저항의 용도는?

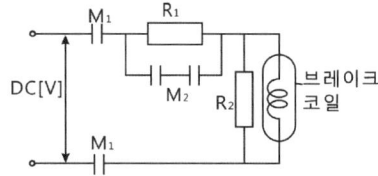

① 충전용
② 전류 절약용
③ 방전용
④ 전압 분배용

36 구름베어링의 호칭번호 6204의 안지름은 얼마인가?

① 20mm
② 23mm
③ 40mm
④ 104mm

> 6204의 04가 베어링의 안쪽지름 치수이다. 01은 10mm, 02는 15mm, 03은 17mm, 04부터는 5를 곱한 수치가 베어링 안지름이므로 04×5 = 20mm이다.

37 다음 중 천장크레인의 교류 전동기에 사용되는 속도 제어 방법이 아닌 것은?

① 계자 제어
② 직렬 저항 제어
③ 전압 제어
④ 출력 제어

> 전동기의 속도제어 방식에는 계자제어, 직렬 저항 제어, 전압제 어방식이 있으나 계자제어는 계자 전류를 제어하여 속도를 제어하는 전동기에 사용된다.

38 천장크레인 전동기(motor)에 대한 설명으로 틀린 것은?

① 전동기 운전 시 온도는 120℃까지 허용된다.
② 전동기 형상에서 개방형, 전폐형 등이 있다.
③ 전동기의 분류는 크게 직류전동기와 교류전동기로 분류 할 수 있다.
④ 전동기 명판에 220V, 100A 정격 1시간 이라는 것은 220V, 100A 조건에서 1시간 연속사용 가능하다는 것이다

> 외기 온도가 40℃일 때 전동기 운전 시의 허용온도는 50~60℃ 정도이다.

39 기어 이는 나선형이고 물림이 원활하며 큰 하중과 고속 전동에 주로 쓰이는 기어는?

① 스퍼 기어
② 헬리컬 기어
③ 내접 기어
④ 웜 기어

> • 스퍼기어는 가장 일반적인 기어로 이가 축에 평행하다.
> • 내접기어는 두 축의 회전방향이 같으며 높은 감속비를 요하는 곳에 사용한다.
> • 웜 기어는 큰 감속비를 얻을 수 있으나 역회전에는 사용되지 않으며 전동효율이 낮고 발열현상이 크다.

40 ( ) 안에 알맞은 숫자는?

> 옥외에 지상 ( )m 이상 높이로 설치되어 있는 크레인에는 항공법 제41조에 따르는 항공장애 등을 설치하여야 한다.

① 30
② 40
③ 50
④ 60

> 크레인의 조명장치
> • 운전석의 조명상태는 운전에 지장이 없을 것
> • 야간작업용 조명은 운전자 및 신호자의 작업에 지장이 없을 것
> • 옥외에 지상 60m 이상 높이로 설치되는 크레인에는 항공법에 따른 항공장애등을 설치할 것

41 와이어로프 가공방법 중 엮어 넣기를 할 때 엮어 넣는 길이는 로프 지름의 몇 배가 가장 적당한가?

① 5~10배
② 15~20배
③ 20~30배
⑤ 30~40배

> 엮어넣기(splice)는 벌려 끼우기와 감아 끼우기가 있으며, 엮어넣기 길이는 로프 지름의 30~40배가 되어야 하며, 강도는 가는 로프는 100%이고 굵은 로프는 70~80%가 된다.

42 와이어로프(wire rope)의 교환 시기를 설명한 것으로 가장 알맞은 것은?

① 킹크(kink)가 발생한 경우
② 로프에 그리스가 많이 발라진 경우
③ 마모로 지름의 감소가 공칭 직경의 3% 이상인 경우
④ 로프의 한 꼬임(스트랜드를 의미) 사이에서 소선 수의 7% 이상 소선이 절단된 경우

> 사용이 금지되는 와이어로프
> • 이음매가 있는 것
> • 와이어로프의 한 꼬임에서 끊어진 소선(素線)(필러선은 제외)의 수가 10% 이상(비자전로프의 경우에는 끊어진 소선의 수가 와이어로프 호칭지름의 6배 길이 이내에서 4개 이상이거나 호칭지름 30배 길이 이내에서 8개 이상)인 것
> • 지름의 감소가 공칭지름의 7%를 초과하는 것
> • 꼬인 것
> • 심하게 변형되거나 부식된 것
> • 열과 전기충격에 의해 손상된 것

43 〈그림〉의 "한쪽 팔 팔꿈치에 다른 손 손바닥을 떼었다. 붙였다." 하는 신호내용은?

① 천천히 조금씩 아래로 내리기
② 마그넷붙이기
③ 보권사용
④ 위로올리기

> 교재 〈 2. 크레인 작업 표준 신호 지침〉 참고

44 지브 크레인의 지브(붐) 길이(수평거리) 20m 지점에서 10톤의 하물을 줄걸이하여 인양하고자 할 때 이 지점에서 모멘트는 얼마인가?

① 20 ton · m
② 100 ton · m
③ 200 ton · m
④ 300 ton · m

> 모멘트 = 크레인의 지브길이 × 하물 중량
>   = 20m × 10ton = 200[ton · m]

45 [6×37]의 규격을 가진 와이어로프는 한 꼬임에서 최대 몇 가닥의 소선이 절단될 때까지 사용이 가능한가?

① 12 가닥
② 22 가닥
③ 32 가닥
④ 42 가닥

> 와이어로프 한 꼬임 사이에서 소선수 10% 이내 절단될 때까지 사용가능하므로, 6×37×0.1 = 22.2이므로 22가닥까지 사용가능하다.

46 사다리꼴 형상의 하물을 인양할 때의 줄걸이 방법으로 가장 올바른 것은?

① 1줄걸이
② 2줄걸이
③ 3줄걸이
④ 십자(+)걸이

> 사다리꼴 모양의 하물 인양 시 흔들림과 안전을 위해 십자걸이 방법을 사용한다.

47 공칭직경 20mm의 와이어로프 지름을 측정 시 18.5 mm이었을 경우 직경 감소율 및 사용가능 여부는?

① 7.0%, 사용 가능
② 7.5%, 사용 불가
③ 7.5%, 사용 가능
④ 9.3%, 사용 불가

> 직경감소율 = $\frac{(20-18.5)}{20} \times 100 = 7.5\%$이므로 와이어로프 마모로 인한 직경감소가 공칭지름의 7% 이상인 경우 사용이 불가능하다.

48 와이어로프의 심강을 3가지 종류로 구분한 것은?

① 섬유심, 공심, 와이어심
② 철심, 동심, 아연심
③ 섬유심, 랭심, 동심
④ 와이어심, 아연심, 랭심

> 와이어로프의 구조는 소선 · 스트랜드 · 심강으로 구성되며, 심강은 섬유심 · 공심 · 와이어심으로 구분한다.

49 2000kgf의 짐을 두 줄걸이로 하여 줄걸이 로프의 각도를 60°로 매달았을 때 한쪽 줄에 걸리는 하중은 약 몇 [kgf]인가?

① 2,310
② 2,000
③ 1,155
④ 578

> 1줄에 걸리는 하중 = $\dfrac{\text{부하물의 하중}}{\text{줄걸이 수} \times \text{조각도}} = \dfrac{2000}{2 \times \cos\dfrac{60°}{2}}$
> $= \dfrac{2000}{2 \times \cos 30°} ≒ 1,155[\text{kgf}]$

50 줄걸이 작업 시의 일반 안전수칙과 가장 거리가 먼 것은?

① 인양할 물건의 중량 및 중심위치의 목측을 신중히 행한 후 작업을 실시한다.
② 줄걸이 로프의 걸린 상태를 확인할 때는 초기장력을 받지 않은 상태에서 행한다.
③ 로프의 직경 및 손상 유무를 확인한다.
④ 체인, 샤클 등의 줄걸이 작업용구의 적정성을 확인 후 작업을 실시한다.

> 줄걸이 로프의 걸린 상태를 확인할 때는 초기장력을 받은 상태에서 행하여야 한다.

51 산업안전보건법령상 안전보건표지의 종류 중 다음 〈그림〉에 해당하는 것은?

① 산화성물질경고
② 인화성물질경고
③ 폭발성물질경고
④ 급성독성물질경고

52 작업장에서 전기가 별도의 예고 없이 정전 되었을 경우 전기로 작동하던 기계·기구의 조치방법으로 가장 적합하지 않은 것은?

① 즉시 스위치를 끈다.
② 안전을 위해 작업장을 미리 정리해 놓는다.
③ 퓨즈의 단선 유·무를 검사한다.
④ 전기가 들어오는 것을 알기 위해 스위치를 켜 둔다.

> 정전 또는 운전이 끝났을 때나 점검 및 수리 시에는 반드시 전원스위치를 내려야 한다.

53 기계설비의 위험성 중 접선 물림점(tangential point)과 가장 관련이 적은 것은?

① V벨트   ② 커플링
③ 체인벨트   ④ 기어와 랙

> 커플링은 어떤 축에서 다른 축으로 회전을 전달하기 위하여 사용되는 장치로 접선 물림점과는 관련이 적은 편이다.

54 다음 중 산업재해 조사의 목적에 대한 설명으로 가장 적절한 것은?

① 적절한 예방대책을 수립하기 위하여
② 작업능률 향상과 근로기강 확립을 위하여
③ 재해 발생에 대한 통계를 작성하기 위하여
④ 재해를 유발한 자의 책임추궁을 위하여

> 산업재해 조사의 목적은 적절한 예방대책을 수립하기 위한 것이다.

55 가스용기가 발생기와 분리되어 있는 아세틸렌 용접장치의 안전기 설치위치는?

① 발생기
② 가스용기
③ 발생기와 가스용기 사이
④ 용접토치와 가스용기 사이

> 아세틸렌 용접장치의 안전기 설치위치는 취관·분기관·발생기와 가스용기 사이에 설치한다.

56 벨트 취급 시 안전에 대한 주의사항으로 틀린 것은?

① 벨트에 기름이 묻지 않도록 한다.
② 벨트의 적당한 유격을 유지하도록 한다.
③ 벨트 교환 시 회전이 완전히 멈춘 상태에서 한다.
④ 벨트의 회전을 정지시킬 때 손으로 잡아 정지시킨다.

> 동력 전동장치에서 벨트 취급 시 가장 재해가 많이 발생하므로 손으로 잡아 벨트의 회전을 정지시키는 것은 위험하다.

57 연삭기의 안전한 사용방법으로 틀린 것은?

① 숫돌 측면 사용제한
② 숫돌덮개 설치 후 작업
③ 보안경과 방진마스크 착용
④ 숫돌과 받침대 간격을 가능한 넓게 유지

> 연삭기인 숫돌과 받침대 간격은 가능한 가깝게 유지하여야 한다.

58 다음 중 가열, 마찰, 충격 또는 다른 화학물질과의 접촉 등으로 인하여 산소나 산화재 등의 공급이 없더라도 폭발 등 격렬한 반응을 일으킬 수 있는 물질이 아닌 것은?

① 질산에스테르류
② 니트로 화합물
③ 무기 화합물
④ 니트로소 화합물

> 무기화합물은 탄소 이외의 원소로 이루어진 화합물로 폭발성이 높지 않다.

59 다음 중 보호구를 선택할 때의 유의 사항으로 틀린 것은?

① 작업 행동에 방해되지 않을 것
② 사용 목적에 구애받지 않을 것
③ 보호구 성능기준에 적합하고 보호 성능이 보장될 것
④ 착용이 용이하고 크기 등 사용자에게 편리할 것

> 보호구 선택 시 사용목적에 따라 적당한 것을 선택하여야 한다.

60 ILO(국제노동기구)의 구분에 의한 근로 불능 상해의 종류 중 응급조치 상해는 며칠간 치료를 받은 다음부터 정상작업에 임할 수 있는 정도의 상해를 의미하는가?

① 1일 미만
② 3~5일
③ 10일 미만
④ 2주 미만

> 응급조치상해는 1일 미만의 치료를 받고 다음 날부터 정상작업에 임할 수 있는 정도의 상해를 의미한다.

정답 2015년 3회

01 ④	02 ①	03 ③	04 ④	05 ②
06 ③	07 ②	08 ③	09 ④	10 ②
11 ②	12 ②	13 ③	14 ②	15 ②
16 ④	17 ②	18 ②	19 ①	20 ④
21 ④	22 ①	23 ②	24 ④	25 ②
26 ③	27 ②	28 ②	29 ④	30 ①
31 ②	32 ②	33 ①	34 ①	35 ③
36 ①	37 ②	38 ①	39 ②	40 ④
41 ④	42 ①	43 ③	44 ④	45 ②
46 ④	47 ②	48 ①	49 ③	50 ②
51 ②	52 ②	53 ②	54 ①	55 ③
56 ④	57 ④	58 ③	59 ②	60 ①

2015년 4회 공단 기출문제

01 와이어 로프 직경(d)과 드럼 직경(D)의 비 (D/d)는?

① 10 ② 15
③ 20~25 ④ 26~30

> 권상 드럼의 직경 D(드럼에 감긴 로프의 중심)와 와이어로프 직경 d의 비는 D/d = 20배 이상이어야 한다.

02 전자 접촉기의 개폐작동 불량 원인과 가장 거리가 먼 것은?

① 전압강하 과다
② 코일 단선
③ 접점의 과다 마모
④ 전동기의 초고속 운전

> 전자 접촉기의 개폐작동 불량원인
> • 전압강하가 크다.
> • 코일이 끊어져 있다.
> • 보조접점과 접촉이 불량하다.
> • 인터록이 파손되어 있거나 조작회로가 잘못되어 있다.

03 주행 차륜 플랜지는 두께의 몇 [%] 이상 마모와 수직에서 몇 [도(°)] 이상의 변형이 생기면 교환 하는가?

① 40%, 20° ② 40%, 10°
③ 50%, 10° ④ 50%, 20°

> 주행 차륜 플랜지 두께의 원치수 50% 이상 마모와 수직위치에서 20° 이상의 변형이 생기면 교환해야 한다.

04 훅을 교환해야 할 상태를 육안으로 가장 간단하고 쉽게 확인할 수 있는 것은?

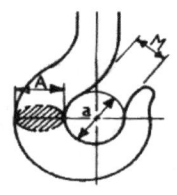

① 그림에서 M의 치수가 a의 치수와 같아진 것
② A부분의 균열을 확인하기 위하여 비파괴 검사한 것
③ 그림에서 훅의 인장응력이 변화된 것
④ 훅의 A의 치수가 원치수의 20% 이상 마모인 것

> 훅 줄걸이 부분의 마모는 원치수의 5% 이하, 와이어로프가 걸리는 부분 마모의 깊이가 2mm 이하 일 때 다듬어서 사용한다.

05 미끄럼 베어링의 종류가 아닌 것은?

① 일체형 ② 분할형
③ 스러스트형 ④ 부시형

> 미끄럼 베어링에는 분할형, 스러스트형, 부시형이 있다.

06 전자식 마그넷 브레이크(magnet brake)의 라이닝 두께가 25% 감소한 경우 가장 적합한 조치 방법은?

① 라이닝을 교환한다.
② 브레이크 드럼 지름을 크게 한다.
③ 스트로크를 조정한다.
④ 특별한 조치를 하지 않아도 된다.

> 전자식 마그넷 브레이크의 라이닝 두께가 20~30% 감소되면 스트로크를 조정하여 다시 사용한다.

07 천장크레인에서 버퍼 스토퍼(Buffer Stopper)란?

① 주행차륜에 부착하여 과속을 방지하는 장치
② 주행이나 횡행 시 충돌했을 때 충격을 완화시켜 주는 장치
③ 권상장치의 과권방지용 장치
④ 권하 시 너무 내리는 것을 방지하기 위하여 드럼에 부착하는 장치

🔍 버퍼 스토퍼는 천장크레인이 주행이나 횡행 시 충돌하였을 때 충격을 완화시키기 위해 설치하는 장치이다.

🔍 비상정지장치는 작동된 이후 수동으로 복귀시킬 때까지 회로가 자동으로 복귀되지 않는 구조여야 한다.

08 천장크레인에서 주행레일의 진직도는 전 주행길이에 걸쳐 최대 얼마 이내이어야 하는가?

① 20mm ② 10mm
③ 2mm   ④ 5mm

🔍 주행레일
- 연결부의 틈새는 천정크레인은 3mm, 기타 크레인은 5mm 이하일 것
- 레일 연결부의 엇갈림은 상하 0.5mm 이하, 좌우 0.5mm 이하일 것
- 레일측면의 마모는 원래 규격치수의 10% 이내일 것
- 주행레일의 높이편차는 기준면으로부터 최대 ±10mm 이내이고, 좌우레일의 수평차는 10mm 이내, 레일의 구배량은 주행길이 2m 마다 2mm를 초과하지 않을 것
- 주행레일의 진직도는 전 주행길이에 걸쳐 최대 10mm이내이고, 수평방향의 휨 량은 주행길이 2m마다 ±1mm 이내일 것

09 정전 또는 전압이 비정상적으로 저하되었을 스위치가 자동적으로 열리는 것은?

① 역상보호계전기   ② 무전압보호장치
③ 타임릴레이   ④ 나이프스위치

🔍 무전압 보호장치는 정전 또는 전압이 비정상적으로 저하 되었을 때 스위치가 자동적으로 열리게 하는 장치이다.

10 훅의 재질로 적당한 것은?

① 주철   ② 기계구조용 탄소강
③ 합금 공구강   ④ 구상흑연 주철

🔍 훅의 재질로는 탄소강 단강품이나 기계구조용 탄소강을 사용한다.

11 천장크레인의 비상정지용 누름버튼에 대한 설명 중 틀린 것은?

① 누름버튼을 누르면 작동중인 동력이 차단된다.
② 누름버튼의 머리 부분은 적색이다.
③ 누름버튼의 머리 부분은 돌출되어 있다.
④ 누름버튼은 작동 후 10초 후에 원래상태로 복귀한다.

12 정격하중이 20,000kgf인 천장크레인의 훅(Hook)은 파괴 하중이 최소한 몇 [kgf] 이상인 것을 사용해야 하는가?

① 40,000kgf   ② 60,000kgf
③ 80,000kgf   ④ 100,000kgf

🔍 파괴하중 = 안전계수 × 정격하중 = 5 × 20,000 = 100,000[kgf]이다.

13 콘텍트 시그먼트(contact segment)와 핑거(finger)가 접촉하여 직접 전동기를 작동 시키는 방식은?

① 유니버셜 제어기
② 캠형 제어기
③ 드럼형 제어기
④ 직렬 제어기

🔍 드럼형 제어기는 콘덱트 시그먼트와 핑거가 접촉하여 직접전동기를 작동시키는 방식으로 전동기의 기동, 역회전, 정지 및 속도를 조절한다.

14 주행용 트롤리선은 늘어남과 하중을 지지하기 위해 몇 [m] 간격 마다 애자로 지지하여야 하는가?

① 3m   ② 6m
③ 9m   ④ 12m

🔍 천장크레인의 전원공급은 트롤리선으로 하며, 선의 배열은 수평배열과 수직배열 방법이 있으며, 경동선은 2m마다, 주행 트롤리선은 6m 간격으로 애자를 사용하여 지지한다.

15 천장크레인 거더의 중량을 경감할 수 있으나 휨이 가장 큰 거더는?

① I빔 거더   ② 강관 거더
③ 트러스 거더   ④ 박스 거더

🔍 강관 구조 거더는 강관(pipe)을 사용한 것으로 거더 자체의 중량을 경감할 수 있는 장점이 있지만, 비틀림(bending)이 큰 단점도 있다.

16 천장크레인의 와이어 드럼의 직경은 어떻게 정하는 것이 가장 좋은가?

① 드럼의 직경은 사용할 와이어로프의 직경보다 20배 이상이 적절하다.
② 드럼의 직경은 사용할 와이어로프의 소선 직경보다 300배 이상이 적절하다.
③ 드럼의 직경은 Crab의 크기에 비례해서 정하는 것이 좋다.
④ 드럼의 직경은 Hook의 크기에 비례해서 정하는 것이 좋다.

🔍 드럼과 시브의 직경은 와이어로프 직경의 20배 이상 크게 하면 로프의 수명을 연장시킬 수 있다.

17 기계식 과부하 방지장치에 대한 설명으로 옳은 것은?

① 구조가 간단하여 보수가 쉽다.
② 완전개방형 구조이다.
③ 이동형 보호장치로 취급이 간편하다.
④ 별도의 동작 전원이 필요하다.

🔍 기계식 과부하 방지 장치는 스프링, 방진고무 등이 처짐을 이용하여 마이크로스위치로 동작시켜 제어하는 방식으로 구조가 간단하여 보수가 쉽다.

18 도유기와 리미트 스위치에 대한 설명 중 틀린 것은?

① 차륜 도유기는 차륜 플랜지 또는 레일 측면에 소량의 오일을 자동으로 도유하는 기기이다.
② 차륜 도유기의 오일탱크는 도유기 몸체보다 상부에 위치한다.
③ 상용 리미트 스위치가 하한선에서 작동했을 때 권상훅의 위치는 보통 크래브 하단으로부터 보통 0.5m 정도이다.
④ 중추식 리미트 스위치는 비상용으로 사용한다.

🔍 상용 리미트 스위치가 작동했을 때 권상 훅과 크래브간 거리는 5m 이상이어야 한다.

19 천장크레인의 운동속도에 관한 사항 중 틀린 것은?

① 권상장치는 양정이 짧은 것이 느리고 긴 것이 빠르다.
② 권상장치는 하중이 가벼우면 빠르고 무거울수록 저속으로 한다.
③ 횡행장치는 스팬의 길이에 관계없이 200m/min 정도의 속도를 채용한다.
④ 주행속도는 작업능력에 큰 관계가 없으므로 가능한 저속으로 한다.

🔍 천장크레인의 횡행장치는 가능한 한 저속으로 운행하여야 한다.

20 다음 중 주행 제동용으로 주로 사용되는 브레이크는?

① 마그네틱 오일 브레이크(magnetic oil brake)
② 에디 커런트 브레이크(eddy current brake)
③ 오일 디스크 브레이크(oil disk brake)
④ 스피드 컨트롤 브레이크(speed control brake)

🔍 오일 디스크 브레이크는 전기로 구동하지 않고 유압만으로 작동하는 것으로 주행제동용으로 사용된다.

21 3상 권선형 유도 전동기의 전류 제한 및 속도조정 목적으로 사용되는 것은?

① 브러시(brush)   ② 2차 저항기
③ 회전자(rotor)   ④ 슬립링(slip ring)

🔍 저항기는 권선형 유도 전동기의 2차 측에 설치되어 저항값의 크기를 제어로 제어하여 전동기의 속도를 조절하는 기구로 그리드(grid)형을 주로 사용한다.

22 주기적인 정비를 위한 예비품목 중 가장 거리가 먼 것은?

① 모터 브러시   ② 제어반(판넬)
③ 콜렉타 브러시   ④ 제어기 접점

🔍 주기적인 정비를 위한 예비품목은 전동기, 콜렉터브러시, 제어기 접점, 퓨즈, 램프, 브레이크 라이닝, 전자 접촉기 등이 있다.

23 궤도륜 사이에 있는 전동체가 굴림운동을 하며 볼, 원통, 테이퍼 롤러 등의 종류로 분류할 수 있는 베어링은?

① 스러스트 베어링   ② 점접촉 베어링
③ 구름 베어링   ④ 미끄럼 베어링

🔍 구름베어링은 전동체, 내륜, 외륜, 리테이너로 구성되어 있다.

24 크레인 점검 작업 시 유의사항으로 틀린 것은?

① 점검작업을 할 때는 "점검중" 등의 위험 표지를 설치한다.
② 정지하여 점검 작업을 할 때는 동력원 스위치를 끄고 한다.
③ 점검작업을 할 때는 필요한 안전 보호구를 착용한다.
④ 동일 주행로상에서 다른 크레인의 주행을 제한하면 곤란하다.

🔍 동일 주행로상에서 2대의 크레인이 운행하면 사고의 우려가 있으므로 각별히 주의하여야 한다.

25 권상하중 50톤, 권상속도 1.5m/min인 천장크레인의 권상 전동기 출력은 약 얼마인가?(단, 권상 전동기의 효율은 70% 이다.)

① 12.2kW   ② 13.0kW
③ 17.5kW   ④ 18.5kW

🔍 권상하중은 (정격하중＋훅의 자중)이므로
전동기의 출력 = (권상하중 × 속도)/(6.12 × 효율)
= (50 × 1.5)/(6.12 × 70) = 17.5[kW]

26 기어에서 소음이 발생하는 원인이 아닌 것은?

① 백래시(backlash)가 너무 적을 경우
② 기어축의 평행도가 나쁠 경우
③ 치면에 흠이 있거나 다듬질의 정도가 나쁠 경우
④ 오일을 과다하게 급유했을 경우

🔍 기어 소음 발생원인은 ①, ②, ③항 외에 급유 부족 및 부적당한 오일을 사용한 경우와 피치 및 치형의 오차가 클 때 등이 있다.

27 베어링이 고착되는 경우와 가장 거리가 먼 것은?

① 급유가 불충분한 경우
② 급유 오일의 선정이 잘못된 경우
③ 과부하로 베어링의 유막이 파괴된 경우
④ 저속으로 회전하는 경우

🔍 베어링은 고속으로 회전하는 경우 고착되기 쉽다.

28 주행 집전장치(Pantograph)의 집전자(Collector shoe)에 주로 사용되는 브러시로 맞는 것은?

① 플라스틱 브러시
② 카본 브러시
③ 은 접점 브러시
④ 알루미늄 브러시

🔍 천장크레인의 주행 집전장치의 집전자에는 카본 브러시가 주로 사용된다.

29 감속기에 대한 설명 중 틀린 것은?

① 감속기의 제1단 기어는 10% 정도 마모되었을 때 교환하는 것이 좋다.
② 기어 케이스 내에 공급하는 오일은 보통 2,000시간마다 교환한다.
③ 축은 회전축과 전동축으로 구분된다.
④ 커플링은 축이음 장치이다.

🔍 축에는 회전력을 전달하는 회전축과 회전하는 축을 떠받치는 고정축으로 구분된다.

30 천장크레인용 전동기에서 직류전동기로 가장 많이 사용되는 것은?

① 직권전동기   ② 분권전동기
③ 화동복권전동기   ④ 농형 유도전동기

🔍 직류 직권전동기는 기동회전력이 크고 부하의 변동에 따라 속도가 변화하는 정출력 특성이 있으며 직류전동기로 가장 많이 사용된다.

31 입력전압이 440V, 60Hz인 3상 유도전동기에서 극수가 4극, 회전자 속도가 1,760rpm일 때 이 전동기의 슬립율은 약 몇 [%] 인가?

① 2.2   ② 4.3
③ 13.2   ④ 20.3

🔍 전동기의 동기속도(Ns) = (120 × 60)/4 = 1,800[rpm]이므로
슬립율(S) = (Ns − N)/Ns × 100
= (1,800 − 1,760)/1,800 × 100 = 2.2[%]

32 원활한 운전작업을 하기 위한 방법 중 틀린 것은?

① 운전 중 운전자는 항상 기계 각부의 이상 음향, 이상진동에 주의한다.
② 정지상태에서 출발시 갑자기 전속력으로 운전해서는 안 된다.
③ 운전자는 물건을 들고 지나온 경로를 되돌아 보며 운전을 올바르게 했느냐를 항상 반성하며 운전해야 한다.
④ 작업종료 후에는 꼭 소정의 위치에 정지시킨 후 전원을 OFF 한다.

> 크레인의 원활한 운전작업을 위한 방법은 ①, ②, ④항이다.

33 그리스를 주입하면 안 되는 곳은?

① 베어링
② 브레이크 라이닝
③ 감속기 기어
④ 커플링 취부시 모터축 사이

> 브레이크 휠과 라이닝, 레일의 상면, 벨트 등에는 그리스를 주입하면 안 된다.

34 트롤리(Trolley) 동선의 좌·우, 고·저차는 기준면에서 몇 [mm] 이하를 유지하여야 하는가?

① ±2
② ±4
③ ±6
④ ±8

> 트롤리 동선은 전원 인입의 중요한 부분으로 수분·먼지를 피해야 하며, 케이블 레일의 좌·우, 고·저 차는 기준면에서 2mm 이하이어야 한다.

35 키(Key)의 재료 성질 중 적당한 것은?

① 축재료보다 연한 강철재
② 축재료보다 강한 강철재
③ 마찰계수가 작아 미끄러운 것
④ 축재료보다 강한 주철재

> 키는 기어, 벨트풀리 등 회전축에 고정할 때나 회전력을 전달함과 동시에 축방향으로 미끄럼 운동을 할 수 있도록 할 때 사용하는 것으로 축의 재질보다 강한 강철재로 사용한다.

36 크레인을 이용한 운반작업에 있어서 고려해야 할 사항으로 알맞지 않은 것은?

① 한 번에 많은 하물을 운반하여 운반 횟수를 줄인다.
② 이동하는 거리를 짧게 한다.
③ 될 수 있는 한 전용의 줄걸이 용구를 사용한다.
④ 위험범위를 명확히 한다.

37 천장크레인 작업에서 안전담당자의 임무가 아닌 것은?

① 작업방법과 근로자의 배치를 결정하고 작업을 지휘
② 재료의 결함 유무 또는 기구 및 공구의 기능을 점검하고 불량품을 제거
③ 작업 중 안전대와 안전모의 착용상황을 감시
④ 작업을 지휘하는 자를 선임하여 그에 의하여 작업 실시하도록 조치

> ④항은 작업반장의 임무이다.

38 스파크(spark)발생 비율에 대한 사항 중 틀린 것은?

① 접촉면에 요철이 심하면 스파크가 심하다.
② 전로를 닫을 때 보다 열 때가 스파크가 많다.
③ 접촉점 간에 전압이 클수록 스파크가 많다.
④ 교류보다 직류가 스파크가 작다.

> 교류보다 직류가 스파크가 크고, 주파수가 높을수록, 접촉면에 요철이 심할수록 스파크가 크다.

39 방폭구조로 된 전기설비의 구비조건이 아닌 것은?

① 시건장치를 할 것
② 접지를 할 것
③ 환기가 잘되도록 할 것
④ 퓨즈를 사용할 것

> 폭발사고로부터 보호한다는 방폭구조는 환기 등 모든 것이 제한된 구조이다.

40 크레인 운전조작의 주의사항에 관한 설명으로, 틀린 것은?

① 화물이 지면에서 떨어지는 순간의 권상은 빠른 속도로 권상한다.
② 줄걸이 작업 위치까지 혹을 권하 시킬 때에는 필요 이상으로 권하 시키지 않는다.
③ 화물의 중심 위에 혹의 중심이 오도록 횡행, 주행 조작 등에 의해 위치를 결정한다.
④ 화물위치에 크레인을 이동시킬 경우 혹을 지상의 설비 등에 부딪치지 않을 높이까지 권상하여 크레인을 수평 이동시킨다.

🔍 권상작업을 할 때 화물이 지면에서 떨어지면 천천히 권상하여야 한다.

41 지브크레인에서 줄걸이 작업자의 위치는?(단, 작업반경 밖임)

① 기복, 선회방향의 15°의 위치
② 기복, 선회방향의 25°의 위치
③ 기복, 선회방향의 35°의 위치
④ 기복, 선회방향의 45°의 위치

🔍 지브를 따라 움직이는 크래브에 매달린 달기기구에 의해 하물을 이동시키는 지브크레인은 수직면에서 지브각의 변화를 뜻하는 기복, 선회방향의 45°의 위치에 작업자가 있어야 한다.

42 힘의 3요소는?

① 힘의 크기, 힘의 무게, 힘의 단위
② 힘의 방향, 힘의 작용점, 힘의 크기
③ 힘의 크기, 힘의 방향, 힘의 강도
④ 힘의 무게, 힘의 거리, 힘의 작용점

🔍 힘의 3요소: 힘이 작용한 크기, 힘이 작용한 방향, 힘의 작용점이다.

43 줄걸이 방법 중 훅걸이의 종류가 아닌 것은?

① 짝감기 걸이 ② 어깨 걸이
③ 이중 걸이   ④ 짝감아 걸이

🔍 훅 걸이 종류는 눈 걸이, 반 걸이, 짝감기 걸이, 어깨 걸이, 짝감아 걸이 등이 있다.

44 와이어 손상의 분류에 대한 설명으로 틀린 것은?

① 와이어는 사용 중 시브 및 드럼 등의 접촉에 의해 마모가 생기는데, 이 때 직경 감소가 7%시 교환한다.
② 사용 중 소선의 단선이 전체 소선수의 50%가 단선이 되면 교환한다.
③ 과하중을 들어올릴 경우 내·외층의 소선이 맞부딪치게 되어 피로현상을 일으키게 된다.
④ 열의 영향으로 강도가 저하되는데 이 때 심강이 철심일 경우 300℃까지 사용이 가능하다.

🔍 와이어로프의 한 꼬임 사이에서 소선수의 10% 이상 소선이 절단된 경우 교환한다.

45 24본선 6꼬임의 와이어로프를 사용할 경우 권상용 드럼과 와이어로프 지름의 비는 최소 얼마 이상으로 해야 하는가?

① 20 ② 30
③ 40 ④ 50

🔍 권상용 드럼의 직경 D와 와이어로프 직경 d 와의 비는 D/d = 20배 이상되어야 한다.

46 크레인 권상장치에 절단하중 37.7ton이 되는 ∅25mm인 와이어로프가 드럼에서 2줄 내려와 설치되어 있다. 이 로프로 약 몇 톤까지 사용 가능한가? (단, 안전율은 6이다.)

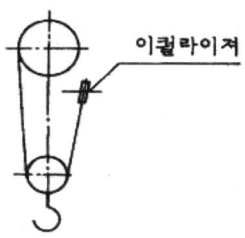

① 6   ② 12
③ 20 ④ 25

🔍 안전하중 = 와이어로프 절단하중/안전율 = 37.7/6 = 6.28[ton] 이므로
부하물의 하중 = 와이어로프 가닥 수 × 안전하중 = 2 × 6.28 = 12.56 ≒ 12[ton]

47 와이어로프의 쐐기 고정법은?

①
②
③
④

🔍 ①항은 클립고정법, ③항은 압축가공법, ④항은 엮어넣기 고정법(스플라이스)

48 건설현장에서 와이어로프 점검 시 적절한 방법이 아닌 것은?

① 파단 상태의 점검
② 제작방법 점검
③ 형상변형 점검
④ 마모 및 부식상태 점검

🔍 제작방법 점검은 와이어로프 제작사의 업무이다.

49 〈그림〉은 작업자가 크레인 운전자에게 어떻게 운전하라는 수신호인가?

① 훅을 돌린다.
② 훅을 올린다.
③ 훅을 내린다.
④ 훅을 정지시킨다.

🔍 크레인 작업 표준신호

운전구분	천천히 이동	위로 올리기
수신호	방향을 가리키는 손바닥 밑에 집게손가락을 위로 해서 원을 그린다.	집게손가락을 위로 해서 수평원을 크게 그린다.
호각신호	짧게 - 길게	짧게 - 짧게
운전구분	아래로 내리기	정지
수신호	팔을 아래로 뻗고(손끝이 지면을 향함) 2, 3회 흔든다.	한 손을 들어올려 주먹을 쥔다.
호각신호	길게 - 길게	아주 길게

50 와이어로프의 안전계수가 5이고 절단하중이 20,000kgf일 때 안전하중은?

① 6,000kgf ② 5,000kgf
③ 4,000kgf ④ 2,000kgf

🔍 안전계수 = 절단하중/안전하중 이므로
안전하중 = 20,000/5 = 4,000[kgf]

51 다음 중 일반적으로 장갑을 끼고 작업할 경우 안전상 가장 적합하지 않은 작업은?

① 전기용접 작업
② 타이어교체 작업
③ 건설기계운전 작업
④ 선반 등의 절삭가공 작업

🔍 선반 등의 절삭가공 작업 시 장갑을 끼고 할 경우 장갑에 의해 손이 빨려 들어가 치명적인 사고를 당할 우려가 크다.

52 다음 중 산소결핍의 우려가 있는 장소에서 착용하여야 하는 마스크의 종류는?

① 방독 마스크
② 방진 마스크
③ 송기 마스크
④ 가스 마스크

> 호흡용 보호구
> • 방독 마스크 : 유기용제, 유기가스, 미스트, 흄 발생작업
> • 방진 마스크 : 분체작업, 연마작업, 광택작업, 배합작업
> • 송기 마스크 : 저장조, 하수구 등 산소결핍 작업

53 다음 중 전기설비 화재 시 가장 적합하지 않은 소화기는?

① 포말 소화기
② 이산화탄소 소화기
③ 무상강화액 소화기
④ 할로겐화합물 소화기

> 포말 소화기는 A급 화재인 보통화재, B급 화재인 유류 또는 가스화재에 적합한 소화기이다.

54 크레인 인양작업 시 줄걸이 안전사항으로 적합하지 않은 것은?

① 신호자는 원칙적으로 1인이다.
② 신호자는 크레인운전자가 잘 볼 수 있는 안전한 위치에서 행한다.
③ 2인 이상의 고리 걸이 작업 시에는 상호 간에 소리를 내면서 행한다.
④ 권상 작업 시 지면에 있는 보조자는 와이어로프를 손으로 꼭 잡아 하물이 흔들리지 않게 하여야 한다.

> 하물이 흔들릴 때는 크레인운전자가 빠른 동작으로 주행 및 횡행 조종간을 조작하여 흔들림을 잡아야 한다.

55 다음 중 안전보건표지의 구분에 해당하지 않는 것은?

① 금지표지　② 성능표지
③ 지시표지　④ 안내표지

> 안전보건표지의 구분 : 금지표지, 경고표지, 지시표지, 안내표지

56 다음 중 사용구분에 따른 차광보안경의 종류에 해당하지 않는 것은?

① 자외선용
② 적외선용
③ 용접용
④ 비산방지용

> 차광보안경의 종류
> • 자외선용 : 자외선이 발생하는 장소
> • 적외선용 : 적외선이 발생하는 장소
> • 복합용 : 자외선 및 적외선이 발생하는 장소
> • 용접용 : 산소용접작업등과 같이 자외선, 적외선 및 강렬한 가시광선이 발생하는 장소

57 산업안전보건법상 산업재해의 정의로 옳은 것은?

① 고의로 물적 시설을 파손한 것을 말한다.
② 운전 중 본인의 부주의로 교통사고가 발생된 것을 말한다.
③ 일상 활동에서 발생하는 사고로서 인적 피해에 해당하는 부분을 말한다.
④ 근로자가 업무에 관계되는 건설물·설비·원재료·가스·증기·분진 등에 의하거나 작업 또는 그 밖의 업무로 인하여 사망 또는 부상하거나 질병에 걸리는 것을 말한다.

58 무거운 물건을 들어 올릴 때의 주의사항에 관한 설명으로 가장 적합하지 않은 것은?

① 장갑에 기름을 묻히고 든다.
② 가능한 이동식 크레인을 이용한다.
③ 힘센 사람과 약한 사람과의 균형을 잡는다.
④ 약간씩 이동하는 것은 지렛대를 이용할 수도 있다.

> 기름 묻은 장갑을 사용하면 미끄럼으로 인하여 사고가 발생할 수 있다.

59 산업 재해의 원인은 직접원인과 간접원인으로 구분되는데 다음 직접원인 중에서 불안전한 행동에 해당하지 않는 것은?

① 허가 없이 장치를 운전
② 불충분한 경보 시스템
③ 결함 있는 장치를 사용
④ 개인 보호구 미사용

> 재해의 직접원인(물적요인)
> • 불안전한 행동(행위) : 위험장소 접근, 안전장치의 기능 제거, 복장·보호구의 잘못사용, 기계·기구 잘못사용, 운전 중인 기계장치의 손질, 불안전한 속도 조작, 위험물 취급 부주의, 불안전한 상태 방치, 불안전한 자세 동작, 감독 및 연락 불충분
> • 불안전한 상태 : 물 자체 결함, 안전 방호장치 결함, 보호구의 결함, 물의 배치 및 작업장소 결함, 작업환경의 결함, 생산 공정의 결함, 경계표시·설비의 결함

60 해머 사용 시 안전에 주의해야 될 사항으로 틀린 것은?

① 해머 사용 전 주위를 살펴본다.
② 담금질한 것은 무리하게 두들기지 않는다.
③ 해머를 사용하여 작업할 때에는 처음부터 강한 힘을 사용한다.
④ 대형해머를 사용할 때는 자기의 힘에 적합한 것으로 한다.

> 처음부터 큰 힘을 주어 작업하지 않고, 서서히 타격한다.

정답 2015년 4회

01 ③	02 ④	03 ④	04 ①	05 ①
06 ③	07 ②	08 ②	09 ②	10 ②
11 ④	12 ④	13 ③	14 ②	15 ②
16 ①	17 ①	18 ③	19 ③	20 ③
21 ②	22 ②	23 ③	24 ④	25 ②
26 ④	27 ④	28 ②	29 ③	30 ④
31 ①	32 ③	33 ②	34 ①	35 ②
36 ①	37 ④	38 ④	39 ③	40 ①
41 ④	42 ②	43 ③	44 ②	45 ①
46 ②	47 ②	48 ②	49 ②	50 ③
51 ④	52 ③	53 ①	54 ④	55 ②
56 ④	57 ④	58 ①	59 ②	60 ③

2016년 1회 공단 기출문제

01 천장크레인 운전실의 종류가 아닌 것은?

① 개방형 운전실
② 개방 단열형 운전실
③ 밀폐형 운전실
④ 밀폐 단열형 운전실

> 운전실은 개방형과 밀폐형이 있으나 주로 밀폐형이 사용되며, 밀폐형은 단열·방진·방음·혹서·혹한 등에 유리하다.

02 천장크레인 크래브 부분의 점검사항으로 틀린 것은?

① 크레인 운전 중 크래브에서 발생하는 소음을 점검한다.
② 크래브에 설치된 주행장치의 이상 유무를 점검한다.
③ 크래브에 부착된 안전난간의 이상 유무를 점검한다.
④ 크래브 프레임의 용접부 균열발생 유무를 점검한다.

> 크래브에 설치된 주행장치인 권상장치·횡행장치는 크래브 부분의 점검사항이 아니다.

03 국내에서 천장크레인의 공칭 용량 단위는?

① 톤　　　② 파운드
③ 미터　　④ 온스

> 천장크레인의 작업능력은 1회의 작업량, 즉 권상 톤(ton)수로 나타낸다.

04 기어의 두 축이 교차하면서 가장 큰 감속비로 감속하는 기어는?

① 웜과 웜 기어　② 나사기어
③ 베벨기어　　　④ 랙과 피니언

> 웜과 웜기어가 조립되면 역회전을 방지할 수 있으며, 가장 큰 감속비를 얻을 수 있다.

05 콘텍트 시그먼트(contact segment)와 핑거(finger)가 접촉하여 직접 전동기를 작동시키는 방식은?

① 컴비네이션 제어기
② 유니버셜 제어기
③ 캠형 제어기
④ 드럼형 제어기

> 드럼형 제어기는 시그먼트 핑거가 접촉해서 개폐하는 것으로, 구조가 간단하고 견고하여 여러 형태의 크레인 작동 시 직접전동기를 작동시킨다.

06 권하 속도가 빠를수록 좋은 천장크레인은?

① 원료장입 크레인
② 주기 크레인
③ 강괴 크레인
④ 담금질 크레인

> 담금질 크레인은 권하 속도가 빠르면 빠를수록 좋다.

07 홈이 있는 드럼에 와이어로프가 감길 때 와이어로프 방향과 홈 방향과의 각도는 몇 도 이내인가?

① 4
② 8
③ 12
④ 16

> 와이어로프의 감기
> • 권상장치 등의 드럼에 홈이 있는 경우 플리트 각도 : 4° 이내
> • 권상장치 등의 드럼에 홈이 없는 경우 플리트 각도 : 2° 이내
> • 권상장치 등의 드럼에 로프를 다층으로 감는 경우 로프가 쌓이는 것을 방지하기 위하여 플랜지부에서의 플리트 각도 : 0.5° 이상 4° 이내

08 화물을 권상시킬 때, 작업안전을 위해 급정지시킬 수 있도록 설치되어 있는 일종의 방호장치는?

① 충돌방지장치(Anti collision)
② 비상정지장치(Emergency stop switch)
③ 레일클램프장치(Rail clamp)
④ 훅 해지장치(Hook latch)

🔍 비상정지장치의 비상 정지용 누름 버튼은 적색이고, 머리부분은 돌출형이고, 수동복귀되는 형식이어야 한다.

09 크레인에 설치되는 완충장치에 대한 설명으로 옳지 않은 것은?

① 완충장치는 레일 양 끝단에 설치된 스토퍼에 크레인이 부딪쳤을 때, 충격을 완화시켜 주는 역할을 한다.
② 호이스트나 크래브 트롤리식 스토퍼는 차륜 직경의 1/4 미만의 높이로 레일에 용접하여 사용한다.
③ 주행 레일의 스토퍼는 차륜 직경의 1/2 이상 높이로 한다.
④ 고속 크레인에 사용되는 완충장치에는 경질고무 버퍼, 우레탄고무 버퍼, 스프링식 및 유압식이 있다.

🔍 크레인의 횡행레일에는 양끝부분 또는 이에 준하는 장소에 완충장치, 완충재 또는 해당 크레인 횡행 차륜 지름의 4분의 1 이상 높이의 정지 기구를 설치해야 한다.

10 천장크레인의 완성검사 시 시험하중은?

① 정격하중의 100% ② 정격하중의 110%
③ 정격하중의 125% ④ 정격하중의 150%

🔍 안전인증 제품심사(이설포함) 시 크레인의 하중시험은 정격하중의 1.1배(단, 타워크레인은 1.05배)미만 하중으로 할 것(타워크레인 제품심사 시의 하중시험은 지브 외측 단에서 적용)

11 드럼직경(D)과 와이어로프 직경(d)의 비율(D/d)은?

① 5 이하 ② 10 이하
③ 10 이상 ④ 20 이상

🔍 천장크레인 권상드럼의 직경 D(드럼에 감긴 로프의 중심)와 와이어로프 직경 d와의 비 D/d = 20배 이상이어야 한다.

12 디스크 브레이크 시스템에서 제동 시 제동압력은 발생하는데 제동이 잘 안 되는 이유와 거리가 먼 것은?

① 디스크 브레이크 오일에 공기가 침투된 상태
② 디스크 브레이크 라이닝에 물이 묻어있는 상태
③ 디스크 브레이크 파이프가 파손 되었을 때
④ 디스크 브레이크 라이닝에 기름이 묻어있는 상태

🔍 디스크 브레이크 파이프가 파손되면 제동이 전혀 되지 않는다.

13 와이어로프 사용상 주의 사항으로 틀린 것은?

① 새로운 로프로 교체 후 초기 운전 시에는 사용정격하중의 1/2정도를 걸고 저속으로 여러 번 시운전을 해야 한다.
② 드럼에 로프를 감을때에는 가능한 당기면서 감아야한다.
③ 로프의 수명을 연장시키려면 적정하중으로 운전횟수를 늘리는 편보다 과하중 횟수를 줄이는 것이 유리하다.
④ 짐을 매다는 경우에는 4줄걸이 이상으로 한다.

🔍 로프의 수명을 연장시키려면 과하중으로 횟수를 줄이는 것보다 적정하중으로 운전횟수를 늘이는 편이 유리하다.

14 전자식과부하 방지장치를 설명한 것으로 옳은 것은?

① 내부의 마이크로 스위치를 동작하여 운전 상태를 정지하는 안전장치이다.
② 변화되는 중량을 아날로그로 표시, 편의성을 향상시켰으며 가격도 저렴하다.
③ 스트레인 게이지의 전자식 저항값의 변화에 따라 아주 민감하게 동작하는 방호장치이다.
④ 감지방법은 하중의 방향에 따라 인장로드셀 방법, 압축로드셀 방법이 있다.

또한 전자식과부하 방지장치는 스트레인 게이지의 전기식 저항 값의 변화에 따라 민감하게 동작하며, 그 변화되는 중량을 디지털로 표시하여 준다.

15 전자 브레이크의 전자석이 소리를 내며 과열, 소손되는 경우 점검 사항과 관계가 없는 것은?

① 압출봉 출입구 패킹부에서 물이 침입하여 내부에 녹이 발생하여 있지 않은가
② 풀리와 라이닝의 틈새가 너무 적지 않은가
③ 스트로크가 너무 크지 않은가
④ 브레이크 라이닝이 과열 하였는가

②, ③, ④항 외에 각 링크의 핀 류가 부식 또는 도장으로 굳어 있는가를 점검한다.

16 전동기의 일반적인 사항을 설명한 것으로 틀린 것은?

① 분권식의 경우 부하변동에 관계없이 일정한 속도로 운전된다.
② 브러시와 홀더는 예비부품으로 준비해둘 필요가 있다.
③ 카본 브러시의 마모한도는 원래치수의 20%까지 이다.
④ 모터의 전원전압이 너무 낮아도 과열된다.

카본 브러시는 이상 마모가 없어야 하며, 마모한도는 원치수의 50% 이하여야 한다.

17 훅에 대한 설명 중 틀린 것은?

① 목 부분이 30% 이내 벌어진 것까지만 사용한다.
② 균열 검사는 적어도 년 1회 실시한다.
③ 흠 자국 깊이가 2mm가 되면 평활하게 다듬어야 한다.
④ 균열된 훅은 용접해서 사용할 수 없다.

훅은 점검 후 균열이 발생하거나 입구의 벌어짐이 원래 치수의 5% 이상이면 폐기하여야 한다.

18 주행 차륜의 직경이 400mm이고, 주행 모터의 회전수가 3,000rpm이며, 감속비가 1/100일 때, 주행속도는?

① 약 38m/min
② 약 68m/min
③ 약 120m/min
④ 약 80m/min

주행속도 = (3.14 × 차륜직경 × 모터회전수)/감속비
= (3.14 × 400 × 3,000)/100 = 37,680mm/min
= 37.68m/min ≒ 38[m/min]

19 천장크레인의 안전장치가 아닌 것은?

① 리미트 스위치
② 전자 브레이크
③ 과부하 계전기
④ 전동기

전동기는 전기적 에너지를 기계적 에너지로 변환시키는 구동장치이다.

20 권선형 유도 전동기의 2차 저항 제어 방식의 특징으로 틀린 것은?

① 1차 저항값의 가변에 의해 속도가 제어된다.
② 어떤 용량의 전동기에도 제어가 가능하다.
③ 기동시 쿠션 스타트로서도 사용된다.
④ 부하 변동에 의한 속도 변동이 크다.

권선형 유도전동기의 2차 저항 제어방식은 2차측 전원을 회전자에 부착되어 있는 슬립링과 접촉되는 브러시를 통해 2차 저항에 연결시켜 제어를 한다.

21 스퍼기어에서 잇수가 18개인 피니언이 1,000rpm으로 회전하고 있다. 기어를 450rpm 으로 회전시키려면 기어의 잇수는 몇 개로 하여야 되는가?

① 40   ② 70
③ 150   ④ 250

기어의 감속비 = 1,000rpm/ 450rpm = 2.22이므로 기어의 잇수 = 2.22 ×18 = 39.99 ≒ 40[개]

22 집전장치의 종류 중 대전류용 또는 고압용이며 레일과 접촉하는 위쪽 접촉부위가 마모를 경감시키도록 되어 있는 형식은?

① 슈 형
② 고정 형
③ 포올 형
④ 팬던트 형

> 슈(shoe)형은 직류형·다리형 크레인의 주행용·대전류용 혹은 고압용으로 사용되며, 집전기의 슈는 마모되면 교체할 수 있으며, 구리와 흑연을 압축시켜 만든다.

23 권상하중 40톤, 권상속도 15m/min인 천장크레인의 전동기의 출력(kW)은?

① 58.8
② 588
③ 13.3
④ 9.8

> 천장크레인의 전동기 출력(kW) = (권상하중×권상속도)/(6.12×권상기 효율) = (40×1.5)/(6.12×1) ≒ 9.8[kW]

24 미끄럼 베어링에 대한 설명 중 틀린 것은?

① 구조가 간단하고 값이 싸다.
② 충격에 견디는 힘이 작다.
③ 베어링 교환이 간단하다.
④ 시동 저항이 크다.

> 미끄럼 베어링은 충격에 강하고, 마모한도는 0.6~1.6mm이다.

25 전동기가 기동을 하지 않는 원인이 아닌 것은?

① 터미널의 이완
② 단선
③ 커넥션의 접촉 불량
④ 훅의 마모

> 전동기 기동과 훅의 마모는 상관관계가 없다.

26 고정자, 회전자, 베어링, 냉각팬, 엔드 브래킷으로 구성되어 있으며 고정자는 철심과 철심 안쪽에 파진 홈에 감겨있는 권선으로 되어 있는 방식의 전동기는?

① 직권식 전동기
② 농형 유도 전동기
③ 권선형 유도 전동기
④ 분권식 전동기

> 또한 농형 유도전동기는 구조가 간단하고 튼튼하며 운전 중 성능은 좋으나 기동 시 성능이 좋지 않아 슬로스타트가 필요하며 브러시를 사용하지 않는다.

27 기계요소 중 키(key)에 대한 설명으로 틀린 것은?

① 축과 회전체를 일체로 하여 회전력을 전달시키는 기계요소이다.
② 축과 회전체의 원주방향으로의 이동이 가능하다.
③ 재료는 축 재료보다 약간 강하다.
④ 급유할 필요가 없다.

> 키는 축과 회전체 사이의 원주방향 이동은 전혀 허용되지 않는다.

28 천장크레인으로 하물을 권상할 때의 운전방법 중 가장 양호한 것은?

① 하물을 조금씩 들어 올리고 그때마다 제어기를 OFF시켜 브레이크 지지능력을 확인한다.
② 천장크레인은 정격하중의 110 %는 들어 올릴 수 있으므로 평소와 같이 권상한다.
③ 지면에서 20cm 쯤 위치에서 일단정지하고, 줄걸이 이상여부를 확인한다.
④ 안전을 위하여 권상 작업을 하지 않는다.

> 크레인의 권상 주행요령은 지면에서 20cm쯤 위치에서 일단정지하고, 줄걸이 이상여부를 확인한 후 신호에 따라 기준높이 2m까지 올린다음 주행한다.

29 운전 시 집전장치에서 과대한 스파크가 발생할 때 점검해야 할 사항은?

① 집전자의 과대 마모에 의한 접촉 불량
② 전동기 회전수
③ 브레이크 라이닝 간격
④ 리미트 스위치

> 집전장치에서의 과대한 스파크의 발생은 집전장치로 흐르는 정상상태에서 벗어난 전류에 의한 것으로 집전자의 접촉 불량 시 과대한 스파크가 발생할 수 있다.

30 천장크레인으로 물건을 운반할 때 주의 할 사항 중 거리가 먼 것은?

① 적재물이 떨어지지 않도록 한다.
② 부하물 위에 사람을 태워서는 안 된다.
③ 경우에 따라서는 과부하 하중 이상의 무게를 매달을 수 있다.
④ 줄걸이 와이어로프의 안전 여부를 항상 확인한다.

🔍 크레인 작업 시 정해진 정격하중을 초과하면 안 된다.

31 천장크레인으로 부품을 들어 올릴 때 주로 사용하는 볼트는?

① 기초볼트   ② 아이볼트
③ T 볼트   ④ 스테이볼트

🔍 아이볼트(eye bolt)는 수직을 외줄로 작업하는 것이 원칙이지만, 부득이한 경우에는 볼트 중심선의 45° 이내에서 사용한다.

32 천장크레인 관련 설명 중 틀린 것은?

① 저항기는 사용 중 온도가 높아져서 약 350℃가 될 때가 있으므로 통풍을 잘 시켜야 된다.
② 리미트 스위치를 구조별로 구분하면 나사형, 레버형, 캠형으로 나눌 수 있다.
③ 리미트 스위치의 작용점이 최대부하 때와 무부하 때에는 약간씩 차이가 난다.
④ 천장크레인용 저항기는 용량이 크고 진동에 강한 리본형이 적합하다.

🔍 크레인용 저항기는 온도 변화에 관계없이 저항값은 일정하며 격자무늬인 그리드(grid)형을 주로 사용한다.

33 전기설비의 감전 대책이 아닌 것은?

① 정전 또는 점검 수리 시에는 반드시 전원스위치를 내리고 다른 사람이 스위치를 넣지 않게 수리중 표시를 한다.
② 감전사고 방지를 위한 장치에는 접지, 누전차단기 등이 있다.
③ 작업장에서 직류와 교류 각각 24V 이상인 전기설비에는 접근제한 및 위험 표지를 붙여야 한다.
④ 복장은 피부가 노출되지 않게 하고 건조한 옷을 착용하며 절연이 양호한 신발을 신는다.

🔍 크레인에 급전되는 전원설비는 보통 변압기를 설치하여 적당한 전압으로 변압하며, 교류 220V, 440V, 3,300V가 있으나 대부분 440V이다.

34 크레인의 리모트 콘트롤러에는 주파수방식과 적외선 방식이 있다. 이 두 가지 방식의 특성 중 틀린 것은?

① 주파수방식은 운전자의 가시거리 내에 있어야 작동이 가능하다.
② 적외선방식은 주변의 정밀기기에 영향을 주지 않는다.
③ 주파수방식은 안테나를 사용하므로 센서가 필요하지 않다.
④ 적외선방식은 불필요한 신호에 의한 사고위험이 주파수방식보다 낮다.

🔍 주파수방식은 컨트롤러와 운전자가 주파수가 잡히는 거리 내에 있어야 한다.

35 하역 작업을 시작하기 전에 점검해야 할 사항 중 가장 거리가 먼 것은?

① 주행로상 및 크레인 주위에 장애물 유무 여부
② 급유 상태
③ 볼트, 너트 및 엔드 플레이트의 이완 여부
④ 진동 및 소음 상태

🔍 진동 및 소음 상태는 하역 작업 중 점검사항이다.

36 플레밍의 오른손 법칙에서 가운데(중지) 손가락 방향은?

① 자력선 방향   ② 자밀도 방향
③ 유도 기전력 방향 ④ 운동 방향

🔍 플레밍의 오른손 법칙
• 엄지 : 도체의 운동 방향
• 검지 : 자력선 방향
• 중지 : 유도 기전력 방향

37 2개의 축이 일직선상에 있지 않고 어떤 각도를 가진 두 축 사이에 동력을 전달할 때 사용하는 축 이음으로서 경사각이 커지면 전달효율이 저하되므로 보통 30°이내로 사용 하는 축 이음은?

① 분할형 축이음　② 플렉시블 축이음
③ 플랜지 축이음　④ 유니버설 조인트

> 유니버설 조인트(자재이음)는 두 축이 30° 이내의 교각으로 연결할 때 사용되나, 보통 5° 이내로 한다.

38 옥외크레인을 사용 시 순간풍속이 매초 당 (　)미터를 초과하는 바람이 불어올 우려가 있을 때에는 옥외에 설치되어 있는 주행크레인에 대하여 이탈방지장치를 작동시키는 등 그 이탈을 방지하기 위한 조치를 하여야 한다. (　)에 적합한 풍속은?

① 20　② 30
③ 45　④ 60

> 사업주는 순간풍속이 초당 30m를 초과하는 바람이 불어올 우려가 있는 경우 옥외에 설치되어 있는 주행 크레인에 대하여 이탈 방지장치를 작동시키는 등 이탈 방지를 위한 조치를 하여야 한다.

39 집중 급유장치로 급유가 불가능한 부분은?

① 주행 장축 베어링
② 주행 차륜 베어링
③ 와이어 드럼 축수 베어링
④ 훅 시브 베어링

> 훅 시브 베어링 급유는 손 급유법을 사용한다.

40 급유 방법에 대한 설명 중 가장 거리가 먼 것은?

① 와이어로프용 윤활유는 산이나 알칼리성을 띠지 않고, 내산화성이 커야 한다.
② 진동이 심하고 먼지가 많은 개방된 곳의 기어에는 그리스를 발라주는 것이 좋다.
③ 감속기어 오일은 여름철에는 점도가 높은 것을 겨울철에는 점도가 낮은 것을 사용한다.
④ 스팬이 긴 경우 사행으로 인한 마모가 크므로 레일 측면에 기름이 부착되어서는 안 된다.

> 주행 크레인 등 주행속도가 빠른 것이나 스팬이 긴 것은 플랜지의 마찰이나 크레인의 경사로 인해 플랜지나 레일측면에 마모가 심하므로, 마모 부분에 소량의 오일을 자동으로 계속 급유하는 것이 효과적이다.

41 와이어로프의 안전율 계산 시 사용하는 절단하중은 우리나라에서는 어떤 규정을 적용하는가?

① KS A 3514
② KS B 3514
③ KS C 3514
④ KS D 3514

> 와이어로프 구성의 규격은 KS D 3514에 규정되어있다.

42 와이어로프의 지름감소가 공칭지름의 (　)할 경우 사용해서는 아니 된다. 괄호 안에 알맞은 것은?

① 7%를 초과
② 9%를 초과
③ 10%를 초과
④ 12%를 초과

> 사용이 금지되는 와이어로프
> • 이음매가 있는 것
> • 와이어로프의 한 꼬임에서 끊어진 소선(素線)(필러선은 제외)의 수가 10% 이상(비자전로프의 경우에는 끊어진 소선의 수가 와이어로프 호칭지름의 6배 길이 이내에서 4개 이상이거나 호칭지름 30배 길이 이내에서 8개 이상)인 것
> • 지름의 감소가 공칭지름의 7%를 초과하는 것
> • 꼬인 것
> • 심하게 변형되거나 부식된 것
> • 열과 전기충격에 의해 손상된 것

43 천장크레인의 주행차륜의 마모한계에 대한 설명 중 틀린 것은?

① 좌우차륜의 직경차 : 구동륜은 원치수의 0.2%, 종동륜은 원치수의 0.5%
② 플랜지의 두께 : 원치수의 50%
③ 플랜지의 변형도 : 수선에서 20°
④ 차륜직경의 마모 : 원치수의 3%

> 차륜플랜지의 경사는 수직 위치에서 20°까지이고, 플랜지 마모한도는 원치수의 50%까지이다.

44 와이어로프의 구부림과 관련 된 사항 중 쉬이브 지름 D와 와이어 소선지름 d와의 관계가 아래와 같을 때 의미하는 것은?

$$D/d < 200$$

① 영구늘어남이 생겨 빨리 피로해진다.
② 최적치 이다.
③ 필요한 최소한도를 만족한다.
④ 탄성변형내에 존재한다.

> • D/d < 200 : 영구 늘어남이 생겨 피로해진다.
> • D/d = 300 : 필요한 최소한도이다.
> • D/d = 600 : 최적치이다.

45 체적이 같을 때 무거운 것부터 차례로 나열한 것은?

① 동 → 납 → 점토 → 철
② 점토 → 납 → 동 → 철
③ 철 → 동 → 납 → 점토
④ 납 → 동 → 철 → 점토

> 물체의 비중 : 납 11.4, 동 8.9, 철 7.8, 점토 2.6, 물 1

46 타워크레인에서 일반적인 작업사항으로 틀린 것은?

① 작업이 종료된 후 훅(Hook)은 크레인 메인 지브의 하단부 정도까지 올려놓는다.
② 물건을 운반하지 않을 때는 훅에 와이어를 건 채로 이동해서는 안 된다.
③ 모가 난 짐을 운반 시는 규정보다 약한 와이어를 사용한다.
④ 화물의 중량 및 중심의 목측(目測)은 가능한 정확히 해야 한다.

> 모가 난 짐을 운반시는 로프나 물품을 보호하기 위해 보조구를 사용하므로 규정보다 강한 로프를 사용하여야 한다.

47 와이어로프의 보관 방법 중 틀린 것은?

① 건조하고 지붕이 있는 곳에 보관해야 한다.
② 한번 사용한 로프를 보관할 때는 오물 등을 제거하고 그리스를 바르고 잘 감아서 보관해야 한다.
③ 로프는 적당한 습기가 필요하므로 충분한 습기가 올라오는 장소에 놓는다.
④ 직사광선이나 열기 등에 의한 그리스의 변질이 없도록 보관해야 한다.

> 로프는 습기에 노출이 되지 않고, 지면에 직접 닿지 않으며, 통풍이 잘되는 건물 내에 보관해야 한다.

48 줄걸이 로프에 걸리는 하중에 관한 공식 중 옳은 것은?

① 부하물의 하중 ÷ (줄걸이수 ÷ 조각도)
② 부하물의 하중 ÷ (줄걸이수 × 조각도)
③ 부하물의 하중 × (줄걸이수 ÷ 조각도)
④ 부하물의 하중 × (줄걸이수 × 조각도)

> 줄걸이 로프에 작용하는 하중= 부하물의 하중 ÷ (줄걸이 수 × 조각도)

49 100V로 150A의 전류를 흐르게 하였을 경우 마력은 약 얼마인가?

① 10.11
② 20.11
③ 30.11
④ 40.11

> 전력 = 전압 × 전류 = 100×150= 15,000W = 15kW이고,
> 1마력(Hp) = 0.746kW이므로,
> 마력 = 15kW/0.746kW ≒ 20.11이다.

50 줄걸이로 짐을 달아 올릴 때의 주의사항 중 틀린 것은?

① 매다는 각도는 60도 이내로 한다.
② 큰 짐 위에 작은 짐을 얹어서 짐이 떨어지지 않도록 한다.
③ 짐을 전도시킬 때는 가급적 주위를 넓게 하여 실시한다.
④ 전도 작업 도중 중심이 달라질 때는 와이어로프 등이 미끄러지지 않도록 주의한다.

> 큰 짐 위에 작은 짐을 얹어서 매달면 작은 짐이 떨어지기 쉬우므로 떨어지지 않도록 매어두는 것이 좋다.

51 안전작업 사항으로 잘못된 것은?

① 전기장치는 접지를 하고 이동식 전기기구는 방호장치를 설치한다.
② 엔진에서 배출되는 일산화탄소에 대비한 통풍장치를 설치한다.
③ 담뱃불은 발화력이 약하므로 제한 장소 없이 흡연해도 무방하다.
④ 주요장비 등은 조작자를 지정하여 아무나 조작하지 않도록 한다.

🔍 담뱃불은 발화력이 강하므로 작업장에서 흡연해서는 안 된다.

52 전장품을 안전하게 보호하는 퓨즈의 사용법으로 틀린 것은?

① 퓨즈가 없으면 임시로 철사를 감아서 사용한다.
② 회로에 맞는 전류 용량의 퓨즈를 사용한다.
③ 오래되어 산화된 퓨즈는 미리 교환한다.
④ 과열되어 끊어진 퓨즈는 과열된 원인을 먼저 수리한다.

🔍 규정된 퓨즈를 사용하여야 하며, 어떤 경우라도 퓨즈 대신 철사를 사용하면 안 된다.

53 다음 중 현장에서 작업자가 작업 안전상 꼭 알아두어야 할 사항은?

① 장비의 가격   ② 종업원의 작업환경
③ 종업원의 기술 정도   ④ 안전 규칙 및 수칙

54 망치(hammer) 작업 시 옳은 것은?

① 망치자루의 가운데 부분을 잡아 놓치지 않도록 할 것
② 손은 다치지 않게 장갑을 착용할 것
③ 타격할 때 처음과 마지막에 힘을 많이 가하지 말 것
④ 열처리된 재료는 반드시 해머작업을 할 것

🔍 망치 작업 시 처음부터 큰 힘을 주어 작업하지 않고, 처음과 마지막에는 서서히 타격한다.

55 아크용접에서 눈을 보호하기 위한 보안경으로 맞는 것은?

① 도수 안경   ② 방진 안경
③ 차광용 안경   ④ 실험실용 안경

🔍 아크용접이나 그라인더 작업과 같이 불꽃에 눈을 보호하기 위해 차광용 안경을 사용한다.

56 먼지가 많은 장소에서 착용하여야 하는 마스크는?

① 방독 마스크   ② 산소 마스크
③ 방진 마스크   ④ 일반 마스크

🔍 먼지가 많은 장소와 인체에 해로운 가스가 발생되는 작업장에서는 규정된 방진마스크를 착용해야 한다.

57 유류화재 시 소화용으로 가장 거리가 먼 것은?

① 물   ② 소화기
③ 모래   ④ 흙

🔍 유류 화재 발생 시 물을 뿌리면 기름이 물을 타고 더 확산된다.

58 작업장에서 공동 작업으로 물건을 들어 이동할 때 잘못된 것은?

① 힘의 균형을 유지하여 이동 할 것
② 불안전한 물건은 드는 방법에 주의할 것
③ 보조를 맞추어 들도록 할 것
④ 운반도중 상대방에게 무리하게 힘을 가할 것

59 산업체에서 안전을 지킴으로서 얻을 수 있는 이점과 가장 거리가 먼 것은?

① 직장의 신뢰도를 높여준다.
② 직장 상·하 동료 간 인간관계 개선 효과도 기대된다.
③ 기업의 투자 경비가 늘어난다.
④ 사내 안전수칙이 준수되어 질서유지가 실현된다.

🔍 산업체에서 안전을 준수하면 기업의 투자 경비가 감소한다.

60 정비작업 시 안전에 위배 되는 것은?

① 깨끗하고 먼지가 없는 작업환경을 조성한다.
② 회전 부분에 옷이나 손이 닿지 않도록 한다.
③ 연료를 채운 상태에서 연료통을 용접한다.
④ 가연성 물질을 취급 시 소화기를 준비한다.

🔍 연료를 채운 상태에서 연료통을 용접하면 폭발 및 화재의 위험이 있다.

정답 2016년 1회

01 ②	02 ②	03 ①	04 ①	05 ④
06 ④	07 ①	08 ②	09 ②	10 ②
11 ④	12 ③	13 ③	14 ④	15 ①
16 ③	17 ①	18 ①	19 ④	20 ①
21 ①	22 ①	23 ④	24 ②	25 ④
26 ②	27 ②	28 ③	29 ①	30 ③
31 ②	32 ④	33 ②	34 ①	35 ④
36 ③	37 ④	38 ②	39 ④	40 ④
41 ④	42 ①	43 ③	44 ①	45 ④
46 ③	47 ③	48 ②	49 ②	50 ②
51 ③	52 ①	53 ④	54 ③	55 ③
56 ③	57 ①	58 ④	59 ③	60 ③

2016년 2회 공단 기출문제

01 전자 브레이크에서 전자석 부분의 과열 원인 아닌 것은?

① 가동 철심이 완전히 부착되지 않을 때
② 전원의 규정 전압 초과 시
③ 전선의 부분 단락 시
④ 드럼(풀리)과 브레이크슈의 틈새 과다

🔍 드럼(풀리)과 라이닝의 틈새 부족은 전자브레이크의 전자석부에서 소음, 과열 및 소손이 일어나는 경우의 원인조사 사항이다.

02 천장크레인 전동기의 전압이 440V일 때 절연저항 값은?

① 0.1MΩ 이상   ② 0.2MΩ 이상
③ 0.3MΩ 이상   ④ 0.4MΩ 이상

🔍 전동기의 절연저항은 200V에서는 0.2MΩ이상이고, 440V에서는 0.4MΩ이상이며, 3,300V에서는 3MΩ이상이다.

03 하나의 제어기로 주행과 횡행 또는 주권과 보권을 같이 사용할 수 있는 것은?

① 수동 드럼형 제어기
② 캠 작동식 제어기
③ 푸시 버튼 제어기
④ 유니버셜 제어기

🔍 제어기의 핸들구조에는 외형에 따라 크랭크식과 레버식이 있으며, 주권과 보권, 주행과 횡행 등 두 동작을 한 개의 핸들로 동시에 조작하는 제어기는 유니버셜 제어기(만능식)이다.

04 직류 전동기에 이용되는 속도 제어용 브레이크는?

① 다이나믹 브레이크   ② 메카니컬 브레이크
③ 마그네틱 브레이크   ④ 유압압상 브레이크

🔍 다이나믹 브레이크는 운동에너지를 전기에너지로 변환시켜, 이 전기적 에너지를 소모시켜서 제어하며 직류전동기의 속도제어용으로 사용된다.

05 천장크레인에서 사용되는 권과방지 장치의 형식이 아닌 것은?

① 컴비네이션 식   ② 중추 식
③ 나사 식   ④ 캠 식

🔍 권과방지장치(리미트 스위치)의 종류
• 중추식 : 훅(hook)의 접촉으로 인하여 작동(대용량, 고양정)
• 스크루식(나사식) : 드럼의 회전에 의하여 작동하며, 연동장치에 의해 피드나사가 회전하면 그것과 맞물리는 너트(nut)가 이동하여 개폐기의 레버를 움직여 접점에 개폐를 행하는 방식
• 캠식 : 드럼과 연동되어 회전을 하고, 원판 모양으로 주위에 배치된 볼록 및 오목 캠에 의해 스위치의 레버를 작동

06 크레인 훅의 개구부 벌어짐의 사용한도는 원래 치수의 몇 [%] 까지 인가?

① 5%   ② 10%
③ 15%   ④ 50%

🔍 훅의 개구부 벌어짐의 사용한도는 원래치수의 5%까지이다.

07 천장크레인과 관련된 설명 중 틀린 것은?

① 휠베이스는 스팬 길이의 1/8 이상이 되어야 한다.
② 크라브란 횡행장치를 설치하여 양 거더위에 설치된 레일 위를 왕복 운동하는 대차이다.
③ 와이어끝단 시징은 와이어 직경의 3배 정도를 해야 한다.
④ 와이어 드럼의 와이어고정 방법은 클램프를 사용하는 것이 좋다.

🔍 주행 휠베이스(wheel base)는 스팬의 1/7 이상이어야 한다. 다만, 휠베이스는 1레일 상에 4개의 차륜이 있는 경우는 좌우 외측차륜의 중심간 거리, 4개 초과 8개 이하의 차륜이 있는 경우에는 좌우 각 외측 2개 차륜의 중심에서의 좌우간 거리, 8개를 초과한 차륜이 있는 경우에는 좌우 각 외측 3개 차륜의 중심에서 좌우간 거리로 한다.

08 주행, 횡행, 권상 등에서 과행(안전상 고려한 운전한계선을 초과)을 방지하는 장치는?

① 타임 릴레이
② 컨트롤러
③ 리미트 스위치
④ 브레이크

> 권과방지장치인 리미트 스위치는 권상·횡행·주행 등 각 장치의 운동에 대한 과행방지의 필수적인 기구로 중추식, 나사식(스크루식), 캠식이 있다.

09 차륜 플랜지의 한쪽만 레일과 접촉 및 마모되는 원인으로 틀린 것은?

① 레일과 차륜의 직각도 불량
② 구동차륜과 종동차륜의 지름이 틀림
③ 좌우 주행레일의 높이가 틀림
④ 좌우 구동차륜의 지름차가 큼

> 구동차륜과 종동차륜의 직경차는 한쪽만 레일과 접촉 및 마모되는 원인이 아니다.

10 거더의 중앙부에 정격하중을 매달았을 경우의 허용 굽힘량은?

① 스팬의 1/500을 초과하지 않을 것
② 스팬의 1/600을 초과하지 않을 것
③ 스팬의 1/700을 초과하지 않을 것
④ 스팬의 1/800을 초과하지 않을 것

> 크레인 거더의 처짐은 정격하중 및 달기기구 자중을 합한 하중에 상당하는 하중을 가장 불리한 조건으로 권상하였을 때, 당해 스팬의 800분의 1 이하가 되어야 한다.

11 천장크레인에서 완충장치의 종류가 아닌 것은?

① 유압 버퍼 스토퍼
② 고무 버퍼 스토퍼
③ 강철 버퍼 스토퍼
④ 스프링 버퍼 스토퍼

> 충격을 완화해 주는 완충제로 스프링·고무·나무 또는 유압식 버퍼를 사용한다.

12 훅이 지상에 도달했을 경우 드럼에는 와이어로프가 최소 몇 회의 감김 여유가 있어야 하는가?

① 감겨있지 않아도 된다.
② 최소 1회 이상
③ 최소 2회 이상
④ 최소 4회 이상

> 드럼은 훅의 위치가 가장 낮은 곳에 위치할 때 클램프 고정이 되지 않은 로프가 드럼에 2바퀴 이상 남아 있어야 하며, 훅의 위치가 가장 높은 곳에 위치할 때 해당 감김 층에 대하여 감기지 않고 남아있는 여유가 1바퀴 이상인 구조여야 한다.

13 주행레일의 높이편차에 대한 설명으로 알맞은 것은?

① 기준면으로부터 최대 ±10mm 이내
② 기준면으로부터 최대 ±15mm 이내
③ 기준면으로부터 최대 ±20mm 이내
④ 기준면으로부터 최대 ±25mm 이내

> 주행레일
> • 연결부의 틈새는 천정크레인은 3mm, 기타 크레인은 5mm 이하일 것
> • 레일 연결부의 엇갈림은 상하 0.5mm 이하, 좌우 0.5mm 이하일 것
> • 레일측면의 마모는 원래 규격치수의 10% 이내일 것
> • 주행레일의 높이편차는 기준면으로부터 최대 ±10mm 이내이고, 좌우레일의 수평차는 10mm 이내, 레일의 구배량은 주행길이 2m 마다 2mm를 초과하지 않을 것
> • 주행레일의 진직도는 전 주행길이에 걸쳐 최대 10mm이내이고, 수평방향의 휨량은 주행길이 2m마다 ±1mm 이내일 것

14 크래브(Crab)의 급정지 시 영향을 주지 않는 요소는?

① 와이어로프   ② 크래브 자체
③ 횡행차륜   ④ 주행차륜

> 크래브란 권상장치와 횡행장치가 실려 운행하는 대차를 말하며, 크래브를 급정지시키면 와이어로프·크래브자체·횡행차륜에 영향을 준다.

15 횡행 차륜정지용 스토퍼(Stopper)의 적당한 높이는 차륜 지름의 얼마인가?

① 1/2 이상   ② 1배 이상
③ 1/3 이하   ④ 1/4 이상

> 레일의 정지기구
> - 크레인의 횡행레일에는 양끝부분 또는 이에 준하는 장소에 완충장치, 완충재 또는 해당 크레인 횡행 차륜 지름의 4분의 1 이상 높이의 정지 기구를 설치해야 한다.
> - 크레인의 주행레일에는 양끝부분 또는 이에 준하는 장소에 완충장치, 완충재 또는 해당 크레인 주행 차륜 지름의 2분의 1 이상 높이의 정지 기구를 설치해야 한다.
> - 크레인의 주행레일에는 차륜정지기구에 도달하기 전의 위치에 리미트스위치 등 전기적 정지장치가 설치되어야 한다.
> - 횡행 속도가 매 분당 48m 이상인 크레인의 횡행레일에는 차륜정지 기구에 도달하기 전의 위치에 리미트스위치 등 전기적 정지장치가 설치되어야 한다.
> - 타워크레인 등은 트롤리 기구가 지브의 최대 바깥쪽과 안쪽에 접근시 작동이 정지되는 트롤리 이동한계 스위치 등의 정지장치를 갖추어야 한다.
> - 선회동작이 가능한 지브형 크레인 등은 바람의 영향으로 붕괴할 우려가 있는 경우에는 선회 브레이크를 해제하여 지브가 바람의 방향에 따라 회전할 수 있도록 하거나 적절한 설계적 방안이 고안되어야 한다.
> - 타워크레인 등 선회장치를 갖는 크레인은 선회에 의한 구조 및 회전부와 고정부분 사이의 전기배선 등을 보호하기 위한 선회각도 제한스위치를 부착해야 한다. 다만, 구조상 부착하지 않아도 되는 경우는 예외로 할 수 있다.

16 권상장치의 속도 제어용 브레이크로 가장 많이 사용되는 것은?

① 와류 브레이크
② 직류 전자 브레이크
③ 교류 전자 브레이크
④ 디스크 타입 전자 브레이크

> 와류브레이크(eddy current brake)는 권상장치의 속도제어용으로만 설치되며, 주행·횡행에는 설치하지 않는다.

17 팬던트 또는 무선원격제어기를 사용하여 작업바닥면에서 조작 시 화물과 운전자가 함께 이동하는 크레인의 주행 속도는?

① 분당 45m 이하
② 분당 65m 이하
③ 분당 85m 이하
④ 분당 100m 이하

> 주행용 원동기
> - 옥외에 설치된 주행 크레인은 미끄럼방지 고정 장치가 설치된 위치까지 매초 16m의 풍속을 가진 바람이 불 때에도 주행할 수 있는 출력을 가진 원동기를 설치한 것이어야 한다.
> - 팬던트 또는 무선원격제어기를 사용하여 작업바닥 면에서 조작하며 화물과 운전자가 함께 이동하는 크레인의 주행속도는 매 분당 45m 이하여야 한다.

18 전기기계·기구의 충전전로에 접근하는 장소에서 크레인의 안전 사항이 아닌 것은?

① 해당 충전전로를 이설할 것
② 해당 충전전로에 방호구를 설치할 것
③ 감전의 위험을 방지하기 위한 방책을 설치할 것
④ 현저히 곤란한 경우라도 작업감시인은 두지 말고 운전자에게 절연용 장갑 및 보호구를 착용시킬 것

> 현저히 곤란한 경우는 작업감시인을 두어야 한다.

19 감속기에 대한 설명으로 옳지 않은 것은?

① 횡행장치에서는 라인 샤프트에 위치한다.
② 주행장치의 감속장치는 기어박스에 넣어 오일로 채운다.
③ 기어 감속기란 기어를 이용한 속도변환기를 말한다.
④ 감속기에 사용되는 스퍼기어는 회전운동을 직선운동으로 전달한다.

> 스퍼기어는 치수가 다른 기어를 조합시켜 축의 회전운동을 감속·가속시킨다.

20 크레인 구조부분의 지진하중은 옥외에 단독으로 설치되는 것에 대하여 크레인 자중(권상하물 제외)의 몇 [퍼센트(%)]에 상당하는 수평하중을 지진하중으로 고려하여야 하나?

① 50% ② 25%
③ 15% ④ 5%

> 지진하중은 옥외에 단독으로 설치되는 크레인에 한하여 크레인 자중의 15%에 상당하는 수평하중을 지진하중으로 고려한다.

21 교류에 있어서 저압은 몇 [볼트(V)] 이하를 의미하는가?

① 600 ② 700
③ 1000 ④ 1500

> 저압은 교류 1000V 이하, 직류 1500V 이하

22 전동기의 토크(Torque)란?

① 전동기의 회전력
② 전동기의 열
③ 전동기의 속도
④ 전동기의 무게

🔍 기동토크 또는 시동토크라고도 하며 모터가 처음 회전할 때의 회전력을 말한다.

23 크레인 운전조작에 관한 주의사항으로 틀린 것은?

① 일상점검 및 운전 전 점검이 완료되어 이상 없음이 판명되었을 때 운전에 필요한 조작을 한다.
② 훅이 크게 흔들릴 경우는 권상 작업을 해서는 안 된다.
③ 권상화물을 다른 작업자의 머리위로 통과시키기 위해서 경보를 울린다.
④ 화물을 권상하는 경우 권상화물이 지면에서 약 20cm 떨어진 후에 일단 정지시켜 권상화물의 중심 및 밸런스를 확인한다.

🔍 크레인 작업 시 예정 주행로를 결정하여 가능한 한 최단거리로 주행하여야 하며, 구조물이나 사람·기계 위를 통과해서는 안 된다.

24 천장크레인에서 Arc(아크)가 발생하는 위치 중 거리가 가장 먼 것은?

① 집전장치의 접촉면
② 전동기 정류자
③ 전자 접촉기
④ 저항기

🔍 천장크레인에서 아크가 자주 발생하는 곳은 집전장치의 접촉면·전동기 정류자·전자접촉기 등이다.

25 천장크레인 배선에 관한 것 중 틀린 것은?

① 배선의 피복 상태는 손상, 파손, 탄화 부분이 없을 것
② 배선의 단자 체결 부분은 전용 단자를 사용하고 볼트 및 너트의 풀림 또는 탈락이 없을 것
③ 배선의 절연저항은 대지전압 150V 초과 300V 이하인 경우 0.2MΩ 이상일 것
④ 배선은 KSB 3064에 정해진 규격에 적합한 캡타이어 케이블 일 것

🔍 배선은 600V 고무 절연전선, 600V 비닐전선 사용(KS C 3302)

26 전동기의 발열원인으로 옳지 않은 것은?

① 부하가 클 때
② 전압강하가 없을 때
③ 사용빈도가 높을 때
④ 저항기가 부적당할 때

🔍 전원 전압이 너무 높거나 낮을 경우, 전압이 일정하지 않을 경우 전동기가 과열된다.

27 퓨즈의 설명 중 틀린 것은?

① 회로에 병렬로 연결한다.
② 퓨즈의 접촉이 불량하면 전류의 흐름이 원활하지 못하다.
③ 전선의 온도가 올라가면 녹아 끊어져 회로를 차단한다.
④ 단락 때문에 전선이 타거나 과대 전류가 부하에 흐르지 않도록 한다.

🔍 퓨즈는 회로에 직렬로 연결한다.

28 천장크레인의 작업에 대한 설명 중 틀린 것은?

① 작업 종료 후 천장크레인을 소정위치에 정지시킨다.
② 작업 종료 후 브레이크 와이어 등의 점검을 한다.
③ 전기활선작업을 금하여 안전커버를 벗긴 채로 운전을 금한다.
④ 작업 종료 후 각 제어기를 OFF로 하고 보호관의 스위치는 ON으로 하여야한다.

🔍 작업 종료 후 각 제어기는 OFF로 하고, 보호관의 스위치도 OFF로 하여야 한다.

29 천장크레인의 3상 유도전동기에서 2차 저항기의 역할로 가장 알맞은 것은?

① 전동기에 과전류가 흐르는 것을 막아 전동기를 보호하는 역할로 한다.
② 전동기의 저항을 줄임으로서 전동기의 회전수를 일정하게 하는 역할을 한다.
③ 권선형 유도전동기의 2차 회로에 부착되어 저항량을 조정함으로써 속도를 변속하는 역할을 한다.
④ 농형 전동기에 저항이 너무 크므로 2차 저항기를 부착하여 저항량을 줄임으로써 안전하게 작동할 수 있는 역할을 한다.

> 2차 저항기는 3상 권선형 유도전동기의 2차측에 연결시켜 속도 제어를 목적으로 사용한다.

30 두 축을 30°이내의 교각으로 연결할 때 사용하는 축 이음으로 적합한 것은?

① 머프 커플링
② 플랜지 커플링
③ 스플라인 이음
④ 유니버설 조인트

> 유니버설 조인트(자재이음)는 양축이 동일평면 내에 있고, 그 축선이 30° 이하의 각도로 교차하는 경우에 사용되는 축 이음이다.

31 권하 작업의 속도에 대한 설명 중 가장 옳은 것은?

① 올릴 때의 속도와 같이 한다.
② 가능한 최대 속도로 한다.
③ 훅의 진동이 없으면 빨리 내려도 된다.
④ 적당한 높이까지 내린 후 천천히 내린다.

> 크레인 작업 시 권하작업의 속도는 하물을 적당한 높이까지 내린 후 천천히 내린다.

32 트롤리선에서 전원을 천장크레인으로 도입하는 부분을 집전장치라 한다. 집전장치의 종류가 아닌 것은?

① 캠형
② 팬터그래프형
③ 폴형
④ 슈형

> 트롤리선과 접촉하는 슈(shoe)와 휠(wheel)의 고정방법에 따라 팬터그래프형, 고정형, 폴형, 슈형 등이 있다.

33 주파수 60Hz, 출력이 30kW인 전동기 동기속도가 900rpm일 때 이 전동기의 극수는?

① 4극
② 6극
③ 8극
④ 10극

> 동기속도
> Ns = 120×f(주파수)/P(극수)에서
> P = 120·f/Ns = 120×60/900 = 8[극]

34 베어링 메탈의 구비조건으로 틀린 것은?

① 마찰이나 마멸이 적어야 한다.
② 면압 강도가 커야 한다.
③ 피로강도가 작아야 한다.
④ 일정 강도를 가져야 한다.

> 베어링 메탈은 열전도가 좋고, 내식성이 크고, 피로강도가 커야 한다.

35 너트의 풀림 방지법에 대한 설명으로 틀린 것은?

① 와셔에 의한 방법은 주로 스프링 와셔를 사용한다.
② 핀, 작은 나사를 쓰는 방법은 볼트 홈 붙이 너트에 핀이나 작은 나사를 이용한 고정방법이다.
③ 이중 너트를 사용한다.
④ 너트의 회전방향에 의한 법은 축의 회전방향과 같은 방향으로 돌릴 때 잠기는 너트를 이용하는 것이다.

> 너트의 회전방향에 의한 법은 축의 회전방향과 반대방향으로 돌릴 때 잠기는 너트를 이용하는 것이다.

36 천장크레인에서 예비 부품을 두어야 하는 목적으로 가장 합당한 것은?

① 운전 중 고장이 쉽게 발생하는 부품에 대하여 정비시간을 단축시키기 위해
② 부품값이 비싸며 운반할 때 불편하므로
③ 형식을 갖추어 둘 필요가 있으므로
④ 쉽게 구할 수 있는 부품이며 값이 싸므로

🔍 크레인 운전 중 고장이 자주 발생하는 부위의 부품은 정비시간 단축을 위해 예비부품을 준비해 두어야 한다.

37 스프링 재료의 구비조건이 아닌 것은?

① 내식성이 클 것
② 크리프 한도가 높을 것
③ 탄성한계가 높을 것
④ 전연성이 풍부할 것

🔍 스프링재료는 전연성이 낮아야 한다.

38 구름베어링의 단점은?

① 과열의 위험이 적다.
② 마멸이 적으므로 빗나감도 적다.
③ 길이가 작아도 좋으므로 기계의 소형화가 가능하다.
④ 소음 및 진동이 생기기 쉽다.

🔍 구름베어링의 단점은 충격하중에 약하고, 값이 비싸며, 소음과 진동이 생기기 쉽다.

39 윤활유 유막보다 더 큰 이물질 입자에 의하여 기어의 접촉면에 긁힌 자국을 무엇이라 하는가?

① 어브레이젼
② 피칭
③ 스크래칭
④ 스폴링

🔍 어브레이젼(abrasion)은 기어의 접촉면에 생긴 긁힌 자국·마모 등을 말한다.

40 천장크레인 운전자가 작업 시작 전 점검해야 할 사항으로 적합하지 않는 것은?

① 건물과 건물 사이의 거리 상태
② 주행로의 상측 및 트롤리가 횡행하는 레일의 상태
③ 와이어로프의 상태
④ 브레이크 장치의 상태

41 화물을 권하한 후, 줄걸이 용구를 분리하는 방법으로 적절하지 않은 것은?

① 훅은 가능한 낮은 위치로 유도하여 분리한다.
② 직경이 큰 와이어로프는 비틀림이 작용하여 흔들림이 발생하므로 흔들리는 방향에 주의하면서 분리한다.
③ 작업을 빨리 진행하기 위하여 크레인으로 줄걸이용 와이어로프를 잡아당겨 분리한다.
④ 줄걸이용 와이어로프는 손으로 분리하는 것이 원칙이다.

42 와이어로프를 드럼에 설치할 때, 와이어로프가 벗겨지지 않도록 볼트를 체결하는데 사용하는 것은?

① 너트   ② 클램프(고정구)
③ 샤클   ④ 링크

🔍 와이어로프를 드럼에 연결하는 방법으로 클램프 고정법, 배빗메탈 채움법, 소켓 고정법, 코터 고정법 등이 있다.

43 와이어로프 구성의 표기방법이 틀린 것은?

$$6 \times Fi(24) + IWRC\ B종\ 20mm$$

① 6 : 스트랜드 수
② 24 : 와이어로프 수
③ B종 : 소선의 인장강도
④ 20mm : 와이어로프의 직경

🔍 와이어로프를 호칭할 때는 명칭, 구성기호, 꼬임방법(연법), 종별 및 로프 직경 순으로 한다.

44 같은 굵기의 와이어로프 일지라도 소선이 가늘고 수가 많은 것에 대한 설명 중 맞는 것은?

① 유연성이 좋으나 더 약하다.
② 유연성이 좋고 더 강하다.
③ 유연성이 나쁘고 더 약하다.
④ 유연성이 나빠도 더 강하다.

🔍 같은 굵기의 와이어로프도 소선이 가늘고 수가 많은 것이 유연성도 좋고 더 강하다.

45 신호법 중에서 팔을 아래로 뻗고 집게손가락을 아래로 향해서 수평원을 그리는 신호는 무슨 신호인가?

① 천천히 조금씩 내리기
② 아래로 내리기
③ 천천히 이동
④ 운전 방향 지시

🔍 크레인 작업 표준신호

운전구분	천천히 조금씩 위로 올리기	아래로 내리기
수신호	한 손을 지면과 수평하게 들고 손바닥을 위쪽으로 하여 2, 3회 작게 흔든다.	팔을 아래로 뻗고(손끝이 지면을 향함) 2, 3회 흔든다.
호각신호	짧게 – 짧게	길게 – 길게
운전구분	천천히 이동	운전 방향 지시
수신호	방향을 가리키는 손바닥 밑에 집게손가락을 위로 해서 원을 그린다.	집게손가락으로 운전방향을 가리킨다.
호각신호	짧게 – 길게	짧게 – 길게

46 연결된 5개의 링크의 길이가 20cm인 표준 체인은 이 연결된 5개의 링크의 길이가 최대 몇 [cm]가 될 때까지 사용이 가능한가?

① 21
② 22
③ 23
④ 24

🔍 링크 체인의 폐기기준은 연결된 5개의 링크를 측정하여 연신률이 제조당시 길이의 5% 이내 이어야 하므로 최대 늘어난 길이는 20cm × 0.05 = 1cm이다.

47 크레인용 와이어로프에 심강을 사용하는 목적을 설명한 것 중 거리가 먼 것은?

① 충격하중을 흡수한다.
② 소선끼리의 마찰에 의한 마모를 방지한다.
③ 충격하중을 분산시킨다.
④ 부식을 방지한다.

🔍 심강은 섬유심, 공심, 철심으로 나뉘며 ①, ②, ④항 외에 충격하중을 흡수 한다.

48 로프 하나를 두 줄 걸이로 하여 1,000kgf의 짐을 90°로 걸어 올렸을 때 한 줄에 걸리는 무게(kgf)는?

① 250
② 500
③ 707
④ 6,930

🔍 1줄에 걸리는 하중 $= \dfrac{\text{부하물의 하중}}{\text{줄걸이 수} \times \text{조각도}} = \dfrac{1000}{2 \times \cos\dfrac{90°}{2}}$

$= \dfrac{1000}{2 \times \cos 45°} ≒ 707[kgf]$

49 와이어로프의 소선에 대하여 설명한 것으로 맞는 것은?

① 스트랜드를 구성하고 있는 소선의 결합에는 점, 선, 면, 정 접촉 구조의 4가지가 있다.
② 소선의 역할은 충격하중의 흡수, 부식방지, 소선끼리의 마찰에 의한 마모방지, 스트랜드의 위치를 올바르게 하는데 있다.
③ 와이어로프(wire rope)의 소선은 KSD 3514에 규정된 탄소강에 특수 열처리를 하여 사용한다.
④ 소선의 재질은 탄소강 단강품(KSD 3710)이나 기계구조용 탄소강(KSD 3517)이며 강도와 연성이 큰 것이 바람직하다.

🔍 와이어로프 소선은 탄소강으로서 실같이 얇은 철사를 기계로 여러 번 가닥(스트랜드)을 을 꼬아서 와이어로프가 완성된다.

50 운전자가 경보기를 올리거나 한쪽 손의 주먹을 다른 손의 손바닥으로 2~3회 두드릴 경우의 수신호 내용은?

① 신호불명 ② 이상발생
③ 기다려라 ④ 물건걸기

크레인 작업 표준신호		
운전구분	신호 불명	기중기의 이상 발생
수신호	운전자는 손바닥을 안으로 하여 얼굴 앞에서 2, 3회 흔든다.	운전자는 사이렌을 울리거나 한쪽 손의 주먹을 다른 손의 손바닥으로 2, 3회 두드린다.
호각신호	짧게 - 짧게	강하고 짧게
운전구분	기다려라	물건 걸기
수신호	오른손으로 왼손을 감싸 2, 3회 작게 흔든다.	양쪽 손을 몸 앞에 대고 두 손을 깍지낀다.
호각신호	길게	길게 - 짧게

51 산소 가스 용기의 도색으로 맞는 것은?

① 녹색
② 노란색
③ 흰색
④ 갈색

고압가스 용기의 도색			
가스 종류	도색	가스 종류	도색
액화석유가스(LPG)	회색	산소	녹색(호스는 흑색 또는 녹색)
수소	주황색	아세틸렌	황색(호스는 적색)

52 운전자가 작업 전에 장비 점검과 관련된 내용 중 거리가 먼 것은?

① 타이어 및 궤도 차륜상태
② 브레이크 및 클러치의 작동상태
③ 낙석, 낙하물 등의 위험이 예상되는 작업 시 견고한 헤드 가이드 설치할 때
④ 정격 용량보다 높은 회전으로 수차례 모터를 구동시켜 내구성 상태 점검

🔍 정격용량보다 낮은 회전으로 수차례모터를 구동시켜 내구성 상태를 점검한다.

53 작업복에 대한 설명으로 적합하지 않은 것은?

① 작업복은 몸에 알맞고 동작이 편해야 한다.
② 착용자의 연령, 성별 등에 관계없이 일률적인 스타일을 선정해야 한다.
③ 작업복은 항상 깨끗한 상태로 입어야 한다.
④ 주머니가 너무 많지 않고, 소매가 단정한 것이 좋다.

54 공기(air)기구 사용 작업에서 적당치 않은 것은?

① 공기기구의 섭동 부위에 윤활유를 주유하면 안 된다.
② 규정에 맞는 토크를 유지하며 작업한다.
③ 공기를 공급하는 고무호스가 꺾이지 않도록 한다.
④ 공기기구의 반동으로 생길 수 있는 사고를 미연에 방지한다.

🔍 섭동부위에 윤활유로 섭동부 고정을 풀어준다.

55 원목처럼 길이가 긴 화물을 외줄 달기 슬링 용구를 사용하여 크레인으로 물건을 안전하게 달아 올리는 방법으로 가장 거리가 먼 것은?

① 화물의 중량이 많이 걸리는 방향을 아래쪽으로 향하게 들어 올린다.
② 제한용량 이상을 달지 않는다.
③ 수평으로 달아 올린다.
④ 신호에 따라 움직인다.

🔍 길이가 긴 화물은 수평으로 달아 올리기 어렵다.

56 사고 원인으로서 작업자의 불안전한 행위는?

① 안전 조치의 불이행 ② 작업장 환경 불량
③ 물적 위험상태   ④ 기계의 결함상태

> 재해의 직접원인(물적요인)
> • 불안전한 행동(행위) : 위험장소 접근, 안전장치의 기능 제거, 복장·보호구의 잘못사용, 기계·기구 잘못사용, 운전 중인 기계장치의 손질, 불안전한 속도 조작, 위험물 취급 부주의, 불안전한 상태 방치, 불안전한 자세 동작, 감독 및 연락 불충분
> • 불안전한 상태 : 물 자체 결함, 안전 방호장치 결함, 보호구의 결함, 물의 배치 및 작업장소 결함, 작업환경의 결함, 생산 공정의 결함, 경계표시·설비의 결함

57 크레인으로 물건을 운반할 때 주의사항으로 틀린 것은?

① 규정 무게보다 약간 초과 할 수 있다.
② 적재물이 떨어지지 않도록 한다.
③ 로프 등 안전 여부를 항상 점검한다.
④ 선회 작업 시 사람이 다치지 않도록 한다.

> 규정된 중량를 초과하면 안 된다.

58 산업공장에서 재해의 발생을 줄이기 위한 방법으로 틀린 것은?

① 폐기물은 정해진 위치에 모아둔다.
② 공구는 소정의 장소에 보관한다.
③ 소화기 근체에 물건을 적재한다.
④ 통로나 창문 등에 물건을 세워 놓아서는 안 된다.

> ①, ②, ④문항 외에 소화기 근처에 물건을 적재하면 안 된다.

59 작업장에 대한 안전관리상 설명으로 틀린 것은?

① 항상 청결하게 유지한다.
② 작업대 사이 또는 기계 사이의 통로는 안전을 위한 일정한 너비가 필요하다.
③ 공장바닥은 폐유를 뿌려, 먼지 등이 일어나지 않도록 한다.
④ 전원 콘센트 및 스위치 등에 물을 뿌리지 않는다.

> 공장바닥에 폐유를 뿌려두면 미끄럼의 위험도 있지만, 화재의 위험이 크다.

60 금속나트륨이나 금속칼륨 화재의 소화재로서 가장 적합한 것은?

① 물   ② 포소화기
③ 건조사   ④ 이산화탄소 소화기

> D급 화재(금속화재)의 소화재는 건조사가 적합하다.

정답 2016년 2회

01 ④	02 ④	03 ④	04 ①	05 ①
06 ①	07 ①	08 ③	09 ②	10 ④
11 ③	12 ③	13 ①	14 ④	15 ④
16 ①	17 ①	18 ④	19 ④	20 ③
21 ③	22 ①	23 ②	24 ④	25 ④
26 ②	27 ①	28 ④	29 ③	30 ④
31 ④	32 ①	33 ③	34 ③	35 ④
36 ①	37 ④	38 ④	39 ①	40 ①
41 ③	42 ②	43 ②	44 ①	45 ②
46 ①	47 ③	48 ③	49 ③	50 ②
51 ①	52 ④	53 ②	54 ①	55 ③
56 ①	57 ①	58 ③	59 ③	60 ③

2016년 3회 공단 기출문제

01 시브 홈 지름이 너무 큰 경우 나타나는 사항에 대한 설명으로 옳지 않은 것은?

① 와이어 로프의 형태를 납작하게 변형시킨다.
② 와이어 로프의 마모를 촉진시킨다.
③ 시브의 마모를 촉진시 킨다.
④ 시브의 수명을 연장시킨다.

🔍 시브의 V 홈 각도는 30~60°이고, 홈 지름이 너무 크면 시브의 마모를 촉진시키고 수명을 단축시킨다.

02 천장크레인의 비상정지장치에 대한 설명 중 옳은 것은?

① 비상정지장치는 작동된 이후 자동으로 복귀되어야 한다.
② 비상정지누름버튼은 매립형 이어야 한다.
③ 비상정지장치는 접근이 용이한 곳에 설치되어야 한다.
④ 비상정지누름버튼의 색상은 녹색이어야 한다.

🔍 비상정지용 누름버튼은 적색이고, 머리 부분은 돌출형이며, 수동 복귀되는 형식이다.

03 정격하중에 대한 설명으로 옳은 것은?

① 훅의 무게를 제외한 순수 취급 하중
② 평상시 주로 사용하는 취급 하중
③ 훅의 무게를 포함한 취급 하중
④ 주권과 보권이 표시한 권상능력의 합

🔍 정격하중과 권상하중
  • 권상하중(hoisting load) : 들어 올릴 수 있는 최대의 하중을 말한다.
  • 정격하중(rated load) : 크레인의 권상하중에서 훅, 크래브 또는 버킷 등 달기기구의 중량에 상당하는 하중을 뺀 하중을 말한다. 다만, 지브가 있는 크레인 등으로서 경사각의 위치, 지브의 길이에 따라 권상능력이 달라지는 것은 그 위치의 권상하중에서 달기기구의 중량을 뺀 하중 가운데 최대치를 말한다.

04 속도제어 제동기는 어떤 때 속도제어를 하는가?

① 권상 시
② 권하 시
③ 권상과 권하 시
④ 횡행과 권상 시

🔍 속도제어 브레이크는 크레인이 권하 작업을 할 때 속도를 제어한다.

05 제어반의 제작 설치 설명 중 틀린 것은?

① 내부 배선은 전용의 단자를 사용해야 한다.
② 접촉단자 체결나사의 풀림, 탈락이 없어야 한다.
③ 전선 인입구 피복의 손상 또는 열화가 없어야 한다.
④ 외함의 구조는 충전부가 개방형으로 적합한 구조이어야 한다.

🔍 외함의 구조는 충전부가 노출되지 않도록 폐쇄형으로 잠금장치가 있는 사용장소에 적합한 구조일 것

06 천장크레인 권상용 훅의 국부마모에 의한 사용한도에 해당하는 마모량은?

① 원래 치수의 5%이내일 것
② 원래 치수의 10%이내일 것
③ 원래 치수의 20%이내일 것
④ 원래 치수의 50%이내일 것

🔍 훅의 마모는 와이어로프가 걸리는 부분에 홈이 생기며, 이 홈의 깊이가 2mm 이상이 되면 그라인더(연삭숫돌)로 평평하게 다듬질하여야 하고, 마모가 원래 치수의 5% 이상이면 교환하여야 한다.

07 안전장치에 사용되는 것으로 횡행, 주행 등의 운동에 대한 과도한 진행을 방지하는 기구는?

① 비상등　　　② 경보장치
③ 타임 릴레이　④ 리미트 스위치

> 권과방지장치(리미트 스위치)의 종류
> - 직동식 : 훅(hook)의 상승으로 레버(lever)를 들어 올려 전원을 차단
> - 중추식 : 훅(hook)의 접촉으로 인하여 작동(대용량, 고양정)
> - 스크루식(나사식) : 드럼의 회전에 의하여 작동하며, 연동장치에 의해 피드나사가 회전하면 그것과 맞물리는 너트(nut)가 이동하여 개폐기의 레버를 움직여 접점에 개폐를 행하는 방식
> - 캠식 : 드럼과 연동되어 회전을 하고, 원판 모양으로 주위에 배치된 볼록 및 오목 캠에 의해 스위치의 레버를 작동

08 천장크레인의 유압브레이크에서 공기가 유입되면 나타나는 현상은?

① 권상의 경우 상·하 동작 시 급정지 한다.
② 주행의 경우 정지시켜도 밀림현상이 생긴다.
③ 주행의 경우 기동불능 현상이 생긴다.
④ 권상의 경우 기동불능 현상이 생긴다.

> 유압 브레이크는 계통 내에 공기가 들어 있으면 제동작용이 되지 않거나 효과가 저하된다.

09 고속형 천장크레인의 집전장치로 중간지지를 갖는 수평배열이며 휠이나 슈를 사용하는 것은?

① 팬터그래프형 집전장치
② 포올형 집전장치
③ 고정형 집전장치
④ 자유형 집전장치

> 집전장치는 트롤리선에서 전원을 크레인 내에 도입하는 부분이며, 트롤리선에 접촉하는 휠과 슈(shoe)의 고정방법에 따라 팬터그래프형·폴형·고정형·슈형 등으로 분류한다.

10 주행, 횡행, 권상 등의 일상점검 방법은?

① 무부하로 실시한다.
② 정격 하중을 매달고 실시한다.
③ 정격 하중의 1/2을 매달고 실시한다.
④ 시험 하중을 매달고 실시한다.

> 권상운전·횡행운전·주행운전은 무부하 상태로 일상점검하고, 정격하중운동은 부하상태로 점검한다.

11 천장크레인의 무선 원격제어기의 구조에 대한 설명 중 틀린 것은?

① 무선 원격제어기는 사용 중 충격을 받으면 곧바로 작동이 정지될 것
② 무선 원격제어기는 관계자 이외의 자가 취급할 수 없도록 잠금 장치가 되어 있을 것
③ 조작 신호 이외의 신호에서 크레인이 작동되지 아니할 것
④ 송신기의 최소 보호등급은 옥내용인 경우 IP55, 옥외용인 경우 IP45 이상 일 것

> 송신기 최소 보호등급은 옥내용인 경우 IP43, 옥외용인 경우 IP55 이상이어야 한다.

12 크레인 안전기준상 차륜 플랜지의 사용 가능한 최대 마모한도는 원치수의 몇 [%] 이내인가?

① 10　　② 20
③ 30　　④ 50

> 차륜 플랜지는 균열, 변형, 손상 등이 없으며 마모가 원치수의 50% 이내이어야 한다.

13 천장크레인의 보도 설치 기준으로 맞는 것은?

① 정격하중이 3톤 이상의 천장크레인 거더에는 폭 20cm 이상의 보도를 설치해야 한다.
② 보도면으로부터 높이 30cm 이상의 손잡이로 된 난간이 설치되어야 한다.
③ 중간대 및 보도면으로부터 높이 1cm 이상의 덧판을 설치하여야 한다.
④ 보도면은 미끄러지거나 넘어지는 등의 위험이 없는 구조이어야 한다.

> 통로의 설치
> - 천장주행크레인, 갠트리크레인 및 언로더에 있어서는 정격하중이 3톤 이상의 크레인 거더 및 지브형 크레인 등의 지브에는 폭 40cm 이상의 통로를 전 길이에 걸쳐서 설치해야 한다. 다만, 점검대 또는 그 밖에 해당 크레인을 점검할 수 있는 설비가 구비되어 있는 것은 제외 할 수 있다.
> - 크레인 거더 또는 수평 지브위에 설치된 트롤리 및 그 밖에 장치의 횡행 및 수평지브의 선회에 설치되는 통로부분은 바닥면으로부터 높이 90cm 이상의 튼튼한 손잡이로 된 난간이 설치되어야 하고 중간대 및 바닥면으로부터 높이 10cm 이상의 발끝막이판을 설치할 것
> - 바닥면은 미끄러지거나 넘어지는 등의 위험이 없는 구조일 것

14 훅에 대한 설명 중 틀린 것은?

① 재료는 단조강 또는 구조용 압연강재를 사용한다.
② 훅 해지장치는 균열 및 변형 등이 없어야 한다.
③ 마모는 원치수의 30% 이상이면 교환한다.
④ 훅 블록에는 정격하중이 표기 되어야 한다.

> 훅 본체는 균열 또는 변형 등이 없어야 하고, 국부마모는 원치수의 5% 이내이어야 한다.

15 천장크레인 운전실에 대한 설명으로 틀린 것은?

① 운전자가 안전운전을 할 수 있도록 충분한 시야를 확보할 수 있는 구조이어야 한다.
② 운전실의 제어기에는 작동방향 표시가 있어야 한다.
③ 운전자가 인양물을 잘 볼 수 있도록 운전실에는 조명장치를 설치하지 아니한다.
④ 운전자가 쉽게 조작할 수 있는 위치에 개폐기, 제어기, 브레이크, 경보장치를 설치하여야 한다.

> 운전실 또는 운전대의 구조
> • 운전자가 안전한 운전을 할 수 있는 충분한 시야를 확보할 수 있을 것
> • 운전자가 쉽게 조작할 수 있는 위치에 개폐기, 제어기, 브레이크, 경보장치 등을 설치할 것
> • 운전자가 접촉하는 것에 의해 감전위험이 있는 충전부분에는 감전방지를 위한 덮개나 울을 설치할 것
> • 분진의 침입을 방지할 수 있는 구조일 것
> • 물체의 낙하, 비래 등의 위험이 있는 장소에 설치되는 크레인의 운전대에는 안전망 등 안전한 조치를 할 것
> • 운전실 등은 훅 등의 달기기구와 간섭되지 않아야 하며 흔들리지 않도록 견고하게 고정할 것
> • 운전실에는 적절한 조명을 갖출 것
> • 운전실의 바닥은 미끄러지지 않는 구조일 것
> • 운전실에는 자연환기(창문열기) 또는 기계장치 등 환기장치를 갖출 것

16 천장크레인에서 주권, 보권 등에서 사용하는 권과방지장치는?

① 리미트(Limit) 스위치   ② 오일게이지
③ 집중그리스펌프   ④ 와이어로프

> 리미트 스위치는 권상, 횡행, 주행 등 각 장치의 운동에 대한 필수적인 권과방지장치이다.

17 천장크레인의 크기 표시 "40/20 ton, Span 28m"에서 Span 28m의 뜻은?

① 주행 차륜 사용 허용 평균속도이다.
② 주행 차륜 중심 간 수평거리가 28m 이다.
③ 주행 레일의 길이가 28m 이다.
④ 횡행 차륜 간의 거리가 28m 이다.

> 천장크레인 규격 40/20 ton, Span 28m는 주권의 권상능력이 40ton, 보권의 권상능력이 20ton, 주행차륜 중심간 수평거리가 28m라는 의미이다.

18 2개의 키를 1쌍으로 하여 축과 보스를 조합하는 형태의 키는?

① 성크키   ② 접선키
③ 플랫키   ④ 페더키

> 접선키(tangential key)는 역회전이 가능하게 120° 각도를 두고 2곳에 키를 둔다.

19 천장크레인의 브레이크 중에서 전기를 투입하여 유압으로 작동되는 브레이크는?

① 오일디스크 브레이크   ② 마그네트 브레이크
③ 스러스트 브레이크   ④ 다이나믹 브레이크

> 스러스트 브레이크(유압 압상기 브레이크)는 전기를 투입하여 유압으로 작동되는 방식이며, 주행과 횡행에서 사용된다.

20 버퍼 스토퍼에 대해 설명한 것 중 옳은 것은?

① 강판으로 접합하여 케이스를 만들어 충격의 부담을 덜어주는 스토퍼
② 새들의 차륜을 보호하기 위하여 씌운 덮개
③ 거더의 비틀림을 방지하기 위해 설치해 놓은 스토퍼
④ 단단한 고무나 스프링 또는 유압을 이용하여 충돌시 충격을 완화시켜 주는 스토퍼

> 버퍼 스토퍼는 크레인의 주행·횡행레일 양 끝부분에 설치되어 충격을 완화해 주는 완충제로 스프링, 고무, 나무 또는 유압식 버퍼를 사용한다.

21 천장크레인의 운전 시작 전 점검사항이 아닌 것은?

① 천장크레인의 주행로상 혹은 천장크레인이 이동하는 영역안에 장애물 유무 확인
② 천장크레인 정지기구 및 레일 클램프와 같은 고정장치 해제 유무
③ 천장크레인 부하 시험 시 과부하방지장치 동작상태 확인
④ 운전실내 각종 레버와 스위치의 이상유무

> 크레인의 과부하방지장치 동작상태 확인 점검은 연간점검사항이다.

22 입력 전압이 440V, 60(Hz)인 3상 유도전동기가 있다. 극수가 4극이고 슬립이 3% 일 때 회전자 속도는 약 얼마인가?

① 1,746rpm
② 1,780rpm
③ 1,800rpm
④ 1,880rpm

> 회전속도 N = (120f/P) = (120 × 60)/ 4 = 1,800rpm에서 슬립이 3%이므로 실제 회전수 = 1,800 × (1 − 0.03) = 1,746[rpm]이다.

23 천장크레인으로 물건을 운반할 때 주의 사항으로 틀린 것은?

① 정격하중의 15%까지는 초과할 수 있다.
② 적재물이 떨어지지 않도록 한다.
③ 로프 등의 안전 여부를 항상 점검한다.
④ 운반 중 사람이 다치지 않도록 한다.

> 시험하중은 정격하중의 1.1배이며, 작업 시에는 정격하중을 초과해서 작업해서는 안 된다.

24 급유해야 할 부위는?

① 브레이크 라이닝   ② 감속기어
③ 레일의 상면   ④ 고무벨트

> 브레이크 휠과 라이닝, 레일의 상면, 벨트 등에는 기름이 부착되어서는 안 된다.

25 전기부품의 점검 중 불꽃(spark) 발생의 대비책이 아닌 것은?

① 스위치의 접촉면에 먼지나 이물질이 없도록 한다.
② 전원 차단시에는 반드시 메인측에서 부하측 순서로 행한다.
③ 스위치류의 개폐는 급속히 행한다.
④ 접촉면을 매끄럽게 유지한다.

> 전원 차단 시에는 반드시 부하측에서 메인측 순서로 행하여야 한다.

26 천장크레인으로 중량물 운반 시 일반적으로 안전한 높이는 지상으로부터 얼마인가?

① 0.5m   ② 1.0m
③ 1.5m   ④ 2.0m

> 중량물 운반 시 줄걸이 이상여부를 확인한 후 신호에 따라 기준 높이 2m까지 올린 다음 주행한다.

27 천장크레인의 조작방법 중 옳지 않은 것은?

① 천장크레인의 컨트롤러의 조작 방향과 작동 방향이 일치 하여야 하며 중간 위치에서 작동 되도록 한다.
② 주행과 횡행은 안전을 확인한 후 작동하여야 한다.
③ 권상 및 권하 컨트롤은 중립위치에서는 작동이 정지하여야 한다.
④ 운전자는 신호수의 신호에 따라 운전하여야 한다.

> 컨트롤러의 조작 방향과 작동방향이 일치하고, 항상 작업진행방향 뒤쪽에 위치하여야 한다.

28 플랜지형 플렉시블 커플링에는 무엇으로 체결되어 있는가?

① 아이 볼트   ② 핀
③ 리머 볼트   ④ 성크 키

> 플렉시블 커플링은 두 축의 중심선을 정확히 맞추기 어렵고, 기계의 진동 전달방지를 목적으로 사용되며, 리머 볼트로 체결한 경우는 충격흡수용 고무나 가죽부분을 주의 깊게 관찰하여야 한다.

29 윤활유의 작용으로 틀린 것은?

① 냉각작용 ② 방청작용
③ 응력집중작용 ④ 밀봉작용

> 급유 및 윤활의 목적은 윤활·소음방지·냉각·방청작용이다.

30 축 저널의 손상 원인에 대한 설명으로 거리가 가장 먼 것은?

① 제작상의 불량
② 강성 부족
③ 과다한 오일 공급
④ 장치 불량

> 오염된 오일을 공급하였거나 오일이 부족한 경우 축 저널이 손상될 수 있다.

31 천장크레인 운전자가 화물을 권상할 때 위험한 상태에서 작업안전을 위해 급정지시키는 비상정지 장치에 대한 설명으로 가장 적합한 것은?

① 작업 종료 시 전원을 차단하기 위한 장치이다.
② 누름 버튼은 적색으로 머리 부분이 돌출되고, 수동 복귀되는 형식이다.
③ 누름 버튼은 황색으로 머리 부분이 돌출되고, 자동 복귀되는 형식이다.
④ 탑승용(운전석) 크레인일 경우 권상레버와 같이 부착된다.

> 비상정지용 누름버튼은 적색이고, 머리 부분은 돌출형이며, 수동 복귀되는 형식이다.

32 천장크레인의 전기기기에서 사용하는 절연에 관한 용어 중 "F종" 절연의 허용 최고온도는?

① 90℃ ② 120℃
③ 130℃ ④ 155℃

> 절연의 종류 및 허용 최고온도

절연의 종류	허용 최고온도(℃)
Y종	90
A종	105
E종	120
B종	130
F종	155
H종	180
C종	180 초과

33 ( )에 맞는 말을 순서대로 짝지은 것은?

> 전기의 스파크는 주파수가 ( )수록 심하며, ( )보다 ( )쪽이 스파크가 크다.

① 낮을, 교류, 직류 ② 높을, 교류, 직류
③ 높을, 직류, 교류 ④ 낮을, 직류, 교류

> 전기 스파크는 전로를 닫을 때 보다, 접촉점을 흐르는 전류가 많을수록, 접촉면에 요철이 심할수록, 교류보다 직류가, 주파수가 높을수록 스파크가 크다.

34 유도 및 직류전동기 축의 베어링이 과열되는 원인이 아닌 것은?

① 벨트의 장력이 너무 세다.
② 시동 토크가 적다.
③ 오일의 점도가 부적당하다.
④ 축의 베어링이 변형 되어있다.

> 전동기의 시동 토크가 크면 전동기 축의 베어링이 과열될 수도 있다.

35 천장크레인의 시브홈의 마모 한도는 와이어로프 지름에 얼마 이하이어야 하는가?

① 20% ② 30%
③ 40% ④ 50%

> 시브
> • 시브 본체는 균열, 변형 등이 없을 것
> • 시브 홈은 이상 마모가 없어야 하고, 마모한도는 와이어로프 지름의 20% 이하일 것

36 구름 베어링의 특징으로 틀린 것은?

① 과열의 위험이 적다.
② 충격하중에 강하다.
③ 값이 비싸다.
④ 하우징(housing)이 크고 설치가 어렵다.

> 구름베어링은 마찰손실이 적고, 윤활과 수리가 쉬우며, 베어링 교환과 선택이 용이한 장점이 있으나, 충격하중에 약하고, 값이 비싸며, 소음·진동이 생기기 쉬운 단점이 있다.

37 천장크레인의 주행 시 갑자기 장애물을 발견했을 때 가장 먼저 취해야 할 것은?

① 분전반 스위치를 전부 차단한다.
② 컨트롤러를 전부 제로 노치에 놓는다.
③ 비상스위치를 누른다.
④ 조종레버를 최대한 몸쪽으로 당긴다.

> 크레인 운전 중 비상상황 발생 시 비상스위치(emergency S/W)를 눌러야 한다.

38 접선키에서 120° 각도로 두 곳에 키를 끼우는 이유는?

① 작은 동력을 전달하기 위하여
② 축을 강하게 하기 위하여
③ 역 회전을 할 수 있게 하기 위하여
④ 축 압을 막기 위하여

> 접선키(tangential key)는 역회전이 가능하게 120° 각도를 두고 2곳에 키를 둔다.

39 권상 시, 갑자기 이상 제동이 걸렸을 때의 원인으로 옳지 않은 것은?

① 조작반 퓨즈가 끊어졌다.
② 열 전동 릴레이가 떨어졌다.
③ 마그네트 브레이크용 회로에 이상이 있다.
④ 모터의 이상 소음이 발생한다.

> 권상 시 갑자기 이상 제동이 걸렸다면 모터가 작동되지 않는다.

40 20kW의 전동기가 23ps의 동력을 발생하고 있을 때, 전동기의 효율은 약 얼마인가?(단, 1 ps 는 735W이다.)

① 64%
② 85%
③ 90%
④ 99%

> 전동기의 출력 = 23ps × 735W = 16,905W이고, 전동기의 입력 = 20kW × 1,000 = 20,000W이므로, 전동기의 효율 = (출력/입력) × 100 = (16,905/20,000) × 100 = 84.5 ≒ 85[%]

41 크레인에 사용되는 와이어로프의 사용 중 점검항목으로 적합하지 않은 것은?

① 마모 상태 검사
② 부식 상태 검사
③ 소선의 인장강도 검사
④ 엉킴, 꼬임 및 킹크 상태 검사

> 소선의 인장강도 검사는 와이어로프 KS D 3514 기준에 따른 제작 시 검사사항이다.

42 크레인의 권상용 와이어로프의 주유에 관한 사항 중 바른 것은?

① 그리스를 와이어로프의 전체길이에 충분히 칠한다.
② 그리스를 와이어로프에 칠할 필요가 없다.
③ 기계유를 로프의 심까지 충분히 적신다.
④ 그리스를 로프의 마모가 우려되는 부분만 칠하는 것이 좋다.

> 와이어로프 전체길이에 그리스를 칠하여야 녹슴과 마모가 방지되고 수명관리가 된다.

43 크레인의 와이어로프를 클립으로 고정할 때 클립 간격은 얼마가 가장 적당한가?

① 와이어로프 직경의 2배
② 와이어로프 직경의 4배
③ 와이어로프 직경의 6배
④ 와이어로프 직경의 8배

> 크레인의 와이어로프를 클립으로 조일 때 클립 간격은 와이어로프 직경의 6배가 적당하다.

44 힘의 모멘트가 M = P × L일 때 P와 L은?

① P = 힘, L = 길이 ② P = 길이, L = 면적
③ P = 무게, L = 체적 ④ P = 부피, L = 넓이

🔍 힘의 모멘트(M) = 힘(P) × 길이(L)

45 2,000kgf의 물건을 두 줄걸이로 하여 줄걸이 로프의 각도를 60도로 매달았을 때 한쪽 줄에 걸리는 하중은 약 몇 [kgf]인가?

① 1,455 ② 1,355
③ 1,255 ④ 1,155

🔍 1줄에 걸리는 하중 = 부하물의 하중/(줄걸이 수 × sinα)
= 2,000/(2 × 0.866) = 1,154.7[kgf]

46 줄걸이 작업 시 짐의 무게중심에 대하여 주의할 사항으로 옳지 않은 것은?

① 짐의 무게중심 판단은 정확히 할 것
② 짐의 무게중심은 가급적 높이도록 할 것
③ 무게중심의 바로 위에 훅을 유도할 것
④ 무게중심이 전후, 좌우로 치우친 것을 주의할 것

🔍 줄걸이 작업 시 짐의 무게중심은 가급적 낮은 것이 안전하다.

47 와이어로프에 대한 마모 및 교체기준으로 옳지 않은 것은?

① 한 꼬임에서 소선의 수가 10% 이상 절단된 것
② 소선 및 스트랜드의 돌출이 확인되는 것
③ 외부마모에 의한 공칭지름 감소가 7% 이상인 것
④ 킹크나 부식은 없어도 단말고정을 한 것

🔍 사용이 금지되는 와이어로프
• 이음매가 있는 것
• 와이어로프의 한 꼬임에서 끊어진 소선(素線)(필러선은 제외)의 수가 10% 이상(비자전로프의 경우에는 끊어진 소선의 수가 와이어로프 호칭지름의 6배 길이 이내에서 4개 이상이거나 호칭지름 30배 길이 이내에서 8개 이상)인 것
• 지름의 감소가 공칭지름의 7%를 초과하는 것
• 꼬인 것
• 심하게 변형되거나 부식된 것
• 열과 전기충격에 의해 손상된 것

48 와이어로프의 '보통꼬임'에 대한 설명으로 옳지 않은 것은?

① 소선꼬임과 스트랜드 꼬임의 방향이 반대인 것이다.
② 소선의 외부 접촉 길이가 짧으므로 랭꼬임보다 단선과 마모가 적다.
③ 킹크(kink)가 생기는 것이 적다.
④ 소선은 로프축과 평행하다.

🔍 와이어로프의 보통꼬임
• 스트랜드의 꼬임방향과 로프의 꼬임방향이 반대인 것이다.
• 소선의 외부 접촉길이가 짧으므로 랭꼬임보다 마모가 크다.
• 킹크가 생기는 것이 좋으며, 취급이 용이하다.

49 신호수가 집게손가락을 위로 올려 동그라미를 그릴 때의 신호는?

① 주행
② 권하
③ 권상
④ 가속

🔍 크레인 작업 표준신호

운전구분	천천히 이동	아래로 내리기
수신호	방향을 가리키는 손바닥 밑에 집게손가락을 위로 해서 원을 그린다.	팔을 아래로 뻗고(손끝이 지면을 향함) 2, 3회 흔든다.
호각신호	짧게 - 길게	길게 - 길게
운전구분	위로 올리기	수평 이동
수신호	집게손가락을 위로 해서 수평원을 크게 그린다.	손바닥을 움직이고자 하는 방향의 정면으로 하여 움직인다.
호각신호	짧게 - 짧게	강하고 - 짧게

50 와이어로프 규격에서 "6호품 6×37 B종 보통 S꼬임"에서 B종의 의미는?

① 소선의 굵기를 표사하는 기호이다.
② 소선의 재료가 황동(Brass)임을 표시한다.
③ 소선의 인장강도의 구분을 의미한다.
④ 소선의 색채가 청색인 것을 의미한다.

> 구성기호 6×37에서 6은 스트랜드수, 37은 소선수 이고, B종은 공칭인장강도에 따른 구분으로서 비도금종을 의미한다.

51 작업장에서 작업복을 착용하는 이유로 가장 옳은 것은?

① 작업장의 질서를 확립시키기 위해서
② 작업자의 직책과 직급을 알리기 위해서
③ 재해로부터 작업자의 몸을 보호하기 위해서
④ 작업자의 복장 통일을 위해서

> 작업복 착용하는 가장 큰 이유는 재해방지용 이다.

52 안전모에 대한 설명으로 바르지 못한 것은?

① 알맞은 규격으로 성능시험에 합격품이어야 한다.
② 구멍을 뚫어서 통풍이 잘되게 하여 착용한다.
③ 각종 위험으로부터 보호할 수 있는 종류의 안전모를 선택해야 한다.
④ 가볍고 성능이 우수하며 머리에 꼭 맞고 충격 흡수성이 좋아야 한다.

> 무엇보다 안전이 우선이므로 약간의 불편은 감수하여야 한다.

53 다음 중 재해발생 원인이 아닌 것은?

① 잘못된 작업방법
② 관리감독 소홀
③ 방호장치의 기능제거
④ 작업 장치 회전반경 내 출입금지

> 작업 장치 회전반경 내 출입금지는 안전 부주의이다.

54 공구 및 장비 사용에 대한 설명으로 틀린 것은?

① 공구는 사용 후 공구상자에 넣어 보관한다.
② 볼트와 너트는 가능한 소켓 렌치로 작업한다.
③ 토크 렌치는 볼트와 너트를 푸는데 사용한다.
④ 마이크로미터를 보관할 때는 직사광선에 노출시키지 않는다.

> 토크 렌치는 볼트, 너트, 스크루 등을 규정된 값으로 조일 때 사용하는 정밀 측정 공구로 다수의 볼트에 토크를 주어 나사산의 파손이나 탈락을 방지하는 용도로 사용된다.

55 구동 벨트를 점검 할 때 기관의 상태는?

① 공회전 상태   ② 급가속 상태
③ 정지 상태   ④ 급감속 상태

> 구동 벨트를 점검할 때는 반드시 기관이 정지된 상태에서 하여야 한다.

56 안전하게 공구를 취급하는 방법으로 적합하지 않은 것은?

① 공구를 사용한 후 제자리에 정리하여 둔다.
② 끝 부분이 예리한 공구 등을 주머니에 넣고 작업을 하여서는 안 된다.
③ 공구를 사용 전에 손잡이에 묻은 기름 등은 닦아내어야 한다.
④ 숙달이 되면 옆 작업자에게 공구를 던져서 전달하여 작업능률을 올린다.

> 어떤 경우라도 작업자에게 공구를 던져서 전달하면 안 된다.

57 작업 시 보안경 착용에 대한 설명으로 틀린 것은?

① 가스 용접 할 때는 보안경을 착용해야 한다.
② 절단하거나 깎는 작업을 할 때는 보안경을 착용해서는 안 된다.
③ 아크 용접할 때는 보안경을 착용해야 한다.
④ 특수 용접할 때는 보안경을 착용해야 한다.

> 용접이나 절단·깎는 작업 시 불꽃이나 물체가 날아 흩어질 위험이 있는 작업에는 보안경을 착용하여야 한다.

58 사고를 일으킬 수 있는 직접적인 재해의 원인은?

① 기술적 원인
② 교육적 원인
③ 작업관리의 원인
④ 불안전한 행동의 원인

🔍 재해의 간접원인 : 기술적 원인, 교육적 원인, 관리적 원인

59 중량물 운반작업 시 착용하여야 할 안전화로 가장 적절한 것은?

① 중 작업용 ② 보통 작업용
③ 경 작업용 ④ 절연용

🔍 안전화
- 중작업용 : 건설업 등에서 중량물 운반작업, 가공대상물의 중량이 큰 물체를 취급하는 작업장
- 보통작업용 : 차량 사업장, 기계 등을 운전조작하는 일반 작업장
- 경작업용 : 비교적 경량의 물체를 취급하는 작업장

60 안전수칙을 지킴으로 발생될 수 있는 효과로 거리가 가장 먼 것은?

① 기업의 신뢰도를 높여준다.
② 기업의 이직율이 감소된다.
③ 기업의 투자경비가 늘어난다.
④ 상하 동료간의 인간관계가 개선된다.

🔍 안전수칙을 잘 지키면 기업의 신뢰도는 높아지고, 이직률은 낮아지며, 투자경비가 줄어들고, 상하 동료 간의 인간관계가 좋아진다.

정답 2016년 3회

01 ④	02 ③	03 ①	04 ②	05 ④
06 ①	07 ④	08 ②	09 ①	10 ①
11 ④	12 ④	13 ④	14 ③	15 ③
16 ①	17 ②	18 ②	19 ③	20 ④
21 ③	22 ①	23 ①	24 ②	25 ②
26 ④	27 ①	28 ③	29 ①	30 ③
31 ②	32 ④	33 ②	34 ②	35 ①
36 ②	37 ③	38 ②	39 ④	40 ②
41 ③	42 ①	43 ③	44 ①	45 ②
46 ②	47 ④	48 ②	49 ③	50 ③
51 ③	52 ②	53 ④	54 ③	55 ③
56 ④	57 ②	58 ④	59 ①	60 ③

PART
03

Craftsman Overhead Travelling Crane Operator

CBT 대비 적중모의고사

제1회 적중모의고사

01 천장크레인의 표시 중 40/20ton×26m 용어의 해석이 맞는 것은?

① 보권 40톤, 주권 20톤, 스팬 26m
② 주권 40톤, 보권 20톤, 스팬 26m
③ 주권 20톤 ~ 40톤, 스팬 26m
④ 주권 0.5톤, 스팬 26m

🔍 천장크레인 규격 40/20ton×26m는 주권 40ton, 보권 20ton, 스팬의 길이 26m라는 의미이다.

02 천장크레인의 용량은 정격하중과 스팬으로 표기하는 것이 보통이지만 한 가지만 더 추가 한다면?

① 권상속도
② 횡행속도
③ 주행속도
④ 양정

🔍 천장크레인의 용량 표시는 정격하중과 스팬으로 나타내지만 특수한 경우 양정으로 나타내기도 한다.

03 차륜의 플랜지 두께는 일반적으로 원래 두께의 몇 [%]가 마모되면 교환하여야 하는가?

① 10% ② 20%
③ 30% ④ 50%

🔍 차륜플랜지 두께의 마모한도는 원치수의 50% 이상이면 교체한다.

04 천장크레인의 주행레일에서 스팬이 10m 이하는 스팬 편차한계는?

① ±3mm ② ±6mm
③ ±10mm ④ ±18mm

🔍 주행레일의 스팬이 10m 이하는 스팬 편차한계가 ±3mm 이며, 10m 이상 이라도 15mm를 초과할 수 없다.

05 주행차륜의 각 부위에 대한 마모한도로 옳은 것은?

① 차륜직격이 마모: 원치수의 10%
② 플랜지의 두께 : 원치수의 50%
③ 구동차륜의 좌·우 직경 차 : 원치수의 15%
④ 플랜지의 변형 : 수직에서 30°

🔍 주행차륜의 차륜직경의 접촉면 마모한계는 지름의 3% 이내 이고, 플랜지의 두께의 허용한계는 원치수의 50%까지이고, 플랜지 변형은 수직에서 20°까지이다.

06 권상장치의 속도 제어용 브레이크는?

① 디스크 타입 전자 브레이크
② 와류 브레이크
③ 직류 전자 브레이크
④ 교류 전자 브레이크

🔍 와류 브레이크는 권상장치의 속도 제어용으로 사용되는 브레이크 이다.

07 시브에서 와이어로프 마모발생 방지대책 중 틀린 것은?

① 시브 직경을 크게 한다.
② 시브 홈의 지름을 아주 크게 한다.
③ 시브 홈의 가공을 정밀하게 한다.
④ 시브는 적정한 경도의 재질을 사용한다.

🔍 시브와 와이어로프 직경의 비는 20배 이상이고, 균형 시브는 10배 이상으로 정해져 있다.

08 천장크레인의 작업능력은 무엇으로 나타내는가?

① 작업시간 ② 권상톤수
③ 작업속도 ④ 권상체적

🔍 천장크레인의 작업능력을 나타내는 1회의 작업량을 권상톤수라 한다.

09 크레인에서 사용하는 각종 시브의 주요 점검사항이 아닌 것은?

① 시브 홈의 이상마모는 없는가
② 시브 홈과 와이어로프 지름이 적정한가
③ 시브 홈의 윤활 상태는 적정한가
④ 원활히 회전하고 암이나 보스 등에 균열은 없는가

🔍 천장크레인에 사용하는 시브의 주요 점검사항
• 시브 홈의 이상 마모 유무
• 시브 홈과 와이어로프 지름의 적정 여부
• 원활히 회전하고 암이나 보스 등에 균열 유무 등

10 15kw의 전동기로 12m/min의 속도로 권상할 경우 권상중은? (단, 전동기를 포함한 크레인의 효율은 65% 이다)

① 5ton
② 10ton
③ 15ton
④ 20ton

🔍 권상하중 = (6.12×효율×전동기출력)/속도
= (6.12×0.65×15)/12 = 5[ton]

11 AC브레이크 라이닝의 마모한도는 원치수 두께의 몇 [%]가 되면 교체해야 하는가?

① 20%   ② 30%
③ 50%   ④ 70%

🔍 AC브레이크 라이닝의 마모한도는 원치수 두께의 50%가 마모되면 교체하여야 한다.

12 권상장치의 제동 제어용으로 사용이 가장 부적당한 브레이크의 형식은?

① 직류전자 브레이크
② 교류전자 브레이크
③ 유압 압상기 브레이크
④ E.C 브레이크

🔍 권상장치 제동 제어용 브레이크는 직류전자 브레이크, 교류전자 브레이크, E.C 브레이크를 사용한다.

13 다이내믹 브레이크에서 속도제어는 어느 때 행하는가?

① 권하 시에 한다.
② 권상·권하 어느 쪽도 좋다.
③ 권상 시에 한다.
④ 주행 및 횡행 시에 한다.

🔍 다이내믹 브레이크에서 속도제어는 권하 시에 한다.

14 천장크레인에서 스팬(Span)은 구조의 어느 부분과 관계가 있는가?

① 새들   ② 거더
③ 크래브   ④ 운전실

🔍 거더는 천장크레인의 자중 및 권상하중에 견디기 위해 설치되는 대들보로 스팬의 길이와 밀접한 관계가 있다.

15 드럼에 홈이 없는 경우 와이어로프가 감길 때의 플리트각(fleet angle)은 몇 도 이내로 해야 하는가?

① 2도   ② 4도
③ 6도   ④ 8도

🔍 드럼에 로프가 감겨질 때 로프의 방향과의 각도는 4° 이내, 플리트각은 2° 이내이어야 한다.

16 천장크레인에서 브레이크의 조정 사항과 관련이 없는 것은?

① 스트로크 조정   ② 슈 조정
③ 라이닝 조정   ④ 플랜지의 두께 조정

🔍 천장크레인에서 브레이크의 조정 사항과 관련이 있는 것은 스트로크 조정과 슈 조정, 라이닝 조정 등이다.

17 스팬이 24m인 공장작업용 천장크레인 거더의 캠버는?

① 5mm   ② 10mm
③ 30mm   ④ 50mm

🔍 거더의 캠버는 스팬의 1/800 이므로, 24m의 스팬 = 24,000/800 = 30[mm] 이다.

18 횡행 차륜정지용 스토퍼(Stopper)의 적당한 높이는 차륜 지름의 얼마인가?

① 1/2 이상
② 1/3 이상
③ 1/4 이상
④ 1/4 이하

> 스토퍼란 이동체의 정지를 위한 장애물의 총칭으로 차륜지름의 1/4 이상이어야 한다.

19 훅의 도르래와 크래브 상단이 충돌하였을 때의 원인은?

① 브레이크 고장
② 리미트 스위치 고장
③ 저항기 고장
④ 전동기 고장

> 리미트 스위치가 고장나면 훅의 도르래와 크래브이 상단이 충돌한다.

20 천장크레인의 브레이크 중에서 전기를 투입하여 유압으로 작동하는 브레이크는?

① 오일 디스크 브레이크
② 마그넷 브레이크
③ 스러스트 브레이크
④ 다이내믹 브레이크

> • 오일 디스크 브레이크 : 유압으로 작동
> • 마그넷 브레이크 : 전류로 작동
> • 스러스트 브레이크 : 전기를 투입하여 유압으로 작동
> • 다이내믹 브레이크 : 운동에너지를 전기에너지로 바꿔 작동

21 전자 브레이크의 전자석 부분 과열 원인이 아닌 것은?

① 철심 부착 불량
② 전원 전압 강하
③ 권선부분 단락
④ 브레이크 슈의 마모

> 전자 브레이크의 전자석 부분 과열 원인은 철심 부착 불량과 전원 전압 강하, 권선부분 단락이 원인이다.

22 트롤리(Trolley) 동선의 좌·우, 고·저차는 기준면에서 몇 [mm] 이하를 유지하여야 하는가?

① ±2mm
② ±4mm
③ ±6mm
④ ±8mm

> 트롤리 동선의 좌·우, 고·저차는 기준면에서 ±2mm 이하를 유지하여야 한다.

23 메가테스터는 무엇을 측정하는 것인가?

① 전기 전도도
② 전력량
③ 전압
④ 전기 절연저항

> 메가테스터는 전기 절연저항 측정기이며, 단위는 MΩ이다.

24 전동기의 입력 20kW로 운전하여 23HP의 동력을 발생하고 있을 때 전동기의 효율은?

① 64.8%
② 85.8%
③ 87%
④ 96%

> 전동기의 효율 = (전동기 출력/전동기 입력) ×100
> = 95.79[%]

25 차륜 플랜지의 한쪽만 계속 레일과 접촉하여 마모되는 원인이 아닌 것은?

① 좌우 주행레일의 높이가 틀림
② 좌우 구동차륜의 지름 차가 큼
③ 구동차륜과 종동차륜의 지름이 틀림
④ 레일과 차륜의 직각도 불량

> 천장크레인 차량 플랜지가 한쪽만 계속 레일과 접촉되어 마모되는 원인
> • 레일과 차륜의 직각도가 불량일 때
> • 좌우 주행레일의 높이가 다를 때
> • 좌우 구동차륜 및 종동차륜의 직경차가 클 때

26 입력 전압이 440V, 60Hz인 3상 유도전동기가 있다. 극수가 4극이고, 슬립이 4%일 때 회전자의 속도는 약 얼마인가?

① 1,728 rpm
② 1,780 rpm
③ 1,800 rpm
④ 1,880 rpm

> 전동기 속도 = (120×주파수/극수)×(1 − 슬립율)
> = (120×60/4)×(1 − 0.04) = 1,800×0.96
> = 1,728[rpm]

27 천장크레인의 속도제어용 브레이크 중 구조가 간단하고 마모부분이 없으며 저속도를 쉽게 얻을 수 있는 것은?

① 유압 디스크 브레이크
② E.C(eddy current) 브레이크
③ AC 브레이크
④ DC 마그넷 브레이크

> E.C 브레이크는 속도제어용 브레이크로 구조가 간단하고 마모부분이 없으며 저속도를 쉽게 얻을 수 있다.

28 동력전달용 나사에서 사다리꼴나사의 특징이 아닌 것은?

① 사각나사보다 제작이 어렵고 정밀도가 낮다.
② 마모에 대한 조정이 쉽다.
③ 동력전달이 정확하다.
④ 강도가 크다.

> 사다리꼴 나사의 특징
> • 마모에 대한 조정이 쉽다.
> • 동력전달이 정확하다.
> • 강도가 크다.
> • 삼각나사보다 효율이 좋고, 공작기계의 이송장치에 사용된다.

29 감속기 오일은 점도검사를 하여 교환하지만 일반적으로 몇 시간 사용 후 교환하는가?

① 1,000시간   ② 2,000시간
③ 3,000시간   ④ 4,000시간

> 감속기오일 교환시기는 2,000시간 사용 후 교환하는 것이 좋다.

30 전동기의 부하가 크게 걸릴 경우 미치는 영향과 관계 없는 것은?

① 발열한다.
② 최대 토크가 증가한다.
③ 퓨즈가 끊어질 수 있다.
④ 과부하 계전기가 작동한다.

> 전동기에 과부하가 걸릴 경우 미치는 영향
> • 전동기가 발열한다.
> • 퓨즈가 끊어질 수 있다.
> • 과부하 계전기가 작동한다.

31 제어기(Controller)에서 두 개의 제어기를 한 개의 핸들로 동시에 조작이 가능할 수 있게 한 것은?

① 크랭크식 제어기   ② 기계식 제어기
③ 유니버셜식 제어기   ④ 전기식 제어기

> 유니버셜식 제어기는 두 개의 제어기를 한 개의 핸들로 동시에 조작이 가능한 제어기이다.

32 다음은 전동기 분해순서를 열거한 것이다. 바르게 순서대로 열거한 항목은?

> ㉠ 외선 커버의 급유용 그리스 니플과 부속 파이프 및 외선 커버를 분리한다.
> ㉡ 고정자와 회전자를 분리한 후 베어링을 뽑는다.
> ㉢ 슬립 링 축의 축함 커버 취부 볼트를 뽑은 후 슬립 축의 베어링을 분해한다.
> ㉣ 외선 팬을 뽑고 브래킷을 분리시킨다.

① ㉠ - ㉡ - ㉢ - ㉣   ② ㉠ - ㉢ - ㉡ - ㉣
③ ㉣ - ㉠ - ㉡ - ㉢   ④ ㉠ - ㉢ - ㉣ - ㉡

33 크레인의 작동과 안전장치 등의 조합에 대하여 설명한 것 중 틀린 것은?

① 횡행 - 완충장치
② 주행 - 두 크레인 간의 충돌방지장치
③ 권상 - 스크루(나사)형 리미트 스위치
④ 권하 - 중추형 리미트 스위치

> 중추형 리미트 스위치는 권상장치에 사용되지만 주행 및 횡행에도 사용 가능하다.

34 전동기 회전수 1,152rpm, 전 감속비 1/18.1, 차륜의 지름이 400mm 일 때 이 천장크레인의 주행속도는?

① 25.4m/min   ② 60m/min
③ 80m/min   ④ 100m/min

> 천장크레인의 주행속도 = π×차륜직경×회전수×감속기
> = 3.14×400×1,152×(1/18.1)
> = 79.9 ≒ 80[m/min]

35 방폭구조로 된 전기설비의 구비조건이 아닌 것은?

① 시건장치를 할 것 ② 접지를 할 것
③ 환기가 잘 될 것 ④ 퓨즈를 사용할 것

🔍 환기가 잘 되도록 하는 것은 작업장 조건에 해당된다.

36 횡행장치에서 전원공급방식으로 사용하지 않는 것은?

① 케이블 캐리어
② 페스톤 방식
③ 트롤리 와이어 방식
④ 케이블 릴 방식

🔍 케이블 릴 방식은 주행장치 전원공급이나 집전장치 등에 사용된다.

37 실제 작업현장에서 크레인에 가장 많이 사용되는 전압은?

① 110V ② 220V
③ 440V ④ 550V

🔍 크레인 사용 가능 전압에는 220V, 440V, 3,300V 가 있으나 440V가 가장 많이 사용한다.

38 키(Key)는 다음 어느 경우에 사용하는가?

① 축이 손상되었을 때
② 압연재나 형재를 영구적으로 연결할 때
③ 축에 풀리, 기어 등을 고정시킬 때
④ 와이어로프가 손상되었을 때

🔍 키(Key)는 기어, 벨트, 풀리 등을 축에 고정할 때나 회전력을 전달함과 동시에 축방향으로 미끄럼 운동을 할 수 있도록 할 때 사용한다.

39 천장크레인용 전동기에서 속도제어를 할 수 있는 교류 전동기는?

① 직권 전동기 ② 분권 전동기
③ 권선형 유도전동기 ④ 농형 유도전동기

🔍 교류 권선형 유도전동기는 2차 저항기를 사용하여 전동기의 전류와 속도를 제어한다.

40 전동기가 가동하지 않는 원인과 거리가 먼 것은?

① 단선
② 전압강하가 크다.
③ 커넥터의 접촉 불량
④ 사용빈도가 많다.

🔍 전동기가 가동하지 않는 원인
• 단선 되었을 때
• 전압강하가 클 때
• 커넥터의 접촉이 불량일 때
• 전동기 터미널이 이완 되었을 때

41 천장크레인 운전 시작 전 고려하여야 할 사항으로 틀린 것은?

① 작업내용과 작업순서에 대하여 관계자와 충분히 협의한다.
② 크레인이 이동하는 영역 내에 장애물이 없는지를 사전에 확인한다.
③ 방호장치의 이상 유무를 확인한다.
④ 이동할 물품 종류 등에 대해서 고려할 필요가 없으며, 신속한 작업의 고려가 우선이다.

🔍 천장크레인 운전 시 물품의 종류와 관계없이 천천히 안전하게 작업을 하여야 한다.

42 4.8ton의 부하물을 4줄걸이로 하여 각도 60°로 매달았을 때 한쪽 줄에 걸리는 하중은 약 몇 [ton]인가?

① 0.69ton ② 1.23ton
③ 1.39ton ④ 1.46ton

🔍 와이어로프의 적용 장력
= (짐의 무게/로프의 수)×(1/로프의 각)
= (4.8/4)×(1/cos60°) = 약1.39[ton]

43 와이어로프의 열 영향에 의한 재질 변형의 한계는?

① 50℃ ② 100℃
③ 200~300℃ ④ 500~600℃

🔍 와이어로프의 열 변형 한계온도는 200~300℃ 이다.

44 와이어로프 줄걸이 작업자가 작업을 실시할 때 고려해야 할 사항과 가장 거리가 먼 것은?

① 짐의 중량 ② 짐의 중심
③ 짐의 부피 ④ 짐을 매는 방법

🔍 줄걸이 작업자는 줄걸이 작업 시 하물의 중량과 중심, 하물의 매는 방법 등에 주의하여야 한다.

45 〈그림〉에서 240톤의 부하물을 들어 올리려 할 때 당기는 힘은 몇 톤인가? (단, 마찰계수 및 각종 효율은 무시한다.)

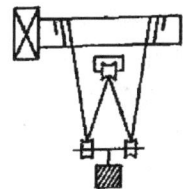

① 80톤 ② 60톤
③ 120톤 ④ 240톤

🔍 P = W/(n + 1)(P : 당기는 힘, W : 부하물의 중량, n : 활차의 수)이므로
당기는 힘 = 240/(3 + 1) = 60[ton]

46 [6×37]의 규격을 가진 와이어로프는 한 꼬임에서 최대 몇 가닥의 소선이 절단될 때까지 사용이 가능한가?

① 12가닥 ② 22가닥
③ 32가닥 ④ 42가닥

🔍 와이어로프의 한가닥에서 소선의 수가 10% 이상 절단 시 폐기하여야 하므로 6×37 = 222가닥의 10%, 즉 22가닥까지 사용 가능하다.

47 신품 체인을 구입하여 사용한 후 임의의 5개 링 길이를 측정 시 신장이 몇 [%] 이상이면 사용하지 말아야 하는가?

① 3% ② 5%
③ 7% ④ 10%

🔍 체인의 연신율은 임의의 5개 링을 측정하였을 때 제조 당시보다 5% 이상이고, 링크 단면의 지름은 10% 이상 감소하였으면 교환해야 한다.

48 와이어로프 소선의 질변화란?

① 와이어로프가 킹크되는 경우
② 활차의 로프 홈이 나쁜 경우
③ 와이어로프가 마모되는 경우
④ 물리적 원인으로 로프의 표면경화 또는 피로에 의한 변화

🔍 와이어로프 소선의 질 변화는 물리적 원인으로 와이어로프의 표면경화 또는 피로에 의한 변화이다.

49 와이어로프의 내부 소선이 마모되는 원인을 열거한 것이다. 이 중 옳지 않은 것은?

① 과하중에 의한 경우
② 무리한 굽힘인 경우
③ 주유 불량인 경우
④ 주권과 보권을 동시에 사용할 경우

🔍 와이어로프의 내부소선이 마모되는 원인은 과하중과 무리한 굽힘, 주유불량인 경우이다.

50 〈그림〉과 같이 주먹을 머리에 대고 떼었다 붙였다 하여 호각을 짧게, 길게 부는 신호 방법은?

① 보권사용 ② 주권사용
③ 위로 올리기 ④ 작업완료

51 안전작업은 복장의 착용상태에 따라 달라진다. 다음에서 권장사항이 아닌 것은?

① 옷소매 폭이 너무 넓지 않은 것이 좋고, 단추가 달린 것은 되도록 피한다.
② 물체 추락의 우려가 있는 작업장에서는 안전모를 착용해야 한다.
③ 복장을 단정하게 하기 위해 넥타이를 꼭 매야 한다.
④ 땀을 닦기 위한 수건이나 손수건을 허리나 목에 걸고 작업해서는 안 된다.

> 작업복은 작업자의 안전을 최우선으로 고려하여 선정되어야 하며, 넥타이 등의 착용은 작업 시 회전 부분에 끌려들어가는 등의 안전사고 위험이 있다.

52 화재예방 조치로서 적합하지 않은 것은?

① 화기는 정해진 장소에서만 취급한다.
② 가연성 물질을 인화장소에 두지 않는다.
③ 유류취급 장소에는 방화수를 준비한다.
④ 흡연은 정해진 장소에서만 취급한다

> 유류 취급 장소는 유류화재의 진압에 적합한 B급 소화기나 방화사를 준비하여야 한다.

53 볼트 등을 조일 때 조이는 힘은 측정하기 위하여 쓰는 렌치는?

① 소켓 렌치
② 토크 렌치
③ 복스 렌치
④ 오픈엔드 렌치

> 토크 렌치는 볼트나 너트의 조임력을 규정값에 정확히 맞도록 하기 위해 사용하며, 오픈엔드 렌치는 연료 파이프 피팅을 풀고 조일 때 사용한다. 또한 복스 렌치는 볼트, 너트 주위를 완전히 감싸게 되어 사용 중에 미끄러지지 않는 장점이 있다.

54 수공구를 사용하여 일상정비를 할 경우의 필요 사항으로 가장 부적합한 것은?

① 용도 외의 수공구는 사용하지 않는다.
② 수공구를 서랍 등에 정리할 때는 잘 정돈한다.
③ 수공구는 작업 시 손에서 놓치지 않도록 주의한다.
④ 작업을 빠르게 하기 위해서 장비위에 놓고 사용하는 것이 좋다.

55 안전관리의 근본 목적으로 가장 적합한 것은?

① 근로자의 생명 및 신체의 보호
② 생산량 증대
③ 생산의 경제적 운용
④ 생산과정의 시스템화

> 안전관리의 근본적인 목적은 근로자 및 사용자의 생명과 신체 보호, 안전사고를 미연에 방지하는데 그 목적이 있다.

56 작업자가 실시하는 안전점검과 가장 거리가 먼 것은?

① 장비 및 공구의 상태
② 안전보호구의 적정성 여부
③ 작업장의 정리 · 정돈
④ 안전에 대한 기본방침과 실시 상황 보고

> 안전에 대한 기본방침과 실시 상황보고는 안전관리자의 담당업무로 작업자가 직접 실시하는 안전점검과는 거리가 멀다.

57 안전사고의 원인 중 불안전한 행위에 해당되지 않는 것은?

① 불안전한 작업행동
② 부적당한 배치
③ 안전수칙의 무시
④ 기량의 부족

> • 불안전한 행위
>   - 안전수칙의 무시   - 불안전한 작업행동
>   - 방심(태만)   - 기량의 부족
> • 불안전한 위치
>   - 신체조건의 불량   - 주의산만
>   - 업무량의 과다   - 무관심

58 먼지가 많이 발생하는 장소에서 착용해야 하는 마스크는?

① 산소마스크
② 방독마스크
③ 방진마스크
④ 송기마스크

> 호흡용 보호구
> • 방독마스크: 유기용제, 유독가스, 미스트, 흄 발생작업
> • 송기마스크, 산소마스크: 저장조, 하수구 청소 및 산소결핍 작업장
> • 방진마스크: 분체작업, 연마작업, 광택작업, 배합작업 등 먼지가 많은 작업장

59 장갑을 끼고 작업을 할 때 위험한 작업은?

① 오일 교환 작업
② 건설기계운전
③ 타이어 교환 작업
④ 해머 작업

> 장갑을 착용하면 안 되는 작업으로는 해머작업, 연삭작업, 드릴작업, 정밀기계작업 등이 있다.

60 안전보건표지의 종류와 형태에서 그림의 표지로 맞는 것은?

① 산화성 물질 경고 ② 폭발성 물질 경고
③ 급성 독성물질 경고 ④ 인화성 물질 경고

🔍 안전보건표지

인화성 물질경고	산화성 물질경고	폭발성 물질경고	급성독성 물질경고

정답 제1회 CBT 대비 적중모의고사

01 ②	02 ④	03 ④	04 ①	05 ②
06 ②	07 ②	08 ②	09 ③	10 ①
11 ③	12 ③	13 ①	14 ②	15 ①
16 ④	17 ③	18 ③	19 ②	20 ③
21 ④	22 ①	23 ④	24 ②	25 ③
26 ①	27 ②	28 ①	29 ②	30 ②
31 ③	32 ④	33 ④	34 ③	35 ③
36 ④	37 ③	38 ③	39 ④	40 ④
41 ④	42 ③	43 ③	44 ③	45 ②
46 ②	47 ②	48 ④	49 ④	50 ②
51 ③	52 ③	53 ②	54 ④	55 ①
56 ④	57 ②	58 ③	59 ④	60 ④

제2회 적중모의고사

01 훅(Hook)이 지상에 도달했을 경우 드럼(Drum)에는 최소 몇 회의 감김 여유가 있어야 하는가?

① 감겨 있지 않아도 된다.
② 최소 1회 이상
③ 최소 2회 이상
④ 최소 4회 이상

> 와이어로프는 훅이 바닥에 도달한 상태에서 드럼에 2회 이상 감겨 있어야 한다.

02 정격하중이 20,000kgf인 천장크레인의 훅(Hook)은 파괴하중이 최소한 몇 [kgf] 이상인 것을 사용해야 하는가?

① 40,000kgf   ② 60,000kgf
③ 80,000kgf   ④ 100,000kgf

> 훅의 안전계수 = 절단하중/안전(파괴하중) = 5 이상이므로, 파괴하중 = 5×20,000 = 100,000[kgf]이다.

03 〈그림〉에서 로프 시브의 호칭지름은?

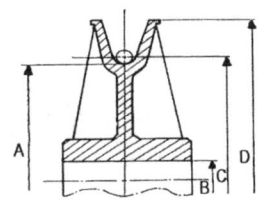

① A   ② B
③ C   ④ D

> A = 시브 안지름, B = 축의 지름, C = 호칭 지름, D = 시브 바깥지름

04 천장크레인 용어 중 '양정'을 옳게 표현한 것은?

① 주행레일과 레일의 간격
② 횡행레일과 레일의 간격
③ 건물바닥이나 지상에서 크레인 상면까지의 거리
④ 상한 리미트 스위치 작동지점부터 하한 리미트 스위치까지 거리

> 양정은 상한 리미트 스위치 작동지점부터 하한 리미트 스위치 지점까지의 거리이다.

05 천장크레인의 권과방지장치의 종류에 해당하지 않은 것은?

① 스크루형 리미트 스위치
② 캠형 리미트 스위치
③ 중추형 리미트 스위치
④ 굴곡형 리미트 스위치

> 천장크레인 권과방지장치인 리미트 스위치는 스크루형(나사형)·캠형·중추형 등이 있다.

06 천장크레인의 시험하중은 정격하중의 몇 [%]인가?

① 70%   ② 110%
③ 150% ④ 200%

> 천장크레인의 시험하중은 정격하중의 1.1배(110%)이다.

07 전자 브레이크에서 전자석 부분의 과열 원인이 아닌 것은?

① 가동철심이 완전히 부착되지 않을 때
② 전원이 전압 강하 시
③ 전선의 부분 단락 시
④ 드럼(풀리)과 브레이크 슈의 틈새 과다

> 전자 브레이크에서 전자석 부분의 과열 원인
> • 가동철심이 완전히 부착되지 않을 때
> • 전원이 전압 강하 시
> • 전선이 부분 단락 시

08 천장크레인에서 크래브(Crab)는?

① 횡행장치이다.
② 각종 전원 판넬이다.
③ 주행장치 및 저항기, 판넬을 장치하는 부분이다.
④ 권상 및 횡행장치를 설치하여 레일 위를 왕복 운동하는 대차이다.

🔍 크래브는 권상 및 횡행장치를 설치하여 레일 위를 왕복 운동하는 대차이다.

09 시브 및 와이어 드럼 홈의 지름은 와이어로프 공칭지름보다 얼마나 크게 하는 것이 가장 적당한가?

① 10%   ② 20%
③ 30%   ④ 40%

🔍 시브 및 와이어로프 드럼 홈의 지름은 와이어로프 공칭지름보다 10% 정도 크게 하는 것이 가장 적당하다.

10 주행 차륜 플랜지는 두께의 몇 [%] 마모와 수직에서 몇 [도]의 변형이 생기면 교환하는 것이 좋은가?

① 40%, 10도
② 40%, 20도
③ 50%, 10도
④ 50%, 20도

🔍 주행차륜 플랜지는 두께의 50% 이상 마모와 수직에서 20도 이상 변형되면 교환해야 한다.

11 다음은 차륜에 대하여 설명한 것이다. 틀린 것은?

① 차륜의 재질은 주철, 주강, 특수주강이다.
② 천장크레인 차륜은 보통 양 플랜지의 것이 사용된다.
③ 차륜의 직경은 균일하며 단면 및 플랜지는 열처리가 되어 있다.
④ 차륜에는 종동륜만 있다.

🔍 주행차륜은 구동륜과 종동륜으로 구분하며, 구동륜은 전동기에 의해 구동된다.

12 천장크레인의 스팬(Span)에 대한 설명이다. 맞는 것은?

① 주권 혹과 보권 혹 사이의 간격을 말한다.
② 주행차륜 중심 간의 거리를 말한다.
③ 횡행차륜 중심 간의 거리를 말한다.
④ 좌우 주행 레일(rail) 중심사이의 거리를 말한다.

🔍 스팬(span)은 좌·우 주행레일의 중심사이의 거리를 말한다.

13 다음은 마그넷 브레이크의 동작이 느릴 경우(정상은 0.1 ~ 0.5초)의 원인들을 열거하였다. 옳게 짝지어진 것은?

㉠ 전압강하가 크다.
㉡ 사용유의 규격이 적당하지 않다.
㉢ 주파수 저하가 크다.
㉣ 유량이 부족하다.

① ㉠ - ㉡ - ㉢
② ㉠ - ㉢ - ㉣
③ ㉡ - ㉢ - ㉣
④ ㉠ - ㉡ - ㉣

🔍 마그넷 브레이크의 동작이 느리게 되는 원인은 전압강하가 크고, 주파수 저하가 크고, 유량이 부족하기 때문이다.

14 천장크레인의 주행 기계장치인 브레이크 라이닝의 허용 마모량은 얼마인가?

① 원형의 15% 이내
② 원형의 30% 이내
③ 원형의 50% 이내
④ 원형의 75% 이내

🔍 주행 기계장치 브레이크 라이닝의 허용 마모량은 원형의 50% 이내이다.

15 크레인의 안전장치로 주행·횡행 등 운동과 과행을 방지하기 위한 보호장치는?

① 전자 접촉기   ② 리미트 스위치
③ 오버로드 스위치   ④ 퓨즈

🔍 리미트 스위치는 크레인의 안전장치로 주행·횡행 운동의 과행을 방지하기 위한 보호장치로 스크류형과 캠형·중추형이 있다.

16 천장크레인용 훅(Hook)의 입구가 벌어지는 변형량을 시험하는 방법으로 가장 적합한 것은?

① 훅의 정격하중을 동하중으로 작용시켜 입구의 벌어짐이 0.5% 이하이어야 한다.
② 훅에 정격하중의 2배를 정하중으로 작용시켜 입구의 벌어짐이 0.25% 이하 이어야 한다.
③ 훅에 최대하중을 동하중으로 작용시켜 입구의 벌어짐이 0.25% 이하이어야 한다.
④ 훅에 정격하중을 정하중으로 작용시켜 입구의 벌어짐이 0.5% 이하이어야 한다.

> 천장크레인용 훅의 입구가 벌어지는 변형량을 시험하는 가장 좋은 방법은 훅에 정격하중의 2배를 정하중으로 작용시켜 입구의 벌어짐이 0.25% 이하이어야 한다.

17 다음 중 천장크레인 권상장치의 주요 구성 요소가 아닌 것은?

① 전동기
② 감속기
③ 브레이크
④ 캠버

> 천장크레인 권상장치의 주요 구성요소는 전동기·감속기·브레이크이다.

18 자주 조정할 필요 없이 구조가 간단하고 정격속도의 1/5의 안정된 저속도를 쉽게 얻을 수 있는 브레이크는 어느 것인가?

① CF(change frequency) 브레이크
② 다이내믹 브레이크
③ 와류(EC) 브레이크
④ 스러스트 브레이크

> 와류(E,C) 브레이크는 안정된 저속도를 쉽게 얻을 수 있는 속도 제어 브레이크이다.

19 다음 중 일반적으로 사용되는 권상 제동용 브레이크(Brake)는?

① 마그네틱 브레이크(magnetic brake)
② 스피드 컨트롤 브레이크(speed control brake)
③ 에디 커런트 브레이크(eddy current brake)
④ 다이내믹 브레이크(dynamic brake)

> • 권상 제동용 브레이크 : 마그네틱 브레이크
> • 속도 제어용 브레이크 : 스피드 컨트롤 브레이크, 에디 커런트 브레이크, 다이내믹 브레이크 등

20 천장크레인의 성능을 표시할 때 순서로 맞는 것은?

① 양정 – 스팬 – 정격하중 – 사용동력
② 정격하중 – 스팬 – 양정 – 사용동력
③ 사용동력 – 스팬 – 사용동력 – 양정
④ 양정 – 스팬 – 사용동력 – 정격하중

> 천장크레인의 성능 표시는 정격하중 – 스팬 – 양정 – 사용동력의 순서로 한다.

21 훅 또는 달기구에 대한 사항으로 틀린 것은?

① 훅 블록 또는 달기구에는 정격하중이 표기되어 있을 것
② 볼트, 너트 등은 플림 또는 탈락이 없을 것
③ 해지장치는 균열, 또는 변형 등이 없을 것
④ 훅 본체는 균열 또는 변형 등이 없어야 하고, 국부마모는 원치수의 10% 이내 일 것

> 훅 본체는 균열 또는 변형 등이 없어야 하고 국부마모는 원치수의 5% 이내 이어야 한다.

22 천장크레인의 버퍼 스토퍼(Buffer Stopper)란?

① 주행차륜에 부착하여 과속을 방지하는 장치
② 주행이나 횡행 시 충돌했을 때 충격을 완화시켜 주는 장치
③ 권상장치의 과권방지용 장치
④ 권하 시 너무 내리는 것을 방지하기 위하여 드럼에 부착하는 장치

> 버퍼 스토퍼는 주행이나 횡행 시 충돌하였을 때 충격을 완화시켜 주는 장치로 주행차륜 지름의 1/2 이상과 횡행차륜의 1/4 이상 높이로 하여 준다.

23 거더의 캠버는 정격하중을 가하였을 때 스팬의 얼마 이하가 적당한가?

① 1/400 이하
② 1/600 이하
③ 1/800 이하
④ 1/1,000 이하

🔍 거더의 캠버는 스팬의 1/800 이하가 적당하다.

24 차륜주행 관련 점검사항이 아닌 것은?

① 베어링의 마모상태
② 차륜의 중심선 일치여부
③ 레일의 굽음
④ 차륜의 열전도율

🔍 차륜주행 관련 점검사항
 • 베어링 마모상태 점검
 • 차륜의 중심선 일치여부 점검
 • 레일의 굽음 상태 점검
 • 차륜의 주행레일과 기체간의 직각 유지를 점검한다.

25 천장크레인의 브레이크 정비에 대해서 틀린 것은?

① 브레이크 휠과 라이닝 간격은 보통 브레이크 휠 직경의 200분의 1 정도 비율로 한다.
② 브레이크 휠 림의 두께 마모한도는 원치수의 40% 정도이다.
③ 브레이크 휠 면의 요철이 2mm 정도가 되면 평활하게 다듬어 주어야 한다.
④ 브레이크 라이닝의 내열온도는 보통 650℃ 정도이다.

🔍 브레이크 라이닝의 내열온도는 일반적으로 150℃ 정도이다.

26 근로자가 크레인을 이용하여 화물을 권상 시킬 때 위험한 상태에서 작업안전을 위해 급정지 시킬 수 있도록 설치되어 있는 일종의 방호장치는?

① 충돌방지장치(Anti Collision)
② 비상정지장치(Emergency Stop Switch)
③ 레일클램프장치(Rail Clamp)
④ 훅 해지장치(Hook Latch)

🔍 • 충돌방지장치: 동일한 주행로 상에 2대 이상의 크레인이 설치되는 경우 운행되는 크레인 상호간의 충돌을 방지하기 위한 장치이다.
 • 비상정지장치: 천장크레인을 이용하여 화물을 이동시킬 때 돌발적인 위험한 상황 시 급정지시킬 수 있도록 설치되어 있는 스위치
 • 훅 해지장치: 줄걸이 용구인 와이어로프, 링크체인, 섬유벨트 등을 훅에 걸고 작업할 때 줄걸이 용구가 훅에서 이탈되지 않도록 하는 방호장치이다.
 • 레일클램프장치: 강풍 시 옥외에서 운행하는 크레인 본체를 주행레일에 고정시키는 안전장치이다.

27 천장크레인 중 권하 속도가 빠를수록 좋은 크레인은?

① 원료장입 크레인
② 강괴 크레인
③ 타이어 크레인
④ 담금질 크레인

🔍 담금질 크레인은 철강재료를 담금질하는데 사용하는 것으로 속도가 빠를수록 좋다.

28 천장크레인 좌·우 레일의 수평차는 얼마 이내인가?

① ±5mm 이내
② ±10mm 이내
③ ±15mm 이내
④ ±20mm 이내

🔍 천장크레인 좌우레일의 수평차는 ±10mm 이내 이고, 레일의 구배량은 주행길이 2m당 2mm를 초과하지 않아야 한다.

29 천장크레인의 주행장치를 감속시키는데 사용되는 기계요소는?

① 커플링
② 스프링
③ 기어
④ 키

🔍 주행장치를 감속시키는데 사용되는 기계요소는 기어이다. 키는 축에 보스를 끼워넣고 고정시키는데 사용하고, 커플링은 마주하는 두 개의 축을 연결하는 장치이다.

30 천장크레인 주요장치 중 속도제어장치가 부착되지 않은 것은?

① 주권장치
② 횡행장치
③ 주행장치
④ 신호장치

🔍 • 천장크레인의 3대 주요 구성장치 : 주행장치, 횡행장치, 권상장치
 • 천장크레인의 5대 주요 부분 : 주행장치, 횡행장치, 권상장치, 운전실, 훅 으로 구분되며 신호장치는 속도제어장치가 부착되지 않는다.

31 중추식 리미트 스위치의 주된 역할은?

① 권하 시 상용 과권방지
② 권상 시 상용 작동방지
③ 주행 또는 횡행 작동 시 양정을 초과하는 작업방지
④ 권상 시 비상용 과권방지

🔍 중추식 리미트 스위치는 권상 시 비상용 과권방지용으로 많이 사용한다.

32 전기 기기의 불꽃 발생을 방지하기 위한 방법으로 틀린 것은?

① 스위치류의 개폐는 신속히 행한다.
② 스위치의 접촉면에 먼지나 이물질이 없도록 한다.
③ 접촉면을 매끄럽게 유지시킨다.
④ 가능한 교류보다 직류를 많이 사용한다.

🔍 전기스파크는 교류보다 직류에서 많이 발생하므로 가능한 교류를 많이 사용한다.

33 천장크레인의 전원공급은 트롤리선으로 하며, 선의 배열방법에는 수평배열과 수직배열이 있다. 다음 중 트롤리선의 종류가 아닌 것은?

① 레일 트롤리선   ② 앵글 트롤리선
③ 애자 트롤리선   ④ 경동 트롤리선

🔍 천장크레인의 전원공급을 하는 트롤리선의 종류에는 레일트롤리선, 앵글트롤리선, 경동트롤리선 등이 있고, 트롤리선은 전기가 통하지 않게 애자를 사용하여 고정시킨다.

34 천장크레인의 전자석 브레이크 등에 사용하는 것으로 코일을 여러 번 감고 전류를 흐르게 하였을 때 자석이 되게 한 것은?

① 솔레노이드   ② 드럼
③ 디스크   ④ 라이닝

🔍 자석은 영구자석과 일시자석으로 분류되며, 영구자석은 자성물질로서 그 상태 자체를 영구적으로 자성을 띠는 것이며, 일시자석은 전류가 투입되었을 때 자석이 되는 것으로 전자석이라 한다. 전자석은 천장크레인에 사용되며 솔레로이드는 전자석을 이용한 밸브로서 유입 또는 공압이 사용되는 장치에서 개방·폐쇄시키는데 사용되는 밸브이다.

35 전기의 스파크는 주파수가 (   )수록 심하며, (   )보다 (   )쪽이 스파크가 크다. (   ) 안에 맞는 말로 짝 지어진 것은?

① 낮을, 교류, 직류   ② 높을, 교류, 직류
③ 높을, 직류, 교류   ④ 낮을, 직류, 교류

🔍 전기 스파크는 주파수가 높을수록 심하며, 교류보다 직류쪽이 스파크가 크다.

36 다음 중 기어의 소음 발생 원인이 아닌 것은?

① 백레시(backlash)가 너무 적을 경우
② 기어축의 평행도가 나쁠 경우
③ 치면에 홈이 있거나 다듬질의 정도가 나쁠 경우
④ 오일을 과다하게 급유했을 경우

🔍 기어의 소음 원인은 백레시(backlash)가 너무 적을 경우, 맞물리는 두 기어의 물림이 불량할 때, 축의 평행도, 치면에 홈이 있거나 다듬질의 정도가 나쁠 경우이다.

37 60Hz 4극인 유도전동기 슬립이 2%일 때 전동기의 회전수(rpm)은?

① 72   ② 240
③ 1,764   ④ 1,800

🔍 전동기 회전수 = (60×120) / 4극 = 1,800[rpm]이고, 슬립 = 2%이므로 전동기 회전수 = 1,800×(1 − 0.02) = 1,764[rpm]이다.

38 회로의 전압을 측정하는데 적합한 계기는?

① 전류테스터   ② 저항측정기
③ 메가테스터   ④ 멀티테스터

🔍
• 전류테스터 : 회로의 전류량 측정기
• 저항테스터 : 회로의 저항값 측정기
• 메가테스터 : 회로의 절연저항 측정기
• 멀티테스터 : 회로의 전압 및 저항을 측정

39 잇수가 20인 작은 기어가 500rpm으로 회전할 때 이와 맞물린 큰 기어의 회전수를 100rpm으로 하려면 큰 기어의 잇수는?

① 60   ② 100

③ 120 ④ 800

> (작은 기어의 잇수 / 큰 기어의 잇수) = (큰 기어의 회전률 / 작은 기어의 회전률) 이므로, (20 / 큰 기어의 잇수) = (100 / 500) 가 된다.
> 정리하면 큰 기어의 잇수 = (20×500) / 100 = 100

40 마그넷 크레인에 있어서 정전 시 가장 먼저 조치해야 할 사항은?

① 주행모터용 스위치를 끈다.
② 주 스위치를 끈다.
③ 정전이 해소될 때까지 그대로 방치한다.
④ 비상스위치를 작동시켜 전자석 및 피부착물을 바닥에 내려 놓는다.

> 마그넷 크레인은 정전 등 비상 시를 대비해 충전기 밧데리 등의 정전보상장치를 구비해야 하며 정전 시 최소 10분 이상 흡착력이 지속되어야 한다. 정전 시 가장 먼저 조치해야할 사항은 비상스위치를 작동시켜 전자석 및 피부착물을 바닥에 내려 놓는다.

41 줄걸이용 와이어로프를 엮어 넣기로 고리를 만들려고 한다. 이때 엮어 넣는 적정 길이(Splice)는?

① 와이어로프 지름의 5~10배
② 와이어로프 지름의 10~20배
③ 와이어로프 지름의 20~30배
④ 와이어로프 지름의 30~40배

> 와이어로프의 엮어 넣기를 스플라이스법이라고 부르며, 엮는 정도는 로프 지름의 30~40배가 적당하다.

42 천장크레인으로 중량물을 인양하기 위해 줄걸이 작업을 할 때 주의사항으로 옳지 않은 것은?

① 중량물의 중심위치를 고려한다.
② 줄걸이 각도를 최대한 크게 해준다.
③ 줄걸이 와이어로프가 미끄러지지 않도록 한다.
④ 날카로운 모서리가 있는 중량물은 보호대를 사용한다.

> 줄걸이 각도가 커질수록 와이어로프의 장력이 커지므로 60° 이내가 적당하다.

43 다음 중 와이어로프의 교체 대상으로 틀린 것은?

① 소선수의 10% 이상 단선 된 것
② 공칭직경이 5% 정도 감소 된 것
③ 킹크 된 것
④ 현저하게 변형되거나 부식 된 것

> 와이어로프는 소선수가 10% 이상 단선되었거나, 공칭지름의 감소가 7% 이상 이거나, 현저하게 변형되었거나 또는 부식, 킹크된 것은 교체하여야 한다.

44 동일조건에서 2줄 걸이 작업의 줄걸이 각도(α) 중 와이어로프에 장력이 가장 크게 걸리는 각도는?

① α = 30°일 때 ② α = 60°일 때
③ α = 90°일 때 ④ α = 120°일 때

> 줄걸이 각도의 조각도는 각이 커질수록 한 줄에 걸리는 장력은 커진다.

45 와이어로프의 손질 방법에 대한 설명 중 틀린 것은?

① 와이어로프의 외부는 항상 기름칠을 하여 둔다.
② 킹크된 부분은 즉시 교체한다.
③ 비에 젖었을 때는 수분을 마른 걸레로 닦은 후 기름을 칠하여 둔다.
④ 와이어로프의 보관 장소는 직접 햇빛이 닿는 곳이 좋다.

> 와이어로프 보관장소는 직접 햇빛이 닿지 않는 그늘진 곳에 보관하는 것이 좋다.

46 와이어로프(wire rope) 표시방법의 순서로 맞는 것은?

① 명칭 → 기호 → 꼬임방법 → 구성 → 종류 → 로프지름
② 명칭 → 로프지름 → 종류 → 구성 → 기호 → 꼬임방법
③ 구성 → 기호 → 꼬임방법 → 종류 → 로프지름 → 명칭
④ 명칭 → 구성 → 기호 → 꼬임방법 → 종류 → 로프지름

> 와이어로프 표시방법 순서: 명칭 → 구성 → 기호 → 꼬임방법 → 종류 → 로프지름

47 2,000kgf의 짐을 두 줄걸이로 하여 줄걸이 로프의 각도를 60°로 매달았을 때 한쪽 줄에 걸리는 하중은 약 몇 [kgf]인가?

① 578
② 1,155
③ 2,000
④ 2,310

> 1줄에 걸리는 하중 = 부하물의 하중/(줄걸이 수 × sinα)
> = 2,000/(2 × sin60°) = 2,000/(2 × 0.866)
> = 1,154.7[kgf]

48 줄걸이 작업자의 안전작업방법을 설명한 것으로 거리가 먼 것은?

① 화물의 하중을 어림짐작하여 작업한다.
② 정격하중을 넘는 무게의 화물을 매달지 않는다.
③ 상례적으로 정해진 화물은 전문적인 줄걸이 용구를 만들어 작업한다.
④ 화물의 하중 판단에 자신이 없을 때는 숙련자에게 문의하여 작업한다.

> 줄걸이 작업자는 화물의 중량·무게중심·줄걸이 방법 등을 정확히 해야 한다.

49 줄거리 작업에 사용하는 샤클(Shackle)의 사용 전 확인사항과 가장 거리가 먼 것은?

① 허용 인양 하중을 확인하여야 한다.
② 샤클의 재질을 확인하여야 한다.
③ 나사부 및 핀(pin)의 상태를 확인하여야 한다.
④ 안전 작업하중(SWL)을 확인하여야 한다.

> 줄걸이 작업 시작 전 샤클의 확인사항은 ①,③,④번이고, 샤클의 재질은 확인사항이 아니다.

50 크레인 신호 중 〈그림〉과 같이 한 손을 들어 올려 주먹을 쥐는 수신호는?

① 정지
② 비상 정지
③ 작업 완료
④ 위로 올리기

51 유류화재 발생 시 화재진압을 위한 가장 효과적인 방법은?

① 탄산가스 소화기의 사용
② 물 호스의 사용
③ 불의 확대를 막는 덮개의 사용
④ 소다 소화기의 사용

> 유류 및 가스화재는 B급 화재로 탄산가스(CO_2)소화기, 포말소화기, 분말소화기, 증발성 액체 소화기 등을 사용하여 화재를 진압한다.

52 조정렌치 사용 및 관리요령으로 적합하지 않는 것은?

① 적당한 힘을 가하여 볼트, 너트를 죄고 풀어야 한다.
② 잡아당길 때 힘을 가하면서 작업한다.
③ 볼트, 너트를 풀거나 조일 때는 볼트머리나 너트에 꼭 끼워져야 한다.
④ 볼트를 풀 때는 렌치에 연결대 등을 이용한다.

> 조정 렌치는 죠(jaw)의 폭을 자유롭게 조정하여 사용할 수 있는 공구로 볼트나 너트를 조이거나 풀 때는 고정 죠에 힘이 가해지도록 하여야 하며, 연결대는 사용하지 않는다.

53 안전보건표지를 제작할 때의 규격과 가장 거리가 먼 것은?

① 색깔
② 모양
③ 내용
④ 재질

> 안전보건표지는 그 종류별로 기본모형에 의하여 규정된 구분에 따라 제작하여야 하며, 관련 법령에 따라 색체와 색도기준, 내용이 정해져 있다.

54 공장에서 엔진 등과 같은 중량물을 이동하고자 한다. 가장 좋은 방법은?

① 여러 사람이 들고 조용히 움직인다.
② 체인 블록이나 호이스트를 사용한다.
③ 로프를 묶고 살며시 잡아 당긴다.
④ 지렛대를 이용하여 움직인다.

> 중량물은 인력운반이 금지되며, 체인 블록이나 호이스트를 사용해서 운반한다.

55 기계의 회전부분(기어, 벨트, 체인)에 덮개를 설치하는 이유는?

① 회전 부분의 속도를 높이기 위하여
② 제품의 제작과정을 숨기기 위하여
③ 회전부분과 신체의 접촉을 방지하기 위하여
④ 좋은 품질의 제품을 얻기 위하여

> 기계의 회전부분은 끼임, 절단, 물림 등에 의한 사고가 빈번한 곳으로 이곳에 덮개를 덮어 신체의 접촉을 방지하기 위한 안전장치이다.

56 산업재해 발생원인 중 직접원인에 해당되는 것은?

① 유전적 요소   ② 사회적 환경
③ 불안전한 행동 ④ 인간의 결함

> 재해의 직접원인
> • 불안전한 행동 : 위험장소 접근, 안전장치의 기능 제거, 복장·보호구의 잘못 사용, 기계·기구 잘못 사용, 운전 중인 기계장치의 손질, 불안전한 속도 조작, 위험물 취급 부주의, 불안전한 상태 방치, 불안전한 자세 동작, 감독 및 연락 불충분
> • 불안전한 상태 : 물 자체 결함, 안전 방호장치 결함, 보호구의 결함, 물의 배치 및 작업장소 결함, 작업환경의 결함, 생산 공정의 결함, 경계표시·설비의 결함

57 동력 전달장치에서 가장 재해가 많이 발생하는 것은?

① 기어   ② 벨트
③ 차축   ④ 피스톤

> 동력 전달장치 중 재해가 가장 많이 발생되는 장치는 벨트, 체인, 기어 순이다.

58 수공구 취급 시 지켜야 될 안전수칙으로 옳은 것은?

① 사용 전에 충분한 사용법을 숙지하고 익히도록 한다.
② 큰 회전력이 필요한 경우 스패너에 파이프를 끼워서 사용한다.
③ 줄질 후 쇳가루는 입으로 불어 낸다.
④ 해머작업 시 손에 장갑을 끼고 한다.

> • 줄질 후 쇳가루의 제거는 붓이나 솔을 이용한다.
> • 해머 작업 시에는 절대로 장갑을 착용하여서는 안된다.
> • 공구를 사용함에 있어 연장대로 연결 사용해서는 안된다.

59 용접기에서 사용되는 아세틸렌 도관은 어떤 색으로 구별되는가?

① 청색   ② 녹색
③ 흑색   ④ 적색

> 도관의 색: 산소는 흑색이고, 아세틸렌은 적색이다.

60 산업안전보건법령에 따른 안전보건표지에서 그림이 표시하는 것으로 맞는 것은?

① 독극물 경고   ② 폭발물 경고
③ 고압전기 경고 ④ 낙하물 경고

> 안전보건표지
>
> | 독극물 경고 | 폭발물 경고 | 낙하물 경고 |
> |---|---|---|

정답 제2회 CBT 대비 적중모의고사

01 ③	02 ④	03 ③	04 ④	05 ④
06 ②	07 ④	08 ③	09 ①	10 ④
11 ④	12 ④	13 ②	14 ③	15 ②
16 ②	17 ④	18 ③	19 ①	20 ②
21 ④	22 ②	23 ③	24 ④	25 ④
26 ④	27 ④	28 ②	29 ③	30 ④
31 ④	32 ④	33 ③	34 ①	35 ②
36 ④	37 ③	38 ④	39 ②	40 ④
41 ④	42 ②	43 ②	44 ④	45 ②
46 ④	47 ②	48 ①	49 ②	50 ①
51 ①	52 ④	53 ④	54 ②	55 ③
56 ③	57 ②	58 ①	59 ④	60 ③

제3회 적중모의고사

01 다음 중 천장크레인의 설명으로 가장 적절한 것은?

① 전동기를 사용하여 이동하는 장치이다.
② 주행 및 횡행으로 선회하며 짐을 운반하는 장치이다.
③ 평행으로 짐을 운반하는 장치이다.
④ 주행·횡행·권상의 3운동으로 짐을 운반하는 장치이다.

> 천장크레인은 주행레일 위에 설치된 새들에 직접적으로 지지되는 거더가 있는 크레인을 말하며, 주행·횡행·권상의 3운동에 의해 훅이 이동할 수 있는 작업 가능공간 안에서 모든 작업이 가능하다.

02 다음 중 권상장치의 동력전달 순서로 맞는 것은?

① 전동기 → 기어감속기 → 커플링 → 드럼 → 와이어로프 → 훅
② 전동기 → 커플링 → 드럼 → 기어감속기 → 와이어로프 → 훅
③ 전동기 → 커플링 → 기어감속기 → 드럼 → 와이어로프 → 훅
④ 전동기 → 기어감속기 → 드럼 → 커플링 → 와이어로프 → 훅

> 권상장치의 동력전달 순서 : 전동기 → 커플링 → 기어감속기 → 드럼 → 와이어로프 → 훅의 순이다.

03 크레인의 유압브레이크에서 공기가 차면 어떤 현상이 일어나는가?

① 권상의 경우 상·하 동작 시 급정지한다.
② 주행의 경우 정지시켜도 밀림현상이 생긴다.
③ 주행의 경우 기동불능 현상이 생긴다.
④ 권상의 경우 기동불능 현상이 생긴다.

> 유압브레이크에 공기가 차면 주행의 경우 정지시켜도 밀림현상이 생긴다.

04 천장크레인에서 정격하중의 의미를 가장 잘 설명한 것은?

① 크레인이 들어 올릴 수 있는 최대 하중
② 크레인이 평상 시 주로 많이 취급하는 하중
③ 달기기구의 무게를 제외한 안전 작업 하중
④ 달기기구의 무게를 포함한 안전 작업 하중

> 정격하중 = 안전 작업하중 − 달기기구 중량

05 크레인의 권상장치에서 드럼의 권과방지장치를 설명한 것 중 틀린 것은?

① 권과방지장치는 중추식, 스크루식, 캠식이 주로 사용된다.
② 캠식은 도르래의 회전에 의거 작동한다.
③ 스크류식은 드럼의 회전에 의거 작동한다.
④ 중추식은 훅의 접촉에 의거 작동된다.

> 권상장치에 사용되는 권과방지장치의 종류는 중추식, 캠식, 스크루식이 있다.
> • 중추식 : 2차 비상용이며 훅의 접촉에 의해 작동된다.
> • 캠식 : 드럼의 회전축과 연결되어 드럼의 회전에 의해 작동되며 내부의 캠이 마이크로 스위치를 눌러서 작동한다.
> • 스크루(나사)식 : 드럼의 회전축과 연결되어 드럼의 회전에 의해 작동되며 짧은 거리에 사용한다.

06 크레인에 사용하는 과부하 방지장치의 안전점검 사항 중 틀린 것은?

① 과부하 방지장치가 동작할 때는 경보음이 작동되어야 한다.
② 관계책임자 이외는 임의로 조정할 수 없도록 납봉인 등이 되어 있어야 한다.
③ 과부하 방지장치의 동작 시 일정한 시간이 지나면 자동복귀되어야 한다.
④ 과부하 방지장치는 성능검정을 필한 것이어야 한다.

> 과부하 방지장치가 작동되면 원인을 파악한 후 적절한 조치를 취하여야 하며, 원인 규명없이 자동복귀하면 안된다.

07 천장크레인의 거더와 새들을 점검하는 방법이 아닌 것은?

① 부재의 균열 유무 확인
② 구조물의 용접부에 균열 또는 결함의 발생 유무 확인
③ 취부 볼트의 풀림·부식 등은 없는지 확인
④ 윤활유는 적당한지 확인

> 윤활유는 축의 베어링 등에 주유하고, 거더나 새들 부분에는 주유하지 않는다.

08 천장크레인 제동 시 브레이크 라이닝에서 발열이 심하며 연기가 발생할 때의 조치사항으로 맞는 것은?

① 공기 중에서 자연 냉각시킨 후 라이닝과 브레이크 드럼사이의 간격을 점검하여 적합하게 조정하였다.
② 공기 중에서 자연 냉각시킨 후 브레이크 드럼을 교환하였다.
③ 드럼에 물을 뿌려 식힌 다음 라이닝의 틈새를 작게 조정하였다.
④ 드럼과 라이닝에 물을 뿌려 식힌 다음 라이닝을 교환하였다.

> 브레이크 라이닝이 발열되어 연기가 나는 것은 제동 해제 시 라이닝과 브레이크 드럼사이의 간극이 적은 것이므로 드럼직경의 1/150 또는 드럼 편측에서 1~1.5mm 간극을 조정해야 한다.

09 차륜의 점검 및 보수에 대한 설명으로 적정하지 못한 것은?

① 차륜 베어링의 마모와 급유에 항상 주의한다.
② 각 차륜의 중심선이 일치하는가를 점검한다.
③ 차륜의 주행레일과 기계간의 직각을 유지하는가 점검한다.
④ 차륜을 교환 또는 육성가공할 경우 해당 차륜 한 개만을 수리하는 것이 원칙이다.

> 한 개의 차륜이 파손되어도 전체 차륜을 교체해야 된다.

10 천장크레인의 레일(Rail)은 무엇을 기준으로 하여 선정되는가?

① 최대 차륜압
② 바퀴의 크기와 중량
③ 크레인의 정격하중
④ 크레인의 스팬(span)

> 천장크레인의 레일(rail) 선정기준은 크레인의 최대 차륜압으로 선정한다.

11 다음 중 천장크레인에 해당하는 것은?

① 지브 크레인
② 케이블 크레인
③ 제철소용 원료 장입 크레인
④ 언로더

> 천장크레인의 종류
> • 일반 기계공장에서 사용되는 보통 천장크레인
> • 제철 제강공장에서 사용되는 원료 크레인, 장입 크레인, 레이들 크레인, 강괴 크레인, 단도 크레인, 소입 크레인 등으로 분류 된다.

12 크레인의 주요 부분의 설명 중 맞지 않은 것은?

① 크래브는 권상장치와 횡행장치로 구성되어 있으며 와이어로프를 통하여 훅을 가지고 있다.
② 권상장치는 하물을 수직으로 들어 올리거나 내리는 역할을 하며, 주요 부품은 모터, 브레이크, 감속기, 드럼 등이 있다.
③ 횡행장치는 크래브를 이동시키는 역할을 하며, 모터, 브레이크, 감속기를 통하여 차륜을 구동한다.
④ 주행장치는 횡행장치와 비슷한 구조로 되어 있으며, 항상 횡행장치와 동시에 움직인다.

> 주행장치는 거더의 중앙부에 주행용 전동기가 설치되며, 감속기어를 거쳐서 주행차륜 레일위에서 회전시키는 구조로 되어 있다.

13 천장크레인의 거더 중 부식에 강하며 대 하중·편심하중을 받는데 가장 유리한 것은?

① 플레이트 거더   ② 트러스 거더
③ 박스 거더   ④ 강관구조 거더

🔍 박스 거더는 부식에 강하며 대 하중·편심하중을 받는데 가장 유리하다.

14 다음 중 다이내믹 브레이크를 설명한 것으로 맞는 것은?

① 다이내믹 브레이크에는 마그넷 브레이크, 스러스트 브레이크, 유압 브레이크 등이 있다.
② 구조가 간단하고 정격속도의 1/5의 안정된 저속도를 쉽게 얻을 수 있다.
③ 다이내믹 브레이크 제동방식은 운동에너지를 전기에너지로 변환시켜 이 전기에너지를 소모시켜 제어한다.
④ 직류 전자석으로 구성되어 있으며 직류 전원용으로 별도 전용 제어함이 필요하다.

🔍 다이내믹 브레이크(dynamic brake)의 제동방식은 운동에너지를 전기에너지로 변화시켜, 이 전기에너지를 소모시켜 크레인을 제어한다.

15 천장크레인의 자동 도유장치는 일반적으로 어느 곳에 도유하는가?

① 주행차륜 축   ② 주행차륜 보스
③ 주행차륜 플랜지   ④ 주행레일 기어

🔍 크레인의 경사로 인해 플랜지나 레일 측면 마모가 심해 주행차륜 플랜지에 자동도유장치로 주유한다.

16 천장크레인의 브레이크 드럼과 휠의 설명으로 맞지 않은 것은?

① 브레이크는 휠과 라이닝의 마찰력에 의해 제동된다.
② 브레이크 휠은 2mm의 요철발생 시 수정 또는 교체해야 한다.
③ 브레이크 개방 시 드럼과 라이닝의 간극이 드럼의 원을 따라 같아야 한다.
④ 브레이크 휠과 라이닝의 수직·수평 폭은 3mm 이내 이어야 한다.

🔍 브레이크 휠과 라이닝의 수직·수평 폭은 1mm 이내 이어야 하고, 디스크 브레이크는 디스크 마모량이 10% 이내 이며 휠 또는 드럼 타입의 경우 림(휠의 두께)의 마모량은 40% 이내 이다.

17 와이어로프 드럼(wire-rope drum)의 설명으로 틀린 것은?

① 와이어로프 드럼은 권상장치에 포함된 것으로서 중량물을 들러 올리거나 내릴 때 사용하는 기계장치이다.
② 와이어로프 드럼의 직경은 와이어로프 직경의 10~15배로 한다.
③ 드럼의 크기는 가능한 한 로프의 전체길이를 1열에 감을 수 있게 한다.
④ 와이어로프를 드럼에 고정시킬 때 클램프를 이용하여 고정시킨다.

🔍 와이어로프 드럼은 권상장치에 포함된 것으로서 중량물을 들어 올리거나 내릴 때 와이어로프 드럼이 회전하면서 와이어로프를 감아 올리거나 풀어내리면서 중량물을 들고 내리는 기계장치이다. 와이어로프 드럼의 직경은 와이어로프 직경의 20~25배로 한다.

18 천장크레인에서 사행운전을 방지하기 위해서는 휠베이스가 스팬의 몇 배 이하 이어야 하는가?

① 8배   ② 10배
③ 12배   ④ 15배

🔍 천장크레인의 사행운전을 방지하기 위해서는 휠베이스가 스팬의 8배 이하 이어야 한다.

19 다음 중 크레인의 운전실 또는 운전대에 충족시켜야 할 조건으로 볼 수 없는 것은?

① 운전자가 안전한 운전을 할 수 있는 충분한 시야를 확보할 수 있을 것
② 운전자가 용이하게 조작할 수 있는 위치에 개폐기, 제어기, 브레이크, 경보장치 등을 설치할 것
③ 운전실의 바닥을 미끄러지지 않는 구조로 할 것

④ 운전실에는 밝은 조명이 차단되도록 차단막을 갖출 것

> 운전자가 접촉하는 것에 의해 감전위험이 있는 충전부분에는 감전방지를 위한 덮개나 울을 설치하고, 분진의 침입을 방지할 수 있는 구조로 하여야 하며, 운전실에는 적절한 조명을 갖추어야 한다.

20 다음 중 훅(Hook)의 점검사항으로 틀린 것은?

① 훅의 안전율(안전계수)은 5이다.
② 훅의 파괴시험은 정격하중의 5배(500%)이다.
③ 훅의 입구의 벌어짐은 원치수의 10% 이다.
④ 훅의 줄걸이 부분의 마모는 원치수의 5% 이하이며, 마모의 깊이가 2mm 이하일 때는 다음에서 사용한다.

> 훅의 점검: ①, ②, ④번 외에 훅은 중요한 달기구이므로 컬러검사로 자주 점검해야하며, 훅의 입구의 벌어짐은 원치수의 5% 이내 이어야 한다.

21 권상장치용 시브(Sheave)의 피치원 직경(D)은 와이어로프 지경(d)의 몇 배 이상으로 하여야 하는가?

① 5배　　② 10배
③ 15배　　④ 20배

> 권상장치용 시브의 피치원 직경은 와이어로프 직경의 20배 이상으로 하고, 이퀄라이저 시브(회전하지 않는 시브)는 10배, 과부하방지장치용은 5배 이상으로 할 수 있다.

22 크레인 운전 중 전자브레이크에 이상 제동이 걸리는 경우 점검해야 할 것은?

① 전원 전압　　② 전동기 회전수
③ 콘트롤러　　④ 시브

> 크레인 운전 중 전압 강하 시 전자브레이크의 전자석 부분이 과열되어 이상 제동이 걸리는 경우가 있다.

23 차륜(휠, wheel)의 설명으로 맞지 않은 것은?

① 차륜에는 구동차륜과 종동차륜이 있다.
② 차륜의 재질은 주철, 주강, 특수주강이다.
③ 차륜과 레일접촉면의 마모한도는 차륜직경의 5% 까지 이다.
④ 차륜 플랜지의 마모는 원치수의 50%까지이다.

> 차륜 플랜지의 경사는 수직위치에서 20° 까지이고, 차륜과 레일 접촉면의 마모한도는 차륜직경의 3% 이내 이다.

24 다음 중 기계를 회전시키기 위하여 동력을 전달하는 회전축과 동력을 전달하는 고정축을 연결하는 장치는?

① 베어링
② 기어
③ 키(Key)
④ 축 이음(Coupling)

> • 베어링 : 기계가 회전운동이나 직선운동을 할 때 축을 받쳐주어 운동을 원활하게 하는 역할을 하는 기계기구
> • 기어 : 원형의 둘레에 일정한 간격으로 톱니모양의 홈을 만든 바퀴의 조합에 따라 회전속도나 회전방향을 바꾸는 장치
> • 키(Key) : 축에 기어 · 휠 · 드럼 · 풀리 등 회전체를 고정시켜 회전력을 전달시키는 기계부품

25 거더의 중앙부에 정격하중 및 달기기구 자중을 합산한 하중을 매달았을 경우 허용 처짐량은 스팬의 얼마를 초과하지 않아야 하는가?

① 1/500　　② 1/800
③ 1/1,200　　④ 1/1,500

> 크레인 거더의 처짐은 정격하중 및 달기기구 자중을 합한 하중에 상당하는 하중을 가장 불리한 조건으로 권상하였을 때 당해 스팬의 1/800 이하가 되어야 한다.

26 다음 중 크레인의 고정된 부분과 이동하는 부분 사이에서 전원을 공급받는 장치인 집전장치에서 스파크가 발생하는 원인으로 볼 수 없는 것은?

① 카본 브러시의 마모
② 접촉압력 부족
③ 부스바(bus bar) 또는 프롤리바(trolley bar)의 휨이 발생되었을 때
④ 집전기와 부스바가 수평으로 설치되었을 때

> 집전기와 부스바가 수평으로 설치하면 천장크레인 운행 중 집전기 이탈이 많이 발생하지만 스파크 발생과는 무관하다.

27 어떠한 전기회로에서 전류를 막거나 저지하고 전압을 강하시키기 위해 사용하는 장치인 저항기의 설명으로 맞지 않은 것은?

① 천장크레인에서는 주로 3상 권선형 유도전동기의 2차측에 연결시켜 속도제어를 목적으로 사용한다.
② 저항기를 구성하고 있는 그리드(grid)는 격자무늬 형태이다.
③ 저항기의 발열온도는 250도 까지 이다.
④ 저항기 주변은 통풍이 잘되어야 하고, 눈이나 비를 맞지 않도록 해야 한다.

> 저항기는 전기에너지를 열에너지로 바꾸는 과정에서 열이 발생하는데, 발열온도는 350도 까지이므로 화재의 위험이 없도록 주의해야 한다.

28 천장크레인에 사용되는 전동기의 조건이 아닌 것은?

① 기동력과 회전력이 크고 속도 조정이 가능할 것
② 빈번한 반복 운동에 견딜 것
③ 용량에 비해 소형이고 구입하기 쉬울 것
④ 주로 교류전동기가 사용되며 종류에는 직권·분권·복권전동기가 있다.

> • 직류를 사용하는 직류전동기 : 직권, 분권, 복권전동기
> • 교류를 사용하는 교류전동기 : 단상전동기와 3상 전동기가 있다.

29 전동기의 점검사항 중 일상 점검사항인 것은?

① 이상음이 발생하고 있지 않은가, 소리에 의해 원인을 판단하고 대책을 강구한다.
② 절연저항계로 각 부의 절연을 조사한다.
③ 운전 중의 각 부의 온도를 조사한다.
④ 조임부의 이완과 구조상의 흔들림이 없는가를 조사한다.

> 전동기의 정기점검 사항
> • 축수의 기름과 오래된 그리스를 교환한다.
> • 갭게이지로 고정자·회전자간의 갭을 측정하고 불평형이 있으면 조정한다.
> • 절연저항계로 각 부의 절연을 조사한다.
> • 운전 중의 각 부의 온도를 조사한다.
> • 조임부의 이완과 구조상의 흔들림이 없는가를 조사한다.

30 다음 절연재료의 종류 중 가장 높은 온도 상승에 견딜 수 있는 것은?

① A종　② B종
③ E종　④ F종

> 절연의 종류 및 허용 최고온도
>
> | 절연의 종류 | 허용 최고온도(℃) |
> |---|---|
> | Y종 | 90 |
> | A종 | 105 |
> | E종 | 120 |
> | B종 | 130 |
> | F종 | 155 |
> | H종 | 180 |
> | C종 | 180 초과 |

31 권선형 유도전동기의 속도조정을 목적으로 사용되는 것은?

① 슬립링(slip ring)　② 회전자(回轉子)
③ 고정자(固定子)　④ 2차 저항기

> 2차측 전원을 회전자에 부착되어 있는 슬립링과 슬립링과 접촉되는 브러쉬를 통하여 2차 저항에 연결시켜 속도제어를 할 수 있다.

32 천장크레인의 도장은 도장면적의 약 몇 [%]에 녹 또는 부식이 발생였을 때 재도장을 실시하는 것이 적당한가?

① 10%　② 20%
③ 30%　④ 40%

> 크레인 도장면적의 약 10%에 녹이 발생하거나 부식이 발생하였을 때 재도장을 실시한다.

33 펜던트 스위치 설명으로 틀린 것은?

① 펜던트 스위치에서는 크레인의 비상정지용 누름버튼과 각각의 작동종류에 따른 누름버튼 등이 비치되어 있고 정상적으로 작동하여야 한다.
② 펜던트 스위치에 접속된 케이블은 꼬임이나 무리한 힘이 가해지지 않도록 보조 와이어로프 등으로 지지 되어야 한다.

③ 조작용 전기회로의 전압은 교류 대지전압 150V 이하 또는 직류 300V 이하이어야 한다.
④ 펜던트 스위치 외함 구조가 절연제품이 아닐 경우에는 접지선을 생략할 수 있다.

> - 펜던트 스위치의 외함은 식별이 용이한 색상이어야 하며, 최소보호등급은 옥내용인 경우 IP43, 옥외용인 경우 IP55 이상이어야 한다.
> - 펜던트 스위치는 절연제품이 아닌 경우에는 크레인과 사이에 접지선이 연결되어 있어야 한다.

34 천장크레인에 윤활유나 그리스 등이 묻어서는 안되는 곳은?

① 와이어로프 및 드럼　② 베어링 및 하우징
③ 체인 및 스프로켓　　④ 브레이크 드럼

> 제동작용을 하는 브레이크 라이닝이나 드럼에 윤활유나 그리스에 묻으면 안된다.

35 다음 ( )에 알맞은 것은?

> 옥외에 지상 ( )m 이상 높이로 설치되어 있는 크레인에는 항공법 41조에 따른 항공장애등을 설치하여야 한다.

① 30　　　　　② 40
③ 50　　　　　④ 60

> 옥외(屋外)에 지상 60m 이상 높이로 설치되어 있는 크레인에는 항공법 제41조에 따라서 항공장애등을 설치하여야 한다.

36 감속기 기어에 급유하는 목적으로 볼 수 없는 것은?

① 미끄럼 방지　② 소음 방지
③ 냉각작용　　　④ 유막형성

> 감속기의 기어에 급유하는 목적은 냉각작용, 방청, 유막형성, 윤활작용으로 인한 응력분산, 마모방지, 소음완화 등이다.

37 베어링(Bearing) 호칭번호 23124의 안지름은?

① 60mm　　　② 115mm
③ 120mm　　 ④ 155mm

> 네 번째 · 다섯 번째 자리가 베어링의 안쪽 지름 치수이다. 00=10mm, 01= 12mm, 02= 15mm, 03= 17mm이고, 04부터는 5를 곱한 수치가 베어링의 안지름이므로 24×5= 120[mm] 이다.

38 전기식 과부하방지장치의 설명으로 틀린 것은?

① 가격이 다른 종류의 과부하방지장치에 비해 비싸다.
② 정지상태에서는 과부하를 감지하지 못하는 단점이 있다.
③ 호이스트, 천장크레인 등 비교적 소형 크레인에 많이 활용된다.
④ 권상모터의 전류변화를 CT로 감지하여 크레인을 정지시키는 장치이다.

> 전기식 과부하방지장치
> - 권상모터의 전류변화를 CT로 감지하여 크레인을 정지시키는 장치이다.
> - 구조가 간단하여 다른 종류의 과부하방지장치에 비해 가격이 싸다.
> - 호이스트, 천장크레인 등 비교적 소형 크레인에 많이 쓰인다.
> - 전동기가 구동되어 전류가 흘러야 감지되므로, 정지상태에서는 과부하를 감지하지 못한다.

39 천장크레인에의 주기적인 정비를 위한 예비품목과 가장 거리가 먼 것은?

① 브레이크 라이닝　② 제어반(판넬)
③ 퓨즈　　　　　　　④ 전동기 브러쉬

> 제어반(판넬)은 천장크레인을 제어하기 위한 전기장치가 설치된 것으로 예비품목으로 볼 수 없다.

40 제어기(Controler)에 스파크가 심하게 발생하는 고장과 대책 중 틀린 것은?

① 전동기에 과부하가 걸려 있다. - 부하를 적정하게 한다.
② 핑거 및 접촉판이 거칠다. - 사포로 다듬질한다.
③ 저항기가 부적당하다. - 적정한 것으로 교환 또는 저항치를 수정한다.
④ 핑거의 조정이 불량하다. - 접촉압력이 1.5kg 정도로 되게끔 재조정한다.

> 제어기의 핸들을 움직이면 핑거에 의해 전원이 연결 또는 차단되며, 차단 시 핑거스프링에 의해 복귀되므로 접촉압력을 조절할 수 없다.

41 천장크레인 부품에서 수리한도에 대한 설명으로 맞는 것은?

① 사용한도 보다 큰 한도로 되어 있다.
② 마모한도라고도 한다.
③ 차기의 검사까지 보증할 여유를 두고 정해진 한도이다.
④ 재료학 관점에서 최후의 한도이다.

> • 사용한도 : 각 부품을 사용 중에 그 시점이 지나면 파손이 예상되는 최후의 한계이다. 사용한도가 되기 전에 평상 시 점검을 철저히 하여야 한다.
> • 마모한도 : 어떤 부품이 마찰로 인하여 마찰부분이 닳아서 없어지는 것으로서 마모한도는 각 부품마다 기준치가 정해져 있으므로 마모한도가 되기전에 부품을 교환해야 한다.
> • 수리한도 : 어떤 부품이나 기계장치가 고장나거나 마모되었을 때 다음 보수 때까지 수리해서 사용할 수 있는지를 판단하는 기준이며 면밀히 관찰 분석하여 수리한도가 지나면 부품을 교환하여야 한다.

42 와이어로프를 드럼(Drum)에 설치할 때, 와이어로프가 벗겨지지 않도록 무엇을 사용하여 볼트를 조이는가?

① 클램프(고정구)
② 링크
③ 너트
④ 샤클

> 와이어로프를 드럼에 고정시킬 때는 클램프로 고정시킨다.

43 와이어로프 소선의 마모에 대한 설명으로 틀린 것은?

① 활차의 지름이 아주 작은 경우에도 마모가 일어난다.
② 와이어로프가 활차의 접촉면에 원만히 접촉하지 않을 경우에도 마모가 일어난다.
③ 내부의 소선은 다른 물체와 접촉하지 않으므로 마모가 전혀 일어나지 않는다.
④ 외부의 소선은 다른 물체와 많이 접촉하므로 마모가 쉽게 일어난다.

> 와이어로프의 마모에는 표면 외부마모와 내부 소선끼리 부딪쳐서 생기는 내부마모가 있다.

44 40ton의 부하물이 있다. 이 부하물을 들어 올리기 위해서는 20mm 직경의 와이어로프를 몇 가닥으로 해야 하는가? (단, 20mm 와이어의 절단하중은 20ton이며, 안전계수는 7로 하고, 와이어 자체의 무게는 0으로 계산한다.)

① 2가닥(2줄 걸이)
② 8가닥(8줄 걸이)
③ 14가닥(14줄 걸이)
④ 20가닥(20줄 걸이)

> 안전계수 =(절단하중 / 사용안전하중)에서
> 사용안전하중 = 20 / 7 = 약 2.85 이므로,
> 40톤 / 2.85 = 약 14[줄걸이]가 된다.

45 와이어로프의 심강을 3가지 종류로 구분한 것은?

① 섬유심, 공심, 와이어심
② 철심, 동심, 아연심
③ 섬유심, 랭심, 동심
④ 와이어심, 아연심, 랭심

> 와이어로프는 소선 · 스트랜드 · 심강으로 구성되어 있으며, 심강은 섬유심 · 공심 · 와이어심 등으로 되어 있다.

46 사고의 원인 중 가장 많은 부분을 차지하는 것은?

① 불가항력
② 불안전한 환경
③ 불안전한 행동
④ 불안전한 지시

> 사고를 많이 발생시키는 순서는 불안전한 행동 – 불안전한 조건 – 불가항력 순이다.

47 와이어의 절단부분 양끝이 되풀리는 것을 방지하기 위하여 가는 철사로 묶는 것을 무엇이이라고 하는가?

① 시징(Seizing)
② 킹크(Kink)
③ 스트랜드
④ 파워로크

> 시징(Seizing): 한 줄의 와이어로프를 절단하여 사용할 때, 절단된 끝 부분이 풀림이 발생하므로, 이 풀림을 방지하기 위해 로프 끝단을 철사로 감아 마감처리 하는 것을 말한다. 시징의 폭은 와이어로프 직경의 2~3배가 적당하다.

48 와이어로프의 안전율 계산 시 사용하는 절단하중은 우리나라에서는 어떤 규정을 사용하는가?

① KS A 3514
② KS B 3514
③ KS C 3514
④ KS D 3514

🔍 KS 규격 부여 방법 시 : A – 기본, B – 기계, C – 전기, D – 금속 등으로 구분하므로 와이어로프는 KS D 3514 이다.

49 와이어로프(wire rope)의 소선에 대하여 설명한 것이다. 맞는 것은?

① 스트랜드를 구성하는 소선의 결합에는 점(点), 선(線), 면(面), 정(井) 접촉의 4가지가 있다.
② 소선의 역할은 충격하중의 흡수, 부식방지, 소선끼리의 마찰에 의한 마모방지, 스트랜드(strand)의 위치를 올바르게 하는데 있다.
③ 와이어로프 소선은 KSD 3514에 규정된 탄소강에 특수 열처리를 하여 사용하며 인장강도는 135~180kgf/mm² 이다.
④ 소선의 재질은 탄소강 단강품(KSD 3710)이나 기계구조용 탄소강(KSD 3517)이며 강도와 연성(延性)이 큰 것이 바람직하다.

🔍 • ①항 : 소선의 접촉에는 점·선·면 접촉구조의 3가지가 있다.
 • ②항 : 심강의 역할에 대한 설명
 • ④항 : 축의 재질에 대한 설명

50 크레인 와이어로프에 심강을 사용하는 목적이 아닌 것은?

① 인장하중을 증가시킨다.
② 스트랜드의 위치를 올바르게 유지한다.
③ 소선끼리의 마찰에 의한 마모를 방지한다.
④ 부식을 방지한다.

🔍 심강에는 섬유심·공심·와이어심(철심)이 있으며, 사용목적은 충격하중의 흡수·부식방지·소선끼리의 마찰에 의한 마모방지·스트랜드의 위치를 올바르게 유지하는데 있다.

51 유류 화재 시 소화방법으로 가장 부적절한 것은?

① 모래를 뿌린다.
② ABC소화기를 사용한다.
③ B급 화재 소화기를 사용한다.
④ 다량의 물을 부어 끈다.

🔍 유류 화재의 소화재로 물의 사용은 금한다. 물에 기름이 떠 화재를 더 키우기 때문이다.

52 공구 사용 시 주의해야 할 사항으로 틀린 것은?

① 손이나 공구에 기름을 바른 다음에 작업할 것
② 주위 환경에 주의해서 작업할 것
③ 강한 충격을 가하지 않을 것
④ 해머 작업 시 보호안경을 쓸 것

🔍 작업자의 손이나 공궁 기름이 묻어 있으면 공구 사용 시 미끄러질 수 있으므로 깨끗이 닦아낸 다음 작업에 임하여야 한다.

53 보호구의 구비조건으로 틀린 것은?

① 구조와 끝마무리가 양호해야 한다.
② 착용이 간편해야 한다.
③ 작업에 방해가 안 되어야 한다.
④ 유해·위험 요소에 대한 방호성능이 경미해야 한다.

🔍 보호구의 구비조건
 • 착용이 간편할 것
 • 작업에 방해가 되지 않도록 할 것
 • 유해
 • 위험요소에 대한 방호성능이 충분할 것
 • 재료의 품질이 양호할 것
 • 구조와 끝마무리가 양호할 것
 • 외양과 외관이 양호할 것

54 작업장에서 일상적인 안전 점검의 가장 주된 목적은?

① 안전작업 표준의 적합 여부를 점검한다.
② 위험을 사전에 발견하여 시정한다.
③ 관련법에 적합 여부를 점검하는데 있다.
④ 시설 및 장비의 설계 상태를 점검한다.

🔍 안전 점검의 주된 목적은 사고를 미연에 방지하기 위하여 실시하는 것이다.

55 기계운전 중 안전 측면에서 적합한 것은?

① 작업의 속도 및 효율을 높이기 위해 작업 범위 이외의 기계도 동시에 작동한다.
② 기계운전 중 이상한 냄새, 소음, 진동이 날 때는 정지하고, 전원을 OFF 한다.
③ 빠른 속도로 작업 시는 일시적으로 안전장치를 제거한다.
④ 기계장비의 이상으로 정상가동이 어려운 상황에서는 중속 회전 상태로 작업한다.

> 기계작업 중 안전장치를 절대로 제거해서는 안 되며, 장비에 이상이 발생되면 즉시 작업을 중지하고 이상 부위를 점검 수리한 후 작업에 임한다.

56 화재 발생 시 초기 진화를 위해 소화기를 사용하고자 할 때, 다음 보기에서 소화기 사용방법에 따른 순서로 맞는 것은?

ⓐ 안전핀을 뽑는다.
ⓑ 안전핀 걸림 장치를 제거한다.
ⓒ 손잡이를 움켜잡아 분사한다.
ⓓ 노즐을 불이 있는 곳으로 향하게 한다.

① ⓐ → ⓑ → ⓒ → ⓓ
② ⓒ → ⓐ → ⓑ → ⓓ
③ ⓓ → ⓑ → ⓒ → ⓐ
④ ⓑ → ⓐ → ⓓ → ⓒ

> 소화기 사용법
> • 안전핀 걸림 장치를 제거한다.
> • 안전핀을 뽑는다.
> • 노즐을 불이 있는 곳으로 향하게 한다.
> • 손잡이 움켜잡아 분사한다.

57 복스 렌치가 오픈 렌치보다 많이 사용되는 이유로 가장 적합한 것은?

① 볼트, 너트 주위를 완전히 감싸게 되어 있어서 사용 중에 미끄러지지 않는다.
② 여러 가지 크기의 볼트, 너트에 사용할 수 있다.
③ 값이 싸며, 적은 힘으로 작업할 수 있다.
④ 가볍고, 사용하는데 양손으로도 사용할 수 있다.

> 렌치(Wrench)
> • 오픈 렌치 : 스패너라고 하며, 볼트 머리 6각 중 두 군데만 고정하여 돌리기 때문에 볼트 머리가 훼손될 가능성이 있다.
> • 조정 렌치 : 일명 몽키 스패너라고도 불리며 볼트 또는 너트를 조이거나 풀 때 고정 조에 힘이 가해지도록 해야 한다.
> • 복스 렌치 : 오픈 렌치와 달리 볼트, 너트 주위를 완전히 감싸게 되어 사용 중에 미끄러지지 않으며, 고른 힘이 분산되어 볼트, 너트를 손상시키지 않고 큰 힘을 전달할 수 있다.
> • 컴비네이션(조합) 렌치 : 오픈 렌치와 복스 렌치의 장점을 모아 하나로 만든 렌치이며, 한쪽은 오픈 렌치, 반대편은 복스 렌치로 되어 있다.

58 산업재해 발생원인 중 직접원인에 해당되는 것은?

① 유전적 요소
② 사회적 환경
③ 불안전한 행동
④ 인간의 결함

> 재해의 직접원인
> • 불안전한 행동 : 위험장소 접근, 안전장치의 기능 제거, 복장·보호구의 잘못 사용, 기계·기구 잘못 사용, 운전 중인 기계장치의 손질, 불안전한 속도 조작, 위험물 취급 부주의, 불안전한 상태 방치, 불안전한 자세 동작, 감독 및 연락 불충분
> • 불안전한 상태 : 물 자체 결함, 안전 방호장치 결함, 보호구의 결함, 물의 배치 및 작업장소 결함, 작업환경의 결함, 생산 공정의 결함, 경계표시·설비의 결함

59 안전보건표지의 색채와 관련하여 안내표지의 바탕색은?

① 노란색
② 흰색
③ 파란색
④ 검은색

> 안전보건표지의 색채
> • 금지표지 : 바탕은 흰색, 기본모형은 빨간색, 관련 부호 및 그림은 검은색
> • 경고표지 : 바탕은 노란색, 기본모형, 관련 부호 및 그림은 검은색. 다만, 인화성물질 경고, 산화성 물질 경고, 폭발성물질 경고, 급성독성물질 경고, 부식성물질 경고 및 발암성·변이원성·생식독성·전신독성·호흡기과민성물질 경고의 경우 바탕은 무색, 기본모형은 빨간색(검은색도 가능)
> • 지시표지 : 바탕은 파란색, 관련 그림은 흰색
> • 안내표지 : 바탕은 흰색, 기본모형 및 관련 부호는 녹색 또는 바탕은 녹색, 관련 부호 및 그림은 흰색

60 ILO(국제노동기구)의 구분에 의한 근로 불능상해의 종류 중 응급조치 상해는?

① 1일 미만의 치료를 받고 다음부터 정상작업에 임할 수 있는 정도의 상해
② 2~3일의 치료를 받고 다음부터 정상작업에 임할 수 있는 정도의 상해
③ 1주 미만의 치료를 받고 다음부터 정상작업에 임할 수 있는 정도의 상해
④ 2주 미만의 치료를 받고 다음부터 정상작업에 임할 수 있는 정도의 상해

정답 제3회 CBT 대비 적중모의고사

01 ④	02 ③	03 ②	04 ③	05 ②
06 ③	07 ④	08 ①	09 ④	10 ①
11 ③	12 ④	13 ③	14 ③	15 ③
16 ④	17 ②	18 ①	19 ④	20 ③
21 ④	22 ①	23 ③	24 ④	25 ②
26 ④	27 ③	28 ④	29 ①	30 ④
31 ④	32 ①	33 ④	34 ④	35 ④
36 ①	37 ③	38 ①	39 ②	40 ④
41 ③	42 ①	43 ③	44 ③	45 ①
46 ③	47 ①	48 ④	49 ③	50 ①
51 ④	52 ①	53 ④	54 ②	55 ②
56 ④	57 ①	58 ③	59 ②	60 ①

제4회 적중모의고사

01 천장크레인의 속도제어 제동기는 어떤 때 속도제어를 하는가?

① 권상 시
② 권하 시
③ 권상과 권하 시
④ 횡행과 권상 시

> 천장크레인의 속도제어 브레이크는 크레인이 권하작용을 할 때 속도를 제어한다.

02 브레이크 라이닝의 사용한도는 원 두께의 약 몇 [%] 일 때 새 라이닝으로 교체하여야 하는가?

① 5%
② 15%
③ 20%
④ 50%

> 천장크레인 브레이크 라이닝(brake lining)의 사용한도는 원래 라이닝 두께의 50% 이하일 때 교환하여야 한다.

03 천장크레인용 훅(hook)의 입구가 벌어지는 변형량을 시험하는 가장 적합한 것은?

① 훅에 정격하중을 동하중으로 작용시켜 입구의 벌어짐이 0.5% 이하이어야 한다.
② 훅에 정격하중의 2배를 정하중으로 작용시켜 입구의 벌어짐이 0.25% 이하이어야 한다.
③ 훅에 최대하중을 동하중으로 작용시켜 입구의 벌어짐이 0.25% 이하이어야 한다.
④ 훅에 정격하중을 정하중으로 작용시켜 입구의 벌어짐이 0.5% 이하이어야 한다.

> 훅의 점검 및 시험
> • 훅의 파괴시험은 정격하중의 5배(500%)로 한다.
> • 훅에 정격하중의 2배를 정하중으로 작용시켜 입구의 벌어짐이 0.25% 이하이어야 한다.

04 천장크레인에 대한 설명 중 틀린 것은?

① 천장크레인은 수시로 정격하중의 110% 부하를 걸어서 시험하중을 테스트 해보는 것이 좋다.
② 안전장치를 해제하고 작업을 해서는 안 된다.
③ 운전자의 시선은 주위를 넓게 바라보며 특히 진행 중인 방향의 앞쪽을 잘 살펴야 한다.
④ 작업장의 구석진 곳에 있는 부하물을 들어 올릴 때는 경사지게 당겨 올리는 작업을 하지 않는 것이 좋다.

> 크레인의 정격하중(rated load)은 권상(호이스팅)하중에서 훅·크래브 또는 버킷 등 달기기구의 중량에 상당하는 하중을 뺀 하중을 말하며, 시험하중은 천장크레인을 제작·설치하고 작업현장에서 사용하기 전 기계·전기적으로 이상없이 작동되는지 시험하는 것으로, 이때 정격하중의 110%로 시험한다.

05 천장크레인이 권하 동작을 하는 동안 운동에너지를 전기에너지로 변환시켜 얻어진 전기에너지를 이용, 크레인을 제어하여 안정된 저속도를 얻는 것은?

① D.C 마그넷 브레이크(D.C magnet brake)
② E.C 브레이크(Eddy current brake)
③ 다이내믹 브레이크(dynamic brake)
④ 리미트 스위치(limit switch)

> • D.C 마그넷 브레이크 : 전자석으로 작동되는 제동기
> • E.C 브레이크 : 와전류로 작동되는 제동기
> • 다이내믹 브레이크 : 권하동작 시 전기에너지로 동작되는 제동기

06 천장크레인의 양정에 대한 설명으로 옳은 것은?

① 훅이 수직으로 움직일 수 있는 거리
② 훅이 새들 중심에서 바닥까지 움직인 거리
③ 훅이 상한 리미트 스위치가 작동하는 지점까지의 거리
④ 훅이 좌·우로 움직일 수 있는 거리

> 양정(lift)은 훅(hook)이 움직일 수 있는 최대의 수직거리로, 상한 리미트 스위치가 작동하는 지점에서 하한 리미트 스위치가 작동하는 지점까지의 거리를 말한다.

07 훅(hook)의 시브(sheave, 활차, 도르래)와 크래브(crab) 상단이 충돌하였다. 충돌 원인으로 가장 알맞은 것은?

① 리미트 스위치 고장 ② 저항기 고장
③ 전동기 고장 ④ 브레이크 고장

> 시브의 과행을 방지하는 것이 리미트 스위치이므로, 리미트 스위치의 고장이나 이상이 원인이다.

08 마그넷 브레이크(magnet brake) 점검 결과 라이닝 두께가 30% 감소되었을 때 조치방법으로 적절한 것은?

① 스트로크를 조정하여 재사용한다.
② 라이닝을 교환한다.
③ 브레이크 드럼 직경을 크게 한다.
④ 마모한도가 달할 때까지 계속 사용한다.

> 브레이크 라이닝 두께의 마모한계가 50% 이내이므로, 30% 감소되면 스트로크를 조정하여 재사용한다.

09 천장크레인 본 작업을 시작하기 전 장비 상태를 파악하기 위한 사전운전 점검사항과 관계가 가장 먼 것은?

① 브레이크 기능 점검
② 클러치 기능 점검
③ 훅 균열 검사
④ 와이어로프 감김상태 점검

> 크레인의 사전운전 점검에서는 브레이크, 클러치, 와이어로프 등의 점검은 가능하지만 훅의 균열여부는 특수점검 정비사항이다.

10 크레인 작업 종료 시 주의사항으로 틀린 것은?

① 크레인은 작업을 종료한 위치에 정지시킨다.
② 주 배선용 차단기는 내려 놓는다.
③ 전용 줄걸이 작업용구를 사용하고 있는 경우는 소정의 위치에 내려 놓는다.
④ 훅 블록은 작업자나 차량의 통행에 지장을 주지 않는 높이까지 권상시켜 둔다.

> 크레인 작업 종료 시에는 처음 출발한 지점에 정지시켜 두어야 한다.

11 철판을 운반하는데 가장 적합한 크레인 기종은?

① 훅 크레인 ② 버킷 크레인
③ 단조 크레인 ④ 마그넷 크레인

> • 훅 크레인 : 갈고리를 이용하여 하물을 운반하는데 사용
> • 버킷 크레인 : 버킷을 이용하여 곡물·설탕·석탄 등 운반하는데 사용
> • 단조 크레인 : 증기해머로 단조할 강괴를 넣거나 빼거나 단조면을 바꾸게 하는 크레인
> • 마그넷 크레인 : 자석을 이용하여 철판을 운반하는데 사용

12 천장크레인 주행차륜의 마모한도로 옳지 않은 것은?

① 좌·우 구동 차륜의 직경차(주행) : 원 치수의 0.2%
② 차륜 직경의 마모 : 원 치수의 5%
③ 차륜 플랜지의 두께 : 원 치수의 50%
④ 차륜 플랜지의 변형 : 수직에서 20°

> 천장크레인 주행차륜의 마모한도
> • 차륜의 마모한도 : 차륜 직경의 3% 이내
> • 좌우 차륜의 직경차 : 구동륜은 직경의 0.3%, 종동륜은 직경의 0.5% 이내
> • 차륜 플랜지의 변형(경사) : 수직위치에서 20°
> • 차륜 플랜지의 두께 : 원 치수의 50% 이내

13 천장크레인에 오일 디스크 브레이크(oil disk brake)가 설치되어 있을 때 운전실에 설치되는 것은?

① 오일 탱크 ② 디스크 판
③ 브레이크 실린더 ④ 브레이크 페달

> 천장크레인의 운전실은 거더의 한쪽 끝 하단부에 설치하고, 내부에는 배전반, 제어기, 브레이크 페달 등이 배치되어 있다. 브레이크 페달은 오일 디스크 브레이크를 작동시키는 역할을 한다.

14 크레인 운전 전의 주의사항으로 옳지 않은 것은?

① 운전실의 각 레버, 컨트롤러 핸들, 스위치 등이 정상인가를 확인한다.
② 무부하로 운전을 행하여 각 안전장치, 브레이크 기능을 알아본다.
③ 운전개시 시에는 앵커 또는 레일 클램프를 확실히 작동시켜 둔다.
④ 전임 사용자로부터 전달받은 사항을 확인하고 그 내용을 파악하여 둔다.

> 크레인 운전개시 전에는 앵커 및 레일 클램프가 해제된 상태여야 한다.

15 브레이크 드럼과 라이닝에 대한 내용 중 틀린 것은?

① 드럼의 제동 면이 과열하면 마찰계수가 증가한다.
② 드럼과 라이닝의 간격은 드럼직경의 1/150~1/200이다.
③ 드럼은 열팽창에 의하여 직경 변화가 있다.
④ 드럼 제동 면의 요철이 2mm에 도달하면 가공 또는 교환하여야 한다.

> 브레이크 드럼의 제동 면이 과열하면 마찰계수가 감소하여 라이닝 재질이 변하므로 150℃를 초과하면 안 된다.

16 20~50톤(ton) 용량을 가진 천장크레인에 일반적으로 많이 사용하는 거더(girder)는?

① I형 거더
② 박스(box) 거더
③ 판(flat) 거더
④ 트러스(truss) 거더

> 박스형 거더는 거더의 4면을 강판으로 접합하여 박스 모양으로 만든 것으로 내부를 밀폐할 수 있고 공간을 이용할 수 있어 부식에 강하며 기기류를 설치하기 편리하여 큰 하중(20~50톤)이나 비틀림 편심하중을 받는데 유리하다.

17 주행운전, 횡행운전, 권상운전 등의 일상점검 방법으로 옳은 것은?

① 무부하 상태로 실시한다.
② 정격하중을 매달고 실시한다.
③ 정격하중의 1/2을 매달고 실시한다.
④ 시험하중을 매달고 실시한다.

> 천장크레인의 일상점검에서 주행·횡행·권상운전은 무부하 상태에서 점검하고, 정격하중운전은 부하 상태에서 점검을 실시한다.

18 여름의 최고기온이 38℃이며, 겨울의 최저기온이 영하 20℃인 지방에서 스팬이 40m인 크레인을 옥외에 설치하고자 한다. 이때 레일 연결부분의 간격은 얼마로 해야 하는가?(단, 한 개의 레일길이는 20m, 선팽창계수는 0.000012 이다)

① 약 5mm ② 약 12mm
③ 약 14mm ④ 약 116mm

> 레일 연결부분의 간격 = 한 개의 레일길이 × 온도차이 × 선팽창계수
> ∴ (20 × 1,000mm) × {38 − (−20)} × 0.000012
> = 약 14[mm] 이다.

19 훅(hook)에 대하여 설명한 것으로 맞는 것은?

① 훅 본체는 균열 또는 변형이 없어야 한다.
② 훅의 재질은 탄소강 단강품이나 기계구조용 탄소강이며 강도와 연성이 작은 것이 바람직하다.
③ 훅의 마모는 와이어로프가 걸리는 부분에 홈이 생기며 이 홈의 깊이가 10mm가 되면 평편하게 다듬질하여야 한다.
④ 훅 입구의 벌어짐이 50% 이상이 되면 교환하여야 한다.

> 훅(hook)
> • 훅 본체는 균열 또는 변형이 없어야 한다.
> • 훅의 재질은 단조강 또는 구조용 압연강재를 사용하며, 강도와 연성이 큰 것이 좋다.
> • 훅에 발생한 홈의 깊이가 2mm 이상 되면 평편하게 다듬질하여야 한다.
> • 훅 입구의 벌어짐이 10% 이상이 되면 교환하여야 한다.

20 다음 중 구조가 간단하고 마모 부분이 없으며 유지가 용이하고 정격속도의 1/5의 안정된 저속도를 쉽게 얻을 수 있는 브레이크(brake)는?

① 유압 브레이크
② E.C 브레이크
③ D.C 마그넷 브레이크
④ 트러스트(thrust) 브레이크

> 와전류 브레이크(EC, Eddy Current brake)
> • 자석 전면에 놓인 금속제 원판이 회전하면 그 회전을 멈추고자 하는 쪽으로 제동이 작용한다.
> • 천장크레인의 권상장치에 주로 사용되는 브레이크로 구조가 간단하고 마모 부분이 없어 정격속도의 1/5의 안정된 저속도를 쉽게 얻을 수 있으며, 권상 시에는 작동하지 않고, 권하 2단에서 작동된다.

21 크레인 차륜의 점검 및 보수에 관한 설명으로 적절치 못한 것은?

① 각 차륜의 중심선이 일치하는가를 점검한다.
② 차륜의 주행레일과 기체간에 직각을 유지하는가 점검한다.
③ 차륜을 교환 또는 육성 가공할 경우 해당 차륜 한 개만을 수리하는 것을 원칙으로 한다.
④ 차륜 베어링의 마모와 급유에 항상 주의한다.

> 차륜을 교환 또는 가공할 때는 다른 차륜도 함께 교환하거나 가공한다.

22 중추형 권과방지 장치의 특징과 거리가 먼 것은?

① 매달린 중추의 위치에서 동작하므로 동작 위치의 오차가 작다.
② 동작 후의 복귀 거리가 짧다.
③ 권상 드럼의 회전수와 관련이 있어 와이어로프 교환 시 위치를 조정할 필요가 없다.
④ 권상 위치 제한에는 문제가 없으나 권하 위치의 제한은 불가능하다.

> 중추형 권과방지장치는 레버에 추를 달아 훅이나 달기구가 추를 건드리면 레버가 들어 올려지고 차단 스위치가 작동되어 전원이 차단되는 방식으로 권상드럼의 회전수와는 관련이 없다.

23 베어링 NO.6217은 다음 중 어느 것을 뜻하는가?

① 원통 롤러 베어링이며 내경이 85mm이다.
② 단열 홈형 볼베어링이며, 내경이 85mm이다.
③ 원통 롤러 트러스트 볼베어링이며, 내경이 170mm이다.
④ 단열 홈형 볼베어링이며, 내경이 170mm이다.

> • 6 : 베어링의 형식 기호, 단열 깊은 홈형 볼베어링
> • 2 : 베어링의 치수 계열 기호
> • 17 : 안지름 번호, 번호가 04 이상인 경우 번호 수치에 5를 곱한 값이 안지름이다.(17×5=85mm)

24 두 축의 회전방향이 같으며, 높은 감속비를 얻기 위해 사용되는 기어는?

① 베벨 기어　　② 하이포이드 기어
③ 내접 기어　　④ 스퍼어 기어

> 기어의 종류
> • 스퍼 기어(평기어) : 두 개의 축이 수평으로 조립, 가장 일반적인 기어이며 회전 시 소음이 있다.
> • 헬리컬 기어 : 기어 톱니 모양의 이 부분이 경사지게 제작된 것으로 회전 시 진동과 소음이 적다.
> • 인터널 기어(내접기어) : 접촉되는 두 개의 안 쪽에서 접촉되어 동력을 전달하는 기어로 2개의 기어는 회전방향이 같으며, 설치 장소가 작지만 높은 감속비를 얻을 수 있다.
> • 스크루 기어 : 전동축과 피동축이 비켜서 회전운동을 전달하는 기어로 헬리컬기어의 축을 엇갈리게 한 기어이다.
> • 웜 기어 : 1~2줄 이상의 줄 수를 가진 나사모양의 것을 웜이라 하며, 이것과 물리는 기어를 웜 기어이다.
> • 랙과 피니언 기어 : 피니언의 회전운동을 랙이 직선운동으로 바뀔 때 사용되는 기어이다.
> • 하이포이드 기어 : 기어의 이가 쌍곡선으로 되어 있고 피니언이 중심선상에서 아래쪽으로 설치된 기어로 큰 동력을 전달할 수 있다.
> • 베벨 기어 : 두 개의 축이 교차되는 기어이다.

25 크레인이 병렬로 설치된 공장에서 작업 중인 크레인 바로 옆의 크레인 운전자가 권상을 시작하자마자 졸도해 버렸다. 그래서 부하물을 매단 채 크레인을 권상하고 있다. 이 때 우선적으로 취해야 할 행동은?

① 공장의 전체 전원을 빨리 차단시킨다.
② 목숨이 중요하므로 옆 크레인 운전실에 빨리 가서 인공호흡을 시킨다.
③ 옆 크레인의 해당 전원을 최대한 빨리 차단시킨다.
④ 자기 크레인으로 옆 크레인에 충돌시켜서 운전자가 정신을 차리게 한다.

> 크레인의 작동 중에 운전자가 졸도를 했으면 우선 해당 크레인의 전원부터 차단하여 사고를 막고, 인공호흡 등 응급처치를 한 후 병원으로 이송조치를 한다.

26 천장크레인의 버퍼 스토퍼(buffer stopper)에 대한 설명으로 가장 올바르게 표현한 것은?

① 강판을 접합하여 케이스를 만들고 충돌부위는 나무를 사용하여 충격의 부담을 덜어주는 스토퍼
② 새들(saddle)차륜을 보호하기 위하여 씌운 덮개
③ 거더(girder)의 비틀림을 방지하기 위해 설치해 놓은 스토퍼
④ 단단한 고무나 스프링 또는 유압을 이용하여 충돌 시 충격을 완화시켜 주는 스토퍼

> 버퍼 스토퍼는 주행이나 횡행 시 충돌하였을 때 단단한 고무나 스프링 또는 유압을 이용하여 충격을 완화시켜 주는 장치로 주행 차륜 지름의 1/2 이상과 횡행차륜의 1/4 이상 높이로 하여준다.

27 천장크레인의 몇 가지 부품에 대하여 예비품을 두어야 하는 목적은?

① 운전 중 고장이 쉽게 발생되는 부품에 대하여 정비시간을 단축시키기 위해
② 부품 값이 비싸며 운반이 불편하므로
③ 형식을 갖추어 둘 필요가 있으므로
④ 쉽게 구할 수 있는 부품이며 값이 싸므로

> 크레인 운전 중 고장이 쉽게 발생하는 부품에 대하여 정비시간을 단축시키기 위해, 주요 부품을 예비품으로 확보하고 있어야 한다.

28 정격하중이 10,000kgf인 천장크레인의 훅(Hook)은 파괴하중이 최소한 몇 [kgf] 이상인 것을 사용해야 하는가?

① 11,000kgf   ② 30,000kgf
③ 50,000kgf   ④ 100,000kgf

> 훅의 안전계수는 5이다. 따라서, 정격하중의 5배에 해당하는 50,000[kgf]의 파괴하중을 가져야 한다.

29 기계설치용 크레인에서 권상용 와이어로프를 8줄 걸이로 6호(6×37). 직경 20mm, B종을 사용할 때 최대 권상 가능한 하중은 약 얼마인가?(단, 로프의 절단하중은 23톤이고, 안전율은 5일 경우)

① 14톤   ② 37톤
③ 42톤   ④ 48톤

> • 안전하중 = $\dfrac{절단하중}{안전율} = \dfrac{23}{5} = 4.6$톤
> • 부하물의 하중 = 와이어로프 가닥 수 × 안전하중
> $= 8 \times 4.6 ≒ 37$톤

30 천장크레인용 와이어로프에 대한 설명 중 옳은 것은?

① 보통 꼬임은 랭 꼬임에 비해서 소선 꼬기의 경사가 완만하다.
② 꼬임이 되풀리는 경우가 적고 킹크가 생기는 경향이 적은 것이 보통 꼬임이다.
③ 와이어로프의 직경의 허용차는 ±10%이다.
④ 크레인용 와이어로프는 주로 아연 도금을 한 파단강도가 높은 것을 사용한다.

> • 와이어로프의 보통 꼬임은 스트랜드와 소선의 꼬임 방향이 반대인 것으로 외부와 접촉면이 작아서 마모는 크지만 킹크(kink) 발생이 적고 취급이 용이하다.
> • 와이어로프 직경이 7% 이상 변화하면 교환하여야 한다.
> • 와이어로프는 탄소강으로서 실같이 얇은 철사를 기계로 꼬아서 가닥(스트랜드)을 만들고 또 다시 가닥을 꼬아서 와이어로프가 완성된다. 꼬임 안쪽에는 심강 대신 스트랜드 한 가닥이 내장된 공심, 섬유로프가 내장된 섬유심, 와이어심을 내장한 철심으로 구분되며 강도는 134~180kg/m²이다.

31 와이어로프의 클립고정법에서 클립 간격을 로프 직경의 약 몇 배 이상으로 장착하는가?

① 3   ② 6
③ 9   ④ 12

> 클립 간의 간격은 로프 지름의 6배 이상으로 하며, 와이어로프 지름에 따른 클립 수는 다음과 같다.
>
> | 로프 지름 (mm) | 클립 수 |
> | --- | --- |
> | 16 이하 | 4개 |
> | 16 초과 28 이하 | 5개 |
> | 28 초과 | 6개 이상 |

32 40톤의 부하물이 있다. 이 부하물을 들어 올리기 위해서는 20mm 직경의 와이어로프를 몇 가닥으로 해야 하는가?(단, 20mm 와이어로프의 절단하중은 20톤이며, 안전계수는 7로 하고, 와이어로프 자체의 무게는 0으로 계산한다.)

① 2가닥(2줄 걸이)   ② 8가닥(8줄 걸이)
③ 14가닥(14줄 걸이)   ④ 20가닥(20줄 걸이)

> 와이어로프 안전하중 = $\dfrac{절단하중}{안전계수} = \dfrac{20}{7} = 2.857$
> ∴ 와이어로프 가닥수 = $\dfrac{부하물의 하중}{안전하중} = \dfrac{40}{2.857} ≒ 14$가닥

33 도유기와 리미트 스위치에 대한 설명 중 틀린 것은?

① 차륜 도유기는 차륜 플랜지 또는 레일 측면에 소량의 오일을 계속 자동으로 도유하는 기기이다.
② 차륜 도유기의 오일탱크는 도유기 몸체보다

상부에 위치한다.
③ 상용 리미트 스위치가 하한선에서 작동했을 때 권상 훅의 위치는 보통 크래브 하단 0.5m 정도이다.
④ 중추식 리미트 스위치는 비상용으로 사용한다.

> 상용 리미트 스위치는 권과를 방지하기 위하여 자동적으로 동력을 차단하고 작동을 제동하는 기능을 가진 것으로, 훅 등 달기기구의 상부와 드럼·시브·트롤리프레임 기타 당해 상부가 접촉할 우려가 있는 것의(경사진 시브 제외) 하부와의 간격이 0.25m 이상(직동식 권과방지장치는 0.05m 이상)이 되도록 조정할 수 있는 구조이어야 한다.

34 체인에 대한 설명 중 옳지 않은 것은?

① 고온이나 수중작업 시 와이어로프 대용으로 사용한다.
② 떨어진 두 축의 전동장치에는 주로 링크체인을 사용한다.
③ 체인에는 크게 링크체인과 롤러체인이 있다.
④ 롤러체인의 내구성은 핀과 부시의 마모에 따라 결정된다.

> 체인(chain)
> • 고열물이나 수중작업 시 사용되며 롤러체인과 링크체인이 있으며, 안전계수는 5 이상이다.
> • 롤러체인은 떨어진 두 축 사이의 전동장치에 사용하고 링크체인은 체인블록·레버블록·호이스트 크레인의 권상장치, 대형 선박 닻 등에 사용한다.

35 두 축을 30° 이내의 교각으로 연결할 때 사용하는 축 연결장치로 적합한 것은?

① 머프 커플링
② 플랜지 커플링
③ 스플라인 이음
④ 유니버설 조인트

> • 머프 커플링 : 두 개의 축을 양쪽으로 삽입하여 연결하여 사용, 저속회전일 때 주로 사용한다.
> • 플랜지 커플링 : 두 개의 축 양 끝에 플랜지를 볼트로 고정하여 두 축을 연결시키는 방식으로 고속회전하는 곳에 사용한다.
> • 스플라인 이음 : 훅의 둘레에 4~20개로 원주를 등분한 홈을 파서 조립한다.
> • 유니버설 조인트 : 축의 중심선이 30° 이내의 각도로 교차할 때 사용한다.

36 권선형 3상 유도전동기의 회전방향을 변화시키는 방법으로 적합한 것은?

① 전압을 낮춘다.
② 1차 측 공급전원의 3선 중 2선을 바꾼다.
③ 1차 측 공급전원의 3선을 모두 바꾼다.
④ 저항기의 저항값을 변화시킨다.

> 3상 권선형 유도전동기의 회전자에는 슬립링이 있으며 전동기의 몸체에 고정되는 브러쉬 홀더에 브러쉬를 끼워 슬립링과 브러쉬가 접촉되어 회전하는 구조이다. 1차측(R,S,T) 공급전원 3선 중 임의의 2선을 바꾸면 3상 유도전동기의 회전 방향이 바뀐다.

37 다음 중 제어기(controller)의 설명으로 옳지 않은 것은?

① 회로의 단속에는 접촉편 및 접촉자를 사용한다.
② 교류전동기 40kW 이상은 직접제어기를 사용한다.
③ 1차 측의 전원회로를 변환한다.
④ 2차 측의 저항은 차례로 단속하여 속도를 제어한다.

> 제어기는 천장크레인의 주행·횡행·권상 등의 운행속도를 제어하기 위한 장치로 운전실에서 제어기를 조작하면 주행·횡행·권상장치의 배전반에 있는 전자접촉기를 접속시킴으로서 전동기를 회전시켜 1, 2, 3, 4단에 맞게 천장크레인이 운행할 수 있다. 이 때, 전동기를 회전시키기 위한 전원을 동력전원(440V)이라 하고, 동력전원을 연결시켜 주는 역할을 하는 전자접촉기 내부에 있는 전자석에 사용되는 전원(110V)을 조작전원이라 한다.

38 리모콘 크레인의 취급에 대한 설명으로 틀린 것은?

① 제어기는 다른 크레인용과 혼동되지 않도록 이름판을 부착하고 각 크레인별로 구분하여 둔다.
② 운전위치와 크레인의 기계장치가 떨어져 있는 경우는 육안에 의한 점검은 생략할 수 있다.
③ 운전 중에 권상화물이 보이지 않는 위치에 이동한 경우는 일단 정지한 후 권상화물이 보이는 장소로 이동한 후 운전을 재개한다.
④ 작업 개시 전에 전 비상정지 버튼을 눌러 전원이 끊어지는가를 확인한다.

🔍 리모콘 크레인의 취급
- 운전시작 전에 크레인 본체, 주행레일 등을 반드시 육안으로 확인한다.
- 제어장치의 누름버튼(비상정지버튼)스위치, 핸들스위치 등의 동작상태를 확인하며 이때 전원용 키 스위치는 꺼짐 상태로 한다.
- 제어장치는 항상 운전자가 소지해야 하며 작업종료, 휴식 시에는 지정된 장소에 보관하며 해당 작업장마다 제어기 및 키의 보관책임자를 정해 둔다.

39 줄걸이 작업자가 양중물의 중심을 잘못 잡아 훅에 로프를 걸었을 때 발생할 수 있는 것과 관계가 없는 것은?

① 양중물이 생각지도 않은 방향으로 간다.
② 매단 양중물이 회전하여 로프가 비틀어진다.
③ 크레인에는 전혀 영향이 없다.
④ 양중물이 한쪽 방향으로 쏠려 넘어진다.

🔍 줄걸이 작업자가 양중물의 중심을 잘못 잡으면 양중물의 회전과 쏠림현상, 로프의 비틀림 등이 생긴다.

40 〈그림〉의 직류전자 브레이크 작동회로에서 R₂ 저항의 용도는?

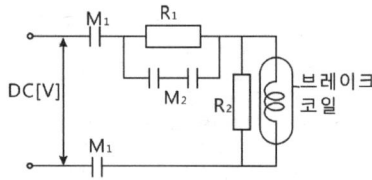

① 충전용
② 전류절약용
③ 방전용
④ 전압분배용

🔍 R₂ 저항의 용도는 코일에 전류가 흐르면 축전되지 않게 방전시키는 방전용이다.

41 천장크레인 운전실의 전압계가 멈추었을 때 점검해야 할 사항이 아닌 것은?

① 집전자의 이탈 여부 검사
② 주 인입개폐기 점검
③ 정전 여부 확인
④ 천장크레인 내 변압기 이상 여부 점검

🔍 천장크레인 운전실의 전압계가 멈추었을 때 점검사항
- 집전자의 이탈 여부 검사
- 주 인입개폐기 점검
- 정전 여부 확인

42 천장크레인에 사용하는 전동기 중 2차 저항 제어방식을 사용하여 기동 및 속도제어를 행하는 전동기는?

① 직류 직권전동기
② 교류 권선형 유도전동기
③ 교류 농형전동기
④ 직류 분권전동기

🔍 교류전동기(A.C)는 사용되는 상수에 따라 구분하면 소용량에 사용되는 단상 전동기와 큰 용량에 사용되는 3상 전동기가 있으며, 회전자의 모양과 구조로 나누면 농형과 권선형이 있다. 3상 권선형 유도전동기는 농형전동기에 비해서 효율은 좋지 않지만 기동력이 우수하며 2차 저항에 의해서 속도제어를 할 수 있다.

43 권상하중 50톤, 권상속도 1.5m/min인 천장크레인의 전동기 출력은?(단, 권상기의 효율은 70%이다.)

① 12.2kW ② 13kW
③ 17.5kW ④ 33.3kW

🔍 출력(kW) = (권상하중 × 권상속도)/(6.12 × 효율)
= (50 × 1.5)/(6.12 × 0.7) = 75/4.284 = 17.5[kW]

44 다음 중 ( ) 안에 알맞은 것은?

> 천장크레인을 이동하기 위한 동력은 전기를 사용하여 전동기를 구동시켜 중량물의 이동 및 이송을 한다. 사용전압은 주로 (㉮)볼트를 사용하며, 조작전원은 변압기를 이용 (㉯)볼트로 감압시켜 사용한다.

① ㉮ 110, ㉯ 110 ② ㉮ 440, ㉯ 110
③ ㉮ 660, ㉯ 220 ④ ㉮ 750, ㉯ 220

🔍 천장크레인의 사용전압은 주로 440볼트를 사용하며, 조작전원은 변압기를 이용 110볼트로 감압시켜 사용한다. 이때 사용되는 전선(電線)은 600볼트용이다.

45 천장크레인의 집전장치에 대한 설명으로 틀린 것은?

① 팬터그래프(pantograph)형은 횡행 등의 저속에 적합하다.
② 집전장치는 천장크레인의 몸체에 부착되어 있다.
③ 천장크레인의 고정된 부분과 이동하는 부분

사이에서 전원을 공급받는 장치이다.
④ 집전장치에서 스파크가 발생하는 원인은 카본 브러시의 마모, 접촉압력 부족, 부스바 또는 트롤리바의 휨이 발생되었을 때 생기기 쉽다.

> 팬터그래프(pantograph)형은 고속형 천장크레인이 사용하며, 중간지지를 갖는 수평배열로 휠이나 슈를 사용한다. 참고로 횡행 등의 저속에 적합한 집전차이는 고정형 집전장치가 적합하다.

46 철재의 중량물을 부착하여 이동시키기 위한 달기구인 리프팅 마그네트(lifting magnet)의 적합한 구조가 아닌 것은?

① 리프팅 마그네트 등에 부착된 명판에는 정격하중을 표시할 것
② 리프팅 마그네트의 흡착력 시험은 정격하중의 4배 이상으로 할 것
③ 조작 전기회로의 대지전압은 교류 150V, 직류 300V를 초과하지 않을 것
④ 리프팅 마그네트 부착 크레인은 정전 등 비상시에 최소 10분 이상의 흡착력을 유지하기에 충분한 용량의 충전기, 전지 등의 정전보상장치를 구비할 것

> 리프팅 마그네트에 적합한 구조
> • 조작 마그네트 등의 조작스위치나 핸들에는 운전형식 및 방법을 표시할 것
> • 리프팅 마그네트 등에 부착된 명판에는 정격하중을 표시할 것
> • 리프팅 마그네트의 흡착력 시험은 정격하중의 2배 이상으로 할 것
> • 조작 전기회로의 대지전압은 교류 150볼트, 직류 300볼트를 초과하지 않을 것
> • 리프팅 마그네트 부착 크레인은 정전 등 비상시에 최소 10분 이상의 흡착력을 유지하기에 충분한 용량의 충전기, 전지 등의 정전보상장치를 구비할 것
> • 정전 시 밧데리에서 전원이 공급될 경우 운전자에게 전원공급이 밧데리에서 공급됨을 경보하기 위한 음향 신호를 가지고 있을 것

47 천장크레인의 방호(防護) 및 안전장치로 볼 수 없는 것은?

① 퓨즈(Fuse)
② NFB(No Fuse circuit Breaker)
③ 저항기(Resistor)
④ EOCR(Electric Over Current Relay)

> 천장크레인의 방호 및 안전장치 종류
> • 퓨즈 : 전자회로 또는 전기장치에의 과전류가 흐를 때 대비 안전장치
> • NFB : 퓨즈가 없는 전원차단기로서 과전류가 흐르면 자동으로 전원을 차단하는 장치
> • EOCR : 과부하계전기로 전동기의 전원에 과전류가 흐르면 전동기를 보호하기 위해 전원을 차단하는 장치
> • 과전류계전기 : 과부하계전기로 전동기의 전원에 과전류가 흐르면 전원을 차단하는 장치
> • 제한개폐기(리미트 스위치) : 작업 구간 내의 범위를 벗어나지 못하도록 진행 방향 끝에 스위치(Limit switch)를 설치하여 진행하는 물체와 스위치가 접촉하게 되면 작동하여 전원을 차단하거나 브레이크를 작동하게 하는 장치

48 크레인 전기장치에서 2차 저항기의 역할로 가장 알맞은 것은?

① 전동기에 과전류가 흐르는 것을 막아 전동기를 보호하는 역할을 한다.
② 전동기의 저항을 줄임으로써 전동기의 회전수를 일정하게 하는 역할을 한다.
③ 권선형 유도전동기의 2차 회로에 부착되어 저항량을 조정함으로써 속도를 변속하는 역할을 한다.
④ 농형 전동기에 저항이 너무 크므로 2차 저항기를 부착하여 저항량을 줄임으로써 안전하게 작동할 수 있는 역할을 한다.

> 3상 권선형 유도전동기는 전류가 흐르는 1차측 전원과 2차측 전원이 있으며, 2차측 전원을 회전자에 부착되어 있는 슬립링과 브러시를 통해 2차 저항에 연결시켜 속도제어를 할 수 있다.

49 크레인에서 줄걸이 와이어로프를 이용해 화물을 양중할 때 줄걸이 각도에 따라 와이어로프에 걸리는 하중이 다르다. 줄걸이 와이어로프에 가장 장력이 작게 걸리는 각도는?

① 30°
② 60°
③ 90°
④ 120°

> 2줄 걸이로 하물을 인양 시 인양각도가 커지면 커질수록 로프에 걸리는 장력은 증가한다. 이와 반대로 각도가 작아지면 작아질수록 로프에 걸리는 장력은 감소하게 된다.

50 〈그림〉과 같이 수신호는 '팔꿈치에 손바닥을 떼었다 붙였다 한다', 호각 신호는 '짧게 – 길게'부는 신호 방법은?

① 보권사용
② 주권사용
③ 위로 올리기
④ 작업완료

> 크레인 작업 표준 신호
>
> | 운전 구분 | 보권 사용 | 주권사용 |
> |---|---|---|
> | 수신호 | 팔꿈치에 손바닥을 떼었다 붙였다 한다. | 주먹을 머리에 대고 떼었다 붙였다 한다. |
> | 호각신호 | 아주 길게 아주 길게 | 짧게 – 길게 |
> | 운전 구분 | 위로 올리기 | 작업 완료 |
> | 수신호 | 집게손가락을 위로 해서 수평원을 크게 그린다. | 거수경례 또는 양손을 머리위에 교차시킨다. |
> | 호각신호 | 짧게 – 길게 | 길게 – 길게 |

51 안전보건표지의 종류가 아닌 것은?

① 위험표지
② 경고표지
③ 지시표지
④ 금지표지

> 안전보건표지의 종류에는 금지표지, 경고표지, 지시표지, 안내표지가 있다.

52 배터리 전해액처럼 강산, 알칼리 등의 액체를 취급할 때 가장 적합한 복장은?

① 면장갑 착용
② 면직으로 만든 옷
③ 나일론으로 만든 옷
④ 고무로 만든 옷

> 피부로 침입하는 화학물질 또는 강산성 물질 취급 작업 시에는 보호복을 착용하여야 하며, 침투를 방지하기 위해 고무로 만든 옷이 적합하다.

53 다음 중 보호안경을 끼고 작업해야 하는 사항과 가장 거리가 먼 것은?

① 산소용접 작업 시
② 그라인더 작업 시
③ 건설기계 장비 일상점검 작업 시
④ 클러치 탈·부착 작업 시

> 보호안경의 사용
> • 유해 광선으로부터 눈을 보호하기 위하여
> • 비산되는 칩으로부터 눈을 보호하기 위하여
> • 유해 약물로부터 눈을 보호하기 위하여

54 스패너 작업 시 유의할 사항으로 틀린 것은?

① 스패너의 입이 너트의 치수에 맞는 것을 사용해야 한다.
② 스패너의 자루에 파이프를 이어서 사용해서는 안 된다.
③ 스패너와 너트 사이에는 쐐기를 넣고 사용하는 것이 편리하다.
④ 너트에 스패너를 깊이 물리도록 하여 조금씩 앞으로 당기는 식으로 풀고 조인다.

> 스패너를 두 개로 연결하거나 자루에 파이프를 이어 사용해서는 안 되며, 스패너와 너트 사이에 쐐기를 넣고 사용하는 것도 안전사고의 우려가 있다.

55 물품을 운반할 때 주의할 사항으로 틀린 것은?

① 가벼운 화물은 규정보다 많이 적재하여도 된다.
② 안전사고 예방에 가장 유의한다.
③ 정밀한 물품을 쌓을 때는 상자에 넣도록 한다.
④ 약하고 가벼운 것을 위에, 무거운 것을 밑에 쌓는다.

> 가벼운 화물일지라도 규정에 맞게 적재하여야 한다.

56 전등 스위치가 옥내에 있으면 안 되는 경우는?

① 건설기계 장비 차고
② 절삭유 저장소
③ 카바이드 저장소
④ 기계류 저장소

🔍 카바이드 저장소에 전등을 설치할 경우에는 방폭구조로 하여야 하며, 전등 스위치는 옥외에 설치하여야 한다.

57 산업재해의 통상적인 분류 중 통계적 분류를 설명한 것 중 틀린 것은?

① 사망 : 업무로 인해서 목숨을 잃게 되는 경우
② 중경상 : 부상으로 인하여 30일 이상의 노동 상실을 가져온 상해 정도
③ 경상해 : 부상으로 1일 이상 7일 이하의 노동 상실을 가져온 상해 정도
④ 무상해 사고 : 응급처치 이하의 상처로 작업에 종사하면서 치료를 받는 상해 정도

🔍 산업재해의 통상적인 분류 중 중경상은 8일 이상의 노동 상실을 가져온 상해를 말한다.

58 해머 작업 시 안전수칙 설명으로 틀린 것은?

① 열처리된 재료는 해머로 때리지 않도록 주의한다.
② 녹이 있는 재료를 작업할 때는 보호안경을 착용하여야 한다.
③ 자루가 불안정한 것(쐐기가 없는 것 등)은 사용하지 않는다.
④ 장갑을 끼고 시작은 강하게, 점차 약하게 타격한다.

🔍 해머 작업 시 장갑을 착용해서는 안 되며, 시작은 약하게 하여야 한다.

59 가연성 액체, 유류 등 연소 후 재가 거의 없는 화재는 무슨 급별 화재인가?

① A급　　② B급
③ C급　　④ D급

🔍 화재의 분류
• A급 화재 : 일반화재　　• B급 화재 : 유류화재
• C급 화재 : 전기화재　　• D급 화재 : 금속화재
• K급 화재 : 주방화재

60 기계운전 및 작업 시 안전사항으로 맞는 것은?

① 작업의 속도를 높이기 위해 레버 조작을 빨리 한다.
② 장비의 무게는 무시해도 된다.
③ 작업도구나 적재물이 장애물에 걸려도 동력에 무리가 없으므로 그냥 작업한다.
④ 장비 승·하차 시에는 장비에 장착된 손잡이 및 발판을 사용한다.

정답 제4회 CBT 대비 적중모의고사

01 ②	02 ④	03 ②	04 ①	05 ③
06 ③	07 ①	08 ①	09 ③	10 ①
11 ④	12 ②	13 ④	14 ①	15 ①
16 ②	17 ①	18 ③	19 ①	20 ②
21 ③	22 ③	23 ②	24 ①	25 ③
26 ④	27 ①	28 ②	29 ②	30 ②
31 ②	32 ③	33 ③	34 ②	35 ④
36 ②	37 ②	38 ②	39 ②	40 ③
41 ④	42 ②	43 ②	44 ②	45 ①
46 ②	47 ③	48 ③	49 ①	50 ①
51 ①	52 ④	53 ②	54 ③	55 ①
56 ③	57 ②	58 ④	59 ②	60 ④

제5회 적중모의고사

01 크레인 권상장치의 속도제어용 브레이크로 가장 많이 사용되는 것은?

① 와류 브레이크
② 직류전자 브레이크
③ 교류전자 브레이크
④ 디스크 타입 전자 브레이크

> 브레이크(Brake)
> • 속도제어용 브레이크 : 와전류(EC) 브레이크, 다이나믹 브레이크
> • 제동용 브레이크 : 교류전자(AC) 브레이크, 유압 압상 브레이크, 오일 디스크 브레이크

02 크레인의 정규 부하시험 중 권하속도의 허용범위는?

① +10%, -5%
② +25%, -5%
③ +20%, -10%
④ +30%, -15%

> 크레인 정규 부하시험 중 권하 속도의 허용범위는 (+25%~-5%)이다.

03 천장크레인 관련용어의 설명 중 옳지 않은 것은?

① 권상 : 크레인의 드럼에 로프나 체인이 감겨 화물이 들어 올려지는 상태
② 정격하중 : 크레인의 권상하중에서 훅, 크래브 또는 버킷 등 달기기구의 중량에 상당하는 하중을 뺀 하중
③ 권상하중 : 크레인이 들어 올릴 수 있는 최대의 하중
④ 정격속도 : 권상하중에 상당하는 하중을 크레인에 매달고 권상·주행 또는 횡행할 수 있는 최고 속도

> 정격속도(rated speed)는 정격하중을 들고 주행·횡행·권상운동을 할 수 있는 최상의 속도이다.

04 천장크레인의 용량은 정격하중과 스팬(span)으로 표기하는 것이 보통이지만 한 가지를 더 추가한다면 무엇인가?

① 권상속도
② 횡행속도
③ 양정
④ 훅(hook)

> 천장크레인의 용량은 정격하중과 스팬(span) 그리고 양정(lift)으로 표시한다.

05 드럼의 크기를 설명한 것으로 가장 올바른 것은?

① 드럼의 크기는 가능한 한 로프의 전 길이를 1열에 감을 수 있는 것으로 한다.
② 드럼의 크기는 가능한 한 로프의 전 길이를 2열에 감을 수 있는 것으로 한다.
③ 드럼의 크기는 로프의 전 길이를 3열에 감을 수 있는 것으로 한다.
④ 드럼의 크기는 로프의 유효길이를 2회 감을 수 있는 것으로 한다.

> 드럼의 크기는 로프의 수명을 위하여 로프의 전체 길이를 1열에 감을 수 있어야 하며, 설치공간의 제약 등으로 인하여 1열 감기가 불가능 할 경우에 한하여 다층감기를 할 수 있다.

06 다음 중 천장크레인 권상장치의 권과방지기구는?

① 캠식 리미트 스위치
② 원심분리 스위치
③ 족답 스위치
④ 와류 브레이크

> 천장크레인 권상장치의 권과방지기구
> • 중추식 리미트 스위치 : 레버(lever)형이라고도 하며, 훅(hook)의 접촉으로 인하여 작동
> • 스크루식(나사식) 리미트 스위치 : 드럼의 회전에 의하여 작동하며, 연동장치에 의해 나사가 회전하면 그것과 맞물리는 너트가 이동하여 개폐기의 레버를 움직여 접점에 개폐를 행하는 방식
> • 캠식 리미트 스위치 : 드럼과 연동되어 회전을 하고, 원판 모양으로 주위에 배치된 블록 및 오목 캠에 의해 스위치의 레버를 작동

07 천장크레인 중 권하속도가 빠르면 빠를수록 좋은 크레인은?

① 원료장입 크레인　② 강괴 크레인
③ 타이어 크레인　④ 담금질 크레인

> 담금질 크레인은 재료를 담금질하는데 사용하는 크레인으로 냉각수 유조 내에 재료를 단시간내에 넣어야 하므로 내려가는 속도가 빠를수록 좋다.

08 천장크레인에서 시브 홈의 마모한도는 사용하는 와이어로프 지름의 몇 [%] 이내로 하고 있는가?

① 5%　② 10%
③ 15%　④ 20%

> 시브(sheave, 도래, 활차)의 조건
> • 시브 본체는 균열, 변형 등이 없을 것
> • 시브 홈은 이상 마모가 없어야 하고, 마모한도는 와이어로프 지름의 20% 이하일 것
> • 시브의 지름(D)은 로프 지름(d)의 20배 이상일 것(D≥20d)

09 홈이 있는 드럼에 와이어로프가 감길 때 와이어로프 방향과의 각도는 몇 도(°) 이내인가?

① 4° 이내　② 8° 이내
③ 12° 이내　④ 16° 이내

> 플리트(fleet) 각도
> • 드럼에 홈이 있는 경우 : 4° 이내
> • 드럼에 홈이 없는 경우 : 2° 이내
> • 드럼에 로프를 다층으로 감는 경우 : 로프가 쌓이는 것을 방지하기 위하여 플랜지부에서의 플리트 각도는 0.5° 이상 4° 이내

10 천장크레인에 사용하는 브레이크 중 전기를 투입하여 유압으로 작동되는 브레이크는?

① 마그넷 브레이크
② 오일디스크 브레이크
③ 스러스트 브레이크
④ 다이나믹 브레이크

> 스러스트 브레이크(thruster brake) : 유압 압상 브레이크, TH브레이크라고도 하며 브레이크 윗부분에 소형 모터가 설치되어 있어 전기를 투입하여 유압으로 작동한다. 주행·횡행장치에 사용되지만 권상장치에는 사용되지 않는다.

11 천장크레인의 용어 설명으로 가장 옳은 것은?

① 주행레일 위에 설치된 교각에 의해 지지되는 거더가 있는 크레인이다.
② 주행레일 위에 설치된 새들에 직접적으로 지지되는 거더가 있는 크레인이다.
③ 상당량의 짐을 인력으로 달아 올리기 및 이동시키는데 사용되는 공구의 일종이다.
④ 엔진의 힘으로 무거운 짐을 간편하게 옮길 수 있는 크레인이다.

> 천장크레인은 전기를 이용 전동기를 구동시켜 주행·횡행·권상장치의 운동에 의하여 화물을 이동 및 이송할 수 있도록 만든 기계장치로 주행레일 위에 설치된 새들(saddle)에 직접적으로 지지되는 거더(girder)가 있는 크레인이다.

12 다음 중 천장크레인의 양정에서 상·하한을 제한하는 장치는?

① 권상 전동기
② 마그넷 브레이크
③ 권상 감속기
④ 캠식 권과방지장치

> 캠식 권과방지장치는 천장크레인의 양정에서 상한과 하한의 작동점을 정해 그 이상 동작되지 않도록 전기를 차단하는 장치이다.

13 천장크레인으로 하물을 권상할 때의 운전방법 중 가장 양호한 것은?

① 하물을 조금씩 들어 올리고, 그때마다 제어기를 OFF시켜 브레이크 지지능력을 확인한다.
② 천장크레인은 정격하중의 110%는 들어 올릴 수 있으므로 평소와 같이 권상한다.
③ 지면에서 20cm쯤 위치에서 일단 정지하고, 줄걸이 이상 여부를 확인 후 계속 권상한다.
④ 운전 종료 시 혹은 하한 위치에 가깝게 감아 올려 놓는다.

> 크레인 운전자는 크레인의 권과방지장치, 브레이크 및 기타 각 장치에 대한 동작테스트를 실시한 후 운전을 개시하며, 지상 20~30cm에서 일단정지 확인 후 물체를 들어 올리며 정해진 위치에 내려놓기 직전에 일단정지 후 천천히 바닥에 내려놓는다.

14 다음 ( ) 안에 알맞은 것은?

> 사업주는 순간풍속이 초당 ( )미터를 초과하는 바람이 불어올 우려가 있는 경우 옥외에 설치되어 있는 주행 크레인에 대하여 이탈방지장치를 작동시키는 등 이탈 방지를 위한 조치를 하여야 한다.

① 20　　② 30
③ 40　　④ 50

🔍 산업안전보건기준에 관한 규칙 제140조(폭풍에 의한 이탈 방지) 사업주는 순간풍속이 초당 30미터를 초과하는 바람이 불어올 우려가 있는 경우 옥외에 설치되어 있는 주행 크레인에 대하여 이탈방지장치를 작동시키는 등 이탈 방지를 위한 조치를 하여야 한다.

15 천장크레인의 작업능력을 표시하는 방법은?

① 권상 톤수
② 권상 체적
③ 작업 시간
④ 작업 속도

🔍 천장크레인의 작업능력은 권상 톤(ton)수이며, 공칭 용량 단위 또한 톤(ton)을 사용한다.

16 천장크레인의 집중 급유장치(grease pump)에 대한 설명으로 옳지 않은 것은?

① 급유장치 원통 안에 윤활유인 그리스(grease)가 채워져 있다.
② 윤활유 공급라인은 2개가 있다.
③ 한 개의 그리스 펌프로 여러 곳의 급유장소에서 동시에 급유할 수 있다.
④ 베어링 등에 급유할 때는 그리스를 가득 채운다.

🔍 집중급유장치
• 급유장치 원통 안에 채워져 있는 그리스(grease)는 2개의 공급라인으로 번갈아 사용할 수 있다.
• 한 대의 급유장치로 여러 곳의 급유장소에서 동시에 급유할 수 있으며, 베어링 등에 급유할 때는 그리스를 1/3 정도 채운다.

17 크레인의 권상장치 속도제어용 브레이크 휠과 라이닝의 간격은?

① 1~1.5mm　　② 2~2.5mm
③ 3~3.5mm　　④ 4~4.5mm

🔍 • 브레이크 휠은 2mm의 요철 발생 시 수정 또는 교체하여야 한다.
• 브레이크 림(휠의 두께)은 원 치수의 40% 마모 시 교체한다.
• 브레이크 휠과 라이닝의 간격은 휠 직경의 1/150~1/200 또는 휠 한쪽면에서 1~1.5mm 이다.
• 브레이크 휠과 라이닝의 수직, 수평, 폭은 1mm 이내이어야 한다.

18 천장크레인 권상장치의 주요 구성요소가 아닌 것은?

① 전동기　　② 감속기
③ 브레이크　④ 경보장치

🔍 권상장치는 권상전동기, 감속기, 드럼, 축 이음부, 브레이크, 치차, 시브(도르래), 훅 블록 및 와이어로프 등이 포함되며 전동기로 권상 드럼을 구동하여 수직으로 권상 및 권하작용을 한다.

19 크레인의 안전장치에 사용되는 것으로 횡행, 주행 등의 운동에 대한 과도한 진행을 방지하는 것은?

① 타임 릴레이
② 경보장치
③ 리미트 스위치
④ 컨트롤러

🔍 • 리미트 스위치 : 크레인의 과권방지 장치
• 컨트롤러 : 제어 레버
• 경보장치 : 과부하 및 권과방지 등에 활용

20 습기가 많은 작업장 또는 옥외크레인의 부식을 방지하기 위해 도장작업을 해야 하는데 보통 도장면적의 몇 [%]의 녹 또는 부식이 발생하였을 때 실시하는가?

① 3%　　② 10%
③ 30%　④ 50%

🔍 일반적으로 도장면적의 약 10% 정도 녹이나 부식되면 재도장을 하여야 하고, 녹 방지를 위한 처음 도장은 2회, 마무리 도장은 1회 실시한다.

21 키(key)의 종류 중에서 축과 보스에 홈을 파고 축 둘레에 4~20개의 사각형 돌기 모양으로 깎아 만든 것으로 회전체가 고정되지 않고 축 방향으로 이동할 수 있는 것은?

① 성크키(sunk key) ② 새들키(saddle key)
③ 플랫키(flat key) ④ 스플라인(spline)

> 키의 특징
> • 성크키(묻힘키) : 일반적으로 가장 많이 사용. 축과 보스에 홈을 파서 키를 박아 회전체를 고정
> • 새들키(안장키) : 축에는 홈을 파지 않고 보스에만 홈을 파서 키를 박아 회전체를 고정
> • 접선키 : 축과 보스에 홈을 파서 키를 박아 회전체에 고정. 큰 회전력을 전달하는데 사용
> • 평키(플랫키, 납작키) : 성크키와 비슷, 보스에만 홈을 파고 축 쪽은 키의 폭 만큼 평탄하게 하여 고정하며, 주로 가벼운 하중에 사용
> • 반달키 : 축의 홈에 끼우는 반원형의 키로서 보스 쪽은 성크키와 같이 홈을 파고 축 쪽의 홈은 반원 모양
> • 스플라인 : 축과 보스에 홈을 파고 축 둘레에 4~20개의 사각형 돌기 모양으로 깎아 만든 것으로 회전체가 고정하지 않고 축 방향으로 이동할 수 있는 것

22 미끄럼 베어링과 비교한 구름 베어링의 장점에 해당하는 것은?

① 값이 싸다.
② 충격에 강하다.
③ 과열의 위험이 적다.
④ 소음이 생기기 쉽다.

> 미끄럼 베어링과 구름 베어링의 비교

구분	미끄럼 베어링	구름 베어링
접촉	면 접촉, 마찰계수가 크다.	선·점 접촉, 마찰계수가 작다.
구조	비교적 간단하다.	전동체가 있어 복잡하다.
회전	고속회전에 적합하다.	저속회전에 적합하다.
충격하중	충격하중에 강하다.	충격하중에 약하다.
진동 및 소음	발생하기 어렵다.	발생하기 쉽다.
마찰저항	마찰저항이 크다.	마찰저항이 적다.
규격	규격화 되어 있지 않다.	규격화, 표준화, 소형화가 가능하다.
윤활	별도의 윤활장치가 필요하다.	윤활장치가 필요없다. (그리스 윤활)
가격	값이 저렴하다.	값이 비싸다.

23 다음 중 두 개의 축을 30° 이하의 각도로 꺾어서 연결할 때 사용하는 축이음법은?

① 플랜지형 플렉시블 축이음
② 자재 축이음(만능축이음)
③ 플랜지형 고정 축이음
④ 체인 축이음

> 유니버설 조인트(자재이음, universal joint)
> • 양 축이 동일평면 내에 있고, 그 축선이 30° 이하의 각도로 교차하는 경우에 사용되는 축 이음으로서 훅 조인트라고도 한다.
> • 양 축단에 각각 요크(yoke)를 부착하고, 이것을 십자형의 핀으로 자유로이 회전할 수 있도록 연결한 축 이음이다.

24 천장크레인에서 오일(oil)이 묻어서는 안 되는 곳은?

① 와이어로프와 드럼
② 기어와 기어박스
③ 브레이크 휠과 라이닝
④ 시브와 시브 축

> 브레이크 휠과 라이닝, 레일의 상면, 벨트 등에는 오일이 묻어서는 안된다.

25 줄걸이 방법의 설명 중 옳지 않은 것은?

① 눈걸이 : 모든 줄걸이 작업은 눈걸이를 원칙으로 한다.
② 반걸이 : 미끄러지기 쉬우므로 엄금한다.
③ 짝감기 걸이 : 가는 와이어로프일 때 사용하는 줄걸이 방법이다.
④ 어깨걸이 나머지 돌림 : 2가닥 걸이로써 꺾어 돌림을 할 수 없을 때 사용하는 줄걸이 방법이다.

> 어깨걸이 나머지 돌림법은 4가닥 걸이로 꺾어 돌림을 할 수 있을 때 사용한다.

26 다음 중 줄걸이용 링크체인(link chain)의 설명으로 옳지 않은 것은?

① 링크체인의 안전계수는 2 이상이며 사용온도는 200℃까지 가능하다.

② 링크체인의 크기를 표기할 때는 호칭지름을 사용하며, 사용단위는 mm 이다.
③ 줄걸이용 링크체인은 쇼트 링크체인, 롱 링크체인, 오픈 체인, 스터드 체인으로 분류된다.
④ 링크체인은 체인블록, 레버블록, 호이스트 크레인의 권상장치, 대형 선박의 닻 등에 사용된다.

> 링크체인을 연결할 때는 커넥터(connector) 또는 샤클(shackle)을 사용하며, 안전계수는 5 이상이어야 하며, 사용온도는 400℃까지 가능하다.

27 다음 중 줄걸이용 보조기구로 볼 수 없는 것은?

① 샤클(shackle)
② 링(ring)과 아이볼트(eye bolt)
③ 클램프(clamp, 조임쇠)
④ 아이스 스플라이스(ice splice)

> 줄걸이용 보조기구
> • 샤클 : 와이어로프 또는 체인 등을 연결하거나 고정시키는 데 사용
> • 링 : 줄걸이 기구를 훅에 직접 걸지 못할 때 사용
> • 아이볼트 : 구조물이 외부에서 줄걸이를 하기 힘들 때 구조물에 구멍을 뚫은 다음 구멍에 나사산을 내어 아이볼트를 끼워 사용
> • 클램프(조임쇠) ; 주로 철판을 줄걸이 작업할 때 사용
> • 해커 : 철판, 철재 파이프, 철재 형강 등을 들어 올려 이송하는데 사용
> • 스위벨(swivel, 회전고리) : 줄걸이 작업 시 와이어로프의 자전(自轉) 방지를 위해 사용

28 3상 유도전동기가 전압 440V, 주파수 60Hz 회전체인 전동기의 극수가 4일 때의 전동기의 속도(rpm)는?

① 880
② 1,800
③ 6,600
④ 13,200

> $N = \frac{120}{p}f = \frac{120}{4} \times 60 = 1,800[rpm]$
> (N : 전동기의 속도, p : 극수, f : 주파수)

29 전동기의 권선의 변환수리를 행하였을 때 잘못하여 계자의 회전방향을 반대로 결선하면 역전될 위험이 있다. 이 경우 회로를 자동적으로 차단시키는 장치는?

① 칼날형 개폐기
② 타임 릴레이
③ 역상 보호 계전기
④ 무전압 보호장치

> 역상 보호계전기는 전동기의 권선을 변환하는 수리를 할 때 잘못하여 계자의 회전방향을 반대로 연결하면 역전될 위험이 있으므로 이 때 회로를 자동으로 차단시키는 장치이다.

30 천장크레인에 사용되는 전동기의 조건으로 볼 수 없는 것은?

① 기동력과 회전력이 크고 속도조정이 가능할 것
② 빈번한 반복 운동에 견딜 것
③ 용량에 비해 소형이고 구입하기 쉬울 것
④ 대용량이고 값이 쌀 것

> 천장크레인에 사용되는 전동기의 조건
> • 기동 회전력이 크면서 기동, 정지 및 정전, 역전운동이 빈번해도 견디는 성질이 있을 것
> • 속도 조정 및 역회전을 할 수 있을 것
> • 기동 정지 및 정전, 역전 등 빈번한 반복에 충분히 견딜 수 있도록 튼튼하게 만들어져 있을 것
> • 장치 면적이 제한되는 경우가 많으므로 용량에 비해서 소형일 것
> • 전원이 보통 사용되는 것으로 구하기 쉬울 것

31 천장크레인에 사용되는 브레이크류의 조건에 대한 설명으로 틀린 것은?

① 라이닝은 편마모가 없고 마모량은 원치수의 50% 이내일 것
② 디스크의 마모량은 원치수의 20% 이내일 것
③ 유량은 적정하고 기름누설이 없을 것
④ 볼트, 너트는 풀림 또는 탈락이 없을 것

> 디스크의 마모량은 원치수의 10% 이내여야 한다.

32 전동기의 회전속도 제어방법 중 전기적 제어방식은?

① 2차 저항제어
② 주파수변환 브레이크(C.F브레이크)
③ 스피드제어 브레이크(S.C)
④ 와전류 브레이크(E.C브레이크)

> • 전기적 제어방법 : 2차 저항제어, 극수변환제어, 가변전압제어, 주파수변환제어, 인버터제어 등
> • 기계적 브레이크 제어방법 : 주파수변환 브레이크, 스피드제어 브레이크, 와전류 브레이크 등

33 다음 전자기기의 절연재료의 종류 중 가장 낮은 온도 상승에 견딜 수 있는 것은?

① A종
② B종
③ C종
④ Y종

> 전기기기의 절연종류와 허용온도
>
> | 절연종류 | 최고 허용온도 | 절연종류 | 최고 허용온도 |
> |---|---|---|---|
> | Y종 | 90℃ | F종 | 155℃ |
> | A종 | 105℃ | H종 | 180℃ |
> | E종 | 120℃ | C종 | 180℃ 이상 |
> | B종 | 130℃ | | |

34 훅(hook) 또는 달기기구의 설명으로 옳지 않은 것은?

① 훅 블록 또는 달기기구에는 정격하중이 표기되어 있을 것
② 볼트, 너트 등은 풀림 또는 탈락이 없을 것
③ 해지장치는 균열, 변형 등이 없을 것
④ 훅 본체는 균열 또는 변형 등이 없어야 하고, 국부 마모는 원 치수의 10% 이내 일 것

> 훅(hook)의 점검
> • 훅을 제작하고 나서 훅 입구의 치수를 측정한 후 훅에 정격하중의 2배(200%)의 힘으로 당긴 다음 멈추었을 때, 훅 입구의 영구변형율은 0.25% 이하이어야 한다.
> • 훅의 안전계수는 5이다.
> • 훅의 줄걸이 부분의 마모는 원 치수의 5% 이하이며, 마모의 깊이가 2mm 이하일 때는 다듬어서 사용한다.
> • 훅의 입구의 열림은 원 치수의 5% 이내이다.

35 옥외용인 경우 무선 원격제어기 송신기의 최소 보호등급은?

① IP33 이상
② IP43 이상
③ IP55 이상
④ IP65 이상

> 무선 원격제어기 송신기의 최소 보호등급은 옥내용인 경우 IP43, 옥외용인 경우 IP55 이상이어야 한다.

36 크레인 운전자가 화물을 권상할 때 위험한 상태에서 작업안전을 위해 급정지시키는 비상정지장치에 대한 설명으로 가장 옳은 것은?

① 작업 종료 시 전원을 차단하기 위한 장치이다.
② 누름 버튼은 적색으로 머리 부분이 돌출되고, 수동 복귀되는 형식이다.
③ 누름 버튼은 황색으로 머리 부분이 돌출되고, 자동 복귀되는 형식이다.
④ 탑승용(운전석) 크레인인 경우 권상레버와 같이 부착한다.

> 모든 크레인 및 호이스트는 운전자가 비상 시 조작 가능한 위치에 비상정지스위치를 비치하여야 하며, 비상정지용 누름 버튼은 적색으로 머리 부분이 돌출되고, 수동복귀되는 형식이어야 한다.

37 크레인 방호장치의 종류로 볼 수 없는 것은?

① 과부하 방지장치
② 권과 방지장치
③ 로드 셀(load cell)
④ 비상정지 장치

> 크레인의 방호장치
> • 과부하 방지장치 : 크레인에 정격하중 이상의 하중이 부하되었을 때 자동적으로 상승이 정지되면서 경보음 또는 경부 등을 발생하는 장치
> • 권과 방지장치 : 권과를 방지하기 위하여 자동적으로 동력을 차단하고 작동을 제어하는 장치
> • 후크 해지장치 : 후크에서 와이어로프가 이탈하는 것을 방지하는 장치
> • 비상정지 장치 : 크레인이 이동 중 이상상태 발생 시 급정지시킬 수 있는 장치

38 〈그림〉과 같이 수신호는 '운전자는 사이렌을 울리거나 한쪽 손의 주먹을 다른 손의 손바닥으로 2, 3회 두드린다.', 호각신호는 '강하고 짧게' 부는 신호의 의미는?

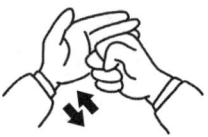

① 천천히 이동
② 기중기의 이상 발생
③ 신호불명
④ 기다려라

40 다음 중 4.8톤의 부하물을 4줄 걸이로 하여 60°로 매달았을 때 한쪽에 걸리는 하중은 약 몇 톤인가?

① 0.69　　② 1.23
③ 1.39　　④ 1.46

> 로프에 작용하는 하중 = $\dfrac{\text{부하물의 하중}}{\text{줄걸이 수} \times \text{조각도}}$
>
> ∴ 하중 = $\dfrac{4.8}{4 \times \cos\dfrac{60°}{2}} = \dfrac{4.8}{4 \times \cos 30°} ≒ 1.39$

41 줄걸이 작업 시 주의해야 할 사항으로 옳지 않은 것은?

① 훅 등의 매다는 도구는 매다는 짐의 중심 위에 위치시킬 것
② 권상, 권하 작업 시 급격한 충격을 피할 것
③ 매다는 각도는 원칙적으로 60° 이상으로 할 것
④ 권상, 권하 작업 시 안전한가, 눈으로 확인 할 것

> 줄걸이 용구와 줄걸이 방법 안전수칙
> • 짐의 중량, 모양에 적합한 가장 안전한 줄걸이 용구를 선택한다.
> • 훅, 달기기구는 매다는 화물의 중심위에 위치시켜야 한다.
> • 매다는 각도는 60° 이내가 되도록 하고, 이에 알맞은 길이와 와이어로프 등을 선택한다.
> • 권상, 권하 작업 시 급격한 충격을 피하고, 안전여부는 반드시 눈으로 확인하여야 한다.

39 아래 〈그림〉에서 와이어로프의 직경을 가장 올바르게 측정한 것은?

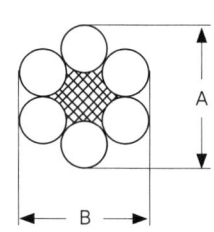

① A　　② B
③ $\dfrac{A+B}{2}$　　④ A, B 모두 같다.

> 와이어로프 직경의 측정

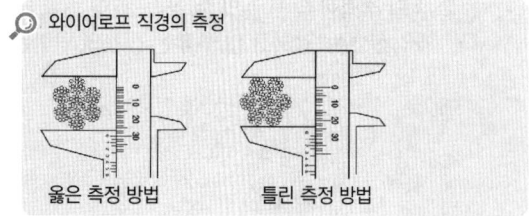

옳은 측정 방법　　틀린 측정 방법

42 천장크레인 안전 및 검사 기준상 권상용 와이어로프의 안전율(안전계수)은?

① 4.0 이상　　② 5.0 이상
③ 6.0 이상　　④ 7.0 이상

> 와이어로프의 안전율
>
> | 와이어로프의 종류 | 안전율 |
> |---|---|
> | • 권상용 와이어로프
• 지브의 기복용 와이어로프
• 횡행용 와이어로프 및 케이블 크레인의 주행용 와이어로프 | 5.0 |
> | • 지브의 지지용 와이어로프
• 보조로프 및 고정용 와이어로프 | 4.0 |
> | • 케이블 크레인의 주 로프 및 레일로프 | 2.7 |
> | • 운전실 등 권상용 와이어로프 | 10.0 |

43 크레인의 와이어로프에 대한 설명으로 옳지 않은 것은?

① 도르래 플랜지의 사용 중 접촉에 의해 마모 및 부식이 발생하여 수명이 떨어진다.
② 소선수의 10% 이상이 절단된 것은 사용해서는 안된다.
③ 직경의 감소가 공칭직경의 15%를 초과할 때까지는 사용할 수 있다.
④ 킹크가 심하게 된 때는 교체하여 사용한다.

> 와이어로프의 교체(폐기) 기준
> • 이음매가 있는 것
> • 와이어로프의 한 꼬임(스트랜드)에서 소선의 수가 10% 이상인 것
> • 직경의 마모가 공칭지름의 7%를 초과한 경우
> • 꼬임이나 비틀림이 생긴 것(킹크)
> • 심하게 변형되거나 부식된 것
> • 열과 전기충격에 손상된 것

44 와이어로프의 보관방법으로 옳지 않은 것은?

① 습기가 없고 환기가 잘되는 지붕이 있는 곳에 보관한다.
② 한 번 이상 사용한 와이어로프는 모래, 흙 등 이물질을 제거한 후 그리스로 도포하여 보관한다.
③ 고열, 해풍 및 직사광선 등은 피한다.
④ 사람들의 눈에 잘 띄지 않는 곳에 보관한다.

> 와이어로프 보관방법
> • 습기가 없고 환기가 잘 되는 지붕이 있는 곳에 보관한다.
> • 한 번 이상 사용한 와이어로프는 모래, 흙 등 이물질을 제거한 후 그리스로 도포하여 보관한다.
> • 고열, 해풍 및 직사광선 등은 피한다.
> • 사람들의 눈에 잘 띄고 사용이 빈번한 곳에 보관한다.

45 와이어로프의 밀림현상이 일어나는 경우를 나타낸 것이다. 이 중 옳지 않은 것은?

① 로프와 도르래가 잘 구성되어 있을 경우
② 도르래가 원활히 회전하지 않을 경우
③ 로프가 드럼에 중첩되어 감겼을 경우
④ 로프가 도르래 플랜지에 접촉되어 있을 경우

> 와이어로프의 밀림현상은 도르래가 원활히 회전하지 않거나, 로프가 드럼에 중첩되어 감겼거나, 도르래 플랜지와 접촉되어 있을 경우에 발생한다.

46 운전실 조작식 천장크레인 운전 중 주요 유의사항으로 볼 수 없는 것은?

① 운전 중 정전이 될 때에는 핸들을 전부 정지위치에 놓고 주스위치를 OFF한 후 송전을 기다린다.
② 하물을 매단 상태로 공중에 대기하는 경우에는 안전통로나 작업장 위에서 대기하여야 한다.
③ 운전 중에 다른 사람이 크레인에 타지 않도록 한다.
④ 줄걸이 와이어로프는 크레인을 이용하여 신속히 뺀다.

> 운전실조작식 천장크레인 운전 중 주요 유의사항
> • 운전 중 정전이 될 때에는 핸들을 전부 정지위치에 놓고 주스위치를 OFF 후 송전을 기다린다.
> • 하물을 매단 상태로 공중에 대기 시 안전통로나 작업장 위에서 대기하여야 한다.
> • 매달린 하물을 바닥에 내려놓을 때는 바닥에 놓기 전에 일단 정지하고, 천천히 바닥에 내려 놓아야 한다.
> • 운전 중에 타인이 크레인에 타지 않도록 한다.
> • 줄걸이 와이어로프는 사람의 힘으로 뺀다.

47 무선원격제어기를 사용하여 작업바닥 면에서 조작하며 화물과 운전자가 함께 이동하는 크레인의 주행속도는 매 분당 몇 [m] 이하여야 하는가?

① 15m 이하
② 30m 이하
③ 45m 이하
④ 60m 이하

> 펜던트 또는 무선원격제어기를 사용하여 작업바닥 면에서 조작하며 화물과 운전자가 함께 이동하는 크레인의 주행속도는 매 분당 45m 이하여야 한다.

48 천장크레인에 사용하는 전동기 중 직류전동기가 아닌 것은?

① 직권전동기
② 분권전동기
③ 복권전동기
④ 농형유도전동기

> 전동기의 분류
> • 직류전동기(D.C) : 직권전동기, 분권전동기, 복권전동기 등
> • 교류전동기(A.C) : 단상전동기와 3상 전동기(3상 권선형 유도전동기, 3상 농형 유도전동기) 등

49 전동기 관련 용어의 설명으로 옳지 않은 것은?

① 단상(單相, single phase) ; 하나의 전압원만 있는 것이다.
② 3상(3相, three phase) : 3개의 전압원이 있는 것이며, 한 개의 상마다 120°의 각도을 가지고 서로 교차한다.
③ 주파수(frequency) : 교류전원에서 1초 동안 반복교차 되는 수로 대한민국에서는 110Hz를 사용한다.
④ 동기속도(同期速度) : 1차 권선의 주파수에 따라 회전하는 회전속도이다.

> 우리나라에서 사용되는 주파수는 60Hz 이다.

50 천장크레인의 전력은 트롤리선 – 집전장치 – 배전판 순서로 공급된다. 다음 준 배전판에 배치되는 기기가 아닌 것은?

① 유니버셜 컨트롤러
② 과전류 개폐기
③ 단락보호장치
④ 퓨즈

> 유니버셜 컨트롤러는 운전실 내의 계기판과 함께 있는 조종 레버이며, 주권과 보권이나 주행과 횡행 등 두 개의 동작을 한 개의 핸들로 동시에 조작할 수 있다.

51 보호구의 구비조건으로 틀린 것은?

① 착용이 간편할 것
② 외양과 외관이 아름다울 것
③ 유해·위험요소에 대한 방호성능이 충분할 것
④ 작업에 방해가 되지 않도록 할 것

> 보호구의 구비조건
> • 착용이 간편할 것
> • 작업에 방해가 되지 않도록 할 것
> • 유해·위험요소에 대한 방호성능이 충분할 것
> • 재료의 품질이 양호할 것
> • 구조와 끝마무리가 양호할 것
> • 외양과 외관이 양호할 것

52 낙하, 추락 또는 감전에 의한 머리의 위험을 방지하는 보호구는?

① 안전대
② 안전모
③ 안전화
④ 안전장갑

> 안전모의 종류
>
> | 종류 | 사용구분 | 비고 |
> |---|---|---|
> | AB | 물체의 낙하 또는 비래 및 추락에 의한 위험을 방지 또는 경감시키기 위한 것 | |
> | AE | 물체의 낙하 또는 비래에 의한 위험을 방지 또는 경감하고, 머리부위 감전에 의한 위험을 방지하기 위한 것 | 내전압성 |
> | ABE | 물체의 낙하 또는 비래 및 추락에 의한 위험을 방지 또는 경감하고, 머리부위 감전에 의한 위험을 방지하기 위한 것 | 내전압성 |

53 볼트 등을 조일 때 조이는 힘을 측정하기 위하여 쓰는 렌치는?

① 복스 렌치
② 오픈엔드 렌치
③ 소켓 렌치
④ 토크 렌치

> 토크 렌치는 볼트, 너트, 스크루 등을 규정된 값으로 조일 때 사용하는 정밀 측정 공구로 다수의 볼트에 토크를 주어 나사산의 파손이나 탈락을 방지하는 용도로 사용된다.

54 복스 렌치가 오픈 렌치보다 많이 사용되는 이유는?

① 값이 싸며 적은 힘으로 작업할 수 있다.
② 가볍고 사용하는데 양손으로도 사용할 수 있다.
③ 파이프 피팅 조임 등 작업용도가 다양하여 많이 사용된다.
④ 볼트, 너트 주위를 완전히 감싸게 되어 사용 중에 미끄러지지 않는다.

> 복스 렌치는 오픈 렌치와 규격이 동일하지만, 여러 방향에서 사용이 가능하며, 볼트나 너트 주위를 완전히 감싸게 되어 있어서 사용 중에 미끄러지지 않는 장점이 있다.

55 안전보건표지에서 그림이 나타내는 것은?

① 출입금지 표지 ② 비상구 없음 표지
③ 탑승금지 표지 ④ 보행금지 표지

> 안전보건표지
> | 출입금지 | 탑승금지 | 보행금지 |

56 동력 전달장치에서 가장 재해가 많이 발생하는 것은?

① 차축 ② 벨트
③ 피스톤 ④ 기어

> 동력 전달장치에서 가장 빈번하게 재해가 발생하는 것은 벨트에 의한 것으로 벨트를 걸 때나 교체할 때는 엔진을 정지한 후에 작업하여야만 한다.

57 작업장에서 전기가 예고 없이 정전 되었을 경우 전기로 작동하던 기계·기구의 조치방법으로 틀린 것은?

① 전기가 들어오는 것을 알기 위해 스위치를 켜 둔다.
② 안전을 위해 작업장을 정리해 놓는다.
③ 퓨즈의 단선 유·무를 검사한다.
④ 즉시 스위치를 끈다.

> 정전 시에는 반드시 전기로 작동하던 기계·기구의 스위치를 꺼두어야 한다. 이는 정전 복구 시 가동되는 기계·기구에 의해 재해가 발생할 수 있기 때문이다.

58 전기장치의 퓨즈가 끊어져서 다시 새것으로 교체하였으나 또 끊어졌다면 어떤 조치가 가장 옳은가?

① 계속 교체한다.
② 용량이 큰 것으로 갈아 끼운다.
③ 구리선이나 납선으로 바꾼다.
④ 전기장치의 고장개소를 찾아 수리한다.

> 전기장치의 퓨즈가 계속 끊어진다면 이상 부위가 있는 것으로 고장 개소를 찾아 수리하여야 한다.

59 소화작업의 기본 요소가 아닌 것은?

① 가연물질을 제거하면 된다.
② 산소를 차단하면 된다.
③ 연료를 기화시키면 된다.
④ 점화원을 냉각시키면 된다.

> 소화의 원리
> • 연소의 3요소인 가연물, 산소, 점화원을 분리한다.
> • 연쇄반응 인자의 전달을 차단한다.(부촉매를 사용한다.)

60 화재의 등급과 분류가 올바르게 연결된 것은?

① A급 화재 – 전기화재
② B급 화재 – 유류화재
③ C급 화재 – 금속화재
④ D급 화재 – 주방화재

> 화재의 등급과 분류
> • A급 화재 : 일반화재
> • B급 화재 : 유류화재
> • C급 화재 : 전기화재
> • D급 화재 : 금속화재(Al, Mg)
> • K급 화재 : 주방화재

정답 제5회 CBT 대비 적중모의고사

01 ①	02 ②	03 ④	04 ③	05 ①
06 ①	07 ④	08 ④	09 ①	10 ③
11 ②	12 ④	13 ③	14 ②	15 ①
16 ④	17 ②	18 ④	19 ④	20 ②
21 ④	22 ③	23 ②	24 ③	25 ④
26 ①	27 ②	28 ②	29 ③	30 ④
31 ②	32 ②	33 ④	34 ④	35 ④
36 ②	37 ③	38 ②	39 ①	40 ③
41 ③	42 ②	43 ③	44 ④	45 ①
46 ④	47 ③	48 ④	49 ②	50 ①
51 ②	52 ②	53 ④	54 ④	55 ④
56 ②	57 ①	58 ④	59 ③	60 ②

천장크레인운전기능사 필기
기출문제(기출+적중모의고사)

2026년 01월 05일 인쇄
2026년 01월 20일 발행

저　　자 천장크레인연구회
발 행 처 ㈜도서출판 책과상상
등록번호 제2020-000205호
발 행 인 이강복
주　　소 경기도 고양시 일산동구 장항로 203-191
대표전화 02)3272-1703~4
팩　　스 02)3272-1705
홈페이지 www.sangsangbooks.co.kr
I S B N 979-11-6967-309-9
정　　가 16,000원

Copyright©2026
Book&SangSang Publishing Co.

※저자와의 협의하에 인지를 생략합니다.

도서출판 **책과 상상**
www.SangSangbooks.co.kr